Diskrete Geometrie

Erhard Quaisser

Diskrete Geometrie

Einführung · Probleme · Übungen

Mit 182 Abbildungen

Spektrum Akademischer Verlag Heidelberg · Berlin · Oxford

Die Deutsche Bibliothek – CIP-Einheitsaufnahme

Quaisser, Erhard:
Diskrete Geometrie : Einführung, Probleme, Übungen / Erhard
Quaisser. – Heidelberg ; Berlin ; Oxford : Spektrum, Akad. Verl., 1994
ISBN 3-86025-309-3

Lektorat: Gisela Sauer, Berlin
Produktion: Susanne Tochtermann
Satz, Grafiken und Titelbild: Satz + Grafik – Studio Stephan Meyer, Dresden
Druck und Verarbeitung: Franz Spiegel Buch GmbH, Ulm

Spektrum Akademischer Verlag GmbH Heidelberg · Berlin · Oxford

EIN VERLAG DER SPEKTRUM FACHVERLAGE GMBH

Vorwort

Überall begegnen uns Strukturen, bei denen gewisse Teile oder Eigenschaften räumlich oder zeitlich periodisch auftreten. Wir beobachten Symmetrien und Muster in der Natur und versuchen, die dahinterstehende Ordnung zu verstehen. Markante Beispiele sind die Kristallstukturen oder ganz aktuell, Strukturen in der Mikrobiologie. In diesem Zusammenhang spricht man von diskontinuierlichen oder diskreten Eigenschaften und Strukturen. In den Naturwissenschaften und in der Technik, aber auch in unserem Harmonieempfinden und im gestalterischen Wirken findet dies eine Widerspiegelung.

Schon früh haben die Menschen hinter so auffälligen Formen und Erscheinungen der Natur das Wirken grundlegender Gesetzmäßigkeiten vermutet.

Das Bemühen um Erkennen und Verstehen führt zwangsläufig zur Theorienbildung, zu Systemen von Begriffen, Grundannahmen und Sätzen. Und schließlich haben sich diese in der praktischen Anwendung zu bewähren. Dabei zeigt sich immer wieder, daß solche theoretischen Strukturen, die bisher noch nicht in Betracht gezogen worden sind, für neue praktische Sachverhalte eine Rolle spielen können.

Die Diskrete Geometrie umfaßt eine Fülle praxisrelevanter theoretischer Ansätze zur Beschreibung diskontinuierlicher Eigenschaften.

Zwei Begriffsbildungen stellen wir in den Vordergrund, diskrete Transformationsgruppen und diskrete Systeme von Punktmengen. Dabei wird größtenteils die euklidische Geometrie der Ebene und des (dreidimensionalen) Raumes zugrunde gelegt. Dazu gehören Rosetten, Friese, Ornamente und diesbezügliche Deckabbildungen sowie Zerlegungen, Überdeckungen, Packungen, Parkette und vieles andere mehr.

Wir machen schließlich deutlich, wie Begriffe, Mittel und Methoden in nichteuklidische Geometrien übernommen werden können und welche neuen Fragestellungen und strukturellen Einsichten sich dabei ergeben. Als Beispiele werden die pseudoeuklidische Geometrie, die Geometrie auf der Sphäre und die hyperbolische Geometrie gewählt, die in gewisser Weise der euklidischen nahestehen.

Unter den von den mathematischen Referateorganen zum Gegenstand der Diskreten Geometrie ausgewiesenen Themenkomplexen vollzieht sich ein lebhaftes und vielfältiges mathematisches Schaffen. Es wäre vermessen, hier auch nur näherungsweise die Breite der Fragestellungen und eine Übersicht über wesentliche Resultate vermitteln zu wollen. Hierzu gibt es einschlägige Monographien oder ähnliche Publikationen.

Auswahl und Gestaltung dieses Buches wurden durch die Entstehungsgeschichte und den anzusprechenden Leserkreis mitbestimmt. Es entstand aus Vorlesungen und Seminaren, die vor allem für Lehramtsstudenten und in der Lehrerfortbildung gehalten wurden, deren Themen aber auch in Arbeitsgruppen von Schülern behandelt worden sind.

Dementsprechend richtet es sich an einen breiten Leserkreis, an mathematisch Interessierte, an Schüler der gymnasialen Oberstufe, an Mathematikstudenten und an Lehrende. Es kann nicht nur als Lehr- und Übungsbuch nützlich sein, sondern auch Anregungen für die Ausbildung und den Geometrieunterricht bieten.

Aufgaben sollen den Leser zu eigenständiger Mitarbeit anregen.

Der Kenner wird manches vermissen und diesen Mangel beklagen. Das vorliegende Material möchte einen Einstieg bieten und bewußt zum weiteren Studium auch hinsichtlich neuer Problemkreise anregen; dazu dient ein umfangreiches Literaturverzeichnis mit einer Reihe von Lehrbüchern und Originalarbeiten.

Wir möchten deutlich machen, daß Problemstellungen und Sachverhalte aus der diskreten Geometrie aufgrund ihrer relativen Anschaulichkeit, ihrer sichtbaren Verbindung zur Realität und aufgrund ihres breiten Spektrums von Mitteln und Methoden die Ausbildung und den Unterricht beleben, modernisieren und bereichern können. Bisherige Erfahrungen zeigen, daß die Studierenden auch die Grenzlage der Thematik zu anderen mathematischen Disziplinen besonders anspricht.

Mit Blick auf einen möglichst breiten Nutzerkreis überwiegt die bewußt knapp gehaltene, elementare Darstellung. Mitunter werden für detailliertere Begründungen anspruchsvollere Vorkenntnisse oder längere Ausführungen benötigt.

Viele Teile und Themenkomplexe können weitgehend unabhängig voneinander gelesen und bearbeitet werden, auch wenn die Darlegungen unter anderem grundlegende Zusammenhänge zwischen diskreten Transformationsgruppen und diskreten Systemen von Punktmengen deutlich machen möchten.

Ein tieferes Begriffsverständnis erwächst erfahrungsgemäß meist erst durch den Gebrauch. Hier sollte man ohne Scheu erst einmal die Sachthemen aufgreifen und dann je nach Notwendigkeit das Begriffsverständnis vertiefen. Als Handreichungen dienen dazu auch die Anhänge. Mit diesen soll eine gewisse Selbständigkeit des Lehrmaterials gewährleistet sein.

Die Ausarbeitung haben Frau Dr. G. Kiy und Herr Dr. H. Wendland durch eigene Beiträge zu einer Skripte unterstützt. Für kritische Hinweise bin ich beiden sowie Herrn U. Lengtat zu Dank verpflichtet.

Mein Dank gilt dem Spektrum Akademischen Verlag, vor allem den Mitarbeiterinnen der Berliner Redaktion, die das Buchvorhaben über manche Umbruchsituation hinweg gefördert und die redaktionelle Bearbeitung des Manuskripts mit viel Umsicht unterstützt haben. Dem Grafiker und Setzer möchte ich für die sorgfältige Arbeit danken.

Potsdam, im Mai 1994 Erhard Quaisser

Inhalt

I. Einführung

In diesem ersten Teil werden einige Sachverhalte und Begriffe erläutert, die zum unmittelbaren Verständnis und zur eingehenden Erörterung von diskreten Abbildungsgruppen in metrischen Räumen, zunächst ausschließlich von diskreten Bewegungsgruppen in euklidischen Räumen, benötigt werden.

Ein gründliches Studium der beiden einführenden Kapitel ist zunächst nicht notwendig. Erst bei der Vertiefung des Inhalts in den Kapiteln der folgenden Teile werden wesentliche Begriffsbildungen und diesbezügliche Eigenschaften präzisiert, und dann sollte man nicht nur die Einführung intensiver durchdenken, sondern auch Bereitstellungen aus dem Anhang als Hilfe nutzen.

1. Transformationen und Orbits

Für Begründungen und eingehende Darlegungen bei den diskreten Abbildungsgruppen sind einige Erörterungen über die Wirkung von Transformationen auf Mengen, insbesondere über die Wirkung bezüglich ein und desselben Elements der Menge, erforderlich. Dafür notwendige, noch nicht vorgestellte Grundbegriffe und Zusammenhänge findet der Leser im Anhang erklärt.

Definition 1.1. Es sei M eine nichtleere Menge und G eine Menge von Transformationen von M. Für $x \in M$ heißt $G(x) := \{\alpha(x) : \alpha \in G\}$ der *Orbit* oder die *Bahn von x bezüglich G*.

Beispiele

1.1. Es sei $M = \{1,2,3,4\}$, und G bestehe aus den Permutationen $\alpha = (23)$, $\beta = (12)$ und $\gamma = (13)$, angegeben in Zyklenschreibweise ([Sta]).

Hier ist $G(1) = G(2) = G(3) = \{1,2,3\}$ und $G(4) = \{4\}$. Dabei ist G keine Gruppe.

1.2. Es sei M die euklidische Ebene und G die Menge der Drehungen um eine festen Punkt Z.

Es ist $G(X) = \{X\}$ für $X = Z$; und ansonsten ist $G(X)$ der Kreis um Z mit dem Radius $|Z,X|$. Überdies ist G eine Gruppe.

1.3. Es sei M die euklidische Ebene und G die Menge (Gruppe) der Deckabbildungen eines Quadrats $ABCD$. (Vgl. dazu entsprechende Aussagen über Diedergruppen im Anhang A 2.4.)

Die Gruppe G besteht aus folgenden Bewegungen der Ebene: vier Drehungen $\varrho(Z, 0)$, $\varrho(Z, \pi/2)$, $\varrho(Z, \pi)$ und $\varrho(Z, 3\pi/2)$ um den Mittelpunkt Z des Quadrats sowie vier Geradenspiegelungen, nämlich die Spiegelungen an den beiden Diagonalen und den zwei Mittelsenkrechten der Seiten des Quadrats (Abb. 1.1).

Es ist $G(X) = \{X\}$, falls $X = Z$. Liegt $X(\neq Z)$ auf einer der Spiegelungsgeraden, so besteht $G(X)$ aus vier Punkten, die selbst wieder ein Quadrat bilden. Ansonsten besitzt $G(X)$ acht Punkte. Man skizziere diese Sachverhalte!

1.4. Es sei M eine Gerade g und G die aus einer Translation AB ($A,B \in g$; $A \neq B$) erzeugte Gruppe. (Vgl. dazu entsprechende Aussagen über zyklische Gruppen im Anhang A 2.4.)

Für jeden Punkt X ist hier $G(X)$ die Menge derjenigen Punkte $P \in g$, für die die Translation XP ein ganzzahliges Vielfaches der Translation AB ist. Diese Punkte bilden bildhaft gesehen eine beiderseitig unbeschränkte „Perlenschnur" (Abb. 1.2).

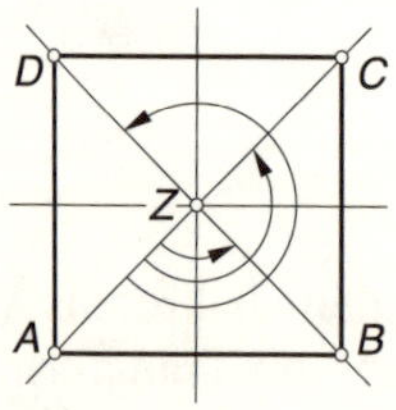

Abb. 1.1

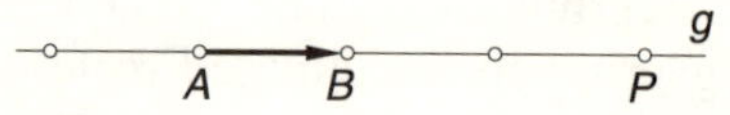

Abb. 1.2

1.5. Es sei M die Menge der reellen Zahlen und G die Menge der Transformationen α_n mit $\alpha_n(x) := x + n$, wobei $n(\neq 0)$ eine natürliche Zahl ist ([Sta]).

Es ist $G(x) = \{x + n\,;\, n = 1,2,\ldots\}$, anschaulich eine einseitig begrenzte „Perlenschnur", bei der benachbarte „Punkte" den Abstand 1 besitzen. G ist keine Gruppe.

Satz 1.2. *Ist G eine Gruppe von Transformationen von M, so bilden die Orbits bezüglich G eine Klasseneinteilung von M, und es ist $\alpha(G(x)) = G(x)$ für jeden Orbit $G(x)$ und jede Transformation $\alpha \in G$.*

Beweis. Da G als Gruppe die identische Transformation enthält, ist stets $x \in G(x)$ und damit jeder Orbit eine nichtleere Menge. Weiterhin sind verschiedene Orbits disjunkt. Ist nämlich z ein gemeinsames Element von $G(x)$ und $G(y)$, dann gibt es Transformationen $\alpha, \beta \in G$ mit $z = \alpha(x)$ und $z = \beta(y)$, und damit ist $y = \beta^{-1}(\alpha(x))$. Da G eine Gruppe ist, gilt $G \circ (\beta^{-1} \circ \alpha) = G$ und folglich $G(y) = G(\beta^{-1} \circ \alpha(x)) = G(x)$.

Aus gleichen Gründen ist $\alpha(G(x)) = G(x)$ einzusehen.

Schließlich ergibt die Vereinigung aller Orbits trivialerweise die Menge M. □

Folgerung. *Aus* $y \in G(x)$ *folgt* $G(y) = G(x)$.

Aufgabe 1.1. Der Klasseneinteilung, die nach dem Satz 1.2 besteht, entspricht in kanonischer Weise eine Äquivalenzrelation in M. Man beschreibe mit Hilfe der Gruppe G die *Äquivalenz* eines Elements x zu einem Element y.

Aufgabe 1.2. Man zeige anhand eines Beispiels, daß für die Konklusio des Satzes 1.2 die Gruppeneigenschaft von G nicht notwendig ist.

Bei [Sta] werden Eigenschaften und Charakterisierungen solcher Orbits vorgenommen, bei denen die zugrunde liegende Menge G von Transformationen nicht notwendigerweise eine Gruppe, sondern eine schwächere algebraische Struktur ist.

Definition 1.3. Es sei G eine Gruppe von Transformationen von M und $x \in M$.

a) Die Menge G_x der Transformationen aus G, bei denen x auf sich abgebildet wird, heißt der *Stabilisator* oder die *Isotropiegruppe von x*.
b) Der Orbit $G(x)$ heißt *trivial*, wenn $G(x) = \{x\}$ ist, und er heißt *regulär*, wenn G einfach über $G(x)$ wirkt, d. h., wenn aus $\alpha(x) = \beta(x)$ stets $\alpha = \beta$ für alle $\alpha, \beta \in G$ folgt.
c) Als *Charakter* $\chi(\alpha)$ einer Transformation $\alpha \in G$ wird die Anzahl der Fixpunkte x von α verstanden, falls diese Fixpunktmenge endlich ist.

Satz 1.4

a) G_x *bildet bezüglich der Nacheinanderausführung eine Untergruppe von* G.
b) *Ist* G *endlich, dann gilt* $\operatorname{card} G(x) = \operatorname{card} G : \operatorname{card} G_x$.
Dabei bezeichnet card M *die Mächtigkeit der Menge* M (vgl. Anhang A1); *im endlichen Falle ist das die Anzahl der Elemente von* M.

Beweis

a) Sind $\alpha, \beta \in G_x$, so liegen offensichtlich auch $\alpha \circ \beta$ und α^{-1} in G_x. Damit ist G_x eine Untergruppe von G.
b) Es sei $y \in G(x)$. Dann gibt es ein $\alpha \in G$ mit $\alpha(x) = y$. Und für ein $\beta \in G$ gilt ebenfalls $\beta(x) = y$ genau dann, wenn $\alpha^{-1}(\beta(x)) = x$, d. h., wenn β in der Linksnebenklasse $\alpha \circ G_x$ von G nach der Untergruppe G_x liegt. Auf diese Weise ist eine bijektive Abbildung von der Punktmenge $G(x)$ auf die Menge der Nebenklassen von G nach G_x gegeben. Ist G endlich, so ist nach dem Satz von Lagrange die Anzahl der Nebenklassen gleich dem Quotienten $\operatorname{card} G : \operatorname{card} G_x$. □

Aufgabe 1.3. Man zeige: Ist $y = \alpha(x)$, so ist $G_y = \alpha \circ G_x \circ \alpha^{-1}$!

Aufgabe 1.4. Ist H eine Untergruppe von G, dann gilt $G(x) = H(x)$ für einen festen Punkt x genau dann, wenn zu jedem $\alpha \in G$ ein $\gamma \in G_x$ mit $\alpha \circ \gamma \in H$ existiert.

Da der Stabilisator G_x oft leicht überschaubar ist, stellt dieser Satz ein nützliches Kriterium dar.

Aufgabe 1.5. Man gebe eine Charakterisierung (Kriterium) an, wann bei vorgegebener Menge M und endlicher Gruppe G alle Orbits gleichmächtig sind. Man gebe Beispiele an, in denen alle Orbits gleichmächtig sind und G oder ein Orbit eine unendliche Menge ist.

Die folgenden Überlegungen führen zu einer Aussage über die Anzahl $t(G)$ der Orbits, die eine Gruppe G von Transformationen über einer endlichen Menge M erzeugt. Wir bestimmen dazu die Anzahl N derjenigen geordneten Paare (x,α), für die $\alpha \in G_x$ ist.

Bezüglich der Punkte ein und derselben Bahn gibt es nach dem Satz 1.4 card G derartige Paare. Also ist $N = t(G) \cdot \text{card}\, G$. [*]

Andererseits gibt es zu jedem $\alpha \in G$ genau $\chi(\alpha)$ geordnete Paare (x,α) mit $\alpha \in G_x$. Demnach ist N die Summe $\sum \chi(\alpha)$ über alle $\alpha \in G$, und zusammen mit [*] folgt daraus das

Lemma 1.5 (Lemma von Cauchy-Frobenius-Burnside). *Die Anzahl $t(G)$ der Bahnen von G ist gleich dem arithmetischen Mittel der Charaktere der Transformationen von G, d. h., es gilt* $t(G) = \frac{1}{n} \sum_{\alpha \in G} \chi(\alpha)$, *wobei* $n = \text{card}\, G$ *ist.*

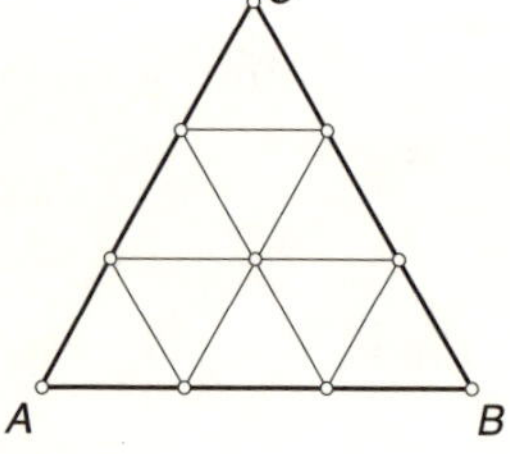

Abb. 1.3

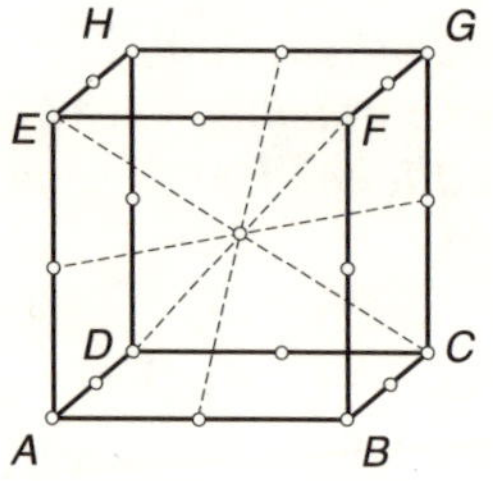

Abb. 1.4

Aufgabe 1.6. Es sei ABC ein gleichseitiges Dreieck und G die Gruppe seiner Deckabbildungen. Ferner sei M die Menge der 10 Punkte, die entsprechend der Abbildung 1.3 vorgegeben sind. Man bestätige an diesem Beispiel das Lemma von Cauchy-Frobenius-Burnside.

Aufgabe 1.7. Es sei *ABCDEFGH* ein Würfel und G die Menge (Gruppe) der Drehungen, die den Würfel auf sich abbilden. Ferner sei M die Menge, die aus dem Mittelpunkt, den Ecken und den Mittelpunkten der Kanten des Würfels besteht. Man bestätige auch an diesem Beispiel das Lemma von Cauchy-Frobenius-Burnside.

Wer Schwierigkeiten bei den räumlichen Sachverhalten hat, findet im Abschnitt 6.1 Hilfe!

2. Diskretheit

Einführung in Begriffsbildungen

Definition 2.1. Es sei $(T,\mathbf{O})$ ein topologischer Raum und $M \subseteq T$ eine nichtleere Teilmenge.

a) Ein Punkt $x \in M$ heißt *isolierter Punkt in M*, wenn es eine Umgebung U von x gibt, für die $U \cap M = \{x\}$ ist.
b) M heißt *isoliert*, wenn jeder Punkt von M isolierter Punkt in M ist. [Ri], S. 31
c) M heißt *diskret*, wenn es zu jedem Punkt $x \in T$ eine Umgebung U von x gibt, die nur endlich viele Punkte aus M enthält. [Ri], S. 31
d) Ein System **S** von Teilmengen von M heißt *diskret*, wenn es zu jedem Punkt x aus T eine Umgebung U von x gibt, die höchstens mit *endlich* vielen Mengen aus **S** gemeinsame Punkte besitzt.

Offensichtlich ist jede *endliche* Menge M diskret und in einem metrischen Raum auch isoliert.

Ist M *nicht diskret*, dann besitzt M wenigstens einen *Häufungspunkt y*. Denn ein Häufungspunkt y von M ist dadurch charakterisiert, daß jede Umgebung von y wenigstens einen von y verschiedenen Punkt aus M enthält.

Die Umkehrung gilt im allgemeinen nicht. Wir betrachten dazu einen topologischen Raum T mit gröbster Topologie, der wenigstens zwei Punkte enthält. (Offene Mengen sind hier also nur die leere Menge und T selbst.) Als Menge M wählen wir eine einelementige Punktmenge $\{x\}$. M ist trivialerweise diskret, aber jeder von x verschiedene Punkt y aus T ist Häufungspunkt von $M = \{x\}$, da y als einzige Umgebung nur T selbst besitzt und x in dieser liegt.

Beispiel 2.1. Die Menge $\mathbf{R}$ der reellen Zahlen wird durch $d(x,y) := |x - y|$ zu einem metrischen Raum. Die r-Umgebung $U_r(x)$ ist einfach das offene Intervall $(x - r, x + r)$. (Siehe dazu Metrik-Topologie im Anhang A 4.) Es sei $M := \{1/n;\ n \in \mathbf{N}\backslash\{0\}\} = \left\{1, \frac{1}{2}, \frac{1}{3}, \ldots\right\}$. M ist eine isolierte Menge, da für $x = \frac{1}{k}$ offenbar die r-Umgebung mit $r = \frac{1}{k} - \frac{1}{k+1} = \frac{1}{k(k+1)} > 0$ den Punkt x in M isoliert. Die Menge M ist aber nicht diskret, da jede r-Umgebung von 0 unendlich viele Punkte aus M enthält.

Beispiel 2.2. Es sei T ein topologischer Raum mit feinster Topologie und x irgendein Punkt aus T. Dann ist jede Menge $U \subseteq T$, die x enthält (also auch speziell die Einermenge $\{x\}$), eine Umgebung von x. (Siehe Beispiel 4.1 im

Anhang A 4 und Beispiel 3.2 im Anhang A 3.) Damit ist jede Teilmenge M von T isoliert und sogar diskret.

Lemma 2.2. *In einem metrischen Raum ist (bezüglich der Metrik-Topologie) jede diskrete Menge M auch isoliert.*

Beweis. Es sei x ein Punkt aus M. Nach Definition 2.1 c) gibt es eine Umgebung U von x, die nur endlich viele Punkte aus M enthält. Unter diesen gibt es im Falle $M \cap U \neq \{x\}$ einen Punkt $y \neq x$, der den kleinsten Abstand zu x hat. Für $r := d(x,y)$ ist dann $U_r(x) \cap M = \{x\}$. Also läßt sich jeder Punkt von M in M isolieren. □

Auf der Grundlage der Definition 2.1 kommen wir nun zum Hauptanliegen dieses Abschnitts, zur Erklärung der Diskretheit von Transformationsgruppen.

Wir stellen dabei zwei Auffassungen besonders heraus. Auf andere Bezeichnungen und Begriffsfassungen verweisen wir kurz am Ende dieses Kapitels.

Grundlegende Fassungen nach Fejes Tóth und Hilbert/Cohn-Vossen

Definition 2.3. Es seien $(T,\mathbf{O})$ ein topologischer Raum und G eine Transformationsgruppe von T.

G heißt *diskret*, wenn für jeden Punkt $x \in T$ der Orbit $G(x)$ isoliert ist (*Isoliertheit der Orbits*).

Nun sind topologische Räume recht allgemeine Strukturen; nicht jeder topologische Raum läßt sich metrisieren.

Für metrische Räume und für die durch ihre Metrik induzierte Topologie ergibt sich aus der Definition 2.3 folgende Spezialisierung, die wir als gesonderte Definition formulieren:

D1. Es seien (R,d) ein metrischer Raum und G eine Transformationsgruppe von R. G heißt *diskret* (oder *diskontinuierlich*), wenn es zu jedem Punkt $x \in R$ eine r-Umgebung mit $U_r(x) \cap G(x) = \{x\}$ gibt (*Isoliertheit der Punkte in ihren Orbits*, [FeTó]).

Unmittelbar einzusehen ist die

Folgerung. *Jede endliche Transformationsgruppe ist diskret.*

Satz 2.4. *In einem metrischen Raum sind bezüglich der Metrik-Topologie die Definitionen 2.3 und* **D1** *äquivalent.*

Beweis. Der Schluß von **D1** auf (2.3) ist klar.

Die Umkehrung ergibt sich dadurch, daß jede Umgebung von x eine r-Umgebung von x enthält. (Siehe Metrik-Topologie im Anhang A 4.) □

Die spezielle Voraussetzung, daß G aus Isometrien besteht, wird erst bei weiteren Sachverhalten eine Rolle spielen.

Beispiel 2.3. In einer euklidischen Ebene sei $\delta(O,2)$ eine zentrische Streckung an dem Punkt O mit dem Koeffizienten 2. Die durch diese zentrische Streckung erzeugte Gruppe G besteht aus allen zentrischen Streckungen $\delta(O,t)$ mit $t = 2^k$, k ganzzahlig; und sie ist nach **D1** diskret.

Ist nämlich $P \neq O$, so ist $|O,P| > 0$, und für $r = |O,P|/2$ enthält die Umgebung $U_r(P)$ neben P keinen weiteren Punkt aus $G(P)$. Für $P = O$ ist $G(P) = \{O\}$ und damit **D1** trivial.

Aufgabe 2.4. Man untersuche in den Beispielen 1.2, 1.3 und 1.4 jeweils die Gruppe G auf Diskretheit!

Die folgenden Eigenschaften ergeben sich unter der zusätzlichen Voraussetzung, daß die Transformationen von G speziell Isometrien sind.

Lemma 2.5. *Ist (R,d) ein metrischer Raum und G eine Gruppe von Isometrien, so gilt für alle Punkte $x \in R$ und $r > 0$:*

$$\text{card}\,(U_r(x) \cap G(x)) = \text{card}\,(U_r(y) \cap G(y)) \text{ \textit{für alle} } y \in G(x)\,.$$

Beweis. Wegen $y \in G(x)$ gibt es eine Isometrie $\alpha \in G$ mit $\alpha(x) = y$. Aufgrund der Isometrie ist $\alpha U_r(x)) = U_r(\alpha(x)) = U_r(y)$. Außerdem gilt $G(x) = G(y)$ nach der Folgerung 1.2. Nun erkennt man leicht, daß α eine Bijektion von $U_r(x) \cap G(x)$ auf $U_r(y) \cap G(y)$ ist. □

Satz 2.6. *Bezüglich einer Gruppe G von Isometrien in einem metrischen Raum R ist die Eigenschaft* **D1** *äquivalent zu jeder der Verschärfungen:*

D1* *Für jedes $x \in R$ ist $G(x)$ diskret (Diskretheit des Orbits).*

D1** *Zu jedem $x \in R$ gibt es ein $r > 0$ derart, daß $U_r(y) \cap U_r(z) = \emptyset$ für alle voneinander verschiedenen Punkte $y, z \in G(x)$ gilt.* (r ist demnach nur vom Orbit $G(x)$ abhängig.)

Beweis. Die Schlußkette „$\mathbf{D1}^{**} \Rightarrow \mathbf{D1}^{*} \Rightarrow \mathbf{D1}$" ist nach den bisherigen Darlegungen leicht einzusehen.

Wir zeigen nun „$\mathbf{D1} \Rightarrow \mathbf{D1}^{**}$". Nach der Definition **D1** gibt es ein $s > 0$ mit $U_s(x) \cap G(x) = \{x\}$; wir setzen $r := s/2$. Gäbe es ein $w \in U_r(y) \cap U_r(z)$, dann wäre $d(y,z) \leq d(y,w) + d(w,z) < r + r = s$. Wegen $y,z \in G(x)$ gibt es eine Isometrie $\alpha \in G$ mit $\alpha(y) = x$. Es ist $\alpha(z) \in G$ und $\alpha(z) \neq x$ wegen $y \neq z$. Folglich wäre $d(x,\alpha(z)) = d(y,z) < s$ ein Widerspruch zur Wahl von s. □

Aufgabe 2.5. Man zeichne ein Quadrat $ABCD$ und gebe sich einen Punkt X vor, der nicht auf einer Symmetrieachse des Quadrats liegt. (Vgl. Beispiel 1.3.) Die Deckabbildungsgruppe des Quadrats sei G.

Man bestimme das möglichst größte $r > 0$, für das die Eigenschaft **D1**** hinsichtlich des Orbits $G(X)$ gilt. Welche Antwort ergibt sich für den Orbit $G(A)$? (Eine Skizze verhilft hier schnell zu einer Antwort.)

Eine andere bekannte Festlegung der Diskretheit von Transformationsgruppen ist folgende:

Definition D0. Es seien (R,d) ein metrischer Raum und G eine Transformationsgruppe von R.

G heißt *diskret*, wenn für jeden Punkt $x \in R$ und für jedes $r > 0$ und für jeden Punkt $y \in R$ die r-Umgebung $U_r(y)$ nur *endlich* viele Punkte des Orbits $G(x)$ enthält (*Lokale Endlichkeit der Orbits*, [Hi/Co-Vo]).

Satz 2.7. *In einem metrischen Raum sind bezüglich einer Gruppe G von Isometrien folgende Aussagen äquivalent* ([Kl]):

a) **D0**.
b) *Für alle Punkte* $x \in R$ *und reelle Zahlen* $r > 0$ *ist* $U_r(x) \cap G(x)$ *endlich.*
c) *Es gibt einen Punkt* $y \in R$ *derart, daß für alle* $x \in R$ *und* $r > 0$ *die Menge* $U_r(y) \cap G(x)$ *endlich ist.*
d) *Für alle Punkte* $x \in R$ *gibt es einen Punkt* $y \in R$ *so, daß für alle* $r > 0$ *die Menge* $U_r(y) \cap G(x)$ *endlich ist.*

Aufgabe 2.6. Man beweise den Satz 2.7. Reicht dafür schon aus, daß anstelle von Isometrien Transformationen vorliegen?

Wir gehen nun in metrischen Räumen auf den Zusammenhang zwischen den beiden Diskretheitsdefinitionen **D0** und **D1** ein.

Aufgabe 2.7. Man zeige: Aus **D0** folgt die Eigenschaft **D1**.

Wie das Beispiel 2.3 zeigt, gilt die Umkehrung für Transformationen nicht.

Mit dem folgenden Beispiel wird deutlich, daß die Umkehrung selbst für Isometrien nicht gilt.

Beispiel 2.8. Es ist (R,d) mit R als Menge aller abbrechenden Folgen $\boldsymbol{x} = (x_1, x_2, ..., x_n, ...)$, x_i reell (d. h., jede dieser Folgen hat nur endlich viele von 0 verschiedene Elemente) und $d(\boldsymbol{x},\boldsymbol{y}) := \sqrt{\sum (x_i - y_i)^2}$ ein metrischer Raum. Weiterhin sei G die Gruppe derjenigen Isometrien, für die $\boldsymbol{o} = (0,0,...,0,...)$ Fixpunkt ist und die die Menge der Einheitspunkte $\boldsymbol{e}_k = (x_1,...,x_k,...)$ mit $x_i = 0$ für $i \neq k$ und $x_k = 1$ auf sich abbilden. (Derartige Isometrien sind u. a. die Spiegelungen an den „Mittellotebenen“, die je zwei der Einheitspunkte bestimmen.)

Der Orbit $G(\boldsymbol{e}_1)$ des Einheitspunktes $\boldsymbol{e}_1$ ist die unendliche Menge aller Einheitspunkte. Diese haben alle den Abstand 1 von dem Punkt $\boldsymbol{o}$, d. h., jede r-Umgebung von $\boldsymbol{o}$ mit $r > 1$ enthält die unendliche Menge $G(\boldsymbol{e}_1)$. Also gilt *hier* **D0** *nicht*.

Dagegen gilt **D1**** und damit nach Satz 2.6 auch **D1**.

Die Umkehrung ist für Isometrien unter der zusätzlichen Voraussetzung an den metrischen Raum (R,d) möglich, daß in ihm jede beschränkte Menge total beschränkt ist.

Dabei heißt eine Teilmenge $M \subseteq R$ *beschränkt*, wenn es eine r-Umgebung eines Raumpunktes gibt, die M umfaßt, und sie heißt *total beschränkt*, wenn sie sich für jedes $r > 0$ als Vereinigung von *endlich* vielen Teilmengen darstellen läßt, deren Durchmesser (d. h. Supremum der Abstände je zweier Punkte) kleiner als r sind.

Man kann zeigen, daß jede total beschränkte Menge beschränkt ist (u. a. [Ma/Kn]).

Der Folgenraum (Beispiel 2.8) zeigt, daß die Umkehrung in metrischen Räumen im allgemeinen nicht gilt.

Satz 2.8. *Ist in einem metrischen Raum* (R,d) *jede beschänkte Menge total beschränkt und G eine Gruppe von Isometrien, so folgt* **D0** *aus der Eigenschaft* **D1**.

Beweis. Es sei $x \in R$ irgendein Punkt und $r > 0$ irgendeine reelle Zahl. Nach **D1** existiert eine s-Umgebung von x mit $U_s(x) \cap G(x) = \{x\}$. Dann ist wegen Lemma 2.5 auch $U_s(y) \cap G(y) = \{y\}$ für alle $y \in G(x)$ [*].

Nach Voraussetzung über den metrischen Raum ist $U_r(x)$ total beschränkt, und demzufolge gibt es endlich viele Teilmengen mit einem Durchmesser kleiner als s, deren Vereinigung die Menge $U_r(x)$ ergibt. Dann kann wegen [*] die Umgebung $U_r(x)$ nur endlich viele Punkte von $G(x)$ enthalten. Folglich gilt nach Satz 2.7b) die Eigenschaft **D0**. □

In einem endlichdimensionalen euklidischen Raum $\mathbf{E}^n$ ist jede beschränkte Menge total beschränkt. Dies gilt bereits für jeden endlichdimensionalen normierten Raum. Hier läßt sich nämlich jedes Parallelepiped als Vereinigung von endlich vielen Parallelepipeden mit einem beliebig vorgegebenen Durchmesser darstellen.

Mit dem Satz 2.8 (und der Aussage in der Aufgabe 2.7) erhält man damit die

Folgerung 2.9. *In jedem endlichdimensionalen normierten Raum (und damit in jedem endlichdimensionalen euklidischen Raum) sind bezüglich einer Gruppe von Isometrien die Eigenschaften* **D0** *und* **D1** *äquivalent.*

Weitere Charakterisierungen und Modifizierungen von Diskretheit, insbesondere hinsichtlich naturwissenschaftlicher Sachverhalte, werden später erörtert.

Auf eine andere Abgrenzung der Bezeichnung und begrifflichen Fassung möchten wir gleich hier kurz hinweisen. Die Diskretheit der Transformationsgruppe G wird in den Definitionen **D1** und **D0** über die Orbits bezüglich G, also über die Wirkungen von G erklärt.

Im Rahmen einer solchen Sicht werden auch folgende Bezeichnungen benutzt ([Sie], [Wo], [Fl 1, 3, 4]). Dazu sei G wieder eine Transformationsgruppe in einem topologischen Raum $(T, \mathbf{O})$:

Definition 2.10

a) G heißt *diskontinuierlich im Punkt* $x \in T$, wenn die Punktfolge $(\alpha_n(x))$ für jede Folge paarweise verschiedener Transformationen $\alpha_n \in G$ keinen Häufungspunkt besitzt.
b) G *operiert diskontinuierlich* auf T (oder kurz G ist *diskontinuierlich*), wenn G diskontinuierlich in jedem Punkt $x \in T$ ist. ([Sie], [Wo])

Satz 2.11. *Ist G eine diskontinuierliche Gruppe von Isometrien in einem metrischen Raum (R, d), dann ist jeder Orbit von G diskret.*

Aufgabe 2.9. Man beweise diesen Satz.

Auf einen anderen Zugang zur Diskretheit von Isometriegruppen in metrischen Räumen sei kurz hingewiesen.

In einem metrischen Raum (R, d) läßt sich für die Gruppe $\mathrm{Mot}(R)$ aller Isometrien eine Topologie wie folgt einführen: Man nimmt die Topologie der gleichmäßigen Konvergenz auf den beschränkten Mengen. Dadurch wird $\mathrm{Mot}(R)$ zu einer metrisierbaren topologischen Gruppe ([Fl]).

In diesem Rahmen ist es naheliegend, eine Gruppe $G \subseteq \mathrm{Mot}(R)$ *diskret* zu nennen, wenn G eine diskrete Teilmenge von $\mathrm{Mot}(R)$ ist.

Jede diskontinuierliche Gruppe von Isometrien in einem metrischen Raum erweist sich als diskret, aber nicht umgekehrt [Fl 4, 5].

Die Umkehrung gilt, wenn der metrische Raum finit-kompakt ist [Fl 4, 5].

Nach der Folgerung 2.9 sind in einem endlichdimensionalen normierten Raum R (und damit erst recht in einem endlichdimensionalen euklidischen Raum) bezüglich einer Gruppe G von Isometrien die Diskretheitsbedingungen **D0** (nach Hilbert/Cohn-Vossen) und **D1** (nach Fejes Tóth) äquivalent.

Durch naheliegende Abwandlungen in den Bedingungen **D0** bzw. **D1** (insbesondere hinsichtlich der Quantifikatoren „für alle" und „es gibt") erhält man in metrischen Räumen eine breite Skala abgestufter Diskretheitsbedingungen. Dazu sei insbesondere auf die Arbeit [Kl] verwiesen.

In einem endlichdimensionalen euklidischen Raum R verkürzt sich diese Abstufung. In diesem Rahmen sind extremale Diskretheitsforderungen folgende:

DE. Alle Orbits bezüglich G sind endlich.

DS. Es gibt einen nichttrivialen Orbit bezüglich G, der in R nicht dicht ist.

Aufgabe 2.10. Man zeige durch Beispiele in der euklidischen Ebene, daß aus **D0** (**D1**) *nicht* **DE** und daß aus **DS** *nicht* **D0** (**D1**) folgt.

In [Kl 4] wird der Zuwachs an Bewegungsgruppen in der zwei- und dreidimensionalen euklidischen Geometrie untersucht, der unter der schwachen Diskretheitsbedingung **DS** möglich ist.

II. Diskrete Bewegungsgruppen in der euklidischen Geometrie

In den ersten beiden Kapiteln haben wir hauptsächlich Begriffe und diesbezügliche Zusammenhänge bereitgestellt. Der Leser kann durchaus erst ab diesem Kapitel in die Lektüre einsteigen und sich später bei Bedarf dem Begriffssystem in den vorangegangenen Kapiteln näher zuwenden. Für den Leser, der keine spezifischen Vorkenntnisse mitbringt, erschließen sich ohnehin die notwendigen begrifflichen Feinheiten erst bei einer eingehenderen Beschäftigung mit den Fragestellungen.

Ein Hauptziel dieses zweiten Teiles ist es, eine Übersicht über die diskreten Bewegungsgruppen in der euklidischen Geometrie einer bestimmten Dimension zu gewinnen. Wir gehen dabei von einer generellen Erklärung des Begriffs „diskrete Abbildungsgruppe" im 2. Kapitel aus. (Siehe Definitionen **D0** und **D1** nach Hilbert/Cohn-Vossen bzw. Fejes Tóth.) Die Erörterungen führen ausgehend von ein- und zweidimensionalen Räumen bewußt zunehmend zu breiteren und tieferen strukturellen Einsichten.

Es wird deutlich werden, daß bestimmte strukturelle Eigenschaften in der Natur oder in den von Menschen geschaffenen Strukturen in Technik und Kunst durch bestimmte Arten von Bewegungsgruppen erfaßt werden können. Solche Arten von diskreten Bewegungsgruppen, wie die Rosetten-, Fries- oder Wandmustergruppen in der ebenen Geometrie, können unter diesem natürlichen Bezug auch auf andere Weise charakterisiert werden. So kann auch ohne den allgemeinen Diskretheitsbegriff für Abbildungsgruppen eine Fülle von Sachverhalten aus diesem Teil II zur Auflockerung und Bereicherung der Geometrieausbildung übernommen werden. Wertvoll ist dabei der oft unmittelbare und nachvollziehbare Bezug zwischen Mathematik (Geometrie) und Realität.

3. Die diskreten Bewegungsgruppen der euklidischen Geraden

Nun mag es überraschen, daß wir als erste geometrische Grundstruktur, in der wir nach diskreten Abbildungsgruppen fragen, die eindimensionale euklidische Geometrie wählen, eine Geometrie, die in der Literatur explizit weitgehend unberücksichtigt erscheint und die selbst bei einschlägigen schulischen Vorkenntnissen wohl als etwas arm und exotisch angesehen werden kann.

So unbekannt und ungewohnt ist aber die eindimensionale Geometrie, die Geometrie auf einer Geraden, gar nicht. Die Zahlengerade (orientiert als „Zahlenstrahl“ bezeichnet) wird zur Veranschaulichung von Sachverhalten über reellen Zahlen benutzt, und sie steht im unmittelbaren Zusammenhang mit der Geometrie auf der Geraden.

Die Gründe für unsere Wahl bestehen (neben systematischen Aspekten) vor allem darin, daß das Studium der diskreten Bewegungsgruppen hier sehr einfach und übersichtlich ist und dennoch erste wesentliche Vorgehensweisen kennengelernt werden. Überdies sind die Resultate überall dort noch von Nutzen, wo eindimensionale Unterstrukturen eine Rolle spielen. (Siehe Friesgruppen in euklidischen Ebenen.)

Bevor wir die diskreten Bewegungsgruppen der euklidischen Geraden bestimmen, wollen wir kurz vorstellen:

Euklidische Geometrie auf der Geraden und ihre Bewegungen

Die *Punktmenge* ist einfach die Menge $\mathbf{R}$ der reellen Zahlen. Der Abstand zweier Punkte $x, y \in \mathbf{R}$ sei durch $d(x,y) := |x - y|$ gegeben.

Als *Anordnung* in dieser geometrischen Struktur nehmen wir einfach diejenige, die in natürlicher Weise durch den Größenvergleich der Zahlen gegeben ist („x liegt vor y“: $\Leftrightarrow x < y$).

Die *Bewegungen* seien als Transformationen von $\mathbf{R}$ charakterisiert, die die Anordnung und den Abstand invariant lassen. (Das heißt, eine Transformation α von $\mathbf{R}$ ist genau dann eine Bewegung, wenn $|\alpha(x) - \alpha(y)| = |x - y|$ und wenn aus $x < y < z$ stets $\alpha(x) < \alpha(y) < \alpha(z)$ oder $\alpha(z) < \alpha(y) < \alpha(x)$ für alle $x, y, z \in \mathbf{R}$ folgt. Man kommt mit weniger Forderungen aus, doch diese sind einfach einzusehen und hinsichtlich ihrer Konsequenzen leicht überschaubar.)

Nun ist (ohne Theorie über Transformationen von $\mathbf{R}$) unschwer einzusehen:

a) Ist α eine nicht identische Bewegung, die einen Fixpunkt a besitzt, dann gilt $\alpha(x) = -x + 2a$ für alle $x \in \mathbf{R}$ (Abb. 3.1a);
b) Ist α eine nicht identische Bewegung ohne Fixpunkte, dann gibt es ein t mit $\alpha(x) = x + t$ für alle $x \in \mathbf{R}$ (Abb. 3.1b).

Die Bewegung in a) heißt *Spiegelung an a* und wird mit σ_a bezeichnet. Als *Translation* τ_t wird die Bewegung nach b) bezeichnet. Die identische Abbildung läßt sich als Translation τ_0 (also mit $t = 0$) einordnen. In der Geometrie auf der (euklidischen) Geraden gibt es demnach nur zwei Arten von Bewegungen.

Diese Einsicht ergibt sich bereits bei recht einfachen anschaulichen Betrachtungen. Auf einem Zahlenstrahl gibt es durch den Größenvergleich wie schon bemerkt einen natürlich gegebenen Durchlaufsinn (von den kleineren zu den größeren Zahlen). Man verändere die Lage eines Zahlenstrahls so, daß er wieder auf der gleichen Geraden wie vorher liegt. Dann gibt es anschaulich offensichtlich nur zwei verschiedene und sich ausschließende Möglichkeiten:

Der Zahlenstrahl wird verschoben, und dann unterscheiden sich die übereinanderliegenden Zahlen stets um ein und dieselbe Zahl t.

Der Zahlenstrahl wird „gewendet“, und dann muß es aufgrund gegenläufiger Durchlaufsinne genau eine Zahl a geben, die auf sich selbst zu liegen kommt.

Anhand der Abbildungen 3.1a und b ergeben sich sofort die oben angegebenen numerischen Beschreibungen dieser Abbildungen.

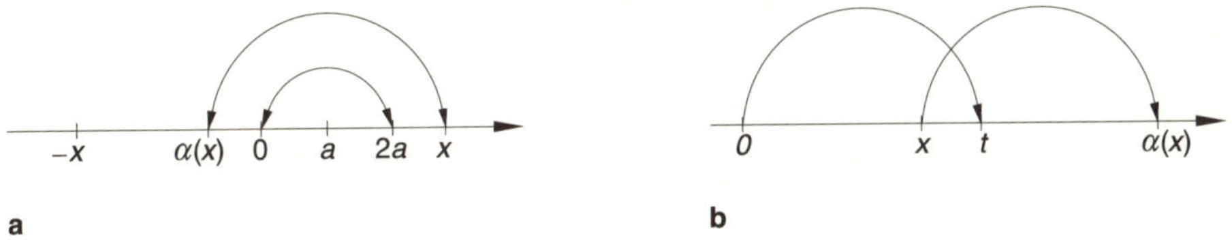

Abb. 3.1

Aufgabe 3.1. Man zeige:

a) $\tau_t \circ \tau_s = \tau_{t+s}$; b) $(\tau_t)^{-1} = \tau_{-t}$;

c) $\sigma_a \circ \sigma_b = \tau_{2(a-b)}$; d) $(\sigma_a)^{-1} = \sigma_a$.

Ist G eine Gruppe von Bewegungen, dann bildet die Menge $T(G)$ aller Translationen aus G offensichtlich eine Untergruppe von G. Gilt $G \neq T(G)$, dann gibt es wenigstens eine Spiegelung σ_a in G.

Die Gruppe G läßt sich dann bezüglich $T(G)$ in die beiden Nebenklassen $T(G)$ und $\sigma_a \circ T(G)$ zerlegen, und damit ist überdies $T(G)$ ein Normalteiler von G. Weiterhin ist ersichtlich, daß card $T(G) =$ card $(\sigma_a \circ T(G))$, d. h., daß die Menge der Translationen aus G gleichmächtig der Menge der Spiegelungen aus G ist.

Aufgabe 3.2. Man beweise die obigen Aussagen über G und $T(G)$ und nutze dabei die Aussagen in Aufgabe 3.1 und die expliziten Beschreibungen der Bewegungen.

Diskrete Bewegungsgruppen

Im folgenden sei G eine diskrete Bewegungsgruppe der euklidischen Geraden. Dabei ist es nach der Folgerung 2.9 egal, ob die Diskretheit nach **D0** oder **D1** verstanden wird.

Zunächst ergibt sich eine vollständige und disjunkte Einteilung dieser Gruppen nach der Reichhaltigkeit der jeweiligen Untergruppe $T(G)$ der Translationen in folgende Arten:

0. Es ist $T(G) = \{\tau_0\}$, wobei τ_0 die Identität ist.
1. $T(G) \neq \{\tau_0\}$, d. h., $T(G)$ enthält mehr Translationen als nur die Identität.

Die diskreten Gruppen der 0. Art

Nach den obigen Darlegungen über Bewegungen gibt es nur folgende Möglichkeiten:

a) Es ist $G = T(G)$. Dann ist $G = \{\tau_0\} = \langle\tau_0\rangle$.
b) Es ist $G \neq T(G)$. Dann enthält G eine Spiegelung σ_a und es gilt die Gleichung $G = \{\tau_0, \sigma_a\} = \langle\sigma_a\rangle$.

Dabei bezeichnet $\langle\alpha\rangle$ die aus α erzeugte Gruppe. (Siehe Anhang A 2.4.)

Umgekehrt sind die Bewegungsgruppen, die nur aus der Identität bestehen oder aus einer Spiegelung erzeugt werden, offensichtlich diskret.

Die diskreten Gruppen der 1. Art

Mit G ist zunächst auch die Untergruppe $T(G)$ diskret.

Satz 3.1. *Ist T eine diskrete Gruppe von Translationen, die mehr als die Identität enthält, dann gibt es eine von der Identität verschiedene Translation τ_e derart, daß $T(G) = \langle\tau_e\rangle$.*

Beweis. Es sei x irgendein Punkt. Da T mehr als die Identität enthält, gibt es im Orbit $T(x)$ wenigstens einen von x verschiedenen Punkt y. Wir wählen irgendein $r > d(x,y) = |x - y|$. Da T diskret ist, enthält die r-Umgebung $(x - r, x + r)$ von x neben x und y nach dem Satz 2.7b nur *endlich* viele Punkte aus dem Orbit $T(x)$. Und damit gibt es ein Minimum e der Abstände, die diese von x verschiedenen Punkte zum Punkt x besitzen.

Mit $\tau_e \in T$ ist $\langle\tau_e\rangle \subseteq T$.

Nun bleibt noch $T \subseteq \langle\tau_e\rangle$ zu zeigen. Sei also τ_t irgendeine von der Identität verschiedene Translation aus T, also $t \neq 0$. Nun gibt es (genau) eine ganze Zahl n mit $ne \leq t < (n + 1)e$ (Archimedizität der Ordnung von $\mathbf{R}$). Es ist $\tau_{ne} \in T$.

Wäre $t \neq ne$, dann würde es wegen $\tau_{t-ne} = \tau_t \circ (\tau_{ne})^{-1} \in T$ und $0 < t - ne < e$ in dem Orbit $T(x)$ einen Punkt y mit $0 < d(x,y) < e$ geben, und das würde der Wahl von e widersprechen. Also ist $\tau_t = \tau_{ne} \in T$. □

Mit diesem Satz ist im wesentlichen die Struktur aller diskreten Bewegungsgruppen 1. Art geklärt:

a) $G = T(G)$. Dann läßt sich G aus einer nichtidentischen Translation erzeugen.

b) $G \neq T(G)$. Dann gibt es eine nichtidentische Translation τ_e und eine Spiegelung σ_a mit $G = \langle\tau_e\rangle \cup \sigma_a \circ \langle\tau_e\rangle = \langle\tau_e, \sigma_a\rangle$.

   Die Nebenklasse $\sigma_a \circ \langle\tau_e\rangle$ besteht dabei aus den Spiegelungen an den Punkten $a + \frac{m}{2} \cdot e$, m ganzzahlig.

   Und *umgekehrt* ist jede so erzeugte Gruppe diskret.

Aufgabe 3.3. Man zeige, daß sich jede diskrete Gruppe der Art 1b aus zwei Spiegelungen erzeugen läßt.

Aufgabe 3.4. Man ordne die vier Arten diskreter Gruppen im Rahmen abstrakter Gruppen (*zyklische Gruppen, Diedergruppen*; siehe Anhang A 2.4) ein.

Aufgabe 3.5. Durch $\tau_1(x) := x + 1$ und $\tau_s(x) := x + s$, $s > 1$ konstante reelle Zahl, sind Translationen gegeben. Für welche s ist die durch beide Translationen erzeugte Gruppe G diskret? Wie sieht der Orbit $G(x)$ eines Punktes x aus, wenn $s = 1{,}4$ oder $s = \sqrt{2} = 1{,}414...$ (also *nicht* rational) ist?

4. Einfache diskrete Bewegungsgruppen der euklidischen Ebene

Grundsätzliche Sachverhalte über die ebene euklidische Geometrie und speziell über Gruppen von Bewegungen werden im Anhang A 5 bereitgestellt.

Wir nehmen eine Einteilung der diskreten Bewegungsgruppen in analoger Weise wie im Kapitel 3 vor. Zunächst sei G irgendeine Bewegungsgruppe und $T = T(G)$ die Untergruppe ihrer Translationen.

Lemma 4.0.1. *Je zwei Orbits $T(P)$ und $T(Q)$ sind kongruent.*

Beweis. Es sei τ die Translation, die den Punkt P in den Punkt Q überführt. (τ muß nicht zur Gruppe T gehören!) Für $\alpha \in T$ ist $\tau \circ \alpha \circ \tau^{-1} = \alpha$ (Kommutativität der Nacheinanderausführung von Translationen), und deshalb ist $\tau(T(P)) = \tau\{\alpha(P) : \alpha \in T\} = \{\alpha(Q) : \alpha \in T\} = T(Q)$.

Die Orbits sind demnach sogar translationskongruent. □

Nach diesem Lemma genügt es, folgende Begriffe durch Eigenschaften zu erklären, die für wenigstens einen Punkt bestehen.

T heißt *eindimensional* bzw. *zweidimensional*, wenn es einen Punkt X derart gibt, daß $T(X)$ ganz in einer Geraden enthalten ist und aus wenigstens zwei Punkten besteht bzw. wenn $T(X)$ wenigstens drei nicht kollineare Punkte enthält.

Nun sei G diskret und damit auch $T(G)$. Die folgende Einteilung in drei Arten ist vollständig und disjunkt:

Definition 4.0.2

a) G heißt *Punktgruppe* oder *Rosettengruppe*, wenn $T(G)$ nur aus der Identität besteht.
b) G heißt *Bandgruppe* oder *Friesgruppe*, wenn $T(G)$ eindimensional ist.
c) G heißt *Wandmustergruppe* oder *Ornamentgruppe*, wenn $T(G)$ zweidimensional ist.

Die bildhaften Bezeichnungen werden durch die folgenden Darlegungen verständlich. Ein Hauptanliegen ist es, eine vollständige strukturelle Übersicht über alle Rosetten-, Fries- und Ornamentgruppen und damit über alle diskreten Gruppen von Bewegungen in der euklidischen Ebene zu erzielen.

4.1. Die Rosettengruppen

Das Wort *Rosette* (franz. „Röschen") bezeichnet ein Ornamentmotiv, das innerhalb eines Kreises wie eine Blüte aus Teilen besteht, die regelmäßig um das Zentrum liegen. Markante Objekte dieser Art sind die Fensterrosetten in gotischen Kathedralen, die künstlerische und technische Meisterleistungen sind. Die Abbildung 4.1.1 zeigt ein solches Ornamentmotiv mit „Fischblasen".

Abb. 4.1.1

Die Symmetriegruppe G dieser Figur besteht aus drei Drehungen um ihr Zentrum, die sich alle aus ein und derselben Drehung mit dem Drehwinkel $2\pi/3$ erzeugen lassen. Die Gruppe G ist diskret, da sie endlich ist (siehe Folgerung im Anschluß an die Definition **D1**). Und da sie bis auf die Identität keine Translationen enthält, ist sie nach der Defintion 4.0.2 eine Rosettengruppe.

Wir werden im folgenden noch sehen, daß für alle Rosettengruppen eine Struktur wie in diesem Beispiel wesentlich ist.

Einen ersten Einblick gibt folgender Satz, bei dem die Diskretheit aber noch keine Rolle spielt. Dabei wird mit G^+ die Untergruppe der orientierungserhaltenden Bewegungen einer Bewegungsgruppe G bezeichnet.

Satz 4.1.1. *Enthält eine Bewegungsgruppe G mehr als die Identität* id, *aber bis auf diese keine Translationen, dann gilt*:

a) *Besteht G^+ nur aus der Identität* id, *dann besitzt G neben* id *nur noch eine Geradenspiegelung.*
b) *Ist $G^+ \neq \{\mathrm{id}\}$, dann hat G genau einen Fixpunkt F, und G besitzt höchstens Drehungen um F und Spiegelungen an Geraden durch F.*

Dabei heißt F ein *Fixpunkt* der Abbildungsgruppe G, wenn $\alpha(F) = F$ für alle $\alpha \in G$ gilt.

Beweis. Mit einer echten Schubspiegelung α würde die Gruppe die nichtidentische Translation $\alpha \circ \alpha$ besitzen. Also kann die Gruppe G von den nichtorientierungserhaltenden Bewegungen nur Geradenspiegelungen enthalten.

a) Wegen $G \neq \{\text{id}\}$ und $G^+ = \{\text{id}\}$ muß G wenigstens eine Geradenspiegelung enthalten. Mit zwei Geradenspiegelungen würde ihr Produkt aber eine nichtidentische Drehung oder eine nichtidentische Translation sein, die zu G gehört.

b) G enthalte zwei nichtidentische Drehungen $\varrho_1 = \varrho(A,\alpha)$ und $\varrho_2 = \varrho(B,\beta)$ um den Punkt A mit dem Drehwinkel α bzw. um B mit dem Drehwinkel β. Dann ist $\varrho_3 := \varrho_2 \circ \varrho_1 \circ \varrho_2^{-1}$ die Drehung um den Punkt $C := \varrho_2(A)$ mit dem Drehwinkel α (siehe Anhang A 5: Transformation einer Bewegung durch eine Bewegung), und folglich ist $\varrho_3 \circ \varrho_1^{-1}$ eine Translation, die nach Voraussetzung nur die Identität sein kann. Also ist $\varrho_3 = \varrho_1$, und daraus folgt $C = A$ und weiter $B = A$.
Folglich besitzt G^+ genau einen Fixpunkt F.

Wir setzen nun noch voraus, daß G neben einer nichtidentischen Drehung ϱ um F noch eine Spiegelung σ an einer Geraden g enthält. Läge der Punkt F nicht auf der Geraden g, dann wäre $\sigma \circ \varrho \circ \sigma$ eine nichtidentische Drehung um einen von F verschiedenen Punkt (nämlich um $\sigma(F)$), die zur Gruppe G gehört. Und damit wäre F kein Fixpunkt von G^+.

Damit ist F auch Fixpunkt von G. □

Auch bei dem folgenden Satz wird keine Diskretheit vorausgesetzt.

Satz 4.1.2. *Es sei G eine Bewegungsgruppe, die keine echten Translationen enthält.*

Dann bildet die Menge $D(G)$ der Drehungen aus G eine Untergruppe von G, und es ist entweder $G = D(G)$ oder G enthält eine Geradenspiegelung σ_g, und es ist $G = D(G) \cup \sigma_g \circ D(G)$.

Beweis

a) Nach dem Satz 4.1.1 haben alle Drehungen aus G ein gemeinsames Drehzentrum Z, und damit ist offensichtlich $D(G)$ eine Untergruppe von G.

b) Die Gruppe G kann nach Satz 4.1.1 neben Drehungen mit einem gemeinsamen Drehzentrum Z nur noch Geradenspiegelungen enthalten. Es sei $\sigma_g \in G$. Wegen Satz 4.1.1 ist $Z \in g$. Für irgendeine Geradenspiegelung $\sigma_h \in G$ gilt ebenfalls $Z \in h$, und damit ist die Verkettung $\sigma_g \circ \sigma_h$ eine Drehung ϱ um Z, die zu G gehört. Nun ist $\sigma_h = \sigma_g \circ \varrho \in \sigma_g \circ D(G)$. □

Folgerung. *Unter den Voraussetzungen des Satzes 4.1.2 ist $D(G)$ ein Normalteiler von G, und die Mengen der Drehungen und Geradenspiegelungen sind gleichmächtig, falls G überhaupt Geradenspiegelungen enthält.*

Wir setzen nun Diskretheit von G voraus.

Dann ist auch $D(G)$ diskret. Mit dem folgenden Satz ist ein grundsätzlicher Einblick in die Struktur der Rosettengruppen gegeben.

Satz 4.1.3. *Ist D eine diskrete Gruppe von Drehungen mit gemeinsamem Zentrum Z, dann gibt es eine natürliche Zahl $n > 0$ derart, daß sich D aus der Drehung $\varrho(Z, 2\pi/n)$ erzeugen läßt.*

Beweis. Wir wählen einen Punkt $P \neq Z$ und eine reelle Zahl $r > |P,Z|$. Dann ist der Orbit $D(P)$ ganz in der r-Umgebung von Z enthalten. Da D diskret ist, muß nach **D0** der Durchschnitt $D(P) \cap U_r(Z) = D(P)$ eine *endliche* Menge sein. Es sei n die Anzahl dieser Punkte.

Ausgehend von P werden diese Punkte in ihrer Reihenfolge auf dem Kreis um Z durch P (etwa im mathematisch positiven Drehsinn) durchnumeriert: $P_1 := P, P_2, ..., P_n$ (Abb. 4.1.2).

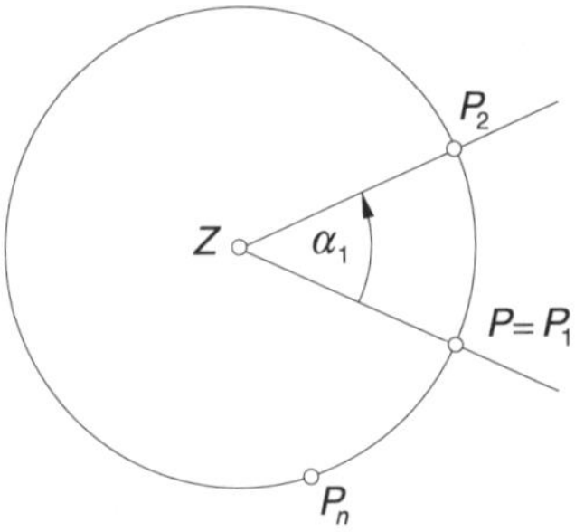

Abb. 4.1.2

Für $n = 1$ ist die Behauptung offensichtlich. Es sei $n > 1$.

Wir bezeichnen die Größe der orientierten Winkel $\sphericalangle P_k Z P_{k+1}$ ($k = 1, ..., n$; $P_{n+1} := P_1$) mit α_k. Für das Minimum β aller α_k gilt $0 < \beta \leq 2\pi/n$.

Für die Drehung $\varrho := \varrho(Z, \beta) \in D$ ist $\langle\varrho\rangle \subseteq D$ und damit $\langle\varrho\rangle(P) \subseteq D(P)$. Wäre $\beta < 2\pi/n$, dann müßte der Orbit von P bezüglich der Gruppe $\langle\varrho\rangle$ mehr als n Punkte enthalten; und das widerspricht der vorangegangenen Feststellung, daß dieser Orbit ganz in $D(P)$ liegt.

Also ist $\beta = 2\pi/n$ und damit $\alpha_1 = ... = \alpha_n = 2\pi/n$.

Folglich ist $D = \langle\varrho\rangle$. □

Der Satz 4.1.3 läßt zu, daß $n = 1$ und damit D nur aus der Identität besteht.

Zusammen mit dem Satz 4.1.2 ist nun klar, daß nur folgende Arten von Rosettengruppen möglich sind:

a) $G = D(G)$ und damit $G = \langle\varrho(Z, 2\pi/n)\rangle$, $n \geq 1$;

b) $G \neq D(G)$ und damit $G = \langle\varrho(Z, 2\pi/n), \sigma_g\rangle$ mit $Z \in g$ und $n \geq 1$.

Umgekehrt ist jede so erzeugte Gruppe G eine Rosettengruppe, da sie als endliche Gruppe diskret und $T(G) = \{\mathrm{id}\}$ ist.

Rosettengruppen C_n und D_n

Als abstrakte Gruppe gesehen ist eine Rosettengruppe der Art a) eine zyklische Gruppe der Ordnung n (kurz C_n) und eine Rosettengruppe der Art b) eine Diedergruppe der Ordnung $2n$ (kurz D_n). (Zur algebraischen Charakterisierung dieser Gruppen verweisen wir auf den Anhang A 2.4.)

Eine *Gruppe G von Bewegungen in der euklidischen Ebene* ist also *genau dann eine Rosettengruppe*, wenn sie sich in der Form a) oder b) darstellen läßt.

Diese Eigenschaft entspricht in natürlicher Weise den Erscheinungsformen, die wir mit „Rosetten" verbinden.

Eine etwas modifizierte Charakterisierung ist folgende:

Satz 4.1.4. *Eine Gruppe G von Bewegungen in der Ebene ist genau dann eine Rosettengruppe, wenn sie nur aus der Identität besteht oder neben der Identität nur noch eine Geradenspiegelung enthält oder wenn sie mehr als eine, aber nur endlich viele Drehungen enthält.*

Nach den bisherigen Darlegungen ist diese Charakterisierung klar; sie ist ein sehr einfach überprüfbares Kriterium!

Beispiel 4.1.1. Die Symmetriegruppe (Deckabbildungsgruppe) eines regelmäßigen n-Ecks ist eine Rosettengruppe der Art b).

Aufgabe 4.1.2. Man zeige, daß sich jede Rosettengruppe der Art b) aus zwei Geradenspiegelungen erzeugen läßt. (Man benutze dazu Bereitstellungen über Bewegungen aus dem Anhang A 5.)

Aufgabe 4.1.3. Man zeige, daß die von der Drehung $\varrho(Z, t \cdot 2\pi)$ mit fester reeller Zahl $0 \le t \le 1$ erzeugte Gruppe genau dann diskret ist, wenn t eine rationale Zahl ist.

Aufgabe 4.1.4. Durch wieviele verschiedene Drehungen läßt sich ein und dieselbe Rosettengruppe erzeugen, die aus n Drehungen besteht? (Zur Lösung verwende man die Eulersche φ-Funktion; $\varphi(n)$ gibt die Anzahl der primen Restklassen mod n an, das heißt die Anzahl derjenigen natürlichen Zahlen $0 \le k \le n-1$, die zu n teilerfremd sind.)

Es ist eine allgemeine wissenschaftliche Methode, Objekte nach gewissen Eigenschaften in Klassen einzuteilen. Wir haben davon schon Gebrauch gemacht, als wir von zwei „Arten von Rosettengruppen" sprachen.

Die diskreten Bewegungsgruppen können unter verschieden Aspekten klassifiziert werden. Wir gehen hier neben der Isomorphie kurz auf zwei weitere Möglichkeiten ein.

Definition 4.1.5. Eine Bewegungsgruppe G heißt zu einer Bewegungsgruppe G' *kongruent*, wenn es eine Bewegung γ (der Ebene) gibt, die G auf G' transformiert, d. h. für die $\gamma \circ G \circ \gamma^{-1} = G'$ ist.

Diese Gruppen sind dann isomorph. Die Kongruenz ist eine Äquivalenzrelation in der Menge der Bewegungsgruppen.

Eine allgemeinere Beziehung beschreibt die

Definition 4.1.6. Eine Bewegungsgruppe G heißt *äquivalent* zu einer Bewegungsgruppe G', wenn es eine affine Transformation γ (der Ebene) mit $\gamma \circ G \circ \gamma^{-1} = G'$ gibt.

Auch hier sind die Gruppen dann isomorph; und die Äquivalenz ist eine Äquivalenzrelation in der Menge der Bewegungsgruppen.

Satz 4.1.7. *Zu jeder natürlichen Zahl $n \geq 1$ gibt es bis auf Kongruenz genau eine Rosettengruppe C_n und genau eine Rosettengruppe D_n.*

Beweis. Es seien G und G' zwei Rosettengruppen der Art a) mit je n Elementen. Dann gibt es nach dem Satz 4.1.3 Drehungen $\varrho_1 = \varrho(A, 2\pi/n)$ und $\varrho_2 = \varrho(B, 2\pi/n)$, die G bzw. G' erzeugen.

Bei der Translation τ mit $\tau(A) = B$ ist $\varrho_2 = \tau \circ \varrho_1 \circ \tau^{-1}$, und damit transformiert τ die Gruppe G auf die Gruppe G'.

Entsprechend kann der Beweis für zwei Rosettengruppen G und G' der Art b) mit je $2n$ Elementen geführt werden. Dazu seien neben ϱ_1 und ϱ_2 die Spiegelungen an den Geraden g durch A bzw. h durch B die Erzeugenden der Gruppe G bzw. G'. Die Translation τ (mit $\tau(A) = B$) bildet g auf eine Gerade g' ab, die durch B geht. Nun gibt es eine Drehung ϱ um B, die g' auf h abbildet.

Die (orientierungserhaltende) Bewegung $\varrho \circ \tau$ leistet schließlich die gewünschte Transformation von G auf G', da entsprechende erzeugende Elemente dieser Gruppen dabei einander zugeordnet werden. □

Überdies ist zu sehen: Ist eine Rosettengruppe G von der Art C_n bzw. D_n zu einer Bewegungsgruppe G' kongruent, dann ist G' von der gleichen Art.

Die Rosettengruppen C_n und D_n bilden also für jedes $n \geq 1$ bezüglich der Kongruenz jeweils eine Äquivalenzklasse.

Anhand des Beweises zum Satz 4.1.7 erkennt man leicht

Satz 4.1.8. *Die durch den Satz* 4.1.7 *ausgewiesene Klasseneinteilung bleibt bestehen, wenn man anstelle der Kongruenz die Äquivalenz oder bis auf C_2 und D_1 gar nur die Isomorphie von Gruppen zugrunde legt.*

Die zyklischen Gruppen der Ordnung 2 und die Diedergruppen der Ordnung 2 bilden eine Isomorphieklasse. Diese ist aber auch der einzige Fall, in dem eine zyklische Gruppe zu einer Diedergruppe isomorph ist.

Die Abbildung 4.1.3 zeigt ebene Figuren: a und b sind ein gotisches „Fischblasen"-Motiv bzw. eine Meßwerkfüllung; d ist eine Figur, deren einfache Konstruktion auf kleinkariertem Papier unbegrenzt ausgeführt werden kann.

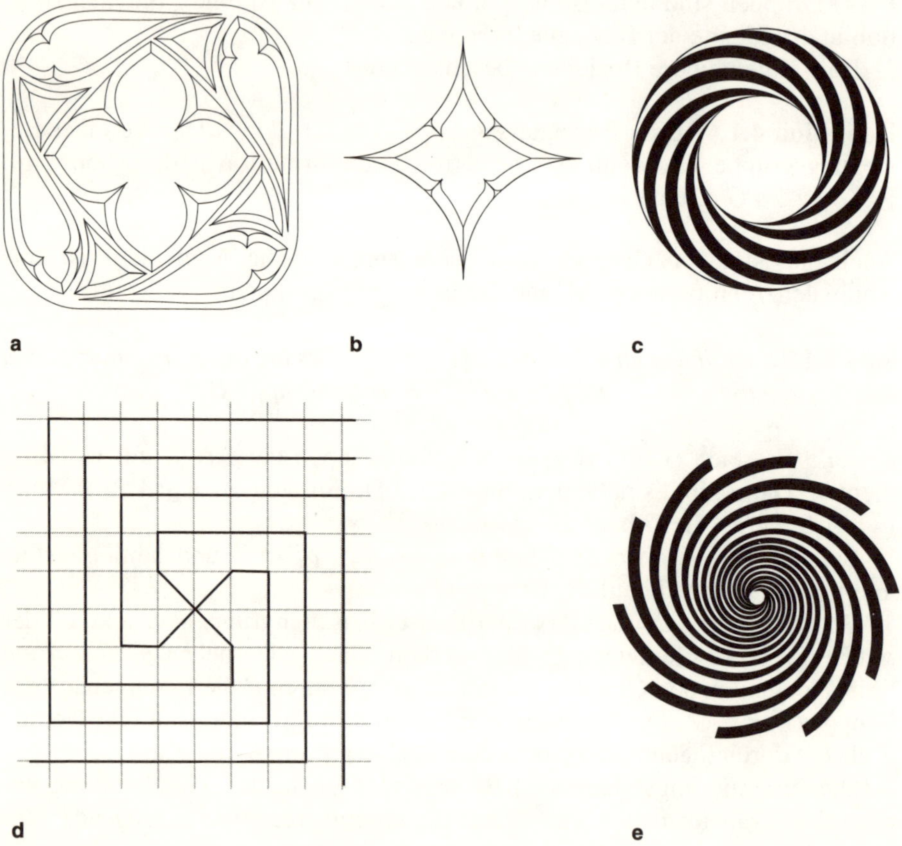

Abb. 4.1.3

Aufgabe 4.1.5

a) Man ordne die Symmetriegruppen der Figuren in Abbildung 4.1.3 a – e in die Rosettengruppenklassen ein.

b) Man betrachte das Vorderrad eines Fahrrades im Seitenriß (Draufsicht). Von welcher Rosettengruppenklasse ist die Symmetriegruppe dieses Risses, wenn die Überschneidungen („oben/unten") berücksichtigt bzw. nicht berücksichtigt werden.

Symmetrie der Polygone

Die bisherigen Einsichten über Rosettengruppen ergeben einige strukturelle Aussagen über die Symmetrie von Polygonen.

Wir stellen in Form einer Aufgabe zunächst einen Hilfssatz bereit.

Aufgabe 4.1.6. Man zeige: *Ist F eine beschränkte Figur (d. h. eine Figur, die ganz in einer r-Umgebung enthalten ist), dann kann die Symmetriegruppe $S(F)$ keine nichtidentischen Translationen enthalten.*

Satz 4.1.9. *Die Symmetriegruppe eines Polygons ist stets eine Rosettengruppe.*

Beweis. Es sei **P** ein Polygon. Da **P** beschränkt ist, kann seine Symmetriegruppe $S(\mathbf{P})$ keine nichtidentische Translation enthalten. Nach Satz 4.1.1 besitzt dann $S(\mathbf{P})$ einen Fixpunkt M.

Außerdem enthält $S(\mathbf{P})$ nur endlich viele Bewegungen, da jede Ecke wieder auf eine Ecke abgebildet werden muß. Damit ist $S(\mathbf{P})$ diskret. □

Satz 4.1.10. *Ein Polygon mit n Ecken ($n \geq 3$) ist genau dann regulär, wenn die Symmetriegruppe $S(\mathbf{P})$ die Rosettengruppe D_n ist.*

Aufgabe 4.1.7. Man beweise den Satz 4.1.10. (Siehe u. a. [Bö/Qu], S.75.)

Aufgabe 4.1.8. Die regulären Polygone können konvex oder sternförmig (d. h. mit überschneidenden Seiten) sein. Man begründe folgende Aussage: *Zu jeder natürlichen Zahl $n \geq 3$ gibt es bis auf Ähnlichkeit genau ein konvexes und $(\varphi(n) - 2)/2$ sternförmige reguläre Polygone mit n Ecken.* (Siehe u. a. [Bö/Qu].)

Dabei beschreibt $\varphi(n)$ die Eulersche Funktion, vgl. Aufgabe 4.1.4. Es gibt bis auf Ähnlichkeit genau ein sternförmiges reguläres Fünfeck und zwei sternförmige reguläre Siebenecke (Abb. 4.1.4).

Aus den Sätzen 4.1.9 und 4.1.10 sowie dem Satz von Lagrange (über die Ordnung der Untergruppen einer endlichen Gruppe; Anhang 2.6) ergibt sich

Folgerung 4.1.11. *Die Symmetriegruppe eines Polygons mit n Ecken ist eine Untergruppe der Rosettengruppe D_n, also eine Rosettengruppe C_t oder D_t, für die t ein Teiler von n ist.*

Aufgabe 4.1.9. Gibt es zu jedem echten Teiler t von $n > 2$ ein Polygon mit n Ecken, dessen Symmetriegruppe eine Rosettengruppe C_t oder D_t ist? (Man untersuche speziell die Fälle $n = 4$ und $n = 5$.)

Es liegt nahe, bei festem n ($n \geq 3$) die n-Ecke nach Symmetrieaspekten zu *systematisieren.*

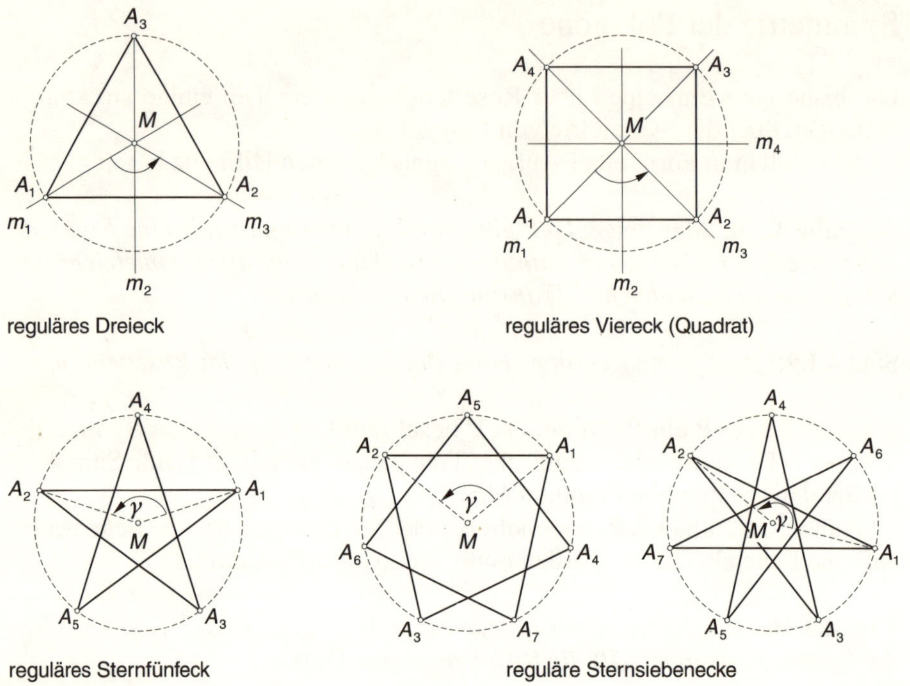

Abb. 4.1.4

Nach der Folgerung 4.1.11 ist eine größere Reichhaltigkeit nur für solche natürlichen Zahlen n zu erwarten, die möglichst viele Teiler besitzen.

Im folgenden geben wir eine *Systematik der Sechsecke* an (Abb. 4.1.5). Nichttriviale Untergruppen der D_6 können nur von der Ordnung 6, 4, 3 oder 2 sein. Neben Drehungen treten als Symmetrieelemente nur noch Spiegelungen an Geraden auf. Dabei ist aus geometrischer Sicht ein Unterschied zu sehen zwischen Symmetrieachsen, die eine Diagonale oder eine Seitenmittelsenkrechte des Sechsecks sind. Bei den Drehsymmetriezentren ist die Zähligkeit (Anzahl der Drehungen, die Symmtrieabbildungen sind) angegeben. Es ist bemerkenswert, daß es Sechsecke gibt, deren Symmetriegruppe eine C_3 ist.

Aufgabe 4.1.10. Man gebe eine entsprechende Systematik für die Vierecke an.

Rosettengruppen in Natur, Technik und Kunst

Auffällig ist bei vielen Blüten die strenge Symmetrieanordnung, die sich durch eine Rosettengruppe beschreiben läßt. Man betrachte zum Beispiel die Blüte einer Tulpe oder die Blüten des Apfelbaums. Dementsprechend bildet

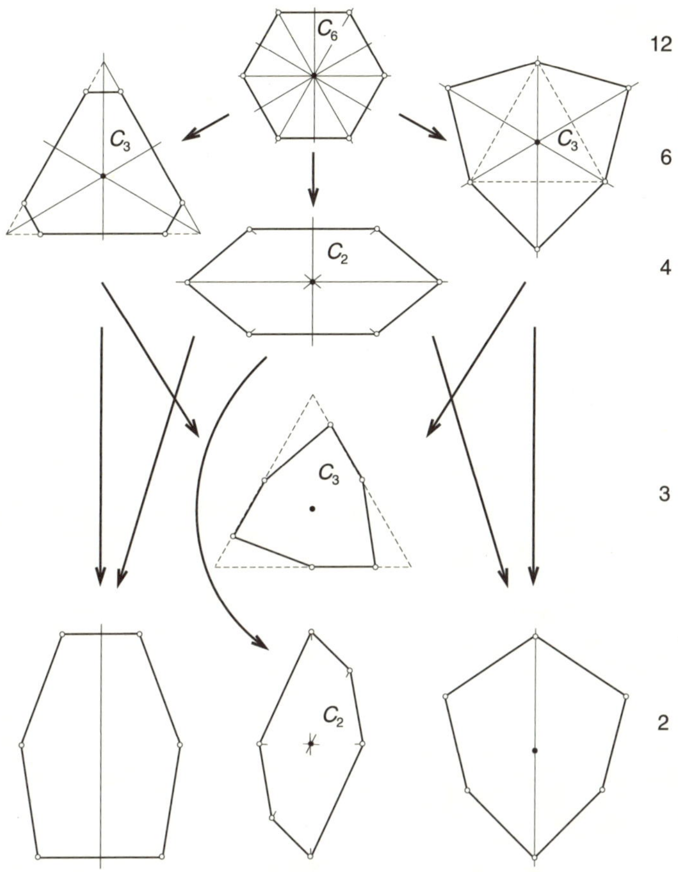

Abb. 4.1.5 Systematik der Sechsecke nach Symmetrieaspekten (Die Zahlen geben die Anzahl der Symmetrieabbildungen an)

sich nach der Befruchtung der Fruchtkörper. Man schneide dazu einmal den Fruchtkörper der Tulpe oder des Apfels senkrecht zur Stengelachse durch. Bei der Tulpe ist die Symmetriegruppe ein Rosettengruppe vom Typ D_3, beim Apfel vom Typ D_5.

Diese Eigenschaften sind keine Launen der Natur. Sie reflektieren Erbanlagen, Strukturanlagen, die sich als günstige Anpassung an die Lebensbedingungen erwiesen haben. Es ist deshalb verständlich, wenn Blütendiagramme (wie das der Rose und des Rapses in Abb. 4.1.6) zur Systematisierung der Samenpflanzen herangezogen werden.

Es entspricht dem Wesen des Menschen, daß er seine Umwelt, die Erscheinungsformen der Natur ergründet und dies in seinen Äußerungen (Zeichnen, Modellieren, Sprechen und Schreiben) wiederspiegelt. So zeigen sich Rosettengruppen bereits in frühesten menschlichen Kulturen.

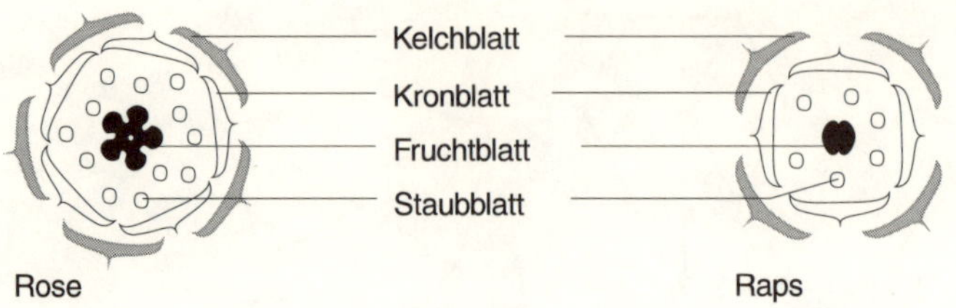

Abb. 4.1.6 Blütendiagramme zeigen die Anordnung der Blütenteile zueinander in einer Grundrißdarstellung

Schmückende Elemente an Gebäuden, Gebrauchsgegenständen u. a. m. und bei Kunstgegenständen weisen vielfach Symmetrien auf, die Rosettengruppen bilden.

Besonders auffällige und kunstvolle Rosetten sind an sakralen Bauten der Romanik und Gotik (Abb. 4.1.7 a, b) sowie an Schlössern (Abb. 4.1.7 c) zu finden.

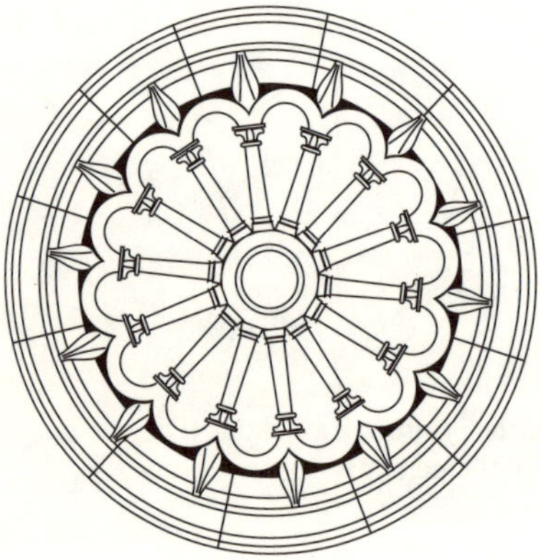

a

b

c

Abb. 4.1.7

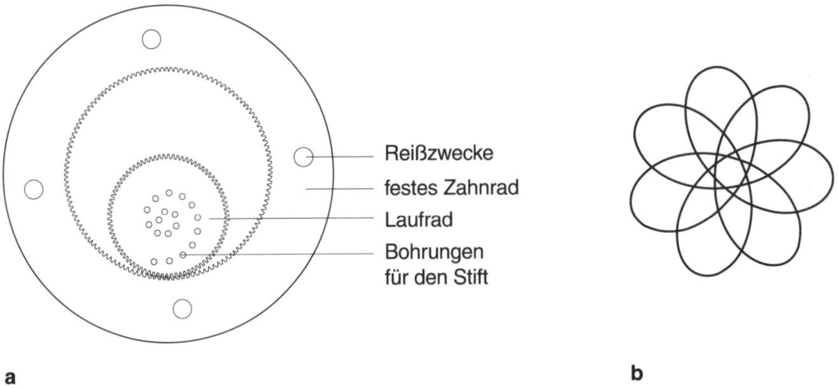

Abb. 4.1.8

Ein unterhaltsames und mathematisch interessantes Spiel- und Zeichengerät ist der *Spirograph*. Wie Abbildung 4.1.8 a zeigt, wird auf einer Zeichenunterlage ein Zahnrad befestigt und an diesem ein bewegliches Zahnrad so angesetzt, daß die Zähne ineinandergreifen. In eine der Bohrungen des Laufrades wird ein Zeichenstift gesteckt. Durch Bewegung des Laufrades entlang des feststehenden Zahnrades entsteht eine geschlossene Kurve (Abb. 4.1.8 b; warum?). Wenn der Zeichenstift sich nicht im Mittelpunkt des Laufrades befindet, ist die Symmetriegruppe der Kurve eine Rosettengruppe. (Warum?)

Die Anzahl der Zähne des festen Rades sei r und die des Laufrades s ($3 \leq s < r$). Zu welcher Klasse der Rosettengruppe gehört die Symmetriegruppe der Kurve? Die Abbildung 4.1.8 b entstand mit einem festen Rad, das 105 Zähne besitzt. Wie viele Zähne hatte hier das Laufrad?

Aufgabe 4.1.12. Man beantworte diese Fragen!

Rotierende Elemente in der Technik besitzen auffällige und ausgeprägte Rosettengruppen-Symmetrien. Das hat meist praktische Gründe. Regelmäßige

Abb. 4.1.9

Anordnungen sichern eine gleichmäßige und optimale Stabilität oder Wirkung. Seit der Erfindung des Rades ist das eine typische Erscheinung. So ist die regelmäßige Verteilung der Speichen beim Fahrrad oder der Schlitze an der Autoradfelge (Abb. 4.1.9) nicht nur „schön", sondern vor allem wesentlich für die Stabilität bzw. zweckmäßig für die Belüftung des Rades.

4.2. Die Friesgruppen

Es sei G eine Friesgruppe. Dann ist nach Definition 4.0.2 die Untergruppe $T(G)$ der Translationen von G eindimensional und diskret.

Nach dem Satz 3.1 gibt es eine nichtidentische Translation τ_e, die ganz $T(G)$ erzeugt: $T(G) = \langle \tau_e \rangle$.

Diese Eigenschaft ist auch hinreichend dafür, daß eine Gruppe G von Bewegungen eine Friesgruppe ist. Denn die in der Definition 4.0.2 genannten Bedingungen sind dann leicht einzusehen.

Damit haben wir folgende einfache und praktisch leicht handhabbare Charakterisierung der Friesgruppen:

Satz 4.2.1. *Eine Gruppe G von Bewegungen der Ebene ist dann und nur dann eine Friesgruppe, wenn es in dieser Gruppe eine (nichtidentische) Translation τ_e gibt, die alle Translationen der Gruppe erzeugt.*

Abb. 4.2.1

Die Abbildung 4.2.1 zeigt einen *Fries* oder ein *Bandornament* F. (Die Struktur hat man sich nach beiden Seiten beliebig fortgesetzt vorzustellen!) Es ist augenscheinlich, daß sich alle Translationen, die diesen Fries auf sich abbilden, durch eine Translation gleicher Eigenschaft und mit kürzester „Verschiebungsweite" erzeugen lassen. Die Symmetriegruppe von F ist demnach eine Friesgruppe (Satz 4.2.1).

Die einfachste Struktur einer Friesgruppe liegt vor, wenn sie nur aus Translationen besteht; sie wird durch eine Translation erzeugt.

Zu klären ist nun, welche und in welcher Weise weitere Bewegungsarten (Drehungen, Schubspiegelungen und speziell Geradenspiegelungen) in einer Friesgruppe auftreten können. In folgenden Hilfssätzen werden dafür erhebliche Einschränkungen ausgewiesen. Sie sind notwendige Bedingungen für die Existenz weiterer Friesgruppen. Am Ende einer solcher Vorgehensweise bleibt der Existenznachweis.

In diesen Hilfssätzen wird mit τ_e stets eine Translation bezeichnet, die die Translationen der Friesgruppe erzeugt.

Für einen Überblick genügt es zunächst, die Aussagen der Hilfssätze zur Kenntnis zu nehmen.

Im folgenden bezeichne G^+ wieder die orientierungserhaltenden (oder auch *eigentlich* genannten) und G^- die nicht orientierungserhaltenden Bewegungen einer Bewegungsgruppe G. In der euklidischen Ebene besteht G^+ aus Translationen oder Drehungen und G^- aus Schubspiegelungen, zu denen die Geradenspiegelungen (als Schubspiegelungen mit der Identität als Translationsanteil) zählen.

Lemma 4.2.2. *Enthält die Untergruppe G^+ einer Friesgruppe G mehr als Translationen, dann lediglich Punktspiegelungen. Es gibt dann eine Punktspiegelung σ_O, die zusammen mit der nichtidentischen Translation τ_e die Gruppe G^+ erzeugt.*

Beweis. Nach Voraussetzung existiert in G^+ neben $T(G) = \langle\tau_e\rangle$ eine nichtidentische Drehung $\varrho = \varrho(O,\alpha)$, $0 < \alpha \leq \pi$. Es sei A das Bild von O bei der Translation τ_e. Wäre $\alpha \neq \pi$, dann würde $B := \varrho(A)$ nicht auf der Geraden durch O und A liegen. Und damit würde die Translation $\varrho \circ \tau \circ \varrho^{-1}$, die zu G gehört und die den Punkt O in B überführt, nicht in $T(G)$ liegen. Also muß ϱ die Spiegelung am Punkt O sein.

Folglich kann G^+ neben Translationen nur noch Punktspiegelungen enthalten.

Ist σ_P irgendeine Punktspiegelung aus G^+, dann ist $\sigma_O \circ \sigma_P$ eine Translation τ aus G und damit $\sigma_P = \sigma_O \circ \tau \in \sigma_O \circ T(G)$. Folglich gilt $G^+ \subseteq \langle\tau_e, \sigma_O\rangle$. Die noch fehlende Inklusion $\langle\tau_e, \sigma_O\rangle \subseteq G^+$ ist offensichtlich. □

Aufgabe 4.2.1. Ergibt sich bei dem oben geführten Beweis nicht schon ein Widerspruch aus dem Sachverhalt, daß O, A und B nicht kollineare Punkte sind, die in einem gemeinsamen Orbit (nämlich in $G(O)$) liegen?

Aufgabe 4.2.2. Man zeige:

a) Die Punktspiegelungen aus der Gruppe $\langle\tau_e, \sigma_O\rangle$ sind die Spiegelungen an den Punkten P, für die die Translation $\sigma_O \circ \sigma_P$ gleich einem Produkt $(\tau_e)^n$, n ganzzahlig, ist.
b) Die Menge der Punktspiegelungen ist gleichmächtig der Menge der Translationen.
c) Die Gruppe $\langle\tau_e,\sigma_O\rangle$ läßt sich durch zwei geeignete Punktspiegelungen erzeugen.

Eine Friesgruppe G bestimmt durch $T(G) = \langle \tau_e \rangle$ eine Richtung, die die *Friesrichtung* F_G genannt wird. Alle und nur die Geraden dieser Richtung werden bei den Translationen aus G auf sich abgebildet.

Die folgenden beiden Hilfssätze zeigen nun die Einschränkungen auf, die sich für die uneigentlichen Bewegungen einer Friesgruppe ergeben.

Lemma 4.2.3

a) *Enthält G eine Spiegelung an der Geraden g, so liegt g in der Friesrichtung F_G oder sie verläuft senkrecht zu ihr* (kurz $g \perp F_G$).

b) *Ist in G eine echte Schubspiegelung $\tau \circ \sigma_g$ (also τ ungleich der Identität) enthalten, so liegt die Achse g in der Friesrichtung.*

c) *Sind in G zwei nicht notwendig echte Schubspiegelungen enthalten, deren Achsen in Friesrichtung liegen, so sind ihre Achsen identisch.*

d) *Die Gruppe G enthalte eine Punktspiegelung an O. Besitzt G überdies eine (nicht notwendig echte) Schubspiegelung $\tau \circ \sigma_f$ mit $f \in F_G$, so gilt $O \in f$; und ist speziell τ die Identität, so enthält G die Spiegelung an der zu f orthogonalen Geraden g durch O.*

Enthält umgekehrt G die Spiegelung an der senkrecht zur Friesrichtung und durch O verlaufenden Geraden, dann enthält sie die Spiegelung an der Geraden f durch O, die in Friesrichtung liegt.

Beweis

a) Wäre weder $g \in F_G$ noch $g \perp F_G$, dann ergäbe (wie beim Beweis zum Lemma 4.2.2) $\sigma_g \circ \tau_e \circ \sigma_g$ eine Translation τ_e', die nicht in $T(G)$ läge (Abb. 4.2.2).

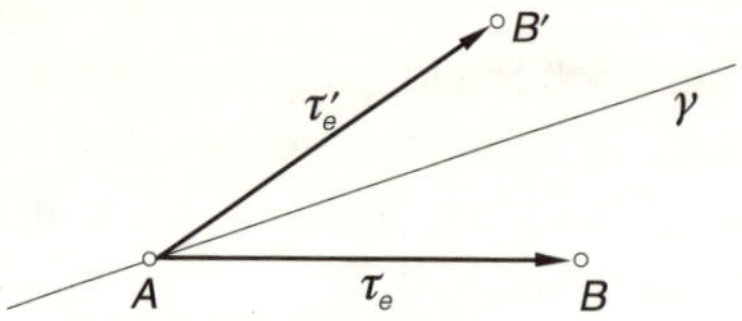

Abb. 4.2.2

b) Nach Voraussetzung ist $(\tau \circ \sigma_g) \circ (\tau \circ \sigma_g) = \tau \circ \tau$ eine nichtidentische Translation in $T(G)$, und damit muß $g \in F_G$ sein.

c) Wären die Achsen g und h der Schubspiegelungen echt parallel zueinander, dann wäre $\sigma_g \circ \sigma_h$ eine nichtidentische Translation, deren Richtung senkrecht zur Friesrichtung ist, da g und h nach Voraussetzung in Friesrichtung liegen. Die Verkettung der beiden Schubspiegelungen wäre damit aber eine Translation, deren Richtung nicht in Friesrichtung liegen könnte. Folglich muß $g = h$ sein.

d) Wäre O nicht in f enthalten, dann wäre $\tau \circ \sigma_g \circ \sigma_O$ eine echte Schubspielung in G mit einer zu f senkrechten Achse, und das widerspricht der Aussage b). Also ist $O \in f$. Mit $\tau = \mathrm{id}$ ist dann $\sigma_f \circ \sigma_O \in G$ und dieses Produkt die Spiegelung an der zu f senkrechten Geraden g durch O. Die Umkehrung ist leicht einzusehen. □

Lemma 4.2.4

a) *Ist $G^- \neq \emptyset$ und enhält G^- keine Geradenspiegelungen, so enthält G^+ keine Punktspiegelungen, und es gibt eine echte Schubspiegelung $\varphi = \tau_0 \circ \sigma_f$ mit $\tau_0 \circ \tau_0 = \tau_e$ und $G = \langle\varphi\rangle$.*

b) *Enthält G eine Punktspiegelung σ_O, eine Geradenspiegelung σ_h mit $h \perp F_G$ und keine Spiegelung an einer Geraden in Friesrichtung, dann gibt es eine Gerade g, die nicht durch O geht und für die $\sigma_g \in G$, $(\sigma_g \circ \sigma_O)^2 = \tau_e$ und $G = \langle\sigma_O, \sigma_g\rangle$ ist.*

Aufgabe 4.2.3. Man beweise das Lemma 4.2.4!

Die Fülle der Details in den Hilfssätzen mag zunächst verwirrend erscheinen. Die deutliche systematische Vorgehensweise verschafft beim nochmaligen Lesen leicht einen besseren Einblick.

Dabei fällt folgende wesentliche Eigenschaft auf: Enthält die Friesgruppe G Schubspiegelungen, dann gibt es genau eine Gerade f (in der Friesrichtung), die Achse der Schubspiegelungen ist. Diese Gerade heißt die *Achse der Friesgruppe G*. Enthält G Punktspiegelungen (und damit Schubspiegelungen), dann liegen ihre Zentren auf dieser Achse.

Beim Beweisen erkennt man, daß man unter den jeweils angegebenen Voraussetzungen für die Friesgruppe G auch noch eine für sie mögliche Erzeugung angeben kann.

Aus den vorstehenden Hilfssätzen ergibt sich eine mögliche Fallunterscheidung, die sich an der Art der auftretenden Bewegungen sowie an den unterschiedlichen Lagebeziehungen der Symmetrieelemente (Achsen von Geraden- und Schubspiegelungen, Zentren der Punktspiegelungen) orientiert. Dabei ist folgender Sachverhalt über Bewegungen hilfreich (siehe Anhang A 5): *Existiert in einer Gruppe G von Bewegungen eine uneigentliche Bewegung γ, dann ist $G = G^+ \cup \gamma \circ G^+$ und damit $G^- = \gamma \circ G^+$.*

Nach den Hilfssätzen 4.2.2 – 4.2.4 ergibt sich für die Friesgruppen folgende vollständige und disjunkte Fallunterscheidung:

(1) Es ist $G^+ = T(G)$. Dann gibt es eine nichtidentische Translation τ_e mit $G^+ = \langle\tau_e\rangle$.

F$_1$. Es ist $G^- = \emptyset$. Dann ist $G = \langle\tau_e\rangle$ (Abb. 4.2.3 a).

F$_1^1$. G^- enthält eine Spiegelung an einer Geraden f in Friesrichtung. Dann enthält G keine weitere Geradenspiegelung, und es ist $G = \langle\tau_e, \sigma_f\rangle$, wobei $\sigma_f \circ \langle\tau_e\rangle$ eine zu den Translationen gleichmächtige Menge von Schubspiegelungen mit der Achse f ist (Abb. 4.2.3 b).

F$_1^2$. G^- enthält eine Spiegelung an einer Geraden g, die senkrecht zur Friesrichtung ist. Dann ist $G = \langle \tau_e, \sigma_g \rangle$, und $\sigma_g \circ \langle \tau_e \rangle$ ist eine zu den Translationen gleichmächtige Menge von Spiegelungen an Geraden, die senkrecht zur Friesrichtung sind (Abb. 4.2.3 c).

F$_1^3$. Es ist $G \neq \emptyset$, und G enthält keine Geradenspiegelungen. Dann gibt es eine echte Schubspiegelung $\varphi = \tau_0 \circ \sigma_f$ mit $\tau_0 \circ \tau_0 = \tau_e$ und $G = \langle \varphi \rangle$ (Abb. 4.2.3 d).

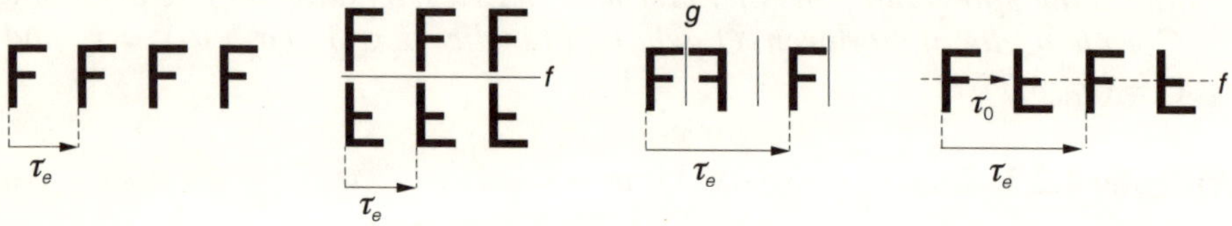

a b c d

Abb. 4.2.3

(2) Es ist $G^+ \neq T(G)$. Dann gibt es eine nichtidentische Translation τ_e und eine Punktspiegelung σ_O mit $G^+ = \langle \tau_e, \sigma_O \rangle$.

F$_2$. Es ist $G^- = \emptyset$. Dann ist G $= \langle \tau_e, \sigma_O \rangle$ (Abb. 4.2.4 a).

F$_2^1$. G^- enthält eine Geradenspiegelung an einer Geraden f in Friesrichtung. Dann gilt $O \in f$, $G = \langle \tau_e, \sigma_O, \sigma_f \rangle$ und $G^- = \sigma_f \circ G^+$ besteht aus den Spiegelungen an den Senkrechten zu f durch die Zentren der Punktspiegelungen sowie aus den Schubspiegelungen $\sigma_f \circ \tau_e$ (Abb. 4.2.4 b).

F$_2^2$. G^- enthält eine Spiegelung an einer Geraden, die senkrecht zur Friesrichtung ist und durch kein Zentrum der Punktspiegelungen geht. Dann gibt es eine Gerade g senkrecht zur Friesrichtung derart, daß der Punkt O nicht auf g liegt und daß $(\sigma_g \circ \sigma_O)^2 = \tau_e$ und $G = \langle \sigma_O, \sigma_g \rangle$ gelten (Abb. 4.2.4 c).

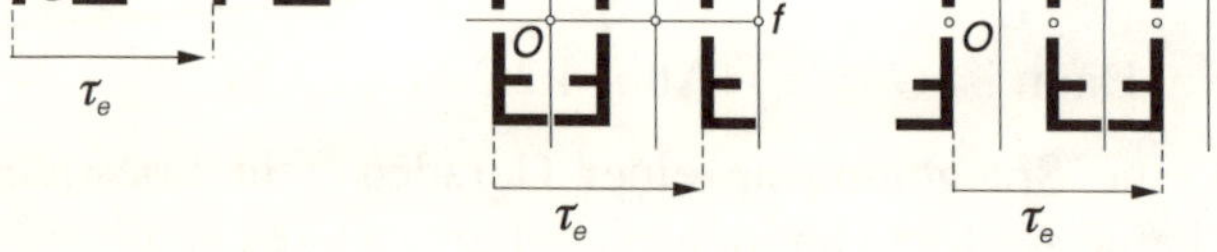

a b c

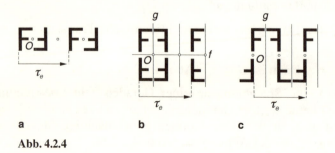

Abb. 4.2.4

Umgekehrt ist jede so erzeugte Gruppe G eine Friesgruppe, denn $T(G)$ ist eindimensional, und G ist nach **D0** diskret.

Diese angegebenen sieben Arten von Friesgruppen haben wir nach [FeTó], S. 25ff. bezeichnet. Die Abbildungen 4.2.3 a – d und 4.2.4 a – c zeigen einfache Bandornamente, deren Symmetriegruppe jeweils gerade von der vorgestellten Art der Friesgruppen ist.

Die Friesgruppen der Art $\mathbf{F}_1$ und $\mathbf{F}_1^2$ und nur diese besitzen keine Achse.

Aufgabe 4.2.4. Man zeige:

a) Eine Friesgruppe der Art $\mathbf{F}_1^2$ läßt sich mit zwei Spiegelungen an Geraden erzeugen, die senkrecht zur Friesrichtung verlaufen.

b) Eine Friesgruppe der Art $\mathbf{F}_2^1$ läßt sich mit drei Geradenspiegelungen σ_f, σ_g und σ_h erzeugen, bei denen f in Friesrichtung und g und h senkrecht zur Friesrichtung liegen.

Klassenbildung (Die sieben Äquivalenzklassen)

Nun ist wie bei den Rosettengruppen die Frage nach einer Klasseneinteilung der Friesgruppen zu klären. Wir verwenden die Äquivalenzbeziehung wie in Definition 4.1.6.

Satz 4.2.7. *Zwei Friesgruppen sind dann und nur dann äquivalent, wenn sie der gleichen Art angehören.*

Folgerung. *Es gibt bis auf Äquivalenz genau sieben Friesgruppen.*

Beweisanmerkung. Wesentlich für den Beweis ist die Einsicht, daß je zwei Gruppen G_1 und G_2, die von einer nichtidentischen Translation τ_1 bzw. τ_2 erzeugt werden, zueinander äquivalent sind.

Dazu sei O ein beliebig gewählter Punkt der Ebene und $A := \tau_1(O)$ und $B := \tau_2(O)$. Ferner sei ϱ die Drehung um O, die die Gerade OA auf die Gerade OB abbildet, und δ die zentrische Streckung mit dem Zentrum O und dem Koeffizienten $t := |OB| : |OA|$. Dann transformiert die Ähnlichkeitsabbildung $\delta \circ \varrho$ die Translation τ_1 auf die Translation τ_2. □

Entscheidungsverfahren

Die Bestimmung der Äquivalenzklasse, zu der eine vorgegebene Friesgruppe gehört, kann nach folgendem einfachen *Entscheidungsverfahren* vorgenommen werden ([Fl/Fei/Ma], [Mar]):

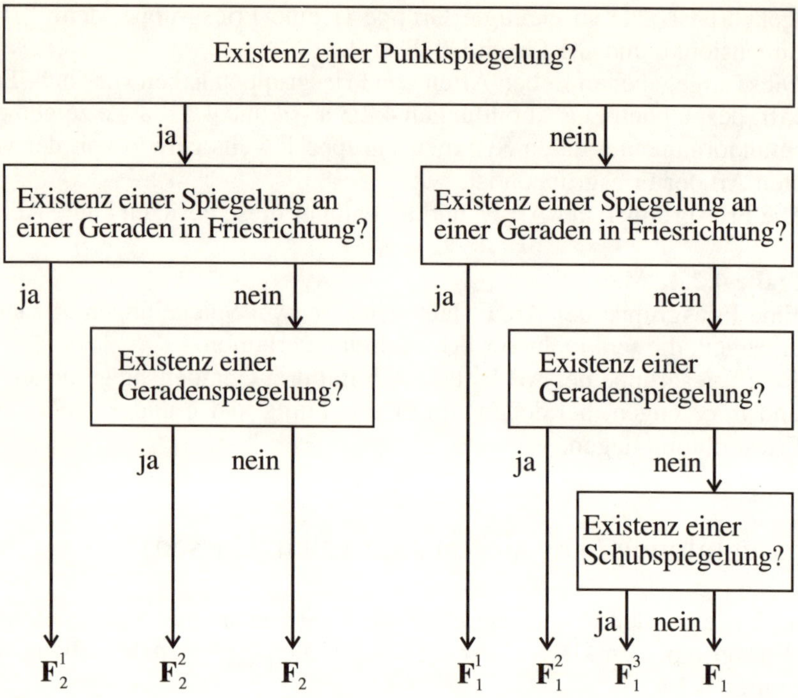

Aufgabe 4.2.5. Die Abbildung 4.2.5 zeigt Bandornamente. Man bestimme die Klasse der Friesgruppen, zu der die jeweilige Symmetriegruppe (Deckabbildungsgruppe) des Bandornaments gehört!

Aufgabe 4.2.6. Man gebe Graphen von Funktionen an, deren Symmetriegruppe eine Friesgruppe ist!

Aufgabe 4.2.7. Man stelle durch möglichst einfache Buchstabenfolgen (etwa mit Hilfe einer Schreibmaschine oder eines Computers) Beispiele für Friese her und bestimme deren Symmetriegruppenart!

Aufgabe 4.2.8. Es sei *ABCD* ein Rechteck, das den Mantel eines geraden Kreiszylinders (etwa einer Druckrolle) mit der Höhe *B*, *C* darstellt. Nun wird eine Figur *F* im Innern des Rechtecks gezeichnet und dann das Rechteck auf den Mantel des Zylinders gelegt. Beim Abrollen des Zylinders auf der Ebene, das wir uns gedanklich unbegrenzt vorstellen, erzeugt die Figur *F* – wie bei einem Druckvorgang mit einer Druckrolle – ein Muster *M*.

Die Symmetriegruppe $S(M)$ des Musters *M* ist eine Friesgruppe (Warum?). Unter welchen hinreichenden (und notwendigen) Bedingungen für *F* ist $S(M)$ eine Friesgruppe vorgegebener Art, etwa $\mathbf{F}_1^3$, $\mathbf{F}_2$ oder $\mathbf{F}_2^2$?

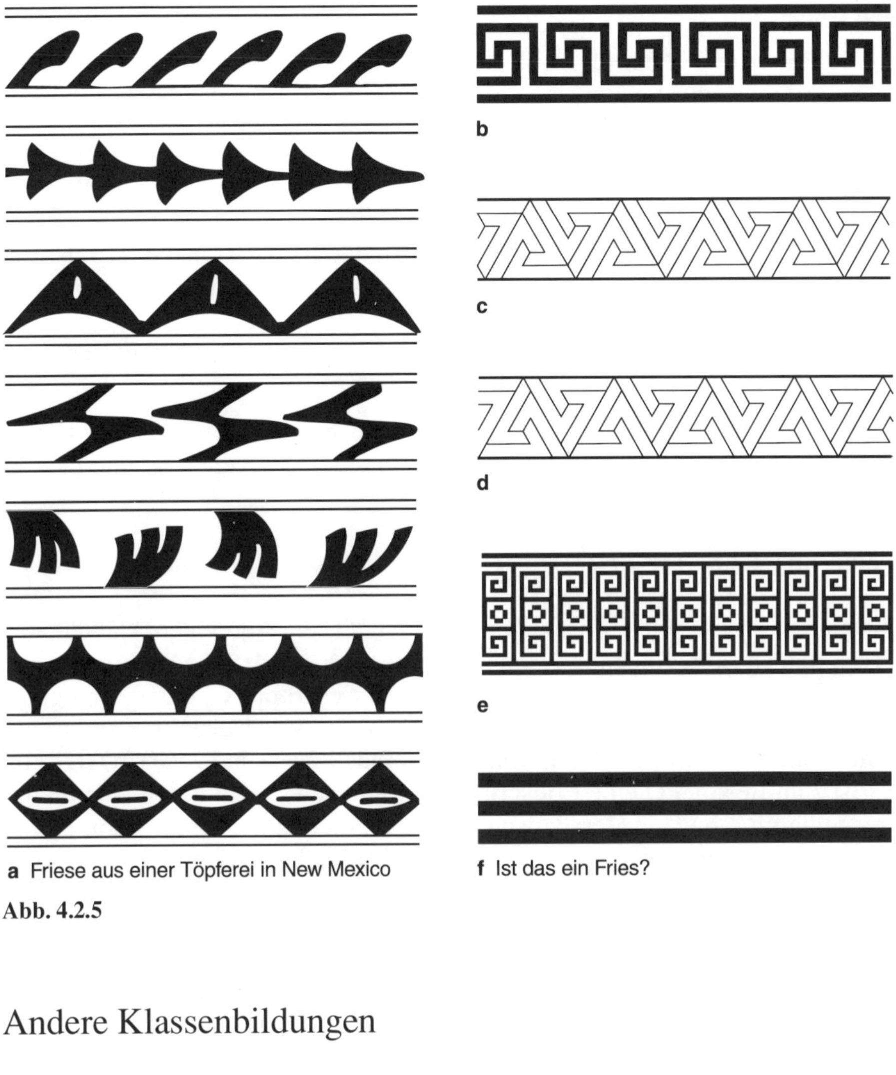

b

c

d

e

a Friese aus einer Töpferei in New Mexico

f Ist das ein Fries?

Abb. 4.2.5

Andere Klassenbildungen

Bei den Rosettengruppen führten sowohl die *Kongruenz* (Definition 4.1.5) als auch die *Isomorphie* zu gleichen Klasseneinteilungen wie die *Äquivalenz*.

Bei den Friesgruppen treten dabei jedoch wesentliche Unterschiede auf.

Hier ergibt die *Kongruenz* eine erheblich feinere Klasseneinteilung. Schon zwei Friesgruppen G_1 und G_2 der Art $\mathbf{F}_1$, die von der Translation $\tau_1 = OA$ bzw. $\tau_2 = OB$ erzeugt werden, sind offenbar dann und nur dann kongruent, wenn $|O,A| = |O,B|$ ist. Die Klasse $\mathbf{F}_1$ zerfällt damit in unendlich viele Kongruenzklassen.

Die *Isomorphie* stiftet dagegen eine Vergröberung der Klasseneinteilung. (Hinsichtlich der folgenden Begriffe und Bezeichnungen verweisen wir auf den Anhang A 3.):

- Die Friesgruppen der Klasse $\mathbf{F}_1$ bzw. $\mathbf{F}_1^3$ lassen sich durch eine Translation bzw. durch eine Schubspiegelung erzeugen; sie sind demnach zyklische Gruppen der gleichen Klasse C_∞.
- Die Friesgruppen der Klasse $\mathbf{F}_1^2$ $(G = \langle \tau_e, \sigma_g \rangle)$ bzw. $\mathbf{F}_2$ $(G = \langle \tau_e, \sigma_O \rangle)$ bzw. $\mathbf{F}_2^2$ $(G = \langle \sigma_O, \sigma_g \rangle, O \notin g)$ sind Diedergruppen der Klasse D_∞.
- Jede Friesgruppe G der Klasse $\mathbf{F}_1^1$, die sich durch eine Translation τ längs f und der Spiegelung an f erzeugen läßt, ist weder eine zyklische noch eine Diedergruppe. (Beweis als Aufgabe 4.2.9!)
  Sie ist als direktes Produkt $G = \langle \tau \rangle \times \langle \sigma_f \rangle$ darstellbar und liegt demnach in der Isomorphieklasse $C_\infty \times C_2$.
- In entsprechender Weise erkennt man, daß eine Friesgruppe der Klasse $\mathbf{F}_2^2$ ebenfalls weder eine zyklische noch eine Diedergruppe ist und daß sie zur Isomorphieklasse $D_\infty \times C_2$ gehört.

Folgerung 4.2.8. *Die Friesgruppen bilden vier Isomorphieklassen.*

Zu einem strukturellen Zusammenhang der sieben Äquivalenzklassen von Friesgruppen führt folgende *Untergruppenbeziehung*: Ist G eine Friesgruppe einer Klasse $\mathbf{F}$, dann wird geprüft, ob es eine Friesgruppe G' einer vorgegebenen Klasse $\mathbf{F}'$ derart gibt, daß G bezüglich G' in zwei Nebenklassen zerfällt (und damit G' ein Normalteiler von G vom Index 2 ist) und $T(G') = T(G)$ gilt.

Ist zum Beispiel G eine Friesgruppe der Klasse $\mathbf{F}_2^2$, also durch eine Punktspiegelung σ_O und eine Geradenspiegelung σ_g mit $O \notin g$ erzeugt, dann gibt es (genau) eine Untergruppe G' mit $T(G) = T(G')$, bezüglich der G in zwei Nebenklassen zerfällt und die eine Friesgruppe der Klasse $\mathbf{F}_1^3$ ist.

In der Tat erzeugt die Translation $\tau := (\sigma_g \circ \sigma_O)^2$ die Gruppe $T(G)$, und es ist $G = \langle \sigma_g \circ \sigma_O \rangle \cup \sigma_g \circ \langle \sigma_g \circ \sigma_O \rangle$ (als auch $G = \langle \sigma_g \circ \sigma_O \rangle \cup \langle \sigma_g \circ \sigma_O \rangle \circ \sigma_O$), und demnach ist die durch die Schubspiegelung $\sigma_g \circ \sigma_O$ erzeugte Friesgruppe G' genau diejenige von der gewüschten Art.

Aufgabe 4.2.10. Man interpretiere die Darstellungen:
a) $\mathbf{F}_2^1 = \mathbf{F}_1^1 \cup \mathrm{d}\mathbf{F}_1^1$; b) $\mathbf{F}_2^1 = \mathbf{F}_2 \cup \mathrm{s}\mathbf{F}_2$; c) $\mathbf{F}_2^1 = \mathbf{F}_1^2 \cup \mathrm{s}\mathbf{F}_1^2$;
d) $\mathbf{F}_2^2 = \mathbf{F}_1^2 \cup \mathrm{d}\mathbf{F}_1^2$; e) $\mathbf{F}_2^2 = \mathbf{F}_2 \cup \mathrm{s}\mathbf{F}_2$ aus [Fl/Fei/Ma].

Eine Übersicht über derartige Untergruppenbeziehungen zwischen den sieben Klassen von Friesgruppen gibt der folgende Graph:

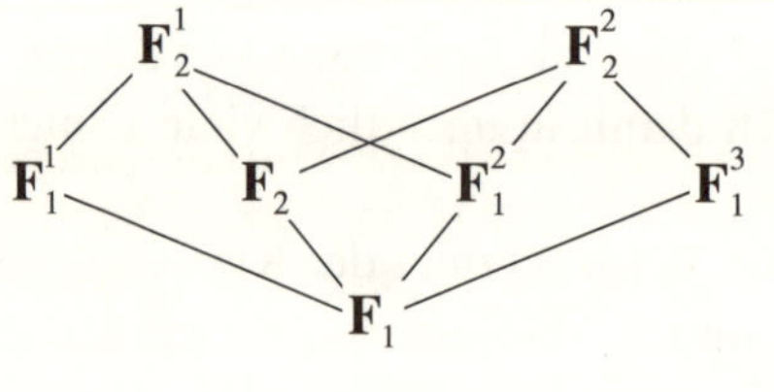

Aufgabe 4.2.11. Man begründe die restlichen (noch nicht diskutierten) Beziehungen und erkläre, warum es z. B. zwischen den Klassen $\mathbf{F}_2^2$ und $\mathbf{F}_1^1$ keine derartige Untergruppenbeziehung gibt.

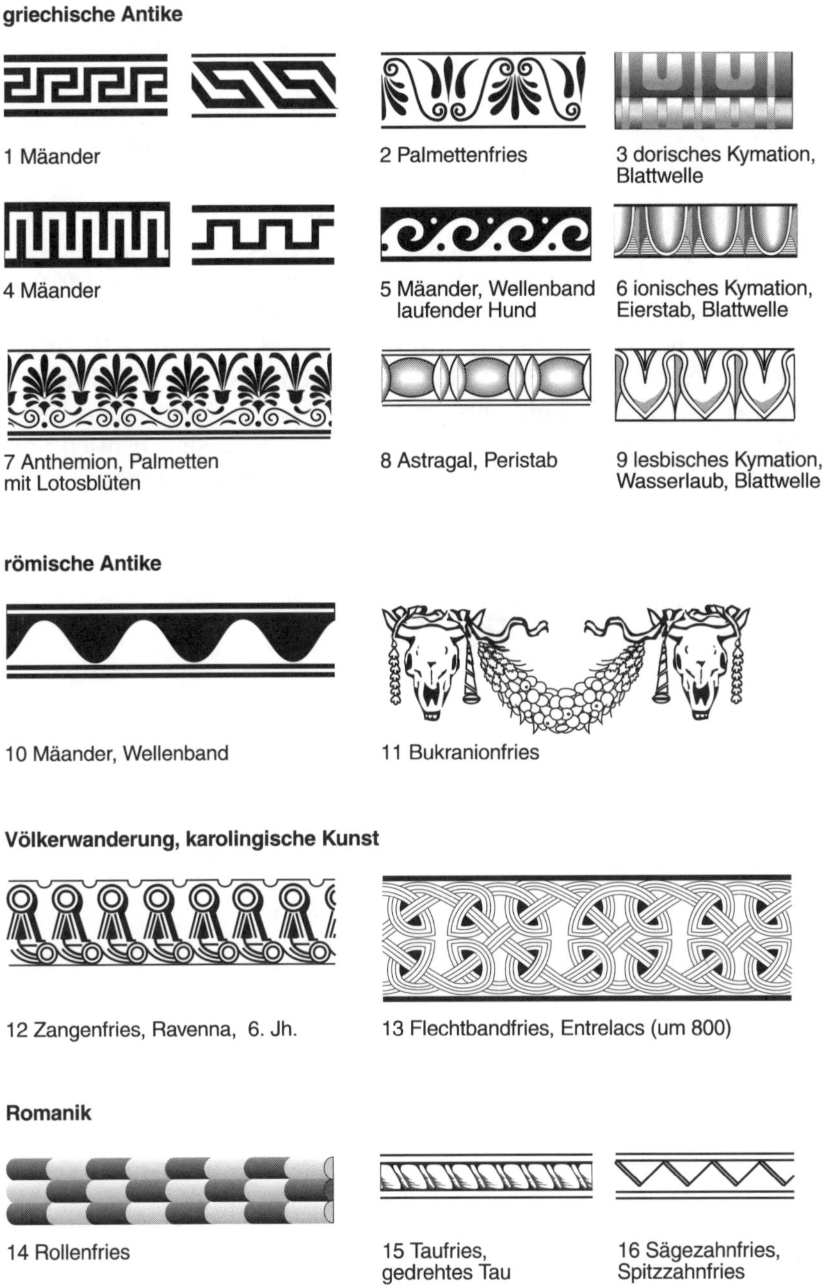

Abb. 4.2.6 Friese verschiedener Stilepochen

Friesgruppen in Kunst, Technik und Natur

In der Baukunst werden Friese zur Gliederung oder als Schmuck verwendet. Bekannt sind die Friese in antiken Tempeln zwischen Architrav und Kranzgesims (z. B. der Parthenonfries auf der Akropolis zu Athen). Bei den Friesen der Antike waren als Motive u. a. Mäander, Palmetten und Blattwellen beliebt.

Die romanische Baukunst bevorzugte Rundbogen-, Schachbrett-, Zickzack- und auch Laub- und Tierfriese. In der Gotik dominierten Blatt- und Laubfriese. Die Renaissance geht auf antike Motive zurück. (Siehe dazu Abb. 4.2.6.)

Oft sind Teller, Tassen und Vasen am Rand mit einem Fries geschmückt. Hier wird die gedankliche Unbegrenztheit eines Frieses in gewissermaßen natürlicher Weise wiedergegeben, denn einen Anfang und ein Ende der periodischen Abfolge des Motivs kann man hier nicht ausmachen!

Papierstreifen und Bänder, als Zierstreifen zum Bekleben, als Klebeband oder zum Verpacken von Geschenken gedacht, sind oft Beispiele für Friese.

In der Natur und der Technik entstehen Friese bei periodisch und längs einer Richtung ablaufenden Vorgängen. Solche Beispiele sind Fährten von Tieren (Abb. 4.2.7) oder Spuren von Fahrzeugen. Auf Druckvorgänge hatten wir schon hingewiesen.

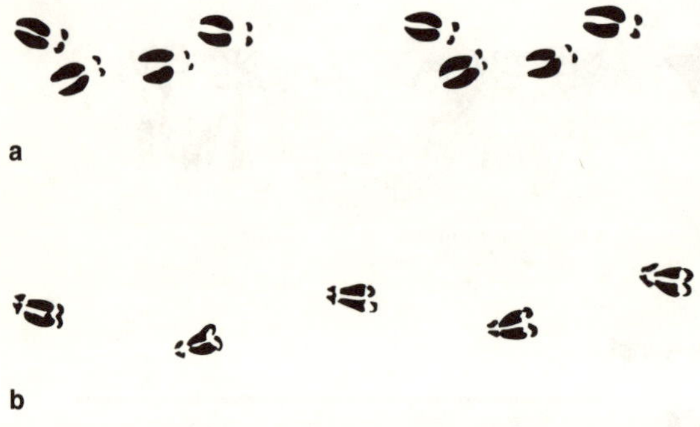

Abb. 4.2.7 Fährten des Rothirsches **a** ziehend, **b** flüchtend

5. Die Ornamentgruppen der euklidischen Ebene

Nach den Rosettengruppen (Abschn. 4.1) und Friesgruppen (Abschn. 4.2) behandeln wir jetzt die dritte Art von diskreten Bewegungsgruppen in der euklidischen Ebene, die *Ornamentgruppen*. Eine diskrete Bewegungsgruppe G der euklidischen Ebene ist nach Definition 4.0.2 eine Ornamentgruppe (oder Wandmustergruppe), wenn ihre Untergruppe $T(G)$ der Translationen zweidimensional ist. Wegen der Übereinstimmung mit der Dimension des zugrundeliegenden Raumes werden diese diskreten Gruppen auch *Raumgruppen* genannt.

Im Vordergrund der folgenden Erörterungen steht wie bei den Rosetten- und Friesgruppen eine Klassifizierung der Ornamentgruppen.

Wir setzen hier stärker analytische und algebraische Hilfsmittel und Methoden ein und verweisen dazu auf den Anhang. Viele Begriffe und Vorgehensweisen lassen sich im wesentlichen vom zwei- auf n-dimensionale ($n > 2$) euklidische Räume übertragen oder gar ohne zusätzliche Schwierigkeit gleich für endlichdimensionale Räume betreiben.

5.1. Gitter

So wie sich eine diskrete eindimensionale Gruppe von Translationen allein schon durch eine Translation erzeugen läßt, können wir im folgenden einen analogen Sachverhalt für diskrete zweidimensionale Gruppen T von Translationen zeigen (siehe Satz 5.1.4):

T läßt sich durch zwei nicht parallele Translationen τ_1, τ_2 erzeugen; $T = \langle \tau_1, \tau_2 \rangle$.

Sind $\boldsymbol{a}_1$ und $\boldsymbol{a}_2$ die durch die Translationen τ_1 und τ_2 bestimmten Vektoren,

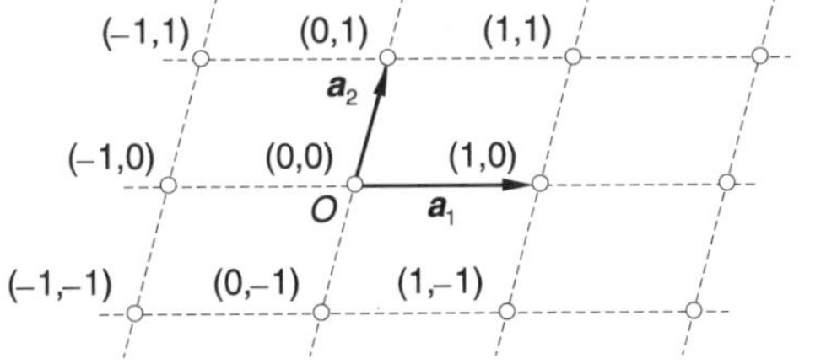

Abb. 5.1.1

dann läßt sich der Orbit $T(O)$ irgendeines Punktes O analytisch durch

$$T(O) = \{P : P = O + t_1\boldsymbol{a}_1 + t_2\boldsymbol{a}_2; \quad t_1, t_2 \in \mathbf{Z}\}$$

beschreiben. Dabei ist **Z** die Menge der ganzen Zahlen.

Hinsichtlich des affinen (schiefwinkligen) Koordinatensystems $(O; \boldsymbol{a}_1, \boldsymbol{a}_2)$ besteht also $T(O)$ aus genau denjenigen Punkten, die ganzzahlige Koordinaten besitzen (Abb. 5.1.1).

In Verallgemeinerung einer solchen Struktur wird erklärt:

n-Dimensionales Gitter

Definition 5.1.1. In einem euklidischen Raum **E** heißt eine nichtleere Punktmenge Γ ein *n-dimensionales Gitter*, wenn es einen Punkt $O \in \mathbf{E}$ und n linear unabhängige Vektoren $\boldsymbol{a}_1, ..., \boldsymbol{a}_n$ $(n \geq 1)$ im Vektorraum **V** von **E** derart gibt, daß

$$\Gamma = \{P = O + t_1\boldsymbol{a}_1 + ... + t_n\boldsymbol{a}_n;\ t_1, ..., t_n \in \mathbf{Z}\}$$

ist.

$\{O; \boldsymbol{a}_1, ..., \boldsymbol{a}_n\}$ heißt eine *Basis des Gitters* Γ.

Ein zweidimensionales Gitter wird auch *Netz* genannt.

Anmerkung: Für die Definition reicht aus, daß **E** ein affiner Raum ist.

Die Vektoren, die sich als ganzzahlige Linearkombination aus $\boldsymbol{a}_1, ..., \boldsymbol{a}_n$ ergeben, heißen die *Gittervektoren* des Gitters Γ.

Sie sind auf Grund der Defintion von Γ genau diejenigen Vektoren, die einen Gitterpunkt wieder in einen Gitterpunkt überführen.

Aufgabe 5.1.1. Man überprüfe, bei welchen Friesgruppen alle Orbits eindimensionale Gitter sind und für welche der übrigen Friesgruppen es Orbits gibt, die eindimensionale Gitter sind.

Aufgabe 5.1.2. Man zeige, daß die Punktmenge $\Gamma = \{P(x, y, z) : (x, y, z) \in \mathbf{Z}^3$ und $x + y + z \equiv 0(2)\}$ ein Gitter im $\mathbf{E}^3$ ist ([Kle], S. 28).

Aufgabe 5.1.3. Es sei Γ ein dreidimensionales Gitter mit der Basis $\{O; \boldsymbol{a}_1, \boldsymbol{a}_2, \boldsymbol{a}_3\}$. Man zeige: Eine Ebene ε enthält ein zweidimensionales Teilgitter von Γ, d. h., der Durchschnitt $\varepsilon \cap \Gamma$ ist ein Netz genau dann, wenn es ganze Zahlen a, b, c und d derart gibt, daß 1 der größte gemeinsame Teiler von a, b, c ist und $ax_1 + bx_2 + cx_3 = d$ bezüglich des affinen Koordinatensystems $\{O; \boldsymbol{a}_1, \boldsymbol{a}_2, \boldsymbol{a}_3\}$ eine Gleichung für die Ebene ε ist.

In einem affinen Raum **A** entspricht in natürlicher Weise jeder Translation ein Vektor im Vektorraum **V** von **A** und umgekehrt. Wir sprechen deshalb auch kurz von der Translation $\boldsymbol{a}$.

Lemma 5.1.2. *Sind* $\boldsymbol{a}_1,...,\boldsymbol{a}_n$ *Translationen in einem affinen Raum, dann besteht die von ihnen erzeugten Gruppe* $\langle \boldsymbol{a}_1,...,\boldsymbol{a}_n \rangle$ *aus den Translationen* $\{t_1\boldsymbol{a}_1 + ... + t_n\boldsymbol{a}_n;\ t_1,...,t_n \in \mathbf{Z}\}$.

Für die vektorielle Darstellung $\{t_1\boldsymbol{a}_1 + ... + t_n\boldsymbol{a}_n;\ t_1,...,t_n \in \mathbf{Z}\}$ schreiben wir künftig kürzer $\langle \boldsymbol{a}_1,...,\boldsymbol{a}_n \rangle_{\mathbf{Z}}$.

Aufgabe 5.1.4. Man beweise das Lemma 5.1.2! (Fragen der linearen Unabhängigkeit spielen dabei keine Rolle.)

Satz 5.1.3

a) *Bilden* $\{\boldsymbol{a}_1,...,\boldsymbol{a}_n\}$ *ein linear unabhängiges Vektorsystem in einem n-dimensionalen euklidischen Raum, dann ist die durch sie bestimmte Translationsgruppe* $T = \langle \boldsymbol{a}_1,...,\boldsymbol{a}_n \rangle$ *diskret und damit eine Raumgruppe (also im Falle* $n = 2$ *eine Ornamentgruppe).*

b) *Jedes n-dimensionale (Punkt-)Gitter in einem n-dimensionalen Raum (und damit jedes Netz in der euklidischen Ebene) ist eine diskrete Menge* (im Sinne der Definition 2.1c).

Beweis. Wir führen den Beweis vordergründig nur für den Fall $n = 2$. Eine mögliche Übertragung auf höhere Dimensionen ist leicht erkennbar. Für $n = 1$ sind die Behauptungen trivial.

Es sei $\{\boldsymbol{a}_1,\boldsymbol{a}_2\}$ ein linear unabhängiges Vektorsystem der euklidischen Ebene und $T = \langle \boldsymbol{a}_1,\boldsymbol{a}_2 \rangle$ die durch sie bestimmte Translationsgruppe. Ferner sei O irgendein Punkt.

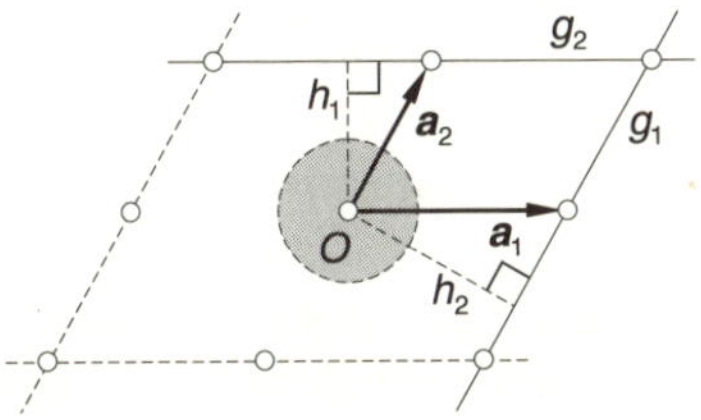

Abb. 5.1.2

Der Punkt O hat zu der Geraden $g_1 = \{(O + \boldsymbol{a}_2) + \langle \boldsymbol{a}_1 \rangle_{\mathbf{R}}\}$ und der Geraden $g_2 = \{(O + \boldsymbol{a}_1) + \langle \boldsymbol{a}_2 \rangle_{\mathbf{R}}\}$ Abstände $h_1,h_2 > 0$ (Abb. 5.1.2). Dazu können wir eine reelle Zahl r mit $0 < r < \min\{h_1, h_2\}$ wählen. Die r-Umgebung U von O enthält dann neben O keinen weiteren Punkt des Orbits (Gitters) $T(O)$. Denn bezüglich des affinen Koordinatensystems $\{O;\ \boldsymbol{a}_1, \boldsymbol{a}_2\}$ hat offensichtlich jeder Punkt $P(x_1,x_2)$ aus U Koordinaten x_1, x_2, für die $|x_1|$, $|x_2| < 1$ gilt (Abb. 5.1.2). Nun isoliert auch die r-Umgebung jedes anderen Punktes des Orbits $T(O)$

diesen Punkt bezüglich $T(O)$ (Lemma 2.5). Damit ist für die Translationsgruppe T die Diskretheitseigenschaft **D1** gezeigt.

Mit **D1** gilt **D1*** und damit die Aussage b). □

Aufgabe 5.1.5. Man zeige durch ein Beispiel, daß ohne die Voraussetzung der linearen Unabhängigkeit im Satz 5.1.3a) die Diskretheit von T nicht bestehen muß!

Von struktureller Bedeutung ist der schon angekündigte

Satz 5.1.4. *Ist G eine Ornamentgruppe in der euklidischen Ebene, dann läßt sich $T = T(G)$ durch zwei Translationen erzeugen, und es ist $\Gamma = T(O)$ ein Netz für jeden Punkt O.*

Beweis. Die zu T gehörende Menge von Vektoren bildet bezüglich der Addition eine Gruppe $\mathbf{T}$. Mit $\mathbf{V}$ bezeichnen wir den Vektorraum der zugrundeliegenden euklidischen Ebene.

Es sei O irgendein Punkt und $\Gamma = T(O)$.

Mit G ist auch $T = T(G)$ diskret. Folglich gibt es (nach Satz 2.7b) eine r-Umgebung von O, die neben O weitere, aber nur endlich viele Punkte von Γ enthält. Unter diesen gibt es einen Punkt A_1, der minimalen Abstand zu O hat. Es sei $\boldsymbol{a}_1$ der Vektor OA_1.

Im weiteren bezeichne $\mathbf{U}$ den Unterraum von $\mathbf{V}$, der durch $\boldsymbol{a}_1$ aufgespannt wird ($\mathbf{U} = \langle \boldsymbol{a}_1 \rangle_{\mathbf{R}}$). Da Γ zweidimensional ist, gibt es einen Vektor $\boldsymbol{b} \in \mathbf{T} \backslash \mathbf{U}$. Dieser läßt sich in Komponenten $t\boldsymbol{a}_1 \in \mathbf{U}$ und $\boldsymbol{a}'$ orthogonal zu $\mathbf{U}$ (also $\boldsymbol{a}' \perp \boldsymbol{a}_1$) zerlegen: $\boldsymbol{b} = t\boldsymbol{a}_1 + \boldsymbol{a}'$.

Damit ist $d = |\boldsymbol{a}'|$ der Abstand des durch $\boldsymbol{b}$ bestimmten Punktes $B \in \Gamma$ von der Verbindungsgeraden g von O und A_1. Ohne Beschränkung der Allgemeinheit können wir annehmen, daß $0 \le t < 1$ ist. Denn sonst gibt es eine ganze Zahl s so, daß $0 \le t - s < 1$ ist und der durch den Vektor $\boldsymbol{b}' := (t - s)\boldsymbol{a}_1 + \boldsymbol{a}' = \boldsymbol{b} - s\boldsymbol{a}_1$ bestimmte Punkt B' aus Γ ist und den gleichen Abstand zu g hat wie der Punkt B (Abb. 5.1.3).

Nach Voraussetzung über A_1 ist $a := |O, A_1| \le |O, B| < a + d$. Wir wählen ein r' mit $|O,B| < r' \le a + d$. Auf Grund der Diskretheit enthält die r'-Umgebung von O nur endlich viele Punkte aus $\Gamma \backslash g$, insbesondere den Punkt B. Unter diesen gibt es einen Punkt A_2, der minimalen Abstand zu der Geraden g besitzt. Dieser Abstand sei d_0.

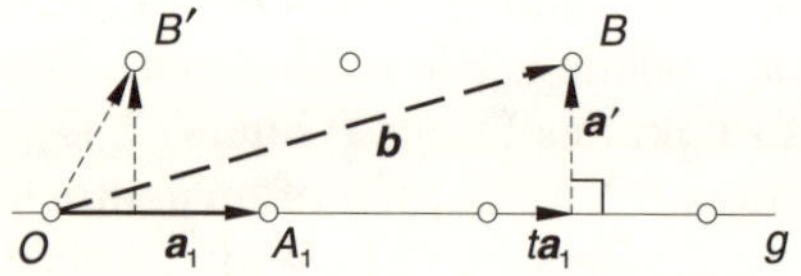

Abb. 5.1.3

Wir zeigen nun, daß $(O;\, \boldsymbol{a}_1, \boldsymbol{a}_2)$ eine Basis von Γ und damit Γ ein zweidimensionales Gitter ist.

Dazu sei $\boldsymbol{v}$ irgendein Vektor aus $\mathbf{T}$. Da $(\boldsymbol{a}_1, \boldsymbol{a}_2)$ eine Basis für den Vektorraum $\mathbf{V}$ ist, gibt es reelle Zahlen t und $0 \le x < 1$ sowie eine ganze Zahl s derart, daß $\boldsymbol{v} = t\boldsymbol{a}_1 + (s + x)\boldsymbol{a}_2$ gilt. Der Vektor $\boldsymbol{v} - s\boldsymbol{a}_2$ liegt in $\mathbf{T}$; der dazugehörige Punkt liegt demnach in Γ, und sein Abstand zu g ist $x \cdot d_0$. Wegen $x \cdot d_0 < d_0$ und der Wahl von A_2 muß $x = 0$ und damit t ganzzahlig sein. Damit ist $\boldsymbol{v} \in \langle \boldsymbol{a}_1, \boldsymbol{a}_2 \rangle_{\mathbf{Z}}$, was zu zeigen war. □

Die Aussage des Satzes 5.1.4 gilt in entsprechender Weise in einem euklidischen Raum der Dimension $n = 1$ oder $n \ge 3$.

Im Falle $n = 1$ liegt sie bereits durch den Satz 3.1 vor. Die obige Beweisführung läßt erkennen, wie man in induktiver Weise zur Verifizierung der Aussage für die nächsthöhere Dimension kommt.

Verallgemeinerung von Satz 5.1.4. *Ist G eine Raumgruppe im* $\mathbf{E}^n$ *(d. h. eine diskrete Gruppe G, für die T(G) n-dimensional ist), dann läßt sich T(G) durch n (unabhängige) Translationen erzeugen, und es ist* $\Gamma = T(O)$ *ein n-dimensionales Gitter für jeden Punkt O.*

Aufgabe 5.1.6. Die Abbildung 5.1.4 a zeigt auf der Grundlage von kleinkariertem Papier (quadratisches Raster) eine Punktmenge Γ in der Ebene, die offensichtlich ein Netz mit der Basis $\{O;\, \boldsymbol{a}, \boldsymbol{b}\}$ ist.

Welche Basis für Γ ergibt sich hier nach den gegebenen Beweisschritten für den Satz 5.1.4?

Basistransformation

Der nächste Satz gibt einen grundlegenden Einblick in die Basistransformationen bei einem Gitter.

Satz 5.1.5. *Es sei* $\{O;\, \boldsymbol{a}_1, \ldots, \boldsymbol{a}_n\}$ *eine Basis eines (n-dimensionalen) Gitters* Γ.

Ferner sei $O'(b_1, \ldots, b_n)$ *ein Punkt, und* $\boldsymbol{a}_k' = (a_{1k}, \ldots, a_{nk})$, $k = 1, \ldots, n$ *seien n Vektoren, die durch ihre Koordinaten bezüglich des affinen Koordinatensystems* $(O;\, \boldsymbol{a}_1, \ldots, \boldsymbol{a}_n)$ *gegeben sind.*

Dann gilt:

$\{O';\, \boldsymbol{a}_1', \ldots, \boldsymbol{a}_n'\}$ *ist eine Basis von* Γ *genau dann, wenn alle Koordinaten* b_i $(i = 1, \ldots, n)$ *und* a_{ik} $(i, k = 1, \ldots, n)$ *ganzzahlig sind und die n-reihige Matrix* $\boldsymbol{A} := (a_{ik})$ *die Determinante* ± 1 *hat.*

Beweis

a) Es sei $\{O';\, \boldsymbol{a}_1', \ldots, \boldsymbol{a}_n'\}$ eine Basis des Gitters Γ.
   Dann ist $O' \in \Gamma$, und damit sind alle b_i ganzzahlig.

Da auch die Punkte $O' + \boldsymbol{a}_k'$ zu Γ gehören, sind nun auch alle $a_{ik} \in \mathbf{Z}$. Damit ist auch die Determinante $|\boldsymbol{A}|$ ganzzahlig.
Für die Matrix $\boldsymbol{A} = (a_{ik})$ gilt

$$(\boldsymbol{a}_k')^{\mathrm{T}} = \boldsymbol{A}(\boldsymbol{a}_k)^{\mathrm{T}} .$$

Aus der linearen Unabhängigkeit von $\{\boldsymbol{a}_1', \ldots, \boldsymbol{a}_n'\}$ folgt dann $|\boldsymbol{A}| \neq 0$. Weiterhin ergibt sich

$$(\boldsymbol{a}_k)^{\mathrm{T}} = \boldsymbol{A}^{-1}(\boldsymbol{a}_k')^{\mathrm{T}} ,$$

und damit ist aus gleichen Gründen wie für $\boldsymbol{A}$ auch die Determinante $|\boldsymbol{A}^{-1}|$ ganzzahlig.
Wegen $|\boldsymbol{A}| \cdot |\boldsymbol{A}^{-1}| = |\boldsymbol{A}\boldsymbol{A}^{-1}| = |\boldsymbol{E}| = 1$ und der Ganzzahligkeit der Determinanten muß schließlich $|\boldsymbol{A}| = \pm 1$ sein.

b) Wegen

$$\boldsymbol{A}^{-1} = (a_{ik})^{-1} = |\boldsymbol{A}|^{-1}(\tilde{a}_{ik})$$

folgt aus den Voraussetzungen für die a_{ik} und $|\boldsymbol{A}|$, daß die Elemente der Matrix $\boldsymbol{A}^{-1}$ ganze Zahlen sind. Die Behauptung folgt nun aus der Transformationsgleichung

$$(x_1', \ldots, x_n')^{\mathrm{T}} = \boldsymbol{A}^{-1}((x_1, \ldots, x_n)^{\mathrm{T}} - (b_1, \ldots, b_n)^{\mathrm{T}}),$$

die beschreibt, welche affinen Koordinaten ein Gitterpunkt aus Γ bezüglich des affinen Koordinatensystems $(O'; \boldsymbol{a}_1', \ldots, \boldsymbol{a}_n')$ hat, wenn $(x_1, \ldots, x_n)$ seine (ganzzahligen!) Koordinaten bezüglich der Gitterbasis $\{O; \boldsymbol{a}_1, \ldots, \boldsymbol{a}_n\}$ sind. □

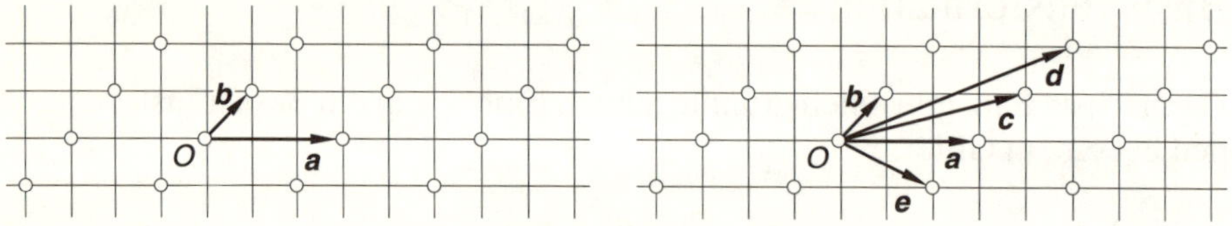

a b
Abb. 5.1.4

Aufgabe 5.1.7. Bezogen auf die Vorgabe in der Abbildung 5.1.4 a sind in der Abbildung 5.1.4 b weitere Gittervektoren $\boldsymbol{c}$, $\boldsymbol{d}$ und $\boldsymbol{e}$ angegeben.
a) Man untersuche, ob auch $\{O; \boldsymbol{c}, \boldsymbol{d}\}$ und $\{O; \boldsymbol{c}, \boldsymbol{e}\}$ Basen für das Netz Γ sind!
b) Welche Vektoren $\boldsymbol{v}$ bilden zusammen mit O und $\boldsymbol{a}$ eine Basis von Γ?

Aufgabe 5.1.8. Man zeige: Ist $\boldsymbol{a} \neq \boldsymbol{o}$ ein Vektor eines Netzes Γ, dessen Koordinaten (bezüglich einer Basis von Γ) teilerfremd sind und ist $O \in \Gamma$, dann gibt es einen Netzvektor $\boldsymbol{b}$ derart, daß $(O; \boldsymbol{a}, \boldsymbol{b})$ eine Basis von Γ ist.

Wir stellen noch eine bemerkenswerte Folgerung heraus, die sich aus dem Satz 5.1.5 ergibt.

Bei einem Netz spannt jede Basis $\{O;\ \boldsymbol{a}_1, \boldsymbol{a}_2\}$ ein Parallelogramm mit den Ecken O, $O + \boldsymbol{a}_1$, $O + (\boldsymbol{a}_1 + \boldsymbol{a}_2)$ und $O + \boldsymbol{a}_2$ auf. Der Satz 5.1.5 besagt, daß sich je zwei Basen ein und desselben Gitters durch eine inhaltserhaltende Transformation aufeinander abbilden lassen, denn die Determinante der Transformationsmatrix hat den Betrag 1. Folglich sind alle derartigen Parallelogramme inhaltsgleich. (Man überprüfe das anhand der Abb. 5.1.4 b!)

In höherdimensionalen Gittern ergeben sich Parallelepipede mit der gleichen Eigenschaft. Man nennt sie *Elementarzellen* (oder *primitive Zellen*) des Gitters.

Beim Beweis des Satzes 5.1.4 haben wir eine Basis des Gitters mit einer gewissen Minimalitätseigenschaft erzielen können.

Bei der folgenden Begriffserklärung werden ähnliche Minimalitätsvorstellungen aufgegriffen.

Minimalsysteme

Definition 5.1.6. Es sei Γ ein n-dimensionales Gitter in einem n-dimensionalen euklidischen Raum. $\{O;\ \boldsymbol{v}_1, \ldots, \boldsymbol{v}_n\}$ heißt *Minimalsystem* von Γ, wenn $O \in \Gamma$ und $\boldsymbol{v}_1, \ldots, \boldsymbol{v}_n$ linear unabhängige Gittervektoren sind und wenn $\boldsymbol{v}_1$ kürzester unter allen Gittervektoren $\neq \boldsymbol{o}$ und $\boldsymbol{v}_k$ kürzester unter allen Gittervektoren aus $\mathbf{V} \setminus \langle \boldsymbol{v}_1, \ldots, \boldsymbol{v}_{k-1} \rangle_{\mathbf{R}}$, $k = 1, \ldots, n$ ist.

Satz 5.1.7. *Jedes n-dimensionale Gitter besitzt ein Minimalsystem.*

Aufgabe 5.1.9. Man beweise diesen Satz! (Man kann die Behauptung rekursiv und auf der Grundlage von Diskretheitsbetrachtungen wie zum Beweis des Satzes 5.1.4 zeigen.)

Aufgabe 5.1.10. Man bestimme bezüglich des Netzes, das in der Aufgabe 5.1.6 (Abb. 5.1.4 a) gegeben ist, alle Minimalsysteme!

Bei einer konkret vorliegenden Struktur (im $\mathbf{E}^2$ oder $\mathbf{E}^3$), die eine diskrete Gruppe T von Translationen als Symmetrieabbildungen besitzt, läßt sich ein Minimalsystem für das Netz $T(O)$ durch Messen finden. Das ist von praktischer Bedeutung.

Aufgabe 5.1.11. Die durch die Abbildung 5.1.5 a und b vorliegenden Muster besitzen diskrete Translationsgruppen als Symmetrieabbildungen. (Warum?)

Man wähle einen (markanten Muster-)Punkt O und bestimme durch Messen ein Minimalsystem des Netzes $T(O)$!

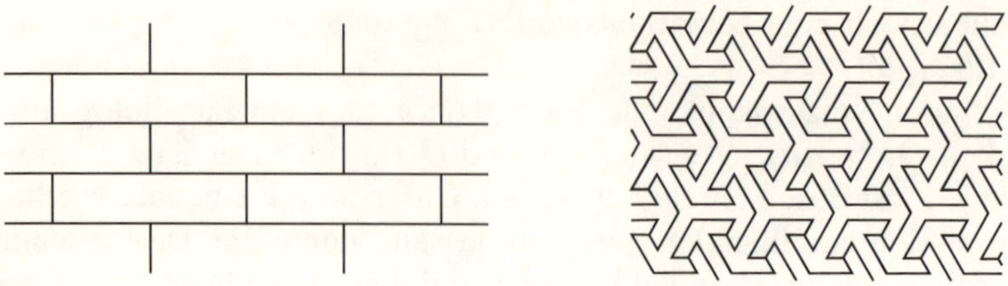

a b

Abb. 5.1.5

Nach der Definition 5.1.6 ist ein Minimalsystem jedoch nicht von vornherein eine Basis des Gitters. Deshalb ist von Interesse

Satz 5.1.8 (Lagrange). *In einem zweidimensionalen Gitter ist jedes Minimalsystem eine Basis.*

Beweis. Es sei $\{O; \boldsymbol{v}_1, \boldsymbol{v}_2\}$ ein Minimalsystem von Γ (in $\mathbf{E}^2$).

Wir nehmen an, daß es keine Basis von Γ ist.

Dann existiert ein Gittervektor $\boldsymbol{b} = x_1\boldsymbol{v}_1 + x_2\boldsymbol{v}_2$, für den x_1 oder x_2 nicht ganzzahlig sind. Ohne Beschränkung der Allgemeinheit können wir annehmen, daß $|x_1|$, $|x_2| \leq 1/2$ gilt, denn durch Addition eines Vektors aus $\langle \boldsymbol{v}_1, \boldsymbol{v}_2 \rangle_{\mathbf{Z}}$ ändert sich nichts an der Voraussetzung für $\boldsymbol{b}$.

Nach Wahl von $\boldsymbol{v}_1$ ist $|\boldsymbol{b}| \geq |\boldsymbol{v}_1|$ und damit $x_2 \neq 0$; also ist $\boldsymbol{b}$ von $\boldsymbol{v}_1$ linear unabhängig. Nach der Wahl von $\boldsymbol{v}_2$ ist $|\boldsymbol{v}_1 \pm \boldsymbol{v}_2| \geq |\boldsymbol{v}_2|$ und damit $|\boldsymbol{v}_1|^2 + |\boldsymbol{v}_2|^2 - |2\boldsymbol{v}_1\boldsymbol{v}_2| \geq |\boldsymbol{v}_2|^2$, also $|2\boldsymbol{v}_1\boldsymbol{v}_2| \leq |\boldsymbol{v}_1|^2$.

Wegen $|x_1|$, $|x_2| \leq 1/2$ und $|\boldsymbol{v}_1| \leq |\boldsymbol{v}_2|$ ist nun $|\boldsymbol{b}|^2 = |\boldsymbol{b}^2| \leq 1/4|\boldsymbol{v}_1|^2 + 1/4|\boldsymbol{v}\boldsymbol{v}_1|^2 + 1/4|\boldsymbol{v}_2|^2 \leq 3/4|\boldsymbol{v}_2|^2$.

Das steht aber im Widerspruch zur Wahl von $\boldsymbol{v}_2$. □

Auch bei einem dreidimensionalen Gitter ist jedes Minimalsystem eine Basis (L. A. Seeber; zum Beweis siehe u. a. [Kle], S. 34/35).

Es ist bemerkenswert, daß ab einer Dimension $n \geq 5$ ein solcher Satz nicht mehr gilt. Dazu führen wir ein *Gegenbeispiel* an:

Beispiel 5.1.12. Es sei $(O; \boldsymbol{e}_1, \ldots, \boldsymbol{e}_n)$ ein kartesisches Koordinatensystem des n-dimensionalen euklidischen Raumes, und Γ sei das Gitter mit der Basis $\{O; \boldsymbol{e}_1, \ldots, \boldsymbol{e}_{n-1}, \sum_{i=1}^{n} \frac{1}{2}\boldsymbol{e}_i\}$. Das kartesische Koordinatensystem bildet für $n \geq 5$ ein Minimalsystem von Γ, und es ist bis auf Reihenfolge und Vorzeichen der Vektoren auch das einzige Minimalsystem von Γ [*].

Aber es ist keine Basis für Γ [**].

Aufgabe 5.1.13. Man begründe die Aussagen [*] und [**] näher!

5.2. Punktgruppen und kristallographische Beschränkung der Ornamentgruppen

Auch bei den folgenden Erörterungen ergibt sich häufig keine Vereinfachung und Kürzung, wenn man sich auf den zweidimensionalen euklidischen Raum beschränkt. Deshalb und mit Blick auf die Möglichkeit, hier schon eine Sicht auf höherdimensionale Räume zu geben und die Übertragbarkeit von Vorgehensweisen in der ebenen Geometrie auf die höherdimensionale aufzuzeigen, wollen wir in diesem Abschnitt einige Sachverhalte im endlichdimensionalen euklidischen Raum behandeln.

Im folgenden sei ein n-dimensionaler ($n \geq 2$) euklidischer Raum **E** vorausgesetzt, wenn nichts anderes gesagt wird. Und es sei $(O;\, \boldsymbol{e}_1, ..., \boldsymbol{e}_n)$ eine orthonormierte Basis (ein kartesisches Koordinatensystem) von **E**.

Ist φ eine Bewegung des Raumes **E**, dann kann die Zuordnung

$$\varphi : P(x_1, ..., x_n) \mapsto P'(x_1', ..., x_n')$$

analytisch (auf der Grundlage eines kartesischen Koordinatensystems) wie folgt beschrieben werden (siehe Anhang A 5):

Es gibt eine (n-reihige) orthogonale Matrix $\boldsymbol{H}$ und einen Vektor $\boldsymbol{v} = (v_1, ..., v_n)^{\mathrm{T}}$ derart, daß

$$(x_1', ..., x_n')^{\mathrm{T}} = \boldsymbol{H}(x_1, ..., x_n)^{\mathrm{T}} + \boldsymbol{v} \qquad \text{(i)}$$

oder kurz

$$\boldsymbol{x}' = \boldsymbol{H}\boldsymbol{x} + \boldsymbol{v}$$

ist, wobei $\boldsymbol{x}$ den (Spalten-)Vektor der Koordinaten eines Punktes P und $\boldsymbol{x}'$ den entsprechenden des Bildpunktes $P' = \varphi(P)$ beschreibt.

Die Matrix $\boldsymbol{H}$ und der Vektor $\boldsymbol{v}$ sind durch die Bewegung φ eindeutig(!) bestimmt.

Umgekehrt stiftet (i) für jede vorgegebene orthogonale Matrix $\boldsymbol{H}$ und jeden vorgegebenen Vektor $\boldsymbol{v}$ eine Bewegung φ des Raumes **E**. Wir bezeichnen sie mit $\varphi(\boldsymbol{H}, \boldsymbol{v})$; speziell sei $\varphi(\boldsymbol{H}) := \varphi(\boldsymbol{H}, \boldsymbol{o})$.

Die Translationen sind die Bewegungen $\varphi(\boldsymbol{E}, \boldsymbol{v})$, wobei $\boldsymbol{E}$ die Einheitsmatrix ist. Wir setzen zur Abkürzung $\varphi(\boldsymbol{v}) := \varphi(\boldsymbol{E}, \boldsymbol{v})$.

Aufgabe 5.2.1. Man beweise folgende Regeln:

a) $\varphi(\boldsymbol{H}_1, \boldsymbol{v}_1) \circ \varphi(\boldsymbol{H}_2, \boldsymbol{v}_2) = \varphi(\boldsymbol{H}_1\boldsymbol{H}_2, \boldsymbol{v}_1 + \boldsymbol{H}_1\boldsymbol{v}_2)$,
b) $(\varphi(\boldsymbol{H}, \boldsymbol{v}))^{-1} = \varphi(\boldsymbol{H}^{-1}, -\boldsymbol{H}^{-1}\boldsymbol{v})$,
c) $\varphi(\boldsymbol{H}, \boldsymbol{v}_1) \circ \varphi(\boldsymbol{E}, \boldsymbol{v}_2) \circ \varphi(\mathrm{H}, \boldsymbol{v}_1))^{-1} = \varphi(\boldsymbol{E}, \boldsymbol{H}\boldsymbol{v}_2)$.

Eine zentrale Bedeutung hat folgender Begriff.

Punktgruppe

Definition 5.2.1. Es sei G eine Gruppe von Bewegungen von $\mathbf{E}$. Dann heißt die Menge aller Bewegungen $\varphi(\boldsymbol{H})$, für die es ein $\boldsymbol{v}$ mit $\varphi(\boldsymbol{H},\boldsymbol{v}) \in G$ gibt, die *Punktgruppe* (oder der *orthogonale Anteil*) G_o von G.

Aufgabe 5.2.2. Man zeige, daß G_o bezüglich der Nacheinanderausführung eine Gruppe bildet (und damit ihre Bezeichnung gerechtfertigt ist)!

G_o ist eine Gruppe von Bewegungen mit einem Fixpunkt, nämlich O. Folglich besitzt sie außer der identischen keine Translationen, und sie ist damit im Sinne der Definition 4.0.2 tatsächlich eine Punktgruppe.

Beispiel 5.2.3. Ist G eine Gruppe, die nur aus Translationen besteht, dann enthält G_o nur die Identität. Offenbar gilt auch die Umkehrung.

Beispiel 5.2.4. Es sei G die durch die Drehung $\varrho = \varrho(O, \pi/3)$ erzeugte Gruppe in der euklidischen Ebene. Sie ist eine Rosettengruppe vom Typ C_6. Da alle Bewegungen aus G Drehungen um O sind, ist $G_\text{o} = G$.

Beispiel 5.2.5. Es sei $\beta = \tau \circ \sigma_g$ eine echte Schubspiegelung in der euklidischen Ebene (also $\tau \neq \text{id}$) und G die von β erzeugte Gruppe. Nach dem Abschn. 4.2 ist G eine Friesgruppe vom Typ $\mathbf{F}_1^3$.

Speziell sei g die Gerade mit der Gleichung $y = x + 1$ und τ die durch den Vektor $\boldsymbol{b} = (2,2)$ bestimmte Translation, die offenbar längs der Geraden g wirkt.

Die Schubspiegelung β hat die Darstellung

$$(x',y')^\text{T} = \begin{pmatrix} 0 & 1 \\ 1 & 0 \end{pmatrix} (x,y)^\text{T} + (1,3)^\text{T},$$

denn bei dieser Bewegung hat der Koordinatenursprung O das Bild $O'(1,3)$, und hinsichtlich der induzierten Vektortransformation ist $\boldsymbol{e}_1' = \boldsymbol{e}_2 = (0,1)^\text{T}$ und $\boldsymbol{e}_2' = \boldsymbol{e}_1 = (1,0)^\text{T}$.

Die Bewegung $\varphi(\boldsymbol{H})$ mit $\boldsymbol{H} = \begin{pmatrix} 0 & 1 \\ 1 & 0 \end{pmatrix}$ ist die Spiegelung an der Geraden durch O mit der Gleichung $y = x$.

Da $\beta^{2n} = \tau^{2n}$ und $\beta^{2n+1} = \tau^{2n+1} \circ \sigma_g$ für alle ganzen Zahlen n gilt (vgl. Kap. 3), besteht die Punktgruppe G_o nur aus der Identität $\varphi(\boldsymbol{E})$ und der Geradenspiegelung $\varphi(\boldsymbol{H})$; sie ist eine Rosettengruppe D_1.

Das Beispiel zeigt deutlich, daß die *Punktgruppe G_o keine Untergruppe von G sein muß*!

Ist G eine Gruppe von Bewegungen von $\mathbf{E}$, dann bildet die Menge $T(G)$ der Translationen, die in G enthalten sind, einen Normalteiler von G (siehe Anhang A 5). Damit steht die Faktorgruppe $G/T(G)$ zur Verfügung.

Satz 5.2.2. *Die Punktgruppe G_0 ist isomorph zu der Faktorgruppe $G/T(G)$.*

Folgerung. *Ist G eine diskrete Bewegungsgruppe in der Ebene, dann ist G_0 eine Rosettengruppe.*

1. Beweis. Es sei $\varphi(\boldsymbol{H}) \in G_0$. Dann gibt es eine Translation $\varphi(\boldsymbol{v})$, für die $\alpha := \varphi(\boldsymbol{H}, \boldsymbol{v}) \in G$ gilt. (Achtung, das Beispiel 5.2.5 zeigt, daß $\varphi(\boldsymbol{v})$ nicht zu $T(G)$ gehören muß!)

Wir zeigen nun, daß jedes $\beta \in G$ mit α genau dann in einer gemeinsamen Nebenklasse bezüglich $T(G)$ liegt, wenn bei der Darstellung $\beta = \varphi(\boldsymbol{H}', \boldsymbol{v}')$ die Gleichheit $\boldsymbol{H} = \boldsymbol{H}'$ besteht.

In der Tat folgt aus $\beta = \varphi(\boldsymbol{w}) \circ \alpha = \varphi(\boldsymbol{w}) \circ \varphi(\boldsymbol{H}, \boldsymbol{v})$ mit $\varphi(\boldsymbol{w}) \in T(G)$, daß $\beta = \varphi(\boldsymbol{H}, \boldsymbol{w} + \boldsymbol{v}) \in G$ und damit $\boldsymbol{H}' = \boldsymbol{H}$ ist. Umgekehrt folgt aus $\beta = \varphi(\boldsymbol{H}, \boldsymbol{v}') \in G$, daß $\beta \circ \alpha^{-1} = \varphi(\boldsymbol{H}, \boldsymbol{v}') \circ \varphi(\boldsymbol{H}^{-1}, -\boldsymbol{H}^{-1}\boldsymbol{v}) = \varphi(\boldsymbol{E}, \boldsymbol{v}' - \boldsymbol{v})G$, also $\beta \in T(G) \circ \alpha$ ist.

Damit ist durch

$$\varphi(\boldsymbol{H}) \mapsto T(G) \circ \varphi(\boldsymbol{H}, \boldsymbol{v})$$

eine Bijektion von G_0 auf $G/T(G)$ gegeben. Dabei besteht wegen

$$\begin{aligned}(T(G) \circ \varphi(\boldsymbol{H}_1, \boldsymbol{v}_1)) \circ (T(G) \circ \varphi(\boldsymbol{H}_2, \boldsymbol{v}_2)) \\ = T(G) \circ \varphi(\boldsymbol{H}_1\boldsymbol{H}_2, \boldsymbol{v}_1 + \boldsymbol{H}_1\boldsymbol{v}_2)\end{aligned}$$

und

$$\varphi(\boldsymbol{H}_1) \circ \varphi(\boldsymbol{H}_2) = \varphi(\boldsymbol{H}_1\boldsymbol{H}_2)$$

Operationstreue.

2. Beweis. Kürzer, aber mit tieferem Theorieverständnis ergibt sich die Isomorphie wie folgt.

Durch $\varphi(\boldsymbol{H}, \boldsymbol{v}) \mapsto \varphi(\boldsymbol{H})$ ist eine Homomorphie von G auf G_0 gegeben. Den Kern dieses Homomorphismus bilden alle $\varphi(\boldsymbol{E}, \boldsymbol{v}) \in G$, also alle Elemente aus $T(G)$. Nach dem Homomorphiesatz ist dann G_0 isomorph zu $G/T(G)$. □

Wir wenden uns nun den Ornamentgruppen (Raumgruppen) im $\mathbf{E}^2$ (im $\mathbf{E}^n$) zu.

Ist G eine Raumgruppe des $\mathbf{E}^n$, dann ist $T(G)$ diskret und n-dimensional. Nach dem Satz 5.1.4 gibt es Translationen $\boldsymbol{v}_1, \ldots, \boldsymbol{v}_n$, die die Translationsgruppe $T := T(G)$ erzeugen und deren Vektoren eine linear unabhängige Vektormenge bilden. Folglich ist der Orbit $T(O)$ ein n-dimensionales Gitter. Jeder andere Orbit $T(P)$ ist zu $T(O)$ translationskongruent (Lemma 4.0.1).

Dieses Gitter $T(O)$ heißt das *Gitter $\Gamma(G)$ der Raumgruppe G.*

Mit $S(\Gamma)$ bezeichnen wir die *Symmetriegruppe* des Gitters $\Gamma(G)$ und mit $S_0(\Gamma)$ die Punktgruppe von $S(\Gamma)$.

Aufgabe 5.2.6. Man zeige: $S_o(\Gamma) = \{\alpha : \alpha \in S(\Gamma) \wedge \alpha(O) = O\}$.

Damit ist klar

Folgerung 5.2.3. *Die Punktgruppe $S_o(\Gamma)$ ist stets eine Untergruppe von $S(\Gamma)$. Jede Symmetrieabbildung $\varphi \in S(\Gamma)$ läßt sich als Produkt $\varphi = \tau \circ \sigma$ mit $\sigma \in S_o(\Gamma)$* und *$\tau \in T(\Gamma) := T(S(\Gamma))$ darstellen, wobei σ und τ durch φ eindeutig bestimmt sind.*

Wir zeigen nun

Satz 5.2.4. *Jede Bewegung der Punktgruppe G_o ist eine Symmetrieabbildung des Gitters $\Gamma(G)$, und damit ist G_o eine Untergruppe von $S_o(\Gamma)$.*

Beweis. Es sei $\alpha = \varphi(\boldsymbol{H}) \in G_o$ und P ein beliebiger Gitterpunkt aus $\Gamma(G)$. Zu P gibt es nach der Definition von $\Gamma(G)$ (genau) eine Translation $\tau = \varphi(\boldsymbol{v}) \in T(G)$ mit $\tau(O) = P$. Wegen $\tau^\alpha = \alpha \circ \tau \circ \alpha^{-1} = \varphi(\boldsymbol{H}, \boldsymbol{v}) \in T(G)$ ist $\alpha(P) = \tau^\alpha(O) \in \Gamma(G)$. □

Beispiel 5.2.7. Mit dem folgenden Beispiel zeigen wir, daß G_o eine echte Untergruppe von $S_o(\Gamma)$ sein kann. Wir wählen dazu in der euklidischen Ebene ein kartesisches Koordinatensystem (O; $\boldsymbol{e}_1, \boldsymbol{e}_2$); und G sei die von den Translationen $\varphi(\boldsymbol{e}_1)$ und $\varphi(\boldsymbol{e}_2)$ erzeugte Gruppe.

Dann ist $T(G) = G$ und damit $G_o = \{\mathrm{id}\}$. Das Netz $\Gamma(G) = T(O)$ ist die Menge der Ecken einer regulären Zerlegung der Ebene in Quadrate (Abb. 5.2.1). Damit enthält die Symmetriegruppe $S(\Gamma)$ offenbar weit mehr als nur Translationen aus $T(G)$; es ist $S_o(\Gamma)$ die Symmetriegruppe eines Quadrats, also eine Rosettengruppe vom Typ D_4 mit vier Drehungen und vier Geradenspiegelungen.

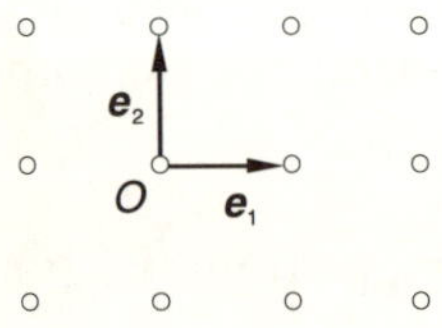

Abb. 5.2.1

Kristallographische Beschränkung

Aufgrund des Satzes 5.2.4 sind mit Hilfe des Netzes $\Gamma(G)$ wesentliche strukturelle Einsichten über die Ornamentgruppen möglich; eine solche gibt

Satz 5.2.5 (Kristallographische Beschränkung). *Ist G eine Ornamentgruppe der euklidischen Ebene, dann ist die Punktgruppe $S_o(\Gamma)$ eine Rosettengruppe von nur einer der Arten C_1, D_1, C_2, D_2, C_3, D_3, C_4, D_4, C_6 oder D_6.*

1. Anmerkung. Man beachte, daß hier naturgemäß geometrische Unterscheidungen getroffen werden. Eine D_1-Gruppe ist stets eine zu einer C_2-Gruppe isomorphe algebraische Struktur. Aber eine Rosettengruppe D_1 enthält neben der identischen Abbildung nur eine Geradenspiegelung, eine Rosettengruppe C_2 dagegen neben der identischen Abbildung nur eine Punktspiegelung (Drehung). Diese Gruppen sind also (im Sinne der Definition 4.1.6) nicht äquivalent und damit geometrisch völlig verschieden.

2. Anmerkung. Da die Punktgruppe G_o eine Untergruppe von $S_o(\Gamma)$ ist, gilt die obige Einschränkung erst recht auch für sie. Im folgenden wird sich zeigen, daß zu jeder der zehn Möglichkeiten $C_1,...,D_6$ tatsächlich eine Ornamentgruppe G in der Ebene existiert, für die die Punktgruppe G_o von dieser Art ist.

3. Anmerkung. Aufgrund der Zentralsymmetrie von $\Gamma(G)$ bezüglich des Punktes O ist die Spiegelung an O stets in $S_o(\Gamma)$ enthalten. Folglich fallen für diese Gruppe die Typen C_1, D_1, C_3 und D_3 weg. Später wird sich zeigen, daß auch C_4 und C_6 nicht in Frage kommen. Damit bleiben dann für $S_o(\Gamma)$ nur vier Möglichkeiten übrig: C_2, D_2, D_4 und D_6!

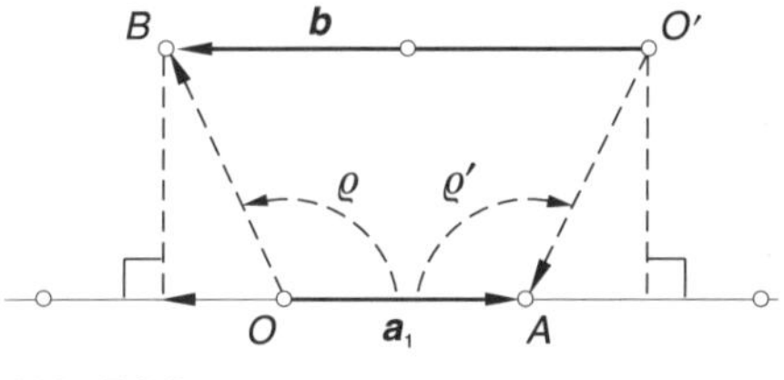

Abb. 5.2.2

Wir kommen nun zum Beweis der kristallographischen Beschränkung.

1. Beweis. Es sei $\{O; \boldsymbol{a}_1, \boldsymbol{a}_2\}$ eine Basis des Netzes $\Gamma(G) = T(O)$ und $A := O + \boldsymbol{a}_1$. Die orientierungserhaltenden Bewegungen aus $S_o(\Gamma)$ bilden eine (zyklische) Drehgruppe $S_o^+(\Gamma)$. Es sei $\varrho = \varrho(O,\alpha) \in S_o^+(\Gamma)$, wobei ohne Beschränkung der Allgemeinheit $0 \leq \alpha \leq \pi$ vorausgesetzt werden kann. Der Punkt $B := \varrho(A)$ liegt im Netz $\Gamma(G)$; und ebenso der Punkt $O' := \varrho'(O)$ für die Drehung $\varrho' := \varrho(A, -\alpha)$. Denn es ist $\varrho^{-1} = \varrho(O,-\alpha) \in S_o^+(\Gamma)$, $\tau = \varphi(\boldsymbol{a}_1) \in S(\Gamma)$ und damit $\varrho' = \tau \circ \varrho^{-1} \circ \tau^{-1} \in S(\Gamma)$.

Die Netzpunkte B und O' liegen auf einer gemeinsamen Parallelen zu der Geraden durch O und A (Abb. 5.2.2).

Folglich muß der Vektor $\boldsymbol{b} := O'B$ eine ganzzahliges Vielfaches von $\boldsymbol{a}_1$ sein: $\boldsymbol{b} = n\boldsymbol{a}_1$. Außerdem ist

$$\boldsymbol{b} = -\cos\alpha(-\boldsymbol{a}_1) - \boldsymbol{a}_1 + (\cos\alpha)\boldsymbol{a}_1 = (2\cos\alpha - 1)\boldsymbol{a}_1 .$$

Also muß $2\cos\alpha - 1$ eine ganze Zahl sein. Unter Berücksichtigung von $0 \le \alpha \le \pi$ kann der Drehwinkel α nur 0, $\pi/3$, $\pi/2$, $2\pi/3$ oder π sein.

Demnach kann $S_0^+(\Gamma)$ nur eine (zyklische) Drehgruppe der Ordnung 1, 2, 3, 4 oder 6 sein (vgl. Abschn. 4.1).

2. *Beweis* (kürzer und mit stärkeren analytischen Mitteln). Die Drehung $\varrho = \varrho(O,\alpha) \in S_0(\Gamma)$ hat die Darstellung $\varrho = \varphi(\boldsymbol{H})$ mit $\boldsymbol{H} = \begin{pmatrix} \cos\alpha & -\sin\alpha \\ \sin\alpha & \cos\alpha \end{pmatrix}$ bezüglich eines kartesischen Koordinatensystems $(O;\ \boldsymbol{e}_1, \boldsymbol{e}_2)$. Dieses kartesische Koordinatensystem läßt sich durch eine affine Transformation δ auf eine Basis $\{O;\ \boldsymbol{a}_1, \boldsymbol{a}_2\}$ von $\Gamma(G)$ abbilden, d. h., es existiert eine reguläre Matrix $\boldsymbol{T}$ mit $(\boldsymbol{a}_i)^{\mathrm{T}} = \boldsymbol{T}(\boldsymbol{e}_i)^{\mathrm{T}}$, $i = 1,2$.

Bei der Drehung ϱ geht diese Netzbasis wieder in eine Netzbasis über. Diesen Basiswechsel beschreibt (bezüglich des affinen Koordinatensystems $(O;\ \boldsymbol{a}_1, \boldsymbol{a}_2)$) die Transformationsmatrix $\boldsymbol{THT}^{-1}$. Nach Satz 5.1.5 ist die Spur von $\boldsymbol{THT}^{-1}$ (d. h. die Summe der Elemente der Hauptdiagonalen) eine ganze Zahl. Da $\boldsymbol{H}$ und $\boldsymbol{THT}^{-1}$ ähnliche Matrizen sind, müssen beide Matrizen die gleiche Spur besitzen. Folglich ist

$$\operatorname{spur} \boldsymbol{H} = \cos\alpha + \cos\alpha = 2\cos\alpha$$

eine ganze Zahl.

Die restlichen Überlegungen können wie beim 1. Beweis geführt werden. □

Wir benutzen dabei folgende Begriffserklärung: Eine Matrix $\boldsymbol{H}$ heißt zu einer Matrix $\boldsymbol{H}'$ *ähnlich*, wenn es eine reguläre Matrix $\boldsymbol{T}$ mit $\boldsymbol{THT}^{-1} = \boldsymbol{H}'$ gibt.

5.3. Die Netzklassen

Ein Hauptanliegen in diesem und dem folgenden Abschnitt 5.4 ist die Klassifizierung der Netze bzw. der Ornamentgruppen.

Wir wenden uns zunächst den Netzen zu.

Jedes Netz Γ kann als Netz $\Gamma(G)$ einer Ornamentgruppe G aufgefaßt werden. Sei dazu O ein Punkt des Netzes Γ. Ist T die Gruppe der Translationen, die Γ auf sich abbilden, dann ist T eine Ornamentgruppe und $\Gamma = T(O) = \Gamma(T)$.

Also führt die Definition 5.1.1 der Netze zu keiner umfassenderen Menge von Punktstrukturen als derjenigen, die durch die Netze $\Gamma(G)$ der Ornamentgruppen G (siehe Abschn. 5.2) gegeben ist.

Äquivalenz

Eine Klassifizierung der Netze wird im folgenden aus geometrischer Sicht vorgenommen. Zunächst können wir jedes Netz Γ auf jedes Netz Γ' durch eine affine Transformation α der Ebene abbilden. Denn ist $\{O;\ \boldsymbol{a}_1,\boldsymbol{a}_2\}$ eine Basis von Γ und $\{O';\ \boldsymbol{a}_1',\boldsymbol{a}_2'\}$ eine Basis von Γ', dann gibt es (genau) eine affine Transformation α der Ebene, die O auf O' und $\boldsymbol{a}_k$ auf $\boldsymbol{a}_k'\,(k=1,2)$ abbildet. Dabei bleibt jedoch im allgemeinen das Symmetrieverhalten des Netzes Γ nicht invariant. Hier möchte man aber Unterschiede zwischen den Netzen sehen.

Es wird deshalb erklärt:

Definition 5.3.1. Ein Netz Γ heißt *äquivalent* zu einem Netz Γ' (kurz $\Gamma \sim \Gamma'$), wenn es eine affine Transformation α mit $\alpha(\Gamma) = \Gamma'$ und $\alpha \circ S(\Gamma) \circ \alpha^{-1} = S(\Gamma')$ gibt.

Die letzte Forderung bedeutet, daß die Symmetriegruppen $S(\Gamma)$ und $S(\Gamma')$ zueinander äquivalent (im Sinne der Definition 4.1.6) sind.

Diese Relation $\sim$ ist eine Äquivalenzrelation in der Menge der Netze.

Lemma 5.3.2. *Kongruente Netze sind äquivalent.*

Aufgabe 5.3.1. Man beweise das Lemma 5.3.2!

Nach dem Lemma 5.3.2 ist klar, daß man bei den Äquivalenzuntersuchungen davon ausgehen kann, daß die Netze einen Punkt O (etwa den Koordinatenursprung des zugrundeliegenden Koordinatensystems) gemeinsam haben. Die zweite Forderung in der Definition 5.3.1 ist dann mit der schwächeren Forderung

$$\alpha \circ S_0(\Gamma) \circ \alpha^{-1} = S_0(\Gamma')$$

äquivalent.

Da diese Gruppen Rosettengruppen sind, folgt aus der Äquivalenz von Γ und Γ', daß $S_0(\Gamma)$ und $S_0(\Gamma')$ kongruent sind. Aufgrund des Lemmas 5.3.2 kann man ohne Beschränkung der Allgemeinheit sogar davon ausgehen, daß diese Punktgruppen gleich sind! (Siehe dazu auch Satz 4.1.7.)

Die fünf Netzklassen

Für die folgende Bestimmung der Netzklassen sind die kristallographische Beschränkung für die Punktgruppen $S_0(\Gamma)$ (Satz 5.2.5) und die Möglichkeit von Nutzen, für ein Netz Γ ein Minimalsystem als Basis wählen zu können (Satz 5.1.8).

Wir hatten bereits im Zusammenhang mit der kristallographischen Beschränkung bemerkt, daß die Punktgruppe $S_o(\Gamma)$ irgendeines Netzes Γ nur eine C_2-, D_2-, C_4-, D_4-, C_6- oder D_6-Gruppe sein kann, da die Punktspiegelung σ_O stets zu $S_o(\Gamma)$ gehört.

Satz 5.3.3. *Es sei Γ ein Netz und $S_o(\Gamma)$ eine C_2-Gruppe. Ein Netz Γ' ist genau dann zu Γ äquivalent, wenn $S_o(\Gamma')$ eine C_2-Gruppe ist.*

Beweis. Wie wir bereits erörtert haben, ist diese Bedingung für $\Gamma \sim \Gamma'$ notwendig.

Umgekehrt sei $S_o(\Gamma')$ eine C_2-Gruppe, also $S_o(\Gamma') = \langle \sigma_O \rangle$. Wie schon bemerkt, gibt es eine affine Transformation α, die den Punkt O auf sich und Γ auf Γ' abbildet; und wegen $\alpha \circ \sigma_O \circ \alpha^{-1} = \sigma_O$ ist offensichtlich $\alpha \circ S_o(\Gamma) \circ \alpha^{-1} = S_o(\Gamma')$. Also gilt $\Gamma \sim \Gamma'$. □

Die mit dem Satz 5.3.3 ausgewiesene Netzklasse wird mit $\boldsymbol{\Gamma}_a$ bezeichnet; derartige Netze werden *allgemeine Netze* genannt (Abb. 5.3.1).

Bei den weiteren Untersuchungen können wir für ein Netz Γ eine Basis $\{O; \boldsymbol{a}, \boldsymbol{b}\}$ voraussetzen, die ein Minimalsystem mit dem Skalarprodukt $\boldsymbol{ab} \geq 0$ ist. Denn jedes Netz besitzt ein Minimalsystem (Satz 5.1.7), und dieses ist eine Basis (Satz 5.1.8), wobei nötigenfalls durch den Übergang von $\boldsymbol{b}$ zu $-\boldsymbol{b}$ die Zusatzbedingung über das Skalarprodukt erfüllbar ist.

Die folgenden analytischen Betrachtungen sind bewußt einfach angelegt und deshalb leicht nachvollziehbar, aber nicht immer in allen Einzelheiten ausgeführt.

Wir legen das kartesische Koordinatensystem so fest, daß $\boldsymbol{a} = (1, 0)$ ist. Für den Vektor $\boldsymbol{b} = (c, d)$ gilt dann $c^2 + d^2 \geq 1$ wegen $|\boldsymbol{b}|^2 \geq |\boldsymbol{a}|^2$ und $c \geq 0$ wegen $\boldsymbol{ab} \geq 0$; o. B. d. A. sei $d > 0$.

Im folgenden ergeben sich über eine vollständige Fallunterscheidung hinsichtlich c und d bereits weitgehende metrische Strukturaussagen über das Netz Γ, und mit diesen erhält man leicht eine Übersicht über die Klassen:

1. Es sei $c = 0$. Dann ist $d \geq 1$ (wegen $c^2 + d^2 \geq 1$).

1.1. Ist $d > 1$, dann ist $S_o(\Gamma)$ eine D_2-Gruppe mit Spiegelungen an der x- und y-Achse des Koordinatensystems.

Die Punkte eines derartigen Netzes können als Ecken einer normalen Zerlegung der Ebene in kongruente (und echte!) Rechtecke interpretiert werden (Abb. 5.3.2).

Es ist leicht einzusehen, daß alle Netze mit dieser Darstellung äquivalent sind.

1.2. Ist $d = 1$, dann ist $S_o(\Gamma)$ eine D_4-Gruppe mit Spiegelungen an der x- und y-Achse sowie an den Winkelhalbierenden bezüglich dieser Achsen.

Die Punkte eines derartigen Netzes können als Ecken einer regulären Zerlegung der Ebene in Quadrate interpretiert werden (Abb. 5.3.3).

Alle Netze mit dieser Darstellung sind äquivalent.

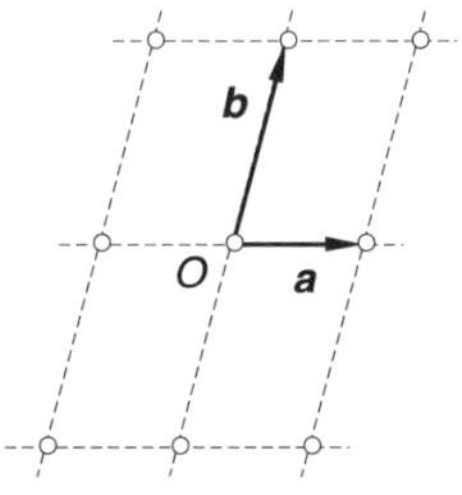

Abb. 5.3.1

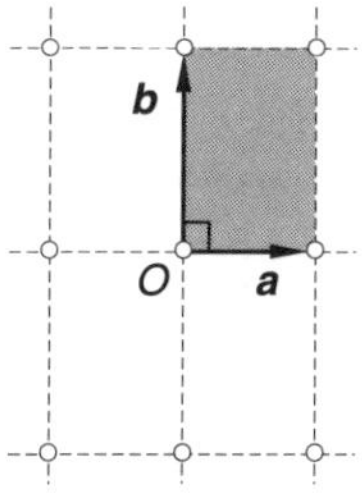

Abb. 5.3.2

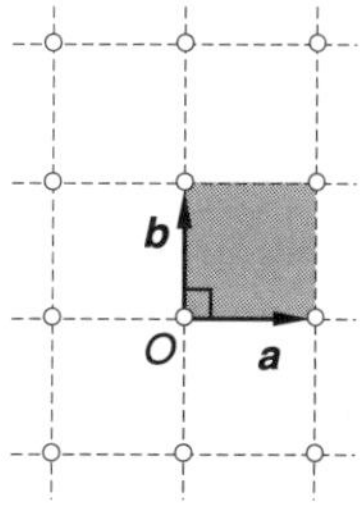

Abb. 5.3.3

2. Es sei $c > 0$.

2.1. Gehört die Spiegelung an der x-Achse zu $S_o(\Gamma)$, dann wegen $\sigma_O \in S_o(\Gamma)$ auch die an der y-Achse. Folglich muß das Bild $P'(-c, d)$ des Netzpunktes $P(c, d)$ bei der Spiegelung an der y-Achse wieder ein Netzpunkt sein. Da $\{O;\, \boldsymbol{a}, \boldsymbol{b}\}$ ein Minimalsystem ist, ergibt sich $c = 1/2$ und damit $d \geq \frac{\sqrt{3}}{2}$.

a) Ist $d > \frac{\sqrt{3}}{2}$, dann ist $S_o(\Gamma)$ eine D_2-Gruppe. (Neben den Spiegelungen an den Koordinatenachsen treten keine weiteren Geradenspiegelungen auf.)

Die Punkte eines derartigen Netzes lassen sich als Ecken und Mittelpunkte der Rechtecke einer normalen Zerlegung der Ebene in kongruente Rechtecke interpretieren, bei der die größere Seitenlänge zur kleineren eines Rechtecks ein Verhältnis größer als 3 bildet (Abb. 5.3.4).

Alle Netze mit dieser Beschreibung sind äquivalent.

b) Ist $d = \frac{\sqrt{3}}{2}$, dann ist $S_o(\Gamma)$ eine D_6-Gruppe.

Die Punkte dieser Netze lassen sich als Ecken einer regulären Zerlegung der Ebene in Dreiecke interpretieren (Abb. 5.3.5).

Alle Netze mit dieser Beschreibung sind äquivalent.

2.2. Wir haben nun davon auszugehen, daß $S_o(\Gamma)$ eine Geradenspiegelung enthält, die keine Spiegelung an den Koordinatenachsen ist.

Eine solche Spiegelung überführt den Netzpunkt $P(1, 0)$ in einen Punkt $P'(x, y)$ mit $x^2 + y^2 = 1$ und o. B. d. A. $y > 0$, der wieder Netzpunkt ist. Daraus

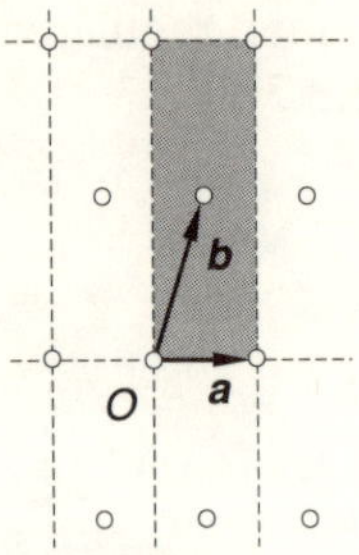

Abb. 5.3.4

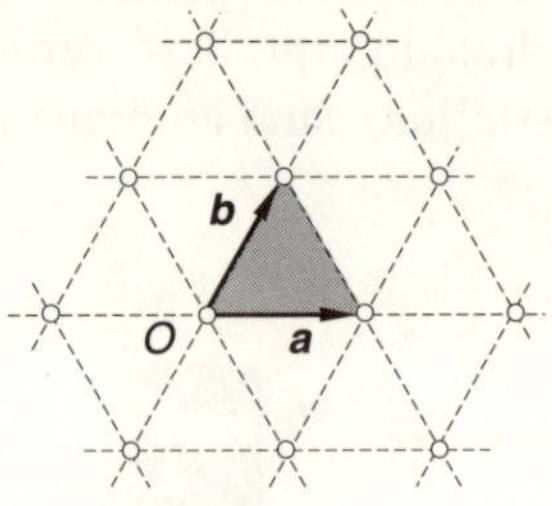

Abb. 5.3.5

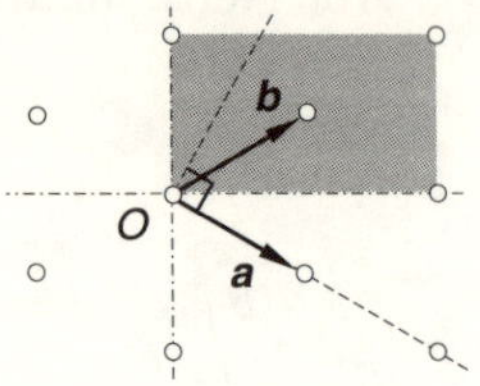

Abb. 5.3.6

folgt, daß $1 = (x, y)^2 = (m(1,0) + n(c,d))^2$ für ganze Zahlen m, n mit $n \neq 0$ lösbar sein muß und damit $m = 0$ und $n = 1$ ist. Bei der Spiegelung muß also $\boldsymbol{a}$ auf $\boldsymbol{b}$ abgebildet werden. Wegen $|\boldsymbol{a} - \boldsymbol{b}|^2 \geq 1$ und $c > 0$ muß $0 < c \leq 1/2$ sein.

a) Für $c = 1/2$ ist $S_o(\Gamma)$ eine D_6-Gruppe und dann ist das Netz Γ zu denen im Fall 2.1 b) äquivalent.

b) Für $0 < c < 1/2$ ist $S_o(\Gamma)$ eine D_2-Gruppe.

Die Punkte dieser Netze lassen sich als Ecken und Mittelpunkte der Rechtecke einer normalen Zerlegung der Ebene in Rechtecke beschreiben, bei der die größere Seitenlänge zur kleineren eines Rechtecks ein Verhältnis zwischen 1 und 3 bildet (Abb. 5.3.6).

Alle Netze mit dieser Beschreibung sind zueinander äquivalent.

Sie sind aber auch zu den Netzen im Fall 2.1 a) äquivalent. Denn mit $\{O; \boldsymbol{a}, \boldsymbol{b}\}$ ist auch $\{O; \boldsymbol{a}+\boldsymbol{b}, \boldsymbol{b}\}$ eine Basis des Netzes Γ (in Abb. 5.3.6). Für die weitere Betrachtung sei die in Abbildung 5.3.4 ausgewiesene Basis des Netzes (Γ^*) neu mit $\{O^*, \boldsymbol{a}^*, \boldsymbol{b}^*\}$ bezeichnet.

Nun gibt es (genau) eine affine Transformation, die O auf O^*, $\boldsymbol{a}+\boldsymbol{b}$ auf $\boldsymbol{a}^*$ und $\boldsymbol{b}$ auf $\boldsymbol{b}^*$ abbildet. Und dabei geht tatsächlich $S_o(\Gamma)$ in $S_o(\Gamma^*)$ über.

2.3. Enthält $S_o(\Gamma)$ eine Drehgruppe C_4 oder C_6, dann besitzt sie eine Geradenspiegelung. (Man betrachte dazu einfach die Bilder der Basisvektoren bei der Drehung $\varrho(O, \pi/2)$ 1 bzw. $\varrho(O, \pi/3)$.) Folglich ist $S_o(\Gamma)$ eine D_4- bzw. D_6-Gruppe, und es liegt der Fall 1.2 bzw. 2.1 b) vor.

Damit sind alle Möglichkeiten erschöpft.

Die unter 1.1, 1.2, 2.1 a) und 2.1 b) beschriebenen Netze sind untereinander *nicht* äquivalent. Dies ist in den Fällen sofort klar, in denen die Punktgruppen $S_o(\Gamma)$ verschiedenen Rosettengruppen angehören.

Aufgabe 5.3.2. Man zeige, daß ein Netz im Fall 1.1 (Abb. 5.3.2) *nicht* zu einem Netz im Fall 2.1 a) (Abb. 5.3.4) äquivalent ist.

Folglich bilden die Netze in den vier genannten Fällen jeweils eine Klasse. Diese Klassen werden mit

$\boldsymbol{\Gamma}_{\mathrm{r}}$ (*rechteckig*), $\boldsymbol{\Gamma}_{\mathrm{q}}$ (*quadratisch*), $\boldsymbol{\Gamma}_{\mathrm{r}'}$ (*zentriert-rechteckig*) und $\boldsymbol{\Gamma}_{\mathrm{h}}$ (*hexagonal*)

bezeichnet.

Zusammenfassend ergibt sich

Satz 5.3.4. *Es gibt genau fünf Klassen äquivalenter Netze.*

Unsere Überlegungen haben, bezogen auf ein Minimalsystem, wesentlich differenziertere metrische Unterscheidungsmöglichkeiten für die Netze aufgezeigt als das die Äquivalenz ausweist.

Eine andere Klassifizierung könnte einfach nach der Art der Punktgruppe $S_0(\Gamma)$ vorgenommen werden. Dann würden sich *vier* Netzklassen ergeben.

Aufgabe 5.3.3. Die Abbildungen 5.1.5 a, b und 5.3.7 a, b zeigen jeweils ein Muster, dessen Symmetriegruppe G eine Wandmustergruppe ist (Warum?). Zu welcher Netzklasse gehört jeweils $\Gamma(G)$?

Man bestimme außerdem noch jeweils die Punktgruppe G_0!

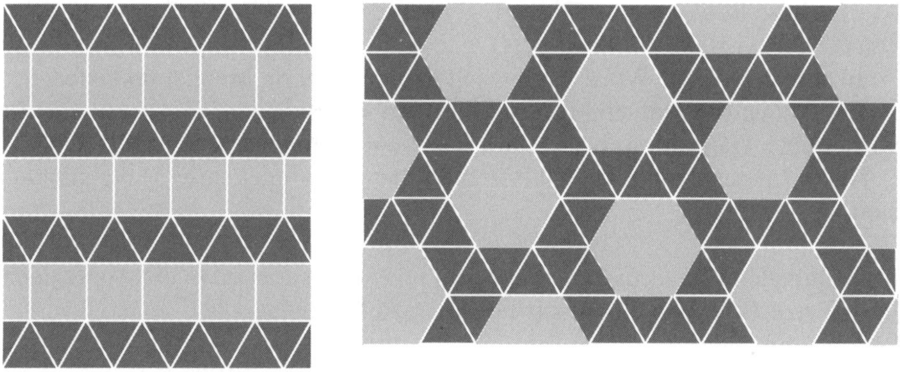

a b

Abb. 5.3.7

Aufgabe 5.3.4. Es sei $\{O; \boldsymbol{a}, \boldsymbol{b}\}$ ein Minimalsystem eines Netzes Γ mit $\boldsymbol{ab} \geq 0$. Dann gilt $|\boldsymbol{a}| \leq |\boldsymbol{b}| \leq |\boldsymbol{a} - \boldsymbol{b}| \leq |\boldsymbol{a} + \boldsymbol{b}|$ (Warum?).

Man zeige, daß sich die fünf Netzklassen hinsichtlich dieser drei Größenvergleiche unterscheiden lassen! (Siehe [Ar].)

5.4. Die siebzehn Klassen der Ornamentgruppen

Wir kommen nun zu der *Klassifizierung der Ornamentgruppen* der euklidischen Ebene.

Vor einer derartigen Klassifizierungsaufgabe standen wir bereits bei den Rosetten- und Friesgruppen. Wir benutzen hier wie dort die Äquivalenz im Sinne der Definition 4.1.6:

Eine Ornamentgruppe G ist zu einer Ornamentgruppe G' *äquivalent*, wenn es eine affine Transformation α der Ebene mit $\alpha \circ G \circ \alpha^{-1} = G'$ gibt.

Die folgenden Darlegungen werden u. a. eine *Charakterisierung der Ornamentgruppen ohne Verwendung eines Diskretheitsbegriffs* ergeben (Satz 5.4.6), wie wir dies bereits für Rosetten- und Friesgruppen (Satz 4.1.4 bzw. Satz 4.2.1) vornehmen konnten.

Zunächst stellen wir einige Vorbetrachtungen an. Der folgende Hilfssatz gibt für äquivalente Bewegungsgruppen eine Beziehung zwischen ihren Punkt- bzw. Translationsgruppen an.

Lemma 5.4.1. $\alpha \circ G \circ \alpha^{-1} = G'$, $\alpha = \varphi(\boldsymbol{A}, \boldsymbol{w})$ *und* $\alpha_0 = \varphi(\boldsymbol{A})$, *dann gilt* $\alpha_0 \circ G_o \circ \alpha_0^{-1} = (G')_o$ *und* $\alpha \circ T(G) \circ \alpha^{-1} = T(G')$.

Beweis. Ist $\beta = \varphi(\boldsymbol{H}) \in G_o$, dann gibt es (nach Definition der Punktgruppe) ein $\boldsymbol{v}$ mit $\varphi(\boldsymbol{H}, \boldsymbol{v}) \in G$. Da $\alpha \circ \varphi(\boldsymbol{H}, \boldsymbol{v}) \circ \alpha^{-1} = \varphi(\boldsymbol{AHA}^{-1},\ \boldsymbol{w} + \boldsymbol{Av} - \boldsymbol{AHA}^{-1}\boldsymbol{w})$ ist und diese Bewegung in G' liegt, gehört $\alpha_0 \circ \beta \circ \alpha_0^{-1}$ zur Punktgruppe $(G')_o$ von G'. Also ist $\alpha_0 \circ G_o \circ \alpha_0^{-1} \subseteq (G')_o$.

In entsprechender Weise ergibt sich die umgekehrte Mengeninklusion.

Die Transformation einer Translation mit einer affinen Transformation ist wieder eine Translation; wegen $\alpha \circ G \circ \alpha^{-1} = G'$ folgt daraus $\alpha \circ T(G) \circ \alpha^{-1} \subseteq T(G')$. In entsprechender Weise erhält man die umgekehrte Mengeninklusion. □

Die Äquivalenz der Ornamentgruppen G und G' hat aber *nicht* die Äquivalenz ihrer Netze $\Gamma(G)$ und $\Gamma(G')$ zur Folge. Dazu folgendes

Beispiel 5.4.1. Die Abbildungen 5.4.1 a und b zeigen Wandmuster, deren Symmetriegruppen G_1 und G_2 offenbar jeweils reine Translationsgruppen sind, und die sich durch zwei nichtparallele Translationen erzeugen lassen. Demzufolge sind G_1 und G_2 äquivalente Ornamentgruppen. Ihre Netze $\Gamma(G_1)$ und $\Gamma(G_2)$ sind nicht äquivalent, da das erste zur Netzklasse $\boldsymbol{\Gamma}_q$ (quadratisch) und das zweite zu $\boldsymbol{\Gamma}_h$ (hexagonal) gehört.

Wir stellen erst einmal fest:

Die Netze äquivalenter Ornamentgruppen können verschiedenen Netzklassen angehören.

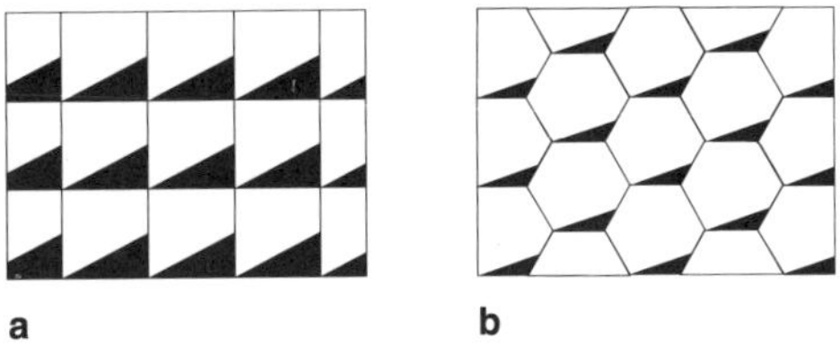

Abb. 5.4.1

Um auf die Äquivalenz von Ornamentgruppen schließen zu können, steht eine Umkehrung von Lemma 5.4.1 nicht zur Verfügung:

Aufgabe 5.4.2. Man zeige durch ein Gegenbeispiel, daß für Ornamentgruppen G und G' aus $\alpha_0 \circ G_o \circ \alpha_0^{-1} = (G')_o$ und $\alpha \circ T(G) \circ \alpha^{-1} = T(G')$ nicht auf ihre Äquivalenz geschlossen werden kann.

Aufgrund der kristallographischen Beschränkung (Satz 5.2.5) wissen wir, daß die Punktgruppe G_o einer Ornamentgruppe G nur eine der zyklischen Gruppen C_n oder Diedergruppen D_n mit $n = 1, 2, 3, 4$ oder 6 sein kann. Je zwei dieser Rosettengruppen sind nicht äquivalent. Also ergibt sich aus dem Lemma 5.4.1 die

Folgerung. *Ornamentgruppen sind nicht äquivalent, wenn sie verschiedene Punktgruppen haben.*

Um eine Übersicht über die Klassen der Ornamentgruppen zu gewinnen, kann man von den einfachsten ausgehen. Diese sind durch $T(G) = G$ charakterisiert und lassen sich demnach von zwei nichtparallelen Translationen erzeugen.

Man kann nun einer Vorgehensweise wie bei den Friesgruppen folgen. Im Rahmen einer systematischen und vollständigen Fallunterscheidung prüft man, welche Arten von Bewegungen (echte Schubspiegelungen, Geradenspiegelungen und Drehungen) und in welcher Beziehung zueinander und zu den Translationen so hinzugefügt werden können, daß wieder eine Ornamentgruppe G entsteht. Dabei kann jeweils eine bestimmte der zehn möglichen Rosettengruppen vorgegeben werden, zu der die Punktgruppe G_o gehören soll.

Ein solcher elementargeometrischer Weg ist im Vergleich zu dem bei den Friesgruppen weit aufwendiger, aber letztlich immer noch überschaubar.

Die folgende Vorgehensweise fußt auf diesem Erweiterungsgedanken; sie benutzt aber generelle strukturelle Einsichten und Aussagen über die Erweiterung von diskreten zweidimensionalen Translationsgruppen.

Konstruktion von Ornamentgruppen

Es sei G eine Ornamentgruppe. Dann ist $T := T(G)$ eine diskrete zweidimensionale Translationsgruppe.

(i) Es gilt generell (ohne Diskretheit)

$$\beta \circ \tau \circ \beta^{-1} \in T \quad \text{für alle} \quad \beta \in G_0 \quad \text{und} \quad \tau \in T.$$

(ii) Ist die Punktgruppe G_0 in G enthalten, dann läßt sich G als halbdirektes Produkt von T und G_0 in der Form

$$G = T \circ G_0$$

darstellen. (Siehe dazu Beispiel 2.14 im Anhang A 2.)

Denn ist $\alpha = \varphi(\boldsymbol{H}, \boldsymbol{v}) \in G$, dann ist $\varphi(\boldsymbol{H}) \in G_0 \subseteq G$ und damit $\varphi(\boldsymbol{v}) \in T$, also $\alpha \in T \circ G_0$. Außerdem ist T ein Normalteiler von G.

In *Umkehrung* dieses Sachverhalts läßt sich eine einfache Konstruktion von Ornamentgruppen angeben. Es gilt

Satz 5.4.2. *Ist H irgendeine der zehn Rosettengruppen $C_1, \ldots, D_6$ (mit Fixpunkt O) und T eine diskrete zweidimensionale Translationsgruppe derart, daß*

$$\beta \circ \tau \circ \beta^{-1} \in T \quad \textit{für alle} \quad \beta \in H \quad \textit{und} \quad \tau \in T \tag{i}$$

gilt, dann ist

$$G := T \circ H = \{\tau \circ \beta : \beta \in H, \tau \in T\} \tag{ii}$$

eine Ornamentgruppe mit der Punktgruppe $G_0 = H$ und der Translationsgruppe $T(G) = T$.

Beweis. Nach der Voraussetzung (i) gibt es zu $\tau \in T$ und $\beta \in H$ stets ein $\tau' \in T$ mit $\beta \circ \tau = \tau' \circ \beta$. Für $\tau_1 \circ \beta_1$, $\tau_2 \circ \beta_2 \in T \circ H$ ist dann

$$(\tau_2 \circ \beta_2) \circ (\tau_1 \circ \beta_1) = (\tau_2 \circ \tau') \circ (\beta_2 \circ \beta_1) \in T \circ H$$

und

$$(\tau_1 \circ \beta_1)^{-1} = \beta_1^{-1} \circ \tau_1^{-1} = \tau' \circ \beta_1^{-1} \in T \circ H.$$

Also ist $G = T \circ H$ eine Gruppe. Wegen (i) ist überdies T ein Normalteiler von G.

Die Eigenschaften $G_0 = H$ und $T(G) = T$ sind leicht einzusehen.

Es bleibt nur noch der Nachweis, daß G diskret ist. Wir wollen dabei bewußt auf die Definition zurückgehen.

Zu dem Netz $T(O)$ der Gruppe G gibt es eine Basis $(O; \boldsymbol{a}, \boldsymbol{b})$, bezüglich der die Netzpunkte gerade die Punkte mit ganzzahligen Kooordinaten sind. Es sei

V_{ik} die abgeschlossene Parallelogrammfläche mit den Eckpunkten (i, k), $(i+1, k)$, $(i+1, k+1)$ und $(i, k+1)$. Die Menge $\{V_{ik}\colon\ i, k \in \mathbf{Z}\}$ aller dieser Parallelogrammflächen ist eine Zerlegung der Ebene, d. h., ihre Vereinigungsmenge ergibt die gesamte Punktmenge der Ebene und keine zwei von ihnen haben einen inneren Punkt gemeinsam. Jede dieser Parallelogrammflächen läßt sich in jede andere durch genau eine Translation aus T überführen.

Ist X nun irgendein Punkt der Ebene, dann kann wegen $G = T \circ H$ und der Endlichkeit von H jede der Parallelogrammflächen nur endlich viele Punkte des Orbits $G(X)$ enthalten.

Diese lokale Endlichkeit aller Orbits $G(X)$ bezüglich der Parallelogrammflächen hat offensichtlich die Diskretheit der Gruppe G zur Folge. (Vgl. Kapitel 2.) □

Bei vorgegebenem H (mit Fixpunkt O) bedeutet (i) eine Einschränkung hinsichtlich der Wahl der diskreten zweidimensionalen Translationsgruppe T:

Die Punktgruppe $S_0(\Gamma)$ des Netzes $\Gamma = T(O)$ muß die Gruppe H enthalten (vgl. Satz 5.2.4).

Man erhält also auf diese Weise gleich eine Aussage darüber, in welchen Netzklassen die Netze der konstruierten Ornamentgruppen liegen können.

Sind H_1 und H_2 keine äquivalenten Punktgruppen, dann sind nach dem Lemma 5.4.1 auch die konstruierten Ornamentgruppen nicht äquivalent. Folglich erhalten wir bereits auf diese Weise Ornamentgruppen, die in *wenigstens(!) zehn verschiedenen Äquivalenzklassen* liegen.

Im folgenden werden die durch die Bildung $T \circ H$ gewonnenen Ornamentgruppen und ihre Klassen näher beschrieben, ohne vollständige Begründungen zu geben. Viele Nachweise lassen sich elementar, wenn auch zum Teil aufwendig, erbringen. (Vgl. [Fl/Fei/Ma] u. a.) Ansonsten verweisen wir auf einschlägige Lehrbücher wie [Kle] u. a.

Die Bezeichnung der Klassen erfolgt nach [FeTó] (Dabei steht **W** für „Wandmuster"). Außerdem wird eine internationale kristallographische Bezeichnungsweise entsprechend der International Union of Crystallography aus dem Jahre 1952 (siehe [Scha]) ausgewiesen.

1. Es sei H eine C_1-Gruppe, also $H = \{\mathrm{id}\}$.

Dann ist $T \circ H = T$. Alle diskreten zweidimensionalen Translationsgruppen T bilden eine Klasse von Ornamentgruppen. Sie wird mit $\mathbf{W}_1$ oder **P1** bezeichnet.

2. Es sei H eine D_1-Gruppe, also $H = \langle \sigma_f \rangle$ mit $O \in f$.

Wegen $G = T \cup T \circ \sigma_f$ besteht G neben Translationen nur aus Schubspiegelungen, deren Achsen in der Richtung von f liegen müssen. Die Gerade f muß eine Symmetrieachse des Netzes $T(O)$ sein. (Dies ist äquivalent zu der Eigenschaft (i).) Folglich kann $T(O)$ bis auf $\boldsymbol{\Gamma}_\mathrm{a}$ noch in den übrigen vier Netzklassen liegen. (Siehe Abschn. 5.3; Abb. 5.3.2 – 5.3.5.)

Es sei T eine derart gewählte Translationsgruppe. Man erkennt leicht, daß es dann einen Netzvektor $\boldsymbol{a}_1$ gibt, der in Richtung der Geraden f liegt und der als Basisvektor benutzt werden kann. Denn es gibt einen Netzvektor $\boldsymbol{b}(\neq \boldsymbol{o})$, der nicht senkrecht zu f ist, und die Summe von $\boldsymbol{b}$ und seinem Bild $\sigma_f(\boldsymbol{b})$ ergibt einen Netzvektor $\boldsymbol{a}$ $(\neq \boldsymbol{o})$, der in Richtung von f liegt. Dieser läßt sich zu einem Netzvektor $\boldsymbol{a}_1$ mit teilerfremden Koordinaten reduzieren.

Die restliche Behauptung ist dann nach Aufgabe 5.1.7 klar. Die Ergänzung zu einer Basis $(O; \boldsymbol{a}_1, \boldsymbol{a}_2)$ des Netzes $T(O)$ ist dann entweder durch einen Netzvektor $\boldsymbol{a}_2$ möglich, der senkrecht zu $\boldsymbol{a}_1$ ist, oder nicht durch einen derartigen.

Da die Schubspiegelung $\varphi(\boldsymbol{a}_2) \circ \sigma_f$ genau dann eine Geradenspiegelung ist, wenn $\boldsymbol{a}_2 \perp \boldsymbol{a}_1$ gilt, ist in der konstruierten Gruppe $T \circ H$ *entweder* jede Achse einer echten Schubspiegelung aus G auch Achse einer Spiegelung aus G *oder* die Achsen der echten Schubspiegelungen aus G sind Mittellinien zwischen je zwei benachbarten Achsen von Spiegelungen aus G. Damit erhalten wir offensichtlich nicht äquivalente Ornamentgruppen.

Die so erzeugten Ornamentgruppen bilden zwei Äquivalenzklassen. Bei ihren folgenden Beschreibungen werden typische Erzeugendensysteme angegeben.

2.1. $\mathbf{W}_1^1$ oder **CM** (**M** weist auf „Spiegelung" hin.)
Mögliche Darstellung (Abb. 5.4.2 a):

$$G = \langle \sigma_f, \tau_0 \sigma_h \rangle \quad \text{mit} \quad f \cap h = \emptyset.$$

Es ist $\tau_1 = \tau_0^2$ und $\tau_2 = \tau_0 \sigma_h \circ \sigma_f$.

2.2. $\mathbf{W}_1^2$ oder **PM**
Mögliche Darstellung (Abb. 5.4.2 b):

$$G = \langle \tau_1, \sigma_f, \sigma_h \rangle \quad \text{mit} \quad f \cap h = \emptyset \quad \text{und} \quad f \parallel \tau_1 .$$

Es ist $\tau_2 = \sigma_h \circ \sigma_f$.

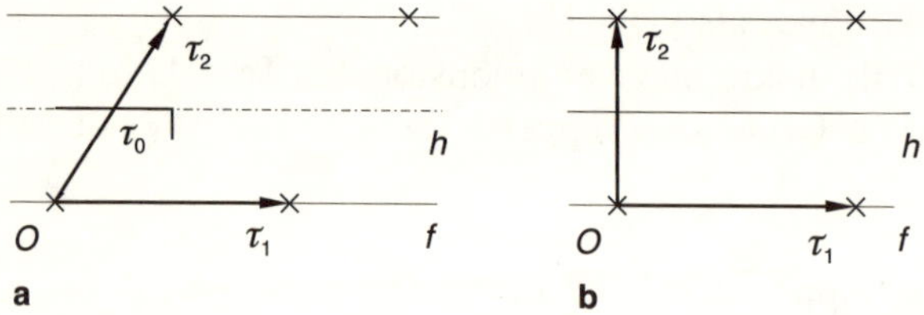

Abb. 5.4.2

In den Abbildungen 5.4.2 a und b und in folgenden sind mit einem Kreuzchen „×" die Punkte des Netzes $T(O)$ markiert.

Aufgabe 5.4.3. Man begründe, daß bei einer Gruppe $G = T \circ H$ von Typ $\mathbf{W}_1^1$ bzw. $\mathbf{W}_1^2$ das Netz $T(O)$ nur in den Klassen $\boldsymbol{\Gamma}_{\mathrm{q}}$, $\boldsymbol{\Gamma}_{\mathrm{r'}}$ oder $\boldsymbol{\Gamma}_{\mathrm{h}}$ bzw. $\boldsymbol{\Gamma}_{\mathrm{r}}$ oder $\boldsymbol{\Gamma}_{\mathrm{q}}$ liegen kann.

3. Es sei H eine C_2-Gruppe, also $H = \langle \sigma_O \rangle$.
Hier erfüllt jede diskrete zweidimensionale Translationsgruppe T die Bedingung (i). Die Gruppe $T \circ H$ besteht neben Translationen nur aus den Punktspiegelungen $T \circ \sigma_O$. Alle so konstruierten Ornamentgruppen bilden eine Klasse, die mit $\mathbf{W}_2$ oder **P2** bezeichnet wird. Mögliche Darstellung (Abb. 5.4.3 a):

$$G = \langle \sigma_O, \sigma_A, \sigma_B \rangle, \text{ wobei } O, A, B \text{ nicht kollinear sind.}$$

Es ist $\tau_1 = \sigma_A \sigma_O$ und $\tau_2 = \sigma_B \sigma_O$.

4. Es sei H eine D_2-Gruppe, also $H = \langle \sigma_O, \sigma_f \rangle$ mit $O \in f$.
Zu jeder der Netzklassen $\boldsymbol{\Gamma}_{\mathrm{r}}$, $\boldsymbol{\Gamma}_{\mathrm{q}}$, $\boldsymbol{\Gamma}_{\mathrm{r'}}$ und $\boldsymbol{\Gamma}_{\mathrm{h}}$ gibt es eine Translationsgruppe T, deren Netz $T(O)$ in dieser Klasse liegt und die über $T \circ H$ zu einer Ornamentgruppe führt. Man erhält

$$G = T \circ H = T \cup T \circ \sigma_O \cup T \circ \sigma_f \cup T \circ \sigma_h ,$$

wobei h die Senkrechte zu f durch O ist. Die Achsen der Geradenspiegelungen, die zu G gehören, liegen in zwei zueinander senkrechten Richtungen.

Nun stellt sich wie unter 2. die Frage, ob durch diese Bildung nichtäquivalente Ornamentgruppen entstehen können. Und wie unter 2. ist zu untersuchen, ob es für $T(O)$ eine Basis $(O; \boldsymbol{a}_1, \boldsymbol{a}_2)$ mit $\boldsymbol{a}_1 \perp \boldsymbol{a}_2$ gibt oder nicht. Im ersten Fall sind (siehe 2.) die Achsen der echten Schubspiegelungen aus G auch Achsen von Geradenspiegelungen aus G, und damit liegt jeder Punkt P, für den die Spiegelung σ_P zu G gehört, auf einer Spiegelungsachse. Im anderen Fall sind die Punkte P, an denen eine Spiegelung aus G existiert, nicht nur die Schnittpunkte der Spiegelungsachsen, sondern auch die Mittelpunkte der Rechtecke, die die Spiegelungsachsen einschließen.

Die Gruppenbildung $T \circ H$ führt zu zwei Klassen:

4.1. $\mathbf{W}_2^1$ oder **CMM**
Mögliche Darstellung (Abb. 5.4.3 b):

$$G = \langle \sigma_O, \sigma_A, \sigma_B, \sigma_f \rangle \text{ mit } O, A, B \text{ nicht kollinear,}$$

$$|B, O| = |B, A| \text{ und } f = g_{OA} .$$

Erzeugende Translationen wie unter 3.

4.2. $\mathbf{W}_2^2$ oder **P2MM**
Mögliche Darstellung (Abb. 5.4.3 c):
G wie unter 4.1., aber mit $f = g_{OA} \perp g_{OB}$.
Erzeugende Translationen wie unter 3.

In den Abbildungen 5.4.3 a – c und in folgenden sind die Zentren der Drehungen aus G mit einem Nullkreis gekennzeichnet. Die beigefügte Zahl gibt die Anzahl der Drehungen aus G um diesen Punkt, d. h. den Grad (die Zähligkeit) an.

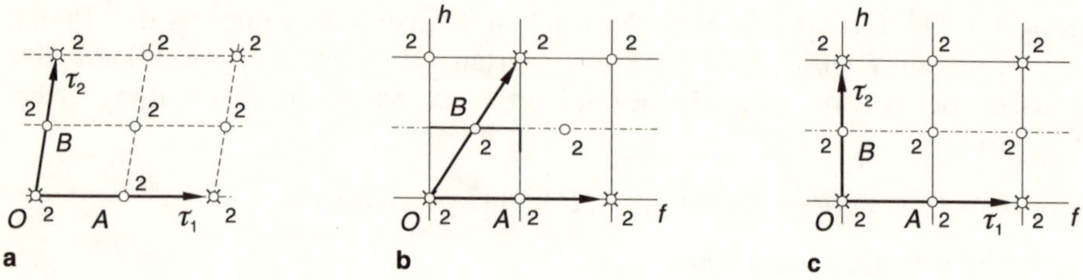

Abb. 5.4.3

Aufgabe 5.4.4. Man begründe, daß bei der Gruppe $T \circ H$ vom Typ $\mathbf{W}_2^1$ bzw. $\mathbf{W}_2^2$ das Netz $T(O)$ nur in einer der Klassen $\boldsymbol{\Gamma}_{\mathrm{q}}$, $\boldsymbol{\Gamma}_{\mathrm{r'}}$ oder $\boldsymbol{\Gamma}_{\mathrm{r}}$ bzw. $\boldsymbol{\Gamma}_{\mathrm{r}}$ oder $\boldsymbol{\Gamma}_{\mathrm{q}}$ liegen kann.

5. Es sei H eine C_3-Gruppe, also $H = \langle \varrho_O \rangle$ mit $\varrho_O = \varrho(O, 2\pi/3)$.
Als Translationsgruppen T, die (i) erfüllen, kommen nur solche in Frage, deren Netz $T(O)$ zur Klasse $\boldsymbol{\Gamma}_{\mathrm{h}}$ gehört.

Es ist

$$G = T \circ H = T \cup T \circ \varrho_O \cup T \circ \varrho_O^2.$$

Alle so erzeugten Gruppen bilden eine Äquivalenzklasse, die mit $\mathbf{W}_3$ oder **P3** bezeichnet wird.
Mögliche Darstellung (Abb. 5.4.4 a):

$$G = \langle \varrho_O, \varrho_A \rangle \text{ mit } \varrho_A = \varrho(A, 2\pi/3) \text{ und } A \neq \mathrm{O}.$$

Hier ist $\tau_1 = \varrho_A \circ \varrho_O^{-1}$, $\tau_2 = \varrho_A^{-1} \circ \varrho_O$.
Die Drehzentren dritten Grades bilden die Ecken einer regulären Zerlegung der Ebene in Dreiecke.

6. Es sei H eine D_3-Gruppe, also $H = \langle \varrho_O, \sigma_f \rangle$ mit $O \in f$ und ϱ_O wie unter 5. Als Translationsgruppen T, die (i) erfüllen, kommen hier wiederum nur solche in Frage, für die $T(O)$ ein $\boldsymbol{\Gamma}_{\mathrm{h}}$-Netz bildet. Die Netzpunkte von $T(O)$ mit dem kürzesten Abstand zu O bilden ein reguläres Sechseck (Abb.5.3.5). Und auf dieses Sechseck bezogen kann wegen (i) die Gerade f entweder nur eine Diagonale oder eine Seitenmittelsenkrechte sein.

Hier führt die Bildung $T \circ H$ zu nichtäquivalenten Ornamentgruppen.

Im ersten Fall bilden die Achsen der Geradenspiegelungen aus G gerade die unter 5. genannte reguläre Zerlegung der Ebene.

Und im zweiten Fall bilden sie ebenfalls eine reguläre Zerlegung der Ebene in Dreiecke, weitere Drehzentren dritten Grades sind hier jedoch noch die Mittelpunkte dieser Dreiecke.

Es ergeben sich genau zwei Klassen:

6.1. $\mathbf{W}_3^1$ oder **P3M1**
Mögliche Darstellung (Abb. 5.4.4 b):

$$G = \langle \varrho_O, \varrho_A, \sigma_f \rangle \text{ mit } f = g_{OA} \text{ und } \varrho_O, \varrho_A \text{ wie unter 5.}$$

Es sind τ_1, τ_2 wie unter 5.
Weitere Darstellung (Abb. 5.4.4 b):

$$G = \langle \sigma_f, \sigma_g, \sigma_h \rangle, \text{ wobei } f, g \text{ und } h \text{ ein reguläres Dreiseit bilden.}$$

6.2. $\mathbf{W}_3^2$ oder **P31M**
Mögliche Darstellung (Abb. 5.4.4 c):

$$G = \langle \varrho_O, \sigma_g \rangle \text{ mit } O \notin g \text{ und } \varrho_O \text{ wie unter 5.}$$

Achtung! In der Literatur werden die Bezeichnungen **P3M1** und **P31M** nicht selten vertauscht.

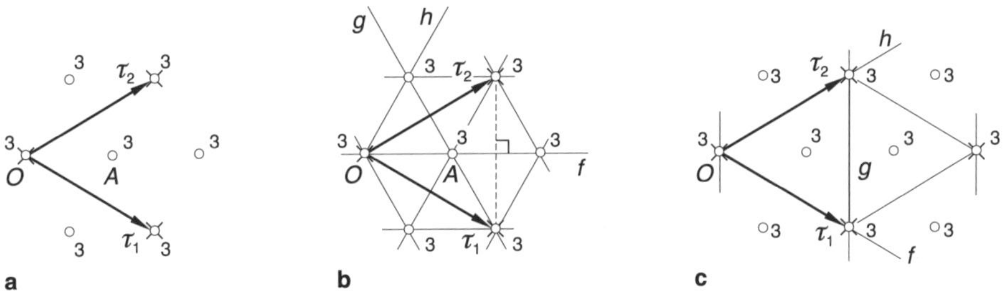

Abb. 5.4.4

7. Es sei H eine C_4-Gruppe, also $\langle \varrho_O \rangle$ mit $\varrho_O = \varrho(O, \pi/2)$
Jede und nur die Translationsgruppen T, für die $T(O)$ zur Klasse $\boldsymbol{\Gamma}_\mathrm{a}$ gehört, bilden durch

$$T \circ H = T \cup T \circ \varrho_O \cup T \circ \varrho_O^2 \cup T \circ \varrho_O^3$$

eine Ornamentgruppe. Alle diese Gruppen ergeben eine Äquivalenzklasse, die mit $\mathbf{W}_4$ oder **P4** bezeichnet wird.
Mögliche Darstellungen (Abb. 5.4.5 a):

$$G = \langle \varrho_O, \sigma_A \rangle \text{ mit } A \neq O \text{ und } \varrho_O = \varrho(O, \pi/2).$$

Hier ist $\tau_1 = \sigma_A \sigma_O$ und $\tau_2 = \varrho_O \circ \tau_1 \circ \varrho_O^{-1} = \varrho_O \circ \sigma_A \circ \varrho_O$.

Die Drehzentren vierten Grades bilden die Ecken einer regulären Zerlegung der Ebene in Quadrate; die Mittelpunkte dieser Quadrate sind die Drehzentren zweiten Grades.

8. Es sei H eine D_4-Gruppe, also $\langle \varrho_O, \sigma_g \rangle$ mit $O \in g$ und ϱ_O wie unter 7. Für die Auswahl von T gelten die gleichen Einschränkungen wie unter 7. Die Netzpunkte aus $T(O)$ mit dem kürzesten Abstand zu O bilden ein Quadrat, und die Gerade f kann auch hier nur entweder eine Diagonale oder eine Seitenmittelsenkrechte sein. Im Unterschied zu 6. führen beide Fälle zu Ornamentgruppen ein und derselben Klasse $\mathbf{W}_4^1$ oder **P4M**.

Mögliche Darstellung (Abb. 5.4.5 b):

$$G = \langle \varrho_O, \sigma_A, \sigma_f \rangle \text{ mit } f = g_{OA} \text{ und } \varrho_O \text{ und } A \text{ wie unter 7.}$$

Es sind τ_1, τ_2 wie unter 7.

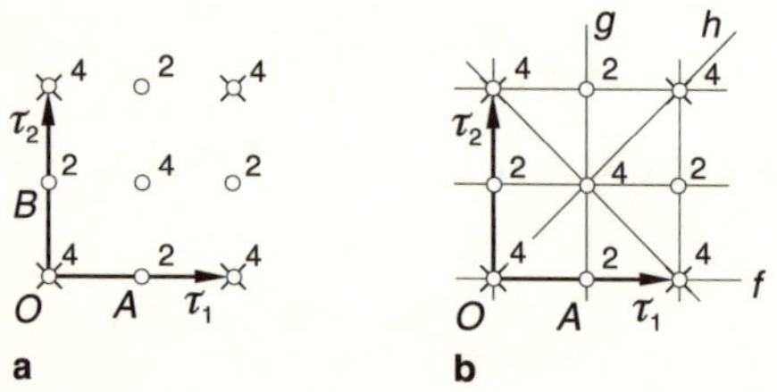

Abb. 5.4.5

Aufgabe 5.4.5. Man gebe für eine $\mathbf{W}_4^1$-Gruppe G ein Erzeugendensystem an, das nur aus Geradenspiegelungen besteht.

9. Es sei H eine C_6-Gruppe, also $\langle \varrho_O \rangle$ mit $\varrho_O = \varrho(O, \pi/3)$. Für die Bildung $T \circ H$ kommen nur Translationsgruppen in Frage, für die $T(O)$ ein $\boldsymbol{\Gamma}_{\mathrm{h}}$-Netz ist. Die Gruppen

$$G = T \cup \mathrm{T} \circ \varrho_O \cup \ldots \cup T \circ \varrho_O^5$$

bilden eine Äquivalenzklasse, die mit $\mathbf{W}_6$ oder **P6** bezeichnet wird.

Mögliche Darstellung (Abb. 5.4.6 a):

$$G = \langle \varrho_O, \sigma_A \rangle \quad \text{mit} \quad \varrho_O = \varrho(O, \pi/3) \quad \text{und} \quad A \neq O.$$

Die Drehzentren bilden die Ecken einer normalen Zerlegung der Ebene in kongruente rechtwinklige Dreiecke mit spitzen Winkeln der Größe $\pi/3$ und $\pi/6$, wobei die Ecken mit der Winkelgröße $\pi/6$ die Drehzentren sechsten Grades, die Ecken mit der Winkelgröße $\pi/3$ die Drehzentren dritten Grades und die rechtwinkligen Ecken die Drehzentren zweiten Grades bilden.

10. Es sei H eine D_6-Gruppe, also $\langle \varrho_O, \sigma_f \rangle$ mit $O \in f$ und $\varrho_O = \varrho(O, \pi/3)$. Für die Wahl von T und die Beziehung zu f gelten die gleichen Bedingungen wie unter 6. Man erhält eine Äquivalenzklasse, die mit $\mathbf{W}_6^1$ oder **P6M** bezeichnet wird. Sie enthält Geradenspiegelungen. Die Achsen dieser Spiegelungen zerlegen die Ebene so wie unter 9. angegeben.

Mögliche Darstellung (Abb. 5.4.6 b):

$$G = \langle \varrho_O, \sigma_A, \sigma_f \rangle \quad \text{mit} \quad f = g_{OA}$$

und den Voraussetzungen wie unter 9.

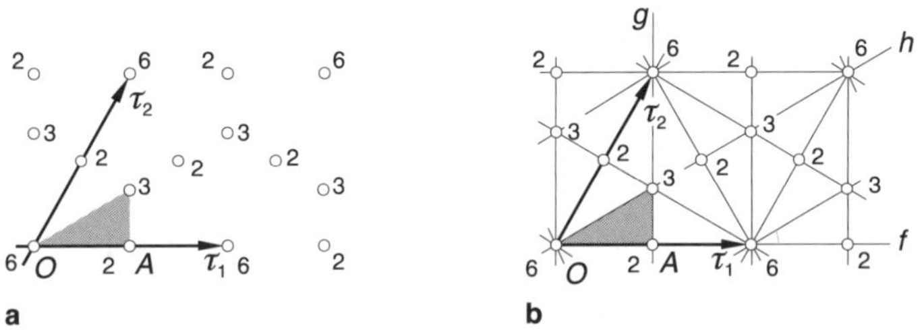

Abb. 5.4.6

Aufgabe 5.4.6. Man gebe für die $\mathbf{W}_6^1$-Gruppe G ein Erzeugendensystem an, das nur aus Geradenspiegelungen besteht.

Die bisher konstruierten Ornamentgruppen bilden *bereits 13 Klassen!*

Auf diese Weise werden aber *nicht alle möglichen Ornamentgruppen* erfaßt.

Die Abbildung 5.4.7 a zeigt ein Muster, dessen Symmetriegruppe offensichtlich eine Ornamentgruppe ist, die sich aber *nicht* in unsere *bisherige* Auflistung einordnen läßt. Denn diese Gruppe besitzt neben Translationen nur noch Schubspiegelungen.

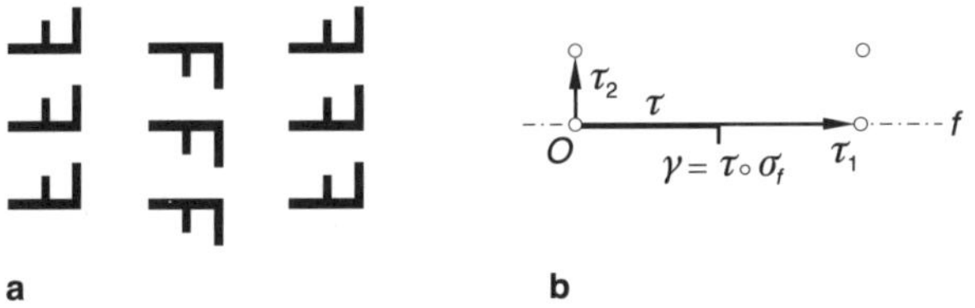

Abb. 5.4.7

Jede Bewegungsgruppe G läßt sich bezüglich der Untergruppe $T(G)$ ihrer Translationen in Nebenklassen zerlegen. Liegt für einen festen Punkt O die

Punktgruppe G_o in G, dann ist

$$G = \bigcup_{\beta \in G_o} T(G) \circ \beta.$$

Auf dieser Einsicht beruhte gerade die bisherige Konstruktion von Ornamentgruppen.

Wählen wir hinsichtlich der Symmetriegruppe G des Musters in Abbildung 5.4.7 a irgendeinen Punkt O, dann besteht die Punktgruppe G_o aus der Identität id und einer Geradenspiegelung σ_f. (Die Gerade f liegt in der Richtung der Achsen der Schubspiegelungen aus G und geht durch den Punkt O.) Hier ist also für *jeden* Bezugspunkt O die Punktgruppe G_o *nicht* in G enthalten. (Genauer gilt $G \cap G_o = \{\mathrm{id}\}$.)

Nach der Definition der Punktgruppe existiert zu $\sigma_f \in G_o$ eine Translation τ derart, daß die Schubspiegelung $\varphi := \tau \circ \sigma_f$ in G liegt. Aus der Zerlegung $G = T(G) \cup T(G) \circ \varphi$ (von G nach $T(G)$) ergibt sich dann die Darstellung

$$G = T(G) \circ \mathrm{id} \cup T(G) \circ \tau \circ \sigma_f \ .$$

Dieses Beispiel läßt erkennen, in welcher Weise unsere bisherige Konstruktion von Ornamentgruppen aus Punktgruppen zu *erweitern* wäre, um alle Ornamentgruppen zu erhalten.

Die folgenden Überlegungen benutzen zunächst keine Diskretheit.

Es sei G irgendeine Bewegungsgruppe und G_o die Punktgruppe von G bezüglich eines festen Punktes O. Zu jedem $\beta = \varphi(\boldsymbol{H}) \in G_o$ gibt es wenigstens eine Translation $\tau = \varphi(\boldsymbol{v})$ mit $\tau \circ \beta = \varphi(\boldsymbol{H}, \boldsymbol{v}) \in G$. Wir wählen zu jedem $\beta \in G_o$ genau eine derartige Translation und bezeichnen diese mit $t(\beta)$ bzw. den zugehörigen Vektor mit $t(\boldsymbol{H})$. Wir wissen bereits (Satz 5.2.2), daß durch

$$\varphi(\boldsymbol{H}) \mapsto T(G) \circ \varphi(\boldsymbol{H}, t(\boldsymbol{H}))$$

eine Bijektion von G_o auf die Faktorgruppe $G/T(G)$ gestiftet wird.

Folglich ist

$$G = \bigcup_{\varphi(\boldsymbol{H}) \in G_o} T(G) \circ \varphi(t(\boldsymbol{H}) \circ \varphi(\boldsymbol{H}) \ .$$

Lemma 5.4.3. *Für die obige Abbildung t gilt*

$$t(\boldsymbol{H}_1) + \boldsymbol{H}_1(t(\boldsymbol{H}_2)) - t(\boldsymbol{H}_1\boldsymbol{H}_2) \in T(G) \qquad \text{(iii)}$$

für alle $\varphi(\boldsymbol{H}_1), \varphi(\boldsymbol{H}_2) \in G_o$.

Beweis. Zunächst ist

$$\varphi(\boldsymbol{H}_1, t(\boldsymbol{H}_1)) \circ \varphi(\boldsymbol{H}_2, t(\boldsymbol{H}_2)) = \varphi(\boldsymbol{H}_1\boldsymbol{H}_2, t(\boldsymbol{H}_1 + \boldsymbol{H}_1(t(\boldsymbol{H}_2))$$

(siehe Aufgabe 5.2.1a). Da dieses Produkt aber in G liegt, ist

$$\begin{aligned}&\varphi(t(\boldsymbol{H}_1) + \boldsymbol{H}_1(t\boldsymbol{H}_2)) - t(\boldsymbol{H}_1\boldsymbol{H}_2)) \\ &= \varphi(\boldsymbol{H}_1\boldsymbol{H}_2, t(\boldsymbol{H}_1) + \boldsymbol{H}_1(t(\boldsymbol{H}_2))) \circ (\varphi(\boldsymbol{H}_1\boldsymbol{H}_2, t(\boldsymbol{H}_1\boldsymbol{H}_2)))^{-1}\end{aligned}$$

eine Translation aus G. □

Eine Verallgemeinerung des Satzes 5.4.2 ist nun

Satz 5.4.4. *Ist H irgendeine der zehn Rosettengruppen $C_1, \ldots, D_6$ (mit Fixpunkt O) und T eine zweidimensionale Translationsgruppe derart, daß die Eigenschaft* (i) *gilt, und ist weiterhin t eine Abbildung von H in die Menge der Translationen (Vektoren) mit der Eigenschaft* (iii), *dann ist*

$$G = \bigcup_{\beta \in H} T \circ \varphi(t(\beta)) \circ \beta \tag{iv}$$

eine Ornamentgruppe mit $G_0 = H$ und $T(G) = T$.

Aufgabe 5.4.7. Man beweise den Satz 5.4.4! (Die Diskretheit ergibt sich nach gleichen Überlegungen wie beim Beweis des Satzes 5.4.2. Es bleibt im wesentlichen nur der Nachweis der (Unter-)Gruppeneigenschaft von G, für den die Eigenschaft (iii) zu nutzen ist.)

Der Satz 5.4.2 ist ein Spezialfall des Satzes 5.4.4, nämlich für den Fall, daß $t(\beta) = \boldsymbol{o}$ (und damit $\varphi(t(\beta)) = \mathrm{id}$) für alle $\beta \in H$ ist.

Offen bleibt zunächst auch hier wie schon bei der einfachen Konstruktion $T \circ H$ die Frage, wie viele Äquivalenzklassen nach der allgemeineren Konstruktion (iv) zusätzlich entstehen.

In der Literatur wird über einen theoretischen Ausbau der Erweiterungen von Gruppen, in der die durch die Bedingung (iii) gegebene sogenannte *Frobenius-Kongruenz* eine wesentliche Rolle einnimmt, eine geschlossene Übersicht bis auf Äquivalenzklassen erzielt (siehe [Kle] u. a.).

Durch die obigen Ausführungen soll ein theoretischer Einstieg zur Auffindung der Ornamentgruppen sichtbar werden, der auch über die Dimension 2 hinaus für die Raumgruppen zu strukturellen Einsichten führt.

Zur Vervollständigung der Auflistung aller Klassen von Ornamentgruppen interessieren nur solche Abbildungen t von H in die Menge der Translationen (Vektoren), die nicht trivial sind.

Blicken wir aus dieser Position auf die Beschreibung

$$G = T(G) \circ \mathrm{id} \cup T(G) \circ \tau \circ \sigma_f$$

der Symmetriegruppe G des Musters in der Abbildung 5.4.7 a zurück, bei der die Gerade f die Achse einer Schubspiegelung aus G ist, so wird als geeignete Abbildung t folgende ersichtlich:

$$t(\mathrm{id}) = \mathrm{id}, \quad t(\sigma_f) = \tau = 1/2\ \tau_1\,,$$

wobei τ_1 und τ_2 die Translationsgruppe $T(G)$ erzeugen (Abb. 5.4.7 b).

Zum Abschluß der Untersuchungen werden die noch ausstehenden Resultate weitgehend nur mitgeteilt:

11. Ist H eine der zyklischen Gruppen C_1, C_2, C_3, C_4 oder C_6, so führt die allgemeinere Konstruktion (also mit einer Abbildung t, die nicht trivial ist) zu keiner neuen Klasse von Ornamentgruppen.

12. Ist H eine D_1-Gruppe, dann erhält man genau eine weitere Klasse. Zu dieser führt die Abbildung t mit $t(\mathrm{id}) = \mathrm{id}$ und $t(\sigma_f) = 1/2\,\tau_1$, wie in dem obigen Beispiel schon erörtert.

Diese Klasse wird mit $\mathbf{W}_1^3$ oder **PG** bezeichnet. (**G** weist auf „Gleitspiegelung" hin.) Mögliche Darstellung (Abb. 5.4.8 a):

$$G = \langle \tau_0\sigma_f, \tau_0\sigma_h \rangle \text{ mit } f \cap h = \emptyset.$$

Es ist $\tau_1 = \tau_0^2$ und $\tau_2 = (\tau_0\sigma_h)^{-1} \circ (\tau_0\sigma_f) = \sigma_h \circ \sigma_f$.

13. Ist H eine D_2-Gruppe, dann führt die Konstruktion zu genau zwei weiteren Klassen (siehe Abb. 5.4.8 b, c):
- t_1 mit $t_1(\mathrm{id}) = \mathrm{id}$, $t_1(\sigma_f) = 1/2\,\tau_1$, $t_1(\sigma_O) = \mathrm{id}$ und $t_1(\sigma_h) = 1/2\,\tau_2$;
- t_2 mit $t_2(\mathrm{id}) = \mathrm{id}$, $t_2(\sigma_f) = 1/2(\tau_1 \circ \tau_2)$, $t_2(\sigma_O) = \mathrm{id}$ und $t_2(\sigma_h) = 1/2(\tau_1 \circ \tau_2)$.

13.1 $\mathbf{W}_2^3$ oder **P2MG**

Mögliche Darstellung (Abb. 5.4.8 b):

$$G = \langle \sigma_O, \sigma_A, \sigma_g \rangle \text{ mit } g \cap g_{OA} = \emptyset.$$

Es ist $\tau_1 = \sigma_A\sigma_O$ und $\tau_2 = (\sigma_g\sigma_O)^2 = \sigma_B\sigma_O$ mit $B := \sigma_g(O)$.

13.2. $\mathbf{W}_2^4$ oder **P2GG**

Mögliche Darstellung (Abb. 5.4.8 c):

$$G = \langle \sigma_O, \sigma_A, \tau_0\sigma_g \rangle \text{ mit } g \cap g_{OA} = \emptyset \text{ und } \tau_0^2 = \sigma_A\sigma_O.$$

Es ist $\tau_1 = \sigma_A\sigma_O$ und $\tau_2 = \sigma_B\sigma_O$ mit $B := \tau_0\sigma_g(O)$.

14. Ist H eine D_3-Gruppe, dann führt die allgemeinere Konstruktion zu keiner neuen Klasse.

15. Ist H eine D_4-Gruppe, dann führt (iv) zu genau einer weiteren Klasse durch die Abbildung t mit $t(\sigma_O) = \mathrm{id}$ und $t(\sigma_f) = 1/2(\tau_1 \circ \tau_2)$. (Für die restlichen Elemente aus H ergeben sich die Funktionswerte von t durch (iii)!)

Die Äquivalenzklasse wird mit $\mathbf{W}_4^2$ oder **P4G** bezeichnet. Mögliche Darstellung (Abb. 5.4.8 d):

$$G = \langle \varrho_O, \sigma_g \rangle \text{ mit } O \notin g \text{ und } \varrho_O \text{ wie unter 7.}$$

16. Ist H eine D_6-Gruppe, dann erhält man durch die allgemeinere Konstruktion keine neuen Klassen von Ornamentgruppen.

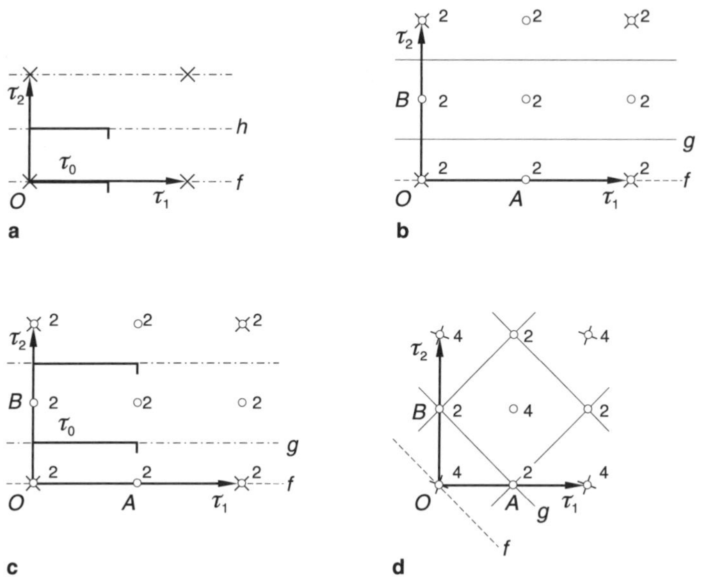

Abb. 5.4.8

Zusammenfassend gilt

Satz 5.4.5. *Es gibt genau 17 Klassen äquivalenter Ornamentgruppen.*

Aufgabe 5.4.8. Man beschreibe mit dem angegebenen Erzeugendensystem für eine

a) $\mathbf{W}_3^2$-Gruppe G, b) $\mathbf{W}_4^2$-Gruppe G, c) $\mathbf{W}_6$-Gruppe G, d) $\mathbf{W}_6^1$-Gruppe G

die Translationenen, die $T(G)$ erzeugen.

Aufgabe 5.4.9. Es seien a, b, c und d vier Geraden, die ein rechteckiges Vierseit bilden. Was für eine diskrete Bewegungsgruppe erzeugen die Spiegelungen an diesen vier Geraden?

Aufgrund der bisherigen Darlegungen und insbesondere mit dem Satz 5.4.4 ist eine *Charakterisierung der Ornamentgruppen* möglich, *ohne einen Diskretheitsbegriffs* zu verwenden. Der folgende Satz ist überdies ein praktisch recht einfach handhabbares Kriterium:

Satz 5.4.6. *Eine Gruppe G von Bewegungen der Ebene ist genau dann eine Ornamentgruppe, wenn sich alle Translationen der Gruppe durch zwei nichtparallele Translationen erzeugen lassen* (Abb. 5.4.9).

Aufgabe 5.4.10. Man zeige an einem einfachen Beispiel, daß man aus einem

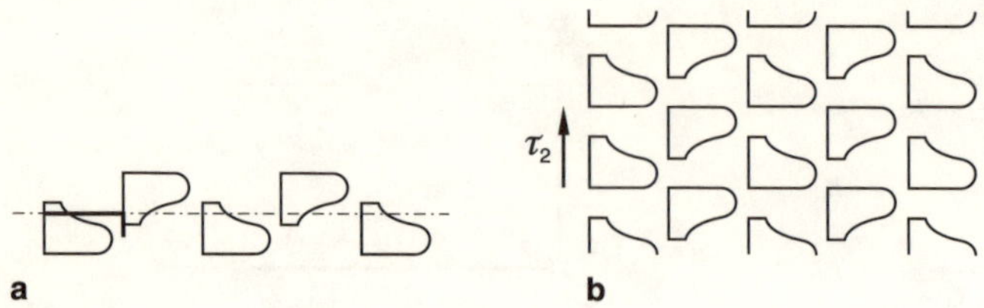

Abb. 5.4.9

Fries vom Typ $\mathbf{F}_1$ eine Wandmuster (Ornament) von Typ $\mathbf{W}_1$, $\mathbf{W}_1^1$, $\mathbf{W}_1^2$, $\mathbf{W}_1^3$, $\mathbf{W}_2^3$ oder $\mathbf{W}_3$ herstellen kann. (Siehe [Fl/Fei/Ma].)

Aufgabe 5.4.11. Es sei *ABCD* ein Quadrat und *F* eine Figur, die im Innern des Quadrats liegt und deren Symmetriegruppe $S(F)$ eine Untergruppe der Symmetriegruppe $S(Q)$ des Quadrats Q ist.

Durch einfaches Aneinanderlegen (Verschieben) kann die Ebene mit dem Quadrat einfach und überlappungsfrei überdeckt werden. Die Form F induziert dabei ein Muster M. Ein Beispiel zeigt die Abbildung 5.4.10. Die Symmetriegruppe des Musters ist eine Ornamemtgruppe (Warum?). Zu welcher Klasse gehört diese Symmetriegruppe? In welcher Weise ist das von der Symmetriegruppe $S(F)$ der Form F abhängig?

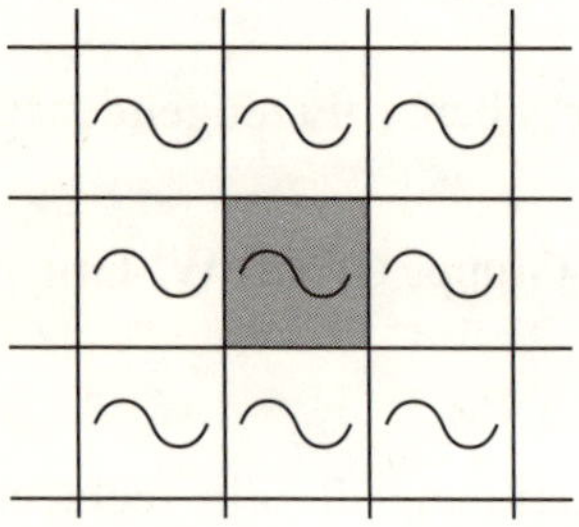

Abb. 5.4.10

Ein Entscheidungsverfahren zur Bestimmung der Ornamentgruppenklasse

Im folgenden geben wir ein Verfahren an, das es gestattet, möglichst einfach und zügig die Klasse (den Typ) einer vorliegenden Ornamentgruppe zu bestimmen. Bei einem konkreten Ornament (Wandmuster) sind die Drehsymmetriezentren auffällig. Falls es solche gibt, kann ohne Mühe der höchste auftretende Grad (Ordnung) der Drehsymmetrie festgestellt werden.

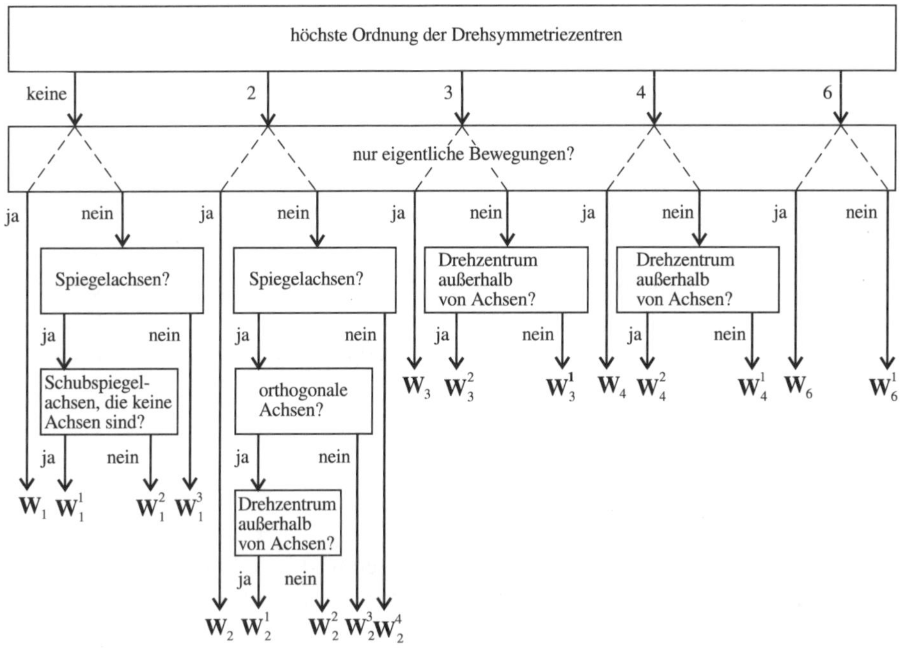

Aufgabe 5.4.12. Man bestimme bezüglich der Muster M in den Abbildungen 5.4.11 a – e die Klasse der Ornamentgruppen, zu der die Symmtriegruppe $S(M)$ des jeweiligen Musters gehört!

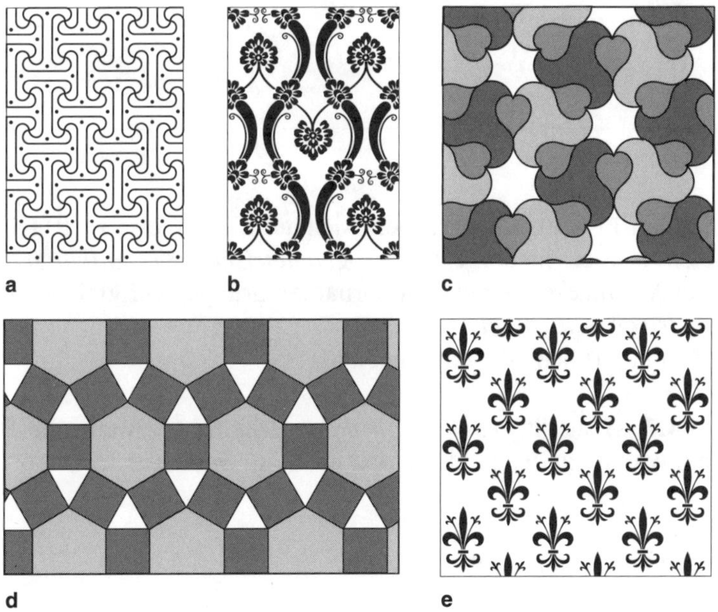

Abb. 5.4.11

Aufgabe 5.4.13. Man untersuche

a) die Muster der Tapeten in der Wohnung,

b) die Fliesenmuster auf Fußböden oder an den Wänden in älteren öffentlichen Gebäuden,

c) die Muster von Gehwegen, die mit geformten Steinen ausgelegt sind,

hinsichtlich der Klasse, in der die Symmetriegruppe des Musters liegt! Welche Klassen treten dabei besonders häufig auf?

Neben der bisherigen zugundeliegenden Äquivalenz im Sinne der Definition 4.1.6, die wir sehr eingehend behandelt haben, werden auch andere Klassifizierungen und Einteilungen der Ornamentgruppen vorgenommen. Wir stellen hier kurz einige vor.

Geometrische Kristallklassen

Auf der Grundlage der bisherigen Erörterungen und Ergebnisse bietet sich an, die Ornamentgruppen G nach der Art ihrer Punktgruppen G_o zu klassifizieren:

C_1	D_1	C_2	D_2	C_3	D_3	C_4	D_4	C_6	D_6
$\mathbf{W}_1$	$\mathbf{W}_1^1$	$\mathbf{W}_2$	$\mathbf{W}_2^1$	$\mathbf{W}_3$	$\mathbf{W}_3^1$	$\mathbf{W}_4$	$\mathbf{W}_4^1$	$\mathbf{W}_6$	$\mathbf{W}_6^1$
	$\mathbf{W}_1^2$		$\mathbf{W}_2^2$		$\mathbf{W}_3^2$		$\mathbf{W}_4^2$		
	$\mathbf{W}_1^3$		$\mathbf{W}_2^3$						
			$\mathbf{W}_2^4$						

Die bisherigen 17 Klassen vergröbern sich auf diese Weise zu 10 Klassen. Diese Klassen werden in der Literatur *geometrische Kristallklassen* oder sogar kurz nur *Kristalklassen* genannt; Ornamentgruppen der gleichen Klasse heißen *geometrisch äquivalent*.

Explizit formuliert bedeutet das folgende

Definition 5.4.7. G heißt *geometrisch äquivalent* zu G', wenn die Punktgruppe G_o äquivalent zu der Punktgruppe $(G')_o$ im Sinne der Defintion 4.1.6 ist.

Aus der obigen Darlegung folgt

Satz 5.4.8. *Die Ornamentgruppen bilden zehn geometrische Kristallklassen.*

Arithmetische Kristallklassen

Neben geometrischen werden arithmetische Kristallklassen eingeführt.

Es seien G_0, G'_0 die Punktgruppen und Γ, Γ' die Netze der Raumgruppen G und G'.

Definition 5.4.9. G heißt *arithmetisch äquivalent* zu G', wenn es eine affine Transformation α (mit Fixpunkt O) derart gibt, daß $\Gamma' = \alpha(\Gamma)$ und $G'_0 = \alpha \circ G \circ \alpha^{-1}$ ist.

Nach dem Lemma 5.4.1 erkennt man sofort, daß Ornamentgruppen, die im Sinne der Definition 4.1.6 äquivalent sind, auch arithmetisch äquivalent sind. Und aus der arithmetischen Äquivalenz folgt offensichtlich die geometrische.

Die arithmetischen Kristallklassen bilden eine Verfeinerung der geometrischen, wenn man die Struktur der Netze der Ornamentgruppen berücksichtigt.

Satz 5.4.10. *Die Ornamentgruppen bilden 13 arithmetische Kristallklassen.*

Beweis. Aufgrund der Vorbemerkungen und der obigen Tabelle ist bereits klar, daß diejenigen Ornamentgruppen eine arithmetische Klasse bilden, deren Punktgruppe eine C_1-, C_2-, C_3-, C_4-, C_6- oder D_6-Gruppe ist. Verfeinerungen zu arithmetischen Kristallklassen sind also nur noch bei den geometrischen Kristallklassen D_1, D_2, D_3 und D_4 möglich.

Anhand der eingehenden Erörterungen der Netze (von Ornamentgruppen im Abschnitt 5.3) und der diesbezüglichen Abbildungen erkennt man leicht, daß folgende Ornamentgruppen je eine arithmetische Kristallklasse bilden:

- $\mathbf{W}_1^2$- und $\mathbf{W}_1^3$-Gruppen ($\boldsymbol{\Gamma}_r$-Netz),
- $\mathbf{W}_2^2$-, $\mathbf{W}_2^3$- und $\mathbf{W}_2^4$-Gruppen ($\boldsymbol{\Gamma}_r$-Netz),
- $\mathbf{W}_1^1$-Gruppen ($\boldsymbol{\Gamma}_{r'}$-Netz),
- $\mathbf{W}_2^1$-Gruppen ($\boldsymbol{\Gamma}_{r'}$-Netz),
- $\mathbf{W}_4^1$-Gruppen und $\mathbf{W}_4^2$-Gruppen ($\boldsymbol{\Gamma}_q$-Netz).

$\mathbf{W}_3^1$- und $\mathbf{W}_3^2$-Gruppen sind *nicht* arithmetisch äquivalent (Aufgabe!). □

Aufgabe 5.4.14. Man zeige, daß keine $\mathbf{W}_3^1$-Gruppe zu einer $\mathbf{W}_3^2$-Gruppe arithmetisch äquivalent ist.

Aufgabe 5.4.15. Rückblickend auf die diskreten Bewegungsgruppen im eindimensionalen Raum $\mathbf{E}^1$ (Kapitel 3) und die Friesgruppen im $\mathbf{E}^2$ stellt sich die Frage, ob diese Gruppen in gleicher Weise konstruktiv dargestellt werden können wie die Ornamentgruppen entsprechend der Sätze 5.4.2 und 5.4.4.

Man untersuche diese Frage!

Zur Geschichte der Ornamentgruppen und zu Ornamenten in der Kunst

Wandornamente findet man bereits in alten Kulturen. Im alten Ägypten und in China wurden Wandmuster geschaffen, deren Symmetriegruppen schon viele der 17 Klassen der Ornamentgruppen repräsentieren. Aufgrund der Ornamente an den Wänden der Alhambra bei Granada und anderer Zeugnisse wird vielfach die Meinung vertreten, daß die Mauren bereits intuitiv alle möglichen Symmtriestrukturen der Wandmuster erfaßt haben.

Ein anderes bemerkenswertes Beispiel aus der Kunst wird in [Mi] vorgestellt.

Der russische Kristallograph E. S. Fedorow hat *nach* seiner Entdeckung der dreidimensionalen Raumgruppentypen 1891 (siehe Absch. 6.3) nur wenige Monate später die zweidimensionalen Raumgruppentypen (Ornamentgruppenklassen) aus der Sicht der Symmetrie explizit angegeben. Dies wird häufig als die erste mathematische Behandlung der Ornamentgruppenklassifizierung gewertet.

Im Jahre 1924 wurden die Ornamentgruppentypen von Pólya [Pó] und Niggli wiederentdeckt. Pólya gibt eine Klassifizierung vom gruppentheoretischen Standpunkt aus.

In jüngerer Zeit haben die von dem holländischen Künstler M. C. Escher (1896 – 1972) geschaffenen Wandornamente durch ihren Phantasiereichtum große Bewunderung und vielfältiges Interesse in wissenschaftlicher, aber auch in kommerzieller Hinsicht gefunden. Bemerkenswert ist ein Grund, den er für seine Beschäftigung mit ,,regelmäßigen Flächenaufteilungen" gibt: »Die hier vorgestellten Symmtriezeichnungen zeigen, wie eine Fläche regelmäßig in gleiche Figuren eingeteilt bzw. mit diesen gefüllt werden kann. Die Figuren sollen aneinandergrenzen, ohne daß ,,freie Flächen" entstehen. Die Mauren waren Meister dieser Kunst. Sie haben, vor allem in der Alhambra in Spanien, Wände und Fußböden mit kongruenten, farbigen Majolika-Stücken, die lückenlos aneinandergesetzt wurden, ausgeschmückt. Wie schade, daß ihnen der Islam die Anfertigung von ,,Abbildungen" verboten hat! Sie haben sich bei ihrer Gestaltung mit Fliesen immer auf Figuren mit abstrakt-geometrischen Formen beschränkt. Soweit mir bekannt ist, hat kein einziger maurischer Künstler es jemals gewagt (oder sollte ihm die Idee niemals gekommen sein?), konkrete, erkennbare und in der Natur vorkommende Figuren wie Fische, Vögel, Reptilien und Menschen als Elemente seiner Flächenfüllungen zu benutzen. Diese Beschränkung ist mir so unverständlich, da die Erkennbarkeit der Komponenten meiner eigenen Muster der Grund für mein nicht ablassendes Interesse in diesem Bereich ist.« ([Esch], S. 7/8)

Als Beispiel zeigt die Abbildung 5.4.12 die ,,Schwäne", einen Holzstich von Escher. Er ordnet diesen Stich in seinem Buch unter ,,Gleitspiegelungen" ein und schreibt dazu: »Wer Symmetrie auf einer glatten Fläche darstellen will, muß drei kristallographische Grundprinzipien berücksichtigen: Verschiebung (Translation), Achsendrehung (Rotation) und Gleitspiegelung (Reflexion). ... Die Schwäne fliegen in einem geschlossenen Kreis, der die Form einer liegenden 8 hat. Um in sein Spiegelbild übergehen zu können, muß sich jeder Vogel aus der Fläche erheben wie ein flaches Plätzchen, das auf der einen Seite mit Zucker und auf der anderen Seite mit Schokolade bedeckt ist. In der Mitte, wo sich die weißen und die schwarzen Ströme kreuzen, füllen sie gegenseitig ihre Zwischenräume aus. Dort ensteht eine viereckige Fläche mit einem lückenlosen Muster.« ([Esch])

Und weiter bemerkt er: »Obwohl ich über keinerlei exakt-wissenschaftliche Ausbildung und Kenntnisse verfüge, fühle ich mich oft mehr mit Mathematikern als mit meinen eigenen Berufskollegen verwandt.«

Escher hat die Alhambra 1922 und 1936 zu Studienzwecken aufgesucht.

Wir kommen im Zusammenhang mit diskreten Zerlegungen (Parketten) im Abschnitt 9.1 und 9.3 auf regelmäßige ,,Flächenaufteilungen" zu sprechen und werden dabei ,,hinter die Kulissen" des Künstlers Escher schauen.

Abb. 5.4.12

Flächenornamente findet man im täglichen Leben in Hülle und Fülle. Die Pflasterung einer ebenen Fläche mit gleichen (kongruenten) Teilen (Fliesen, Platten, Steinen) führt meist zwangsläufig zu einem Wandmuster, dessen Symmetriegruppe eine Ornamentgruppe ist.

Entsprechendes tritt beim Drucken von Tapeten oder beim Weben von Textilien auf. Kein Wunder, daß man selbst in der eigenen Wohnung sofort Beispiele findet. Nicht immer künden diese Muster von bewußter Verwendung der Möglichkeiten, ansprechende Symmetriestrukturen dabei einzubringen. Manchen Architekten und Designern sind sie wahrscheinlich gar nicht bekannt.

Im nächsten Abschnitt gehen wir einer Idee eines Chemikers nach.

Die Computergrafik hat sich, weil es naheliegend ist, sofort auch mit Ornamenten und ihren Gruppen beschäftigt. Die mathematische Gesetzmäßigkeit bietet sich geradezu zum Programmieren an.

5.5. Elementare Ostwald-Muster und Ornamente

Wilhelm Ostwald (1853 – 1932), als Mitbegründer der physikalischen Chemie und als Nobelpreisträger (1909 für Katalyseforschung) weltbekannt, ging vielfältigen wissenschaftlichen Interessen nach, und er hat wissenschaftsorganisatorisch vielseitig gewirkt. Er war das Haupt einer wissenschaftlichen Schule an der Universität in Leipzig. Neben seinen wissenschaftlichen Arbeiten zur Chemie hielt er Vorlesungen über Naturphilosophie, kümmerte sich um die Begabtenförderung und um Reformen im Bildungswesen, bemühte sich um eine Weltsprache und war maßgeblich an der Organisation der Künstlervereinigung „Die Brücke" beteiligt, um nur einige Aktivitäten zu nennen.

In seinen späteren Jahren war die Farbforschung sein Hauptarbeitsgebiet. Es ging ihm um die Entwicklung einer gesetzmäßigen und praktisch handhabbaren Farbenlehre. Seine „Farborgeln" und andere Belege, die man in seinem Landhaus „Energie" in Großbothen (bei Leipzig) besichtigen kann, geben einen eindrucksvollen Einblick in Ostwalds praxisverbundene Harmonievorstellungen. Seine Untersuchungen waren stets auf einen praktischen Nutzen ausgerichtet; Ostwalds Farbenlehre fand u. a. Eingang in die Kennzeichnung von Farbmustern in der Textilindustrie. Der Farbdruck und das Farbfernsehen griffen jedoch nicht das Ostwaldsche System auf.

Seine Farbenlehre führte ihn naturgemäß auch zu einer Konzeption einer „gesetzlichen Lehre von geometrischen Formen". Die *Harmonie der Formen* [Os 1] und die weiter ausgearbeitete *Welt der Formen* [Os 2] haben sowohl eine unmittelbar praktische Anwendung als auch kunstphilosophische und theoretische Aspekte geometrischer Formen zum Ziel.

Grundlage seiner Mustererzeugung sind die regulären Parkettierungen der Ebene (Abb. 5.5.1) als die „gesetzlichsten Einteilungen" der Ebene, auf die im Abschnitt 9.1 noch näher eingegangen wird.

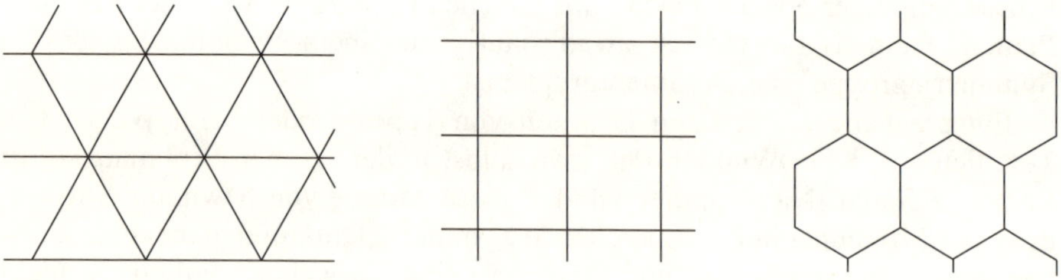

Abb. 5.5.1 Die drei regulären Parkette

Das folgende Beispiel zeigt das Grundprinzip der einfachen Herstellungsweise seiner Muster.

Es sei B ein reguläres Viereck der Seitenlänge n, das $(n+1)^2$ Ecken („Knoten") einer regulären Parkettierung der Ebene mit Einheitsquadraten enthält (Abb. 5.5.2a), von Ostwald „Viereck n-ter Ordnung" genannt. Man wählt irgendeine Verbindungsstrecke T zweier Knoten aus B, das „Thema" (Abb. 5.5.2b), und läßt darauf die Symmetriegruppe $S(B)$ von B wirken. Die Figur, die aus diesen Bildern von T entsteht, heißt die „Form" F von T (Abb. 5.5.2c).

Bei der regulären Parkettierung der Ebene mit B induziert die Form F ein „Muster" (Abb. 5.5.2d).

Auf diese Weise entstehen recht ansprechende und ausdeutbare Muster, und Ostwald bietet für sie in [Os 2] bildhafte Bezeichnungen an. So wird das hier vorliegende Muster (in [Os 2] Blatt 83) die „Nelke" oder „überschobener Vierspitz mittlerer Größe" genannt.

Er legt seine Muster auf transparentem Papier vor, um sie leicht für gewerbliche Zwecke nutzen zu können.

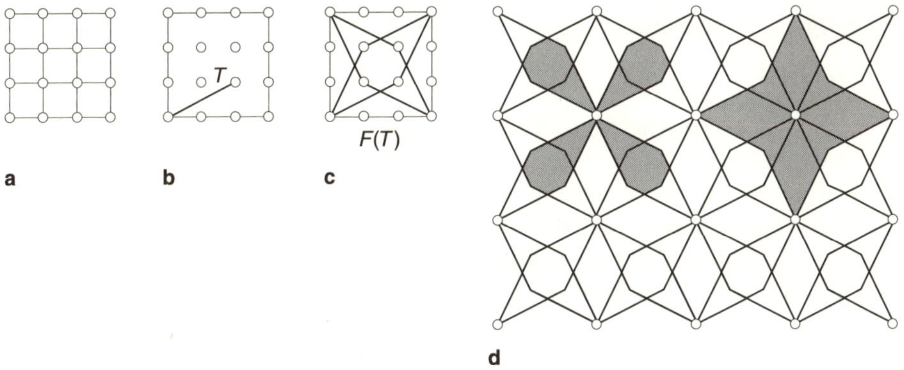

Abb. 5.5.2

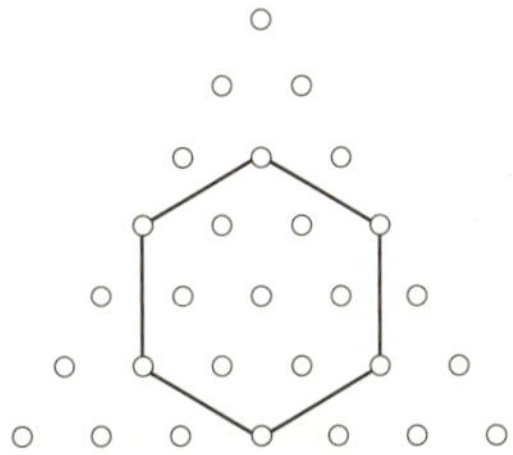

Abb. 5.5.3

Im folgenden wird diese Mustererzeugung ganz im Sinne von Ostwald *verallgemeinert*. Und die auf diese Weise gewonnenen Muster werden untersucht und in die Theorie der Ornamentgruppen eingeordnet.

Themen und Formen

Der Betrachtung wird ein hexagonales bzw. quadratisches (Einheits-)Punktgitter der Ebene zugrunde gelegt. Das sind zwei der fünf möglichen Gittertypen in der Ebene (Abschn. 5.3). Die Punkte heißen nach [Os2] „Knoten". Bezüglich des hexagonalen Punktgitters sei ein *Dreieck n-ter Ordnung* bzw. *Sechseck n-ter Ordnung* ein reguläres Dreieck bzw. Sechseck mit der Seitenlänge $n \geq 1$ und mit $n + 1$ Knoten auf jeder seiner Seiten. Entsprechend sei ein *Viereck n-ter Ordnung* auf der Grundlage des quadratischen Punktgitters erklärt. Bei einer einheitlichen Betrachtungsweise werden solche Figuren im folgenden kurz *Basisfiguren B n-ter Ordnung* genannt. Die Knoten von B sind diejenigen Knoten des Gitters, die im Innern oder auf dem Rand von B liegen.

Die folgenden Betrachtungen beziehen sich auf eine beliebig gewählte, aber feste Basisfigur B n-ter Ordnung.

Ein *Thema* sei nach Ostwald die Verbindungsstrecke zweier Knoten von B.

Es sei G eine (auch triviale) Untergruppe der Symmetriegruppe $S(B)$ der Basisfigur B. Die Figur

$$F(T,G) := \bigcup_{\beta \in G} \beta(T)$$

heißt die *Form* des Themas T bezüglich des Generators G.

Ostwald benutzt in [Os2] im wesentlichen nur $G = S(B)$ und $G = S(B)^+$ (d. h. die volle Symmetriegruppe bzw. die Drehgruppe von B).

Im Zusammenhang mit der Frage nach der Anzahl $f(n)$ der möglichen Formen, die sich auf der Grundlage einer Basisfigur n-ter Ordnung erzeugen lassen, ergeben sich kombinatorische Aufgabenstellungen und Symmetrieaspekte, denen in [Qu 4] nachgegangen wird.

Offensichtlich ist G eine Untergruppe der Symmetriegruppe $S(F)$ der Form F.

Die Abbildung 5.5.3 zeigt, daß selbst im Falle $G = S(B)$ die Symmetriegruppe von F reichhaltiger sein kann als der Generator G.

Es sei $S_F := S(F) \cap S(B)$.

Es gilt

Lemma 5.5.1. *$F(T,G') = F$ für alle Untergruppen $G \subseteq G' \subseteq S_F$.*

Demnach ist S_F der größte Generator, der die Form F erzeugt; und mit Blick auf weitere Formeigenschaften könnte o. B. d. A. $G = S_F$ vorausgesetzt werden.

Der Index $|S(F)| : |S_F|$ ist 1, 2 oder 4.

Die Form F heißt *vollständig* (oder ein *Spiegeling*), wenn $S_F = S(B)$ ist; und F heißt ein *Drehling*, wenn $S_F = S(B)^+$ gilt, also gleich der Drehgruppe der Basisfigur B ist. (In [Os2] werden diese Bezeichnungen unter der Voraussetzung $G = S(B)$ bzw. $G = S(B)^+$ verwendet.)

Elementare Ostwald-Muster

Zu der Basisfigur B gibt es genau ein reguläres Parkett P mit B als Kachel (Abb. 5.5.1). $S(P)$ bezeichne die Symmetriegruppe dieses Parketts P. Die Mustererzeugung wird (im Sinne von Ostwald) mit einer Untergruppe E von $S(P)$ vorgenommen, für die gilt:

(M1) E operiert transitiv über P, d. h., zu Kacheln K_1 und K_2 aus P gibt es stets ein $\alpha \in E$ mit $\alpha(K_1) = K_2$.

Definition 5.5.2. Die Figur

$$M = M(F, E) := \bigcup_{\alpha \in E} \alpha(F)$$

heißt das durch die Form F und die Gruppe E erzeugte *Muster*.

Die Forderung (M1) sichert, daß bezüglich der Kacheln K_1 und K_2 von P die Musterteile $M \cap K_1$ und $M \cap K_2$ zueinander äquivalent bezüglich der erzeugenden Gruppe E sind. In der Tat gibt es nach (M1) ein $\alpha \in E$ mit $\alpha(K_1) = K_2$, und es ist $\alpha(M \cap K_1) = \alpha(K_1) \cap \alpha(M) = K_2 \cap M$.

Offensichtlich ist die erzeugende Gruppe E eine Untergruppe der Symmetriegruppe $S(M)$ des Musters.

Das Beispiel in Abbildung 5.5.4 ([Os 2], Blatt 23 „Der Dreisechs“) zeigt, daß selbst für $E = S(P)$ die Symmetriegruppe des Musters die erzeugende Gruppe E echt umfassen kann.

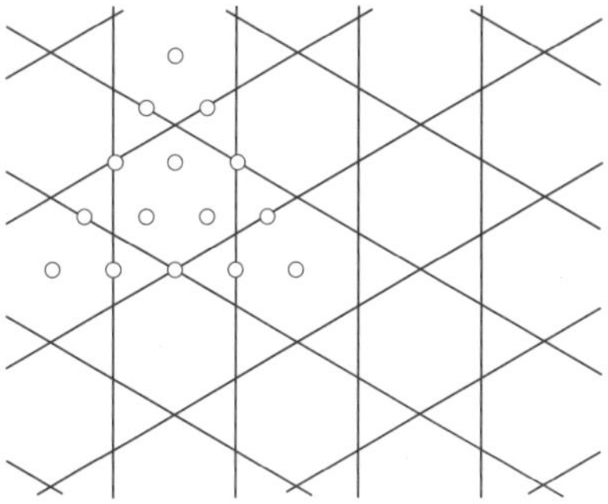

Abb. 5.5.4

Es sei $S_M := S(M) \cap S(P)$.

Lemma 5.5.3. *Für alle Untergruppen* $E \subseteq E' \subseteq S_M$ *gilt* $M(F, E') = M$.

Es ist naheliegend, noch zu fordern, daß die Form F durch die Wirkung von E nicht reichhaltiger wird, d. h., daß

(M2*) $M \cap B = F$

ist.

Zunächst gilt: Aus $M \cap B = F$ folgt, daß der Stabilisator $E_B (:= E \cap S(B))$ von B in S_F liegt.

Die Umkehrung gilt im allgemeinen nicht. Dies liegt aber nur an den Randpunkten von B, die zu F gehören. ($M \cap B$ muß nicht wieder eine Form sein, wie spätere Beispiele zeigen.) Es gilt:

Wenn $E_B \subseteq S_F$, dann ist $M \cap B^{\circ} = F \cap B^{\circ}$. ($B^{\circ}$ bezeichnet das Innere von B.)

Für die Mustererzeugungsgruppe wird demnach neben (M1) noch gefordert

(M2) $E_B \subseteq S_F$.

Liegt also F im Innern von B ($F \subseteq B^{\circ}$), dann gilt mit (M2) auch (M2*).

Aufgabe 5.5.1. Man zeige: Die Mustererzeugungsgruppe E erzeugt das Muster $M = M(F, E)$ schon aus T selbst, wenn und nur wenn $F = F(T, E_B)$ ist.

Alle auf obige Weise erzeugten Muster M heißen *elementare Ostwald-Muster*. Das Attribut „elementar" bezieht sich auf die Voraussetzung, daß das Thema T eine Strecke ist.

Bei dieser Mustererzeugung könnte, wie schon von Ostwald bemerkt, anstelle von T ohne weiteres auch irgendein Jordanbogen gewählt werden.

Muster aus vollständigen Formen

Man zeigt leicht

Satz 5.5.4. *Ist F vollständig, dann gilt für jede Gruppe $E \subseteq S(P)$ mit* (M1):
a) $M(F, E) = M(F, S(P))$;
b) $M \cap B = F$, *also gilt* (M2*) .

Ostwald benutzt bei vier- und sechseckigen Basisfiguren als erzeugende Gruppe E die Gruppe $T(P)$ der Translationen aus $S(P)$. Für diese gilt (M1). Bei einer dreieckigen Basisfigur B besitzt $T(P)$ nicht die Eigenschaft (M1). Hier erweitern wir im Sinne von Ostwald zunächst die Basisfigur B durch Spiegelung σ_O an dem Mittelpunkt O einer Seite von B zu einem Rhombus B' und damit die Form F zu einer Figur F'. Und für die Mustererzeugung werden dann die Translationen aus $T(P)$ auf F'angewendet; es wird also als Mustererzeugungsgruppe $E = T(P) \cup \sigma_O \circ T(P) = \langle T(P), \sigma_O \rangle$ benutzt. Für diese Gruppe E gilt (M1).

Zu bemerken bleibt, daß Ostwald die Mustererzeugung nicht in dieser Schärfe beschreibt; seine Darlegungen und die von ihm vorgelegten Muster, insbesondere seine „Drehlinge" in [Os2], rechtfertigen eine solche Präzisierung.

Da $S(P)$ bezüglich einer drei- oder sechseckigen Basisfigur eine Ornamentgruppe vom Typ $\mathbf{W}_6^1$ und bezüglich einer viereckigen Basisfigur vom Typ $\mathbf{W}_4^1$ ist, ergibt sich aus dem Satz 5.5.4 die

Folgerung 5.5.5. *Die Symmetriegruppen der elementaren Ostwald-Muster, die aus einer vollständigen Form erzeugt werden, sind stets Ornamentgruppen vom Typ* $\mathbf{W}_6^1$ *bzw.* $\mathbf{W}_4^1$.

Dennoch kann, wie schon oben bemerkt, $S(M)$ eine echte Obergruppe von $S(P)$ sein (Abb. 5.5.4).

Die folgende Abbildung 5.5.5 zeigt ein weiteres elementares Ostwald-Muster aus einer vollständigen Form, hier auf der Grundlage einer sechseckigen Basisfigur. ([Os 2], Blatt 136 „Der sechsarmige Zwölfspitz"; B ist ein Sechseck zweiter Ordnung.)

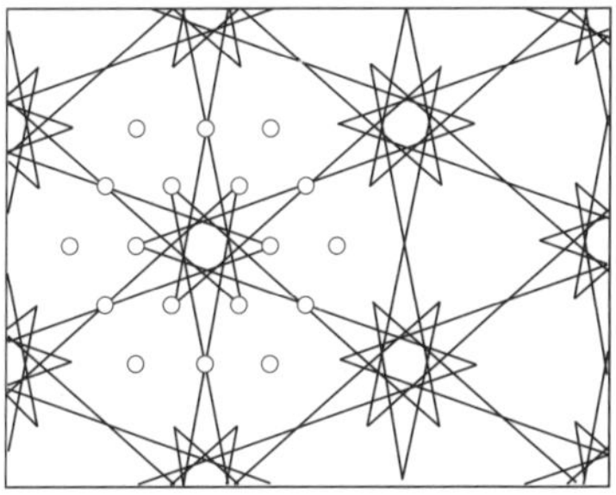

Abb. 5.5.5

Muster aus Drehlingen

Bei einem Drehling F, also bei einer Form F mit $S_F = S(B)^+$ ergibt sich aus der Forderung (M2) eine Einschränkung für die Untergruppen aus $S(P)$, die als Mustererzeugungsgruppen (im folgenden kurz MEG) zulässig sind.

a) Zunächst liegt es nahe, als eine geeignete MEG E eine Untergruppe von $S(P)^+$ mit (M1) zu wählen; denn dann gilt $E_B \subseteq S(B)^+ = S_F$. Derartige MEG sind die Ostwaldschen.

Man erkennt leicht

Lemma 5.5.6. *Sind F ein Drehling und E eine Untergruppe von $S(P)^+$ mit* (M1), *dann ist* $M(F, E) = M(F, S(P)^+)$.

Hier muß (M2*) nicht gelten, wie folgende Beispiele zeigen.

Die Symmetriegruppe von M kann $S(P)$ nicht umfassen, sonst wäre $S_F = S(B)$ und damit F kein Drehling. Da $S(P)^+$ eine Ornamentgruppe vom Typ $\mathbf{W}_6$ bzw. $\mathbf{W}_4$ ist, folgt aus dem Lemma 5.5.6, daß die Symmetriegruppe des Musters M nur vom Typ $\mathbf{W}_6$, $\mathbf{W}_6^1$ bzw. $\mathbf{W}_4$, $\mathbf{W}_4^1$ oder $\mathbf{W}_4^2$ sein kann.

Die Beispiele (Abb. 5.5.6 a – e) zeigen, daß tatsächlich alle genannten Typen auftreten können. (Die Muster in den Abb. 5.5.6 a und b sind in [Os2] als Blatt 195 bzw. 193 enthalten.)

Satz 5.5.7. *Unter den Voraussetzungen des Lemmas 5.5.6 sind die Symmetriegruppen der Muster vom Typ* $\mathbf{W}_6$, $\mathbf{W}_6^1$ *bzw.* $\mathbf{W}_4$, $\mathbf{W}_4^1$ *oder* $\mathbf{W}_4^2$.

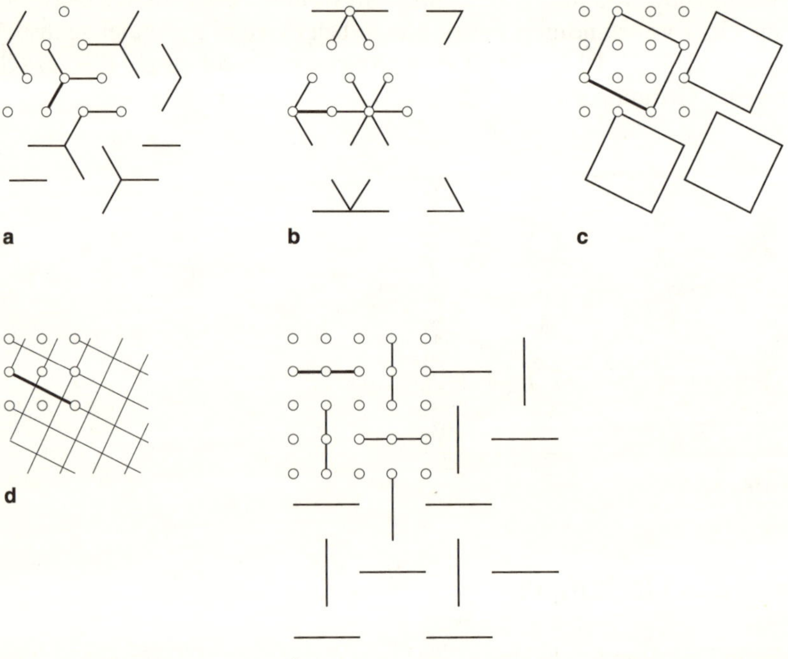

Abb. 5.5.6

b) Wegen $S_F = S(B)^+$ und (M2) kann der maximale Stabilisator der zulässigen MEG E bei Drehlingen nur $E_B = S(B)^+$ sein.

Im folgenden sei E eine MEG, für die neben (M1) die Eigenschaft $E_B = S(B)^+$ gilt. Eine solche MEG ist unter anderem $S(P)^+$.

Bei den folgenden Betrachtungen sei B' eine benachbarte Kachel von B und g diejenige Gerade, die durch die gemeinsame Kante von B und B' bestimmt ist.

Wegen $E_B = S(B)^+$ ist $\{\alpha \in E : \alpha(B) = B'\}$ entweder die Menge aller eigentlichen oder die Menge aller uneigentlichen Bewegungen aus $S(P)$, die B in B' überführen. Da die Kacheln bezüglich E äquivalent sind, gilt diese Eigenschaft für je zwei benachbarte Kacheln. Deshalb kann im ersten Fall E keine uneigentlichen Bewegungen enthalten, da sonst E_B gleich der vollen Symmetriegruppe von B wäre. Liegt der zweite Fall vor, dann beschreibt $\sigma_g \circ S(B)^+$ wegen $\sigma_g(B) = B'$ alle Bewegungen α aus E mit $\alpha(B) = B'$.

Daraus ergibt sich

Satz 5.5.8.

a) *Gilt* $E_B = S(B)^+$ *für eine MEG* E*, und ist* B *eine sechseckige Basisfigur, dann ist* $E = S(P)^+$.

b) *Bei einer drei- oder viereckigen Basisfigur gilt* $E = \langle (B)^+, \sigma_g \rangle$, *wenn* $E_B = S(B)^+$ *ist und* E *eine uneigentliche Bewegung enthält.*

Es bleibt zu klären, von welcher Struktur die elementaren Ostwald-Muster sind, die unter den im Satz 5.5.8 b) vorliegenden Bedingungen entstehen.

Zunächst ist eine solche MEG vom Typ $\mathbf{W}_3^2$ bzw. $\mathbf{W}_4^2$, da die Mittelpunkte der Kacheln von P als Zentren von Drehungen aus E nicht auf Achsen von Geradenspiegelungen aus E liegen. Da mit E auch die Symmetriegruppe des Musters M Geradenspiegelungen enthält, kann $S(M)$ weder vom Typ $\mathbf{W}_3$ noch $\mathbf{W}_6$ bzw. nicht vom Typ $\mathbf{W}_4$ sein.

Es sei B ein Dreieck, M der Mittelpunkt von B und A eine Ecke von B. Angenommen, $S(M)$ wäre von Typ $\mathbf{W}_3^1$ oder $\mathbf{W}_6^1$. Da M und A Zentren von Drehungen dritter oder sechster Ordnung aus $S(M)$ sind und die Seiten von B mit der Ecke A Achsen von Geradenspiegelungen aus $S(M)$ bilden, müßte die Verbindungsgerade von A und M eine Symmetrieachse des Musters M und der Form F sein.

F ist aber ein Drehling.

Völlig entsprechend läßt sich zeigen, daß bei einer viereckigen Basisfigur $S(M)$ nicht vom Typ $\mathbf{W}_4^1$ sein kann.

Also gilt

Satz 5.5.9. *Unter der Voraussetzung des Satzes* 5.5.8 b) *kann die Symmetriegruppe des Musters* M *nur vom Typ* $\mathbf{W}_3^2$ *bzw.* $\mathbf{W}_4^2$ *sein.*

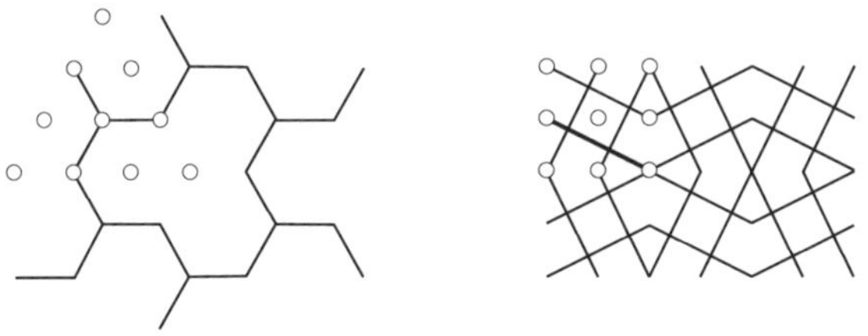

a b

Abb. 5.5.7

Beispiele für derartige Muster zeigen die Abbildungen 5.5.7 a (mit F wie in Abb. 5.5.6 a; in [Os2] wird ein derartiges Muster aus Drehlingen nicht vorgelegt) und 5.5.7 b (mit F wie in Abb. 5.5.6 d).

Mit den bisherigen Darlegungen sind nicht alle möglichen Typen von Mustern beschrieben, die aus Drehlingen entstehen können. Im folgenden werden wir Muster untersuchen, die durch minimale MEG entstehen. Dabei werden als Formen auch Drehlinge zugrunde gelegt.

Muster auf der Grundlage minimaler MEG

Eine Untergruppe $E \subseteq S(P)$ mit (M1), für die der Stabilisator $E_B = \{\mathrm{id}\}$ ist, erfüllt trivialerweise die Bedingung (M2) und ist damit stets als MEG geeignet. Derartige MEG nennen wir *minimal*.

Beispiele sind die Ostwaldschen MEG.

Aufgabe 5.5.2. Man zeige: Eine Untergruppe $E \subseteq S(P)$ ist eine minimale MEG genau dann, wenn es zu Kacheln K_1, K_2 aus P stets *genau eine* Bewegung $\alpha \in E$ mit $\alpha(K_1) = K_2$ gibt.

Es sei E_N die Menge derjenigen Bewegungen α aus E, für die $\alpha(B)$ eine zu B benachbarte Kachel ist. Wegen (M1) ist die entsprechende Menge E_N' bezüglich einer anderen Kachel von P zu E_N äquivalent, d. h., es gibt ein $\beta \in E$ mit $\beta \circ E_N \circ \beta^{-1} = E_N'$.

Davon unabhängig, ob die MEG E minimal ist, läßt sich leicht zeigen

Lemma 5.5.10.

a) *Mit $\alpha \in E_N$ ist auch $\alpha^{-1} \in E_N$.*

b) *E läßt sich aus E_N erzeugen.*

Aufgabe 5.5.3. Man beweise diese Aussagen!

Von Interesse ist, wie viele bis auf Äquivalenz (bezüglich $S(P)$) verschiedene Möglichkeiten es gibt, hinsichtlich jeder Seite von B je eine Bewegung so auszuwählen, daß ihre Menge N eine minimale MEG E mit $E_N = N$ erzeugt. Auf diese Weise ergibt sich eine vollständige Übersicht über alle minimalen MEG.

Es sei B' eine zu der m-seitigen Basisfigur B ($m = 3$, 4 bzw. 6) benachbarte Kachel, O der Mittelpunkt ihrer gemeinsamen Kante und g diejenige Gerade, die die gemeinsame Kante enthält. Es gibt genau $2m = 4$, 8 bzw. 12 Bewegungen aus $S(P)$, die B in B' überführen. Diese Bewegungen lassen sich mit Hilfe der Drehgruppe $S(B)^+$ von B, erzeugt durch die Drehung ϱ mit dem Drehwinkel $2\pi/m$ ($m = 3$, 4 bzw. 6; o. B. d. A. im mathematisch positiven Drehsinn), wie folgt darstellen:

die eigentlichen Bewegungen durch $\sigma_O \circ \varrho^k =: k \quad (k = 0, 1, ..., m-1)$,
die uneigentlichen Bewegungen durch $\sigma_g \circ \varrho^k =: \underline{k} \quad (\underline{k} = \underline{0}, \underline{1}, ..., \underline{m-1})$.

Bei dieser Bezeichnung sind speziell
$0 = \sigma_O$, $\underline{0} = \sigma_g$ und $\underline{1}, ..., \underline{m-1}$ Gleitspiegelungen. (Siehe Abb. 5.5.8 für das Viereck.)

Aufgabe 5.5.4. Man beweise diese Darstellungsmöglichkeiten!

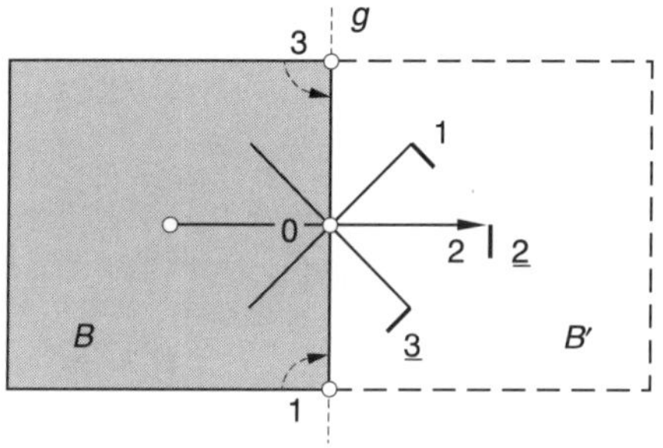

Abb. 5.5.8

Jede der gesuchten Mengen N läßt sich nun kurz und übersichtlich durch einen Code beschreiben, der auf der Grundlage einer zyklischen Abfolge der Seiten von B (im mathematisch positiven Drehsinn) mit den obigen Bezeichnungen die Bewegungen angibt.

Mit Hilfe von Lemma 5.5.10 a) ergeben sich bei einer drei- bzw. vier- bzw. sechseckigen Basisfigur 6 bzw. 16 bzw. 7 bis auf Äquivalenz verschiedene minimale MEG.

Die folgende Übersicht weist mit dem Code strukturell diese MEG aus; sie sind nach den Typen der Ornamentgruppen geordnet, zu denen sie gehören:

Satz 5.5.11. *Übersicht über die minimalen* MEG

Ornamentgruppentyp E_N	B		
	Dreieck	Viereck	Sechseck
$\mathbf{W}_1$	-	2222	333333
$\mathbf{W}_1^1$	$\underline{021}$	$\underline{0202}$	-
$\mathbf{W}_1^2$	-	$\underline{0}2\underline{0}2$	-
$\mathbf{W}_1^3$	-	$\underline{1313}$, $2\underline{2}2\underline{2}$	$3\underline{24}3\underline{24}$, $3\underline{51}3\underline{51}$
$\mathbf{W}_2$	000	0000, 0202	003003
$\mathbf{W}_2^1$	-	$0\underline{000}$	-
$\mathbf{W}_2^2$	-	$\underline{0000}$	-
$\mathbf{W}_2^3$	$00\underline{0}$	$0\underline{0}0\underline{0}$, $02\underline{0}2$	-
$\mathbf{W}_2^4$	$0\underline{21}$	$0\underline{2}0\underline{2}$, $\underline{2222}$, $00\underline{31}$	$003\underline{51}3$, $0\underline{3}0\underline{432}$
$\mathbf{W}_3$	-	-	151515
$\mathbf{W}_3^1$	$\underline{000}$	-	-
$\mathbf{W}_3^2$	-	-	-
$\mathbf{W}_4$	-	1313	-
$\mathbf{W}_4^1$	-	-	-
$\mathbf{W}_4^2$	-	$\underline{00}31$	-
$\mathbf{W}_6$	021	-	-
$\mathbf{W}_6^1$	-	-	-

Die Ostwaldschen MEG sind die minimalen MEG mit dem Code 000, 2222 und 333333.

Von Interesse ist nun, ob die elementaren Ostwald-Muster, die durch minimale Mustererzeugungsgruppen entstehen, das volle Spektrum der Ornamentgruppenklassen repräsentieren.

Wie bereits bemerkt, ist die Symmetriegruppe von M eine Obergruppe der MEG E. Der Typ von $S(M)$ hängt aber nicht nur von von dem Typ von E, sondern auch von der Symmetrie der Form F ab.

Wir legen den folgenden Betrachtungen eine minimale MEG zugrunde.

a) Es sei F eine vollständige Form.

Nach der Folgerung 5.5.5 ist dann $S(M)$ stets vom Typ $\mathbf{W}_6^1$ bzw. $\mathbf{W}_4^1$. Der

Typ der MEG kommt hier also nicht zur Wirkung.

b) Es sei F ein Drehling.

b1) Die MEG 000, 021 bzw. 2222, 0000, 0202, 1313 bzw. 333333, 003003, 151515 sind genau die minimalen MEG, die nur eigentliche Bewegungen enthalten. Nach dem Satz 5.5.7 sind die Symmetriegruppen der Muster nur vom Typ $\mathbf{W}_6$, $\mathbf{W}_6^1$ bzw. $\mathbf{W}_4$, $\mathbf{W}_4^1$ oder $\mathbf{W}_4^2$.

b2) Für die weiteren minimalen MEG ergeben sich folgende Einsichten [Qu 5]:

minimale MEG E	Typ der $S(M)$
$\underline{021}$, $\underline{000}$	$\mathbf{W}_3^2$ (nach Satz 5.5.9)
$00\underline{0}$	$\mathbf{W}_2^3$ (wie E)
$0\underline{21}$	$\mathbf{W}_2^4$ (wie E)
$\underline{0202}$, $\underline{1113}$, $\underline{0000}$, $\underline{2222}$	$\mathbf{W}_4^2$ (nach Satz 5.5.9)
$\underline{0}2\underline{0}2$, $0\underline{0}0\underline{0}$, $2\underline{2}2\underline{2}$, $0\underline{2}0\underline{2}$	$\mathbf{W}_2^3$ (Nachweis als Aufgabe 5.5.4!)
$00\underline{31}$	$\mathbf{W}_2^4$ (wie E)
$\underline{00}31$	$\mathbf{W}_4^2$ (wie E)
$0\underline{000}$	$\mathbf{W}_2^1$ (wie E)
$3\underline{24}3\underline{24}$, $3\underline{51}3\underline{51}$	$\mathbf{W}_2^4$
$003\underline{51}3$	$\mathbf{W}_2^4$ (wie E)
$0\underline{3}0\underline{432}$	$\mathbf{W}_2^4$ (wie E)

Hinsichtlich der Drehlinge ergibt sich abschließend

Satz 5.5.12. *Die Symmetriegruppen der Ostwald-Muster, die aus Drehlingen entstehen, sind nur vom Typ* $\mathbf{W}_2^1$, $\mathbf{W}_2^3$, $\mathbf{W}_2^4$, $\mathbf{W}_3^2$, $\mathbf{W}_4$, $\mathbf{W}_4^1$, $\mathbf{W}_4^2$, $\mathbf{W}_6$ und $\mathbf{W}_6^1$.

Es bleibt die Frage, ob es zu den restlichen acht Typen elementare Ostwald-Muster gibt, die durch eine minimale MEG entstehen.

c) Realisierung weiterer Ornamentgruppentypen

Elementare Ostwald-Muster, deren Symmetriegruppen zu den bisher nicht aufgetretenen Typen $\mathbf{W}_1$, $\mathbf{W}_1^1$, $\mathbf{W}_1^2$, $\mathbf{W}_1^3$, $\mathbf{W}_2$, $\mathbf{W}_2^2$, $\mathbf{W}_3$ und $\mathbf{W}_3^1$ gehören, können nach den bisherigen Untersuchungen nur noch mit Formen gewonnen werden, die weder vollständig noch Drehlinge sind.

Die folgenden Muster in den Abbildungen 5.5.9 a – e sind mit der minimalen MEG 2222(= $T(P)$), $\underline{0}2\underline{0}2$, $2\underline{2}2\underline{2}2$, 2020 bzw. $\underline{0000}$ erzeugt, und ihre Symmetriegruppen sind vom Typ $\mathbf{W}_1^1$, $\mathbf{W}_1^2$, $\mathbf{W}_1^3$, $\mathbf{W}_2$ bzw. $\mathbf{W}_2^2$.

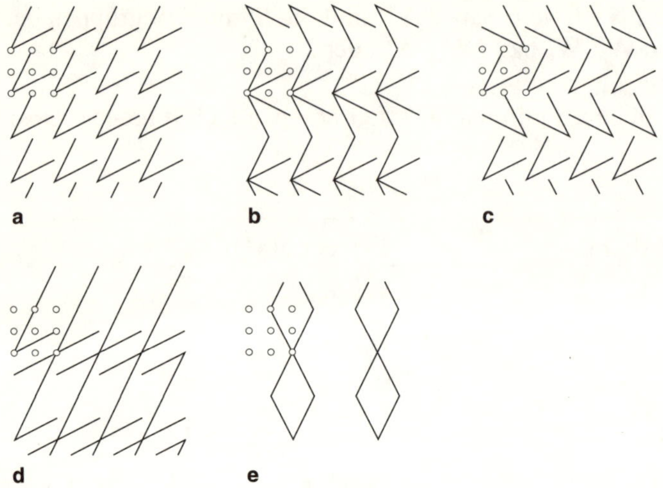

Abb. 5.5.9

Hinsichtlich der Typen $\mathbf{W}_3$ und $\mathbf{W}_3^1$ zeigen die Abbildungen 5.5.10 a und b Muster, die mit einer sechseckigen Basisfigur der Ordnung 2 bzw. mit einer dreieckigen Basisfigur der Ordnung 3 und mit der minimalen MEG 333333 bzw. $\underline{000}$ erzeugt sind.

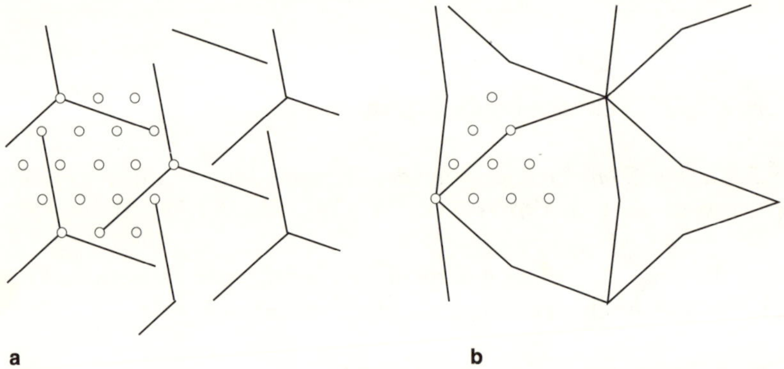

Abb. 5.5.10

Die Frage nach den Ornamentgruppentypen, die sich durch elementare Ostwald-Muster realisieren lassen, findet ihren Abschluß durch den

Satz 5.5.13. *Es gibt keine elementaren Ostwald-Muster mit einer Symmetriegruppe vom Typ* $\mathbf{W}_1$.

Beweis. Um ein solches Muster zu erzeugen, müßte die MEG E selbst schon vom Typ $\mathbf{W}_1$ sein. Es wäre dann $E = T(P)$ und damit E die minimale MEG 2222 bzw. 333333. (Muster auf der Grundlage einer dreieckigen Basisfigur scheiden hier generell aus.) Ist nun die Form F gleich dem Thema T, dann würde $S(M)$ offenbar eine Punktspiegelung enthalten. Und enthält S_F eine Bewegung $\alpha \neq \mathrm{id}$, dann wäre $\alpha(M) = M$ wegen $T(P) \circ \alpha = \alpha \circ T(P)$ ($T(P)$ ist Normalteiler von $S(P)$!) und damit $S(M)$ nicht vom Typ $\mathbf{W}_1$. □

Damit gilt abschließend

Satz 5.5.14. *Bis auf* $\mathbf{W}_1$ *gibt es zu jedem der übrigen* 16 *Ornamentgruppenklassen ein elementares Ostwald-Muster, dessen Symmetriegruppe zu dieser Klasse gehört.*

Und diese Muster lassen sich allein durch minimale MEG gewinnen.

Zu bemerken bleibt, daß nicht bei jedem elementaren Ostwald-Muster M die Symmetriegruppe $S(M)$ diskret und damit eine Ornamentgruppe ist.

Aufgabe 5.5.6. Man zeige: $S(M)$ ist genau dann *nicht* diskret, wenn M aus zueinander parallelen Geraden besteht.

Beispiele gibt es selbst für den Fall, daß S_F und E_B relativ reichhaltige Gruppen sind. Das Muster in der Abbildung 5.5.11 entsteht aus einer Form F, bei der sich S_F aus Spiegelungen an zwei zueinander orthogonalen Geraden erzeugen läßt, also eine Untergruppe der Ordnung 4 ist. Für die Mustererzeugung kann diejenige Gruppe E verwendet werden, die sich aus S_F und einer Translation τ erzeugen läßt, bei der $\tau(B)$ eine zu B benachbarte Kachel ist. Von den minimalen MEG sind u. a. 2222 und $\underline{0000}$ geeignet.

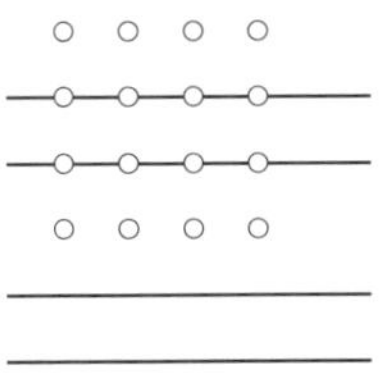

Abb. 5.5.11

Ostwalds Programm [Os 1] und seine konkreten Ausarbeitungen [Os 2] zeugen von seiner Absicht, eine wissenschaftliche Lehre von Formen zu entwickeln. Den heutigen Betrachter überrascht, daß der Chemiker Ostwald keinen sichtbaren Bezug zu Kenntnissen seiner Zeit aus der Kristallographie knüpft.

Es scheint deshalb fraglich, ob Ostwald tatsächlich die möglichen Symmetrietypen der ebenen Ornamente aufklären wollte. (Vgl. dazu [Fl].) Seine Formenwelt steht zu sehr in Verbindung mit seinen Farbharmonien. Und viele von ihm selbst ausgeführte Farbornamente belegen, daß die letztlich aus einer einfachen ,,Linie" (Thema) gewonnenen Muster oft nur als Grundstruktur dienen sollten.

Besonders auffällig und bemerkenswert ist, daß Ostwalds Ausarbeitungen zeitlich im unmittelbaren Vorfeld einer lebhaften und intensiven wissenschaftlichen Ausarbeitung der diskreten Bewegungsgruppen der (ebenen) Geometrie liegen, bei der sich gruppentheoretische Mittel und Methoden als besonders fruchtbar auch für weitere Entwicklungen erwiesen. Ostwald erkannte die Notwendigkeit einer wissenschaftlichen Theorie über symmetrische Formen, wenn auch seine Ansätze keine Beziehung zu den zu seiner Zeit begonnenen mathematischen Untersuchungen erkennen lassen.

Läßt man als ,,Thema", wie Ostwald ausdrücklich vorschlägt, ein anderes Kurvenstück zu, dann läßt sich auf der Grundlage der Ostwaldschen Konzeption selbst ein erheblicher Teil von heutigen Verfeinerungen der Klassifizierung von ebenen Mustern (siehe Abschn. 9.2 und [Gr/Sh]) erfassen.

Die Mustererzeugung selbst läßt sich bereits auf einfachen Kleincomputern programmieren. Diese Arbeit lohnt sich schon aufgrund der ästhetisch ansprechenden Vorführungen. Außerdem kommt man damit einem Anliegen von Ostwald selbst nach, der Wert auf praktische Nutzung legte, auch wenn er zu seiner Zeit an eine derartige Möglichkeit nicht denken konnte.

Ostwalds Formenlehre wurde in der Kunst insbesondere von Hans Hinterreiter aufgegriffen (*Die Kunst der reinen Form*, 1936/37 und spätere Fassungen; *A Theory of Form and Colour*, 1967).

6. Diskrete Bewegungsgruppen im dreidimensionalen euklidischen Raum

Nun gehen wir der Frage nach, welche Gruppen von Bewegungen des Raumes diskret sind. Im Vergleich zur ebenen Geometrie ist eine größere Vielzahl zu erwarten. Der Umfang gebietet, hier nur einige wenige wesentliche Sachverhalte und Ergebnisse vorzustellen und zu behandeln.

6.1. Die endlichen Drehgruppen

Endliche Bewegungsgruppen sind natürlich diskret.

Für die strukturelle Einsicht in alle (diskreten) Raumgruppen im $\mathbf{E}^3$ spielen die endlichen Drehgruppen eine grundlegende Rolle.

Die Drehgruppen der regulären Polyeder

Bekanntlich gibt es bis auf Ähnlichkeit genau fünf konvexe reguläre Polyeder: Tetraeder, Oktaeder, Hexaeder (Würfel), Ikosaeder und Dodekaeder. Eine Übersicht über ihre Anzahl e der *Ecken*, Anzahl k der *Kanten*, Anzahl f der *Seitenflächen*, Anzahl $d(n)$ der *n-zähligen Drehachsen* ($n \geq 2$) und die Anzahl d aller Drehungen, die Symmetrieabbildungen des Polyeders sind, gibt die folgende Tabelle.

reguläres Polyeder **P**	e	k	f	$d(2)$	$d(3)$	$d(4)$	$d(5)$	d
Tetraeder **T**	4	6	4	3	4	-	-	12
Oktaeder **O**	6	12	8	6	4	3	-	24
Hexaeder	8	12	6	6	4	3	-	24
Ikosaeder **I**	12	30	20	15	10	-	6	60
Dodekaeder	20	30	12	15	10	-	6	60

Dabei heißt eine Gerade a eine *n-zählige Drehachse* ($n \geq 2$) des Polyeders **P** (allgemein einer Figur F), wenn es genau n Drehungen mit der Achse a gibt, die **P** (bzw. F) auf sich abbilden. Die Identität id wird dabei als spezielle Drehung mitgezählt.

Die Mittelpunkte der Seitenflächen eines regulären Hexaeders (Würfels) bilden die Ecken eines regulären Oktaeders und umgekehrt (Abb. 6.1.1 a). Eine entsprechnde Beziehung besteht zwischen Ikosaeder und Dodekaeder.

Aufgrund dieser Dualität von Oktaeder-Hexaeder bzw. Ikosaeder-Dodekaeder ist mit der Übersicht über die Drehungen des einen Polyeders stets auch die für das duale gegeben.

Die obigen Angaben sind anhand der Abbildungen 6.1.1 b – d anschaulich dargestellt.

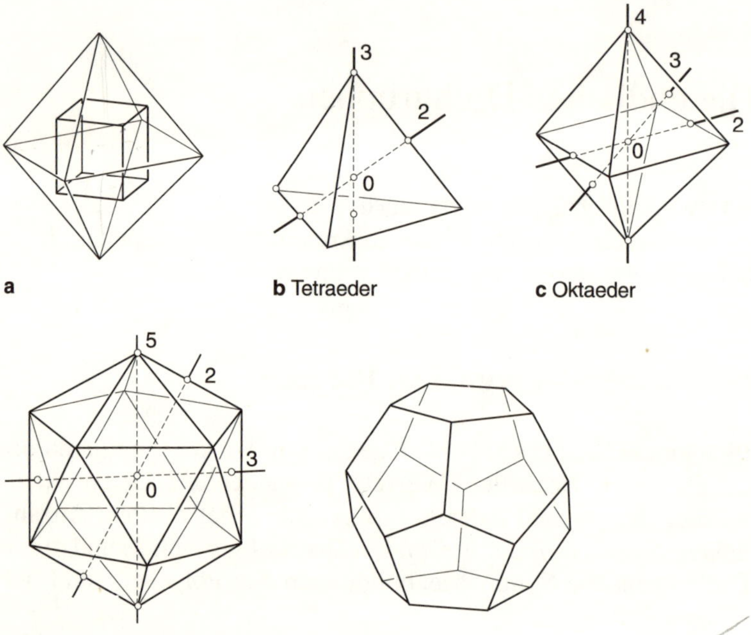

a **b** Tetraeder **c** Oktaeder

d Ikosaeder und dazu duales Dodekaeder

Abb. 6.1.1

Aufgabe 6.1.1. Man gebe eine eingehendere Begründung für die Anzahl der Drehungen aufgrund der Eigenschaft der regulären Polyeder, daß je zwei Ecken, je zwei Kanten und je zwei Seitenflächen äquivalent sind, d. h., daß sie sich durch eine Symmetrieabbildung des Polyeders aufeinander abbilden lassen. (Siehe dazu u. a. [Bö/Qu].)

Aufgabe 6.1.2. Es sei **P** ein Tetraeder und M die Menge derjenigen elf Punkte, die die Ecken des Tetraeders, die Mittelpunkte der Kanten und der Mittelpunkt des Tetraeders bilden. Ferner sei G die Drehgruppe des Tetraeders.

Man bestätige an diesem Beispiel das Lemma von Cauchy-Frobenius-Burnside (Lemma 1.5).

Die Drehgruppen C_n und D_n

Weitere endliche Drehgruppen (im $\mathbf{E}^3$) sind:

a) $G = \langle \varrho \rangle$, wobei $\varrho = \varrho(a, 2\pi/n)$ eine Drehung um die Gerade a mit dem Drehwinkel $2\pi/n$, $n \geq 1$ ist;

b) $G = \langle \varrho \rangle \cup \sigma_b \circ \langle \varrho \rangle$, wobei ϱ eine Drehung wie unter a) mit $n \geq 2$ und σ_b die (räumliche!) Geradenspiegelung an einer zu a orthogonalen Geraden b ist.

Im Fall b) ist $n = 1$ auszuschließen, da sonst $G = \{\mathrm{id}, \sigma_b\} = \langle \sigma_b \rangle$ und damit eine zyklische Drehgruppe der Ordnung 2, also der Fall a) für $n = 2$ vorläge. (Formal beschreibt D_1 die gleiche Klasse wie C_2.)

Aufgabe 6.1.3. Man begründe, daß unter den Voraussetzungen des Falles b) die Menge $\sigma_b \circ \langle \varrho \rangle$ eine zu $\langle \varrho \rangle$ gleichmächtige Menge von Spiegelungen an Geraden ist, die alle zu der Geraden a orthogonal sind und sich in ein und demselben Punkt mit a schneiden. (Siehe dazu u. a. [Qu].)

Aus gruppentheoretischer Sicht sind diese Gruppen die zyklische Gruppe C_n bzw. die Diedergruppe D_n ($n \geq 2$). Bei festem n bilden alle nach a) bzw. b) gebildeten Drehgruppen jeweils eine Äquivalenzklasse. (Es sind sogar Klassen kongruenter Bewegungsgruppen.)

Aufgabe 6.1.4. Man zeige, daß die Gruppe G aller orientierungserhaltenden Bewegungen, die ein reguläres n-Eck im Raum auf sich abbilden, eine Drehgruppe von der Art b) ist. (Siehe dazu u. a. [Qu].) Man gebe die Anzahl der Drehachsen und ihre Zähligkeit an.

Das Wort *Dieder*gruppe beruht auf dieser *Di-Eder-(Zwei-Flächner-)*Sicht (Abb. 6.1.2).

Wesentlich ist die Kenntnis aller endlichen Drehgruppen im $\mathbf{E}^3$. Eine Grundlage dafür gibt der

Satz 6.1.1. *Jede endliche Bewegungsgruppe G im $\mathbf{E}^3$ besitzt einen Fixpunkt O.*

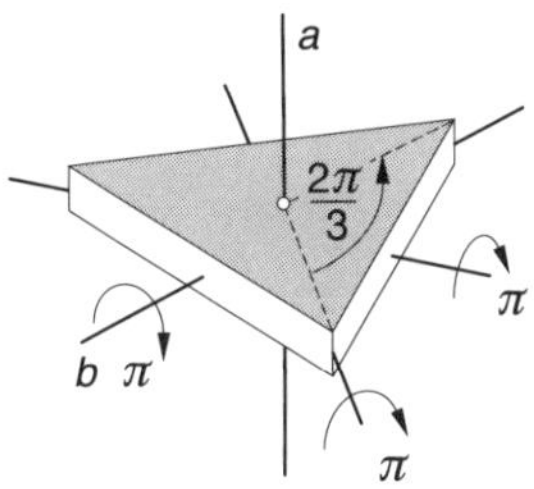

a

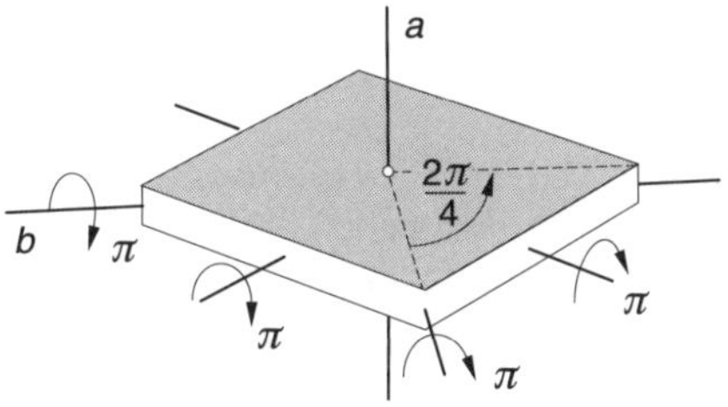

b

Abb. 6.1.2

Ein *Beweis* kann aufgrund der Kenntnisse über die Bewegungen im dreidimensionalen euklidischen Raum (siehe u. a. [Qu]) und analog zum Beweis eines entsprechenden Satzes 4.1.1 in der ebenen Geometrie ohne Mühe geführt werden. (Eine endliche Bewegungsgruppe kann keine nichtidentische Translation enthalten, sonst würde sie unendlich viele Translationen besitzen!)

Wir betrachten nun eine endliche Gruppe G von Drehungen (des Raumes) mit einem Fixpunkt O.

Es sei K eine Kugelfläche (Sphäre) mit dem Mittelpunkt O.

Ist ϱ ($\neq$ id) eine Drehung aus G, so bildet sie K auf sich ab, und sie besitzt auf K genau zwei Fixpunkte. Sie werden die *Pole* der Drehung ϱ genannt. Das sind einfach die beiden Schnittpunkte der Achse der Drehung ϱ mit der Sphäre K.

Ein Pol P heißt *vom Grad* p (> 1), wenn es genau p Drehungen um die Gerade g_{OP} gibt, die zu der Gruppe G gehören, d. h., wenn g_{OP} eine p-zählige Drehachse ist.

Pole heißen *äquivalent* zueinander, wenn es eine Bewegung aus G gibt, die sie aufeinander abbildet.

Aufgabe 6.1.5. Man zeige, daß äquivalente Pole den gleichen Grad besitzen. Gilt auch die Umkehrung?

Beispiel 6.1.6. Wir bestimmen die Gruppe $D(\mathbf{T})$ der Drehungen (im Raum), die ein reguläres Tetraeder $\mathbf{T}$ mit den Ecken A, B, C und D auf sich abbilden und wählen als K die Fläche der Umkugel von $\mathbf{T}$.

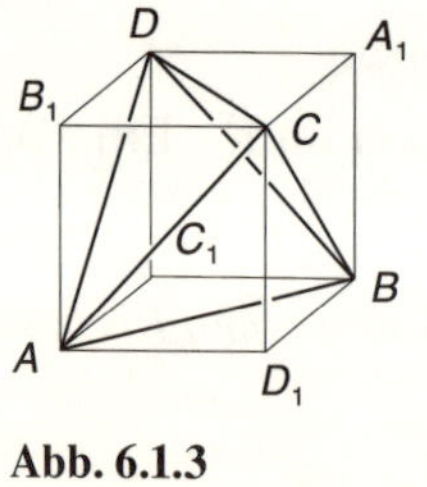

Abb. 6.1.3

Es gibt nach der Tabelle auf Seite 107 $3 \cdot 2 = 6$ Pole vom Grad 2 und $4 \cdot 2 = 8$ Pole vom Grad 3. Die Pole vom Grad 3 sind die Ecken A, B, C und D des Tetraeders und die dazu diametralen Punkte A_1, B_1, C_1 und D_1 auf der Kugel K (Abbildung 6.1.3). Die Pole vom Grad 2 bilden eine Klasse; die Pole vom Grad 3 zerfallen in die beiden Klassen $\{A, B, C, D\}$ und $\{A_1, B_1, C_1, D_1\}$. (Die Frage in der Aufgabe 6.1.5 ist damit offensichtlich mit „Nein" zu beantworten!)

Hinsichtlich der Punktgruppen ist folgender Struktursatz wesentlich:

Satz 6.1.2. *Die Drehgruppen C_n, D_n und die Drehgruppen $D(\mathbf{T})$, $D(\mathbf{O})$ und $D(\mathbf{I})$ sind bis auf Äquivalenz (und sogar bis auf Kongruenz) die einzigen endlichen Drehgruppen des dreidimensionalen euklidischen Raumes.*

Beweis. Es sei G eine endliche Gruppe von Drehungen im $\mathbf{E}^3$ und o. B. d. A. card $G \geq 2$. Dann hat G nach Satz 6.1.1 einen Fixpunkt O. Weiterhin sei K eine Kugelfläche mit dem Mittelpunkt O.

Da G endlich ist, gibt es nur endlich viele Pole; ihre Anzahl sei p. Wir betrachten nun die Wirkung von G auf die Menge der Pole. Für alle nichtidentischen Drehungen ϱ aus G ist die Anzahl der fixen Pole gleich 2, also $\chi(\varrho) = 2$ (vgl. Definition 1.3). Nach dem Lemma von Cauchy-Frobenius-Burnside (Lemma 1.5) gilt dann für die Anzahl t der Klassen äquivalenter Pole

$$t \cdot n = p + (n-1) \cdot 2\,. \qquad (*)$$

Wegen $n \geq 2$ und $2 \leq p \leq (n-1) \cdot 2$ folgt daraus $2 \leq ((p-2) + 2n)/n = t < (p+2n)/n \leq 4$, also

$$2 \leq t \leq 3,$$

d. h., es gibt entweder zwei oder drei Klassen äquivalenter Pole.

Äquivalente Pole haben den gleichen Grad (Aufgabe 6.1.3); es sei p_i der Grad der Pole der i-ten Klasse. Dann ist n/p_i die Anzahl derartiger Pole, also $p = \sum n/P_i$.

1. Fall. Es gibt zwei Polklassen ($t = 2$).

Aus (*) folgt

$$2n = n/p_1 + n/p_2 + 2n - 2$$

und weiter

$$n/p_1 + n/p_2 = 2\,.$$

Daraus folgt $p_1 = p_2 = n$.

Die Drehgruppe kann aufgrund dieser Aussage über die Pole nur aus der Klasse C_n ($n \geq 2$) sein.

2. Fall. Es gibt drei Polklassen ($t = 3$), und es sei o. B. d. A. $p_1 \leq p_2 \leq p_3$. Aus (*) folgt

$$3n = n/p_1 + n/p_2 + n/p_3 + 2n - 2$$

und weiter

$$1/p_1 + 1/p_2 + 1/p_3 = 1 + 2/n > 1\,.$$

Dann muß $p_1 = 2$ sein. Für p_2 und p_3 ergeben sich folgende Lösungsmöglichkeiten:
a) $p_2 = 2$ und $p_3 = p$ mit $n = 2p$;
b) $p_2 = 3$, $p_3 = 3$ und $n = 12$;
c) $p_2 = 3$, $p_3 = 4$ und $n = 24$;
d) $p_2 = 3$, $p_3 = 5$ und $n = 60$.

Die Drehgruppe kann aufgrund dieser Aussage über die Pole nur jeweils zu folgenden Äquivalenzklassen gehören:
a) D_n,
b) $D(\mathbf{T})$, d. h. Drehgruppe eines regulären Tetraeders,
c) $D(\mathbf{O})$ bzw.
d) $D(\mathbf{I})$. □

Aufgabe 6.1.7. Man ordne die Drehgruppe folgender Figuren **P** in die im Satz 6.1.2 ausgewiesenen Äquivalenzklassen ein:
a) **P** ist ein echter Quader,
b) **P** ist eine gerade Pyramide mit einem Quadrat als Grundfläche,
c) **P** ist ein gerades Prisma mit einem Quadrat als Grundfläche, aber kein Würfel.

6.2. Die Punktgruppen

Auf der Grundlage der endlichen Drehgruppen lassen sich alle endlichen Bewegungsgruppen im dreidimensionalen Raum beschreiben.

Zum Verständnis des folgenden Satzes und seiner Begründung werden folgende Begriffe gebraucht: „direktes Produkt“ (siehe Anhang A 2) und „gemischtes Produkt“. Letzterer wird im folgenden bereitgestellt.

Es sei G eine Gruppe von Bewegungen, die nichtorientierungserhaltende Bewegungen enthält ($G^- \neq \emptyset$). Die Untergruppe G^+ der orientierungserhaltenden Bewegungen von G sei mit D bezeichnet. Ist u irgendeine nichtorientierungserhaltende Bewegung, dann besteht $u \circ G^-$ nur aus orientierungserhaltenden Bewegungen, und es stellt sich die Frage, unter welchen Bedingungen für u die Menge

$$\underline{\mathrm{D}} := D \cup u \circ G^-,$$

die nur aus orientierungserhaltenden Bewegungen besteht, eine zu der vorgegebenen Gruppe G isomorphe Gruppe darstellt.

Aufgabe 6.2.1. Man beweise: Ist u von der Ordnung 2 (also $u \circ u = \mathrm{id}$ und $u \neq \mathrm{id}$), $u \notin G^-$ und gilt $u \circ D = D \circ u$, dann ist G isomoph zu $\underline{\mathrm{D}}$ vermöge der Abbildung φ mit $\varphi(x) = x$ für alle $x \in G^+ = D$ und $\varphi(x) = u \circ x$ für alle $x \in G^-$.

Man nennt dann G das *gemischte Produkt von* $\underline{D}$ und D, kurz $G = \underline{D} \mid D$.
Es ist $G = D \cup u \circ (\underline{D} \setminus D)$.

Die endlichen Bewegungsgruppen

Der folgende Satz gibt eine Übersicht über alle endlichen Bewegungsgruppen.

Satz 6.2.1. *Jede endliche Bewegungsgruppe des dreidimensionalen euklidischen Raumes gehört genau einer der folgenden Äquivalenzklassen an:*

a) endliche Drehgruppen C_n $(n \geq 1)$, D_n $(n \geq 2)$, $D(\mathbf{T})$, $D(\mathbf{O})$, $D(\mathbf{I})$;

b) direkte Produkte $\mathbf{i} \times D$, *wobei* D *eine endliche Drehgruppe mit dem Fixpunkt* O *und* $\mathbf{i}$ *die durch die Spiegelung am Punkt* O *erzeugte Gruppe ist*;

c) gemischte Produkte $C_{2n} \mid C_n$ $(n \geq 1)$, $D_n \mid C_n$ $(n \geq 2)$, $D_{2n} \mid D_n$ $(n \geq 2)$ *und* $D(\mathbf{O}) \mid D(\mathbf{T})$.

Beweis. Nach dem Satz 6.1.1 besitzt eine endliche Bewegungsgruppe G einen Fixpunkt O.

1. Fall. Es ist $G = G^+$. Dann ist G eine endliche Drehgruppe, und damit ist G nach Satz 6.1.2 eine Gruppe von der genannten Art a).

2. Fall. Es ist $G^- \neq \emptyset$, und G enthalte die Spiegelung am Fixpunkt O von G. Dann ist $G = D \cup \sigma_O \circ D$, wobei D die Untergruppe der Drehungen von G ist. Wegen $\sigma_O \circ \varrho = \varrho \circ \sigma_O$ für alle $\varrho \in D$ ist dann $G = \mathbf{i} \times D$.

3. *Fall.* Es ist auch hier $G^- \neq \emptyset$, aber die Spiegelung σ_O ist *nicht* in G enthalten. Wir bilden $\underline{D} := D \cup \sigma_O \circ G^-$ mit $D = G^+$. Dann ist $\underline{D}$ eine (endliche) Drehgruppe mit O als Fixpunkt.

Wegen $\sigma_O \notin G^-$ und $\sigma_O \circ D = D \circ \sigma_O$ ist (nach der Aussage in der Aufgabe 6.2.1) G die gemischte Gruppe $\underline{D} \mid D$. □

Mit den endlichen Gruppen von Bewegungen des Raumes ist auch eine Übersicht über die diskreten Punktgruppen im Raum gegeben. Denn es gilt:

Satz. *Jede endliche Bewegungsgruppe ist eine diskrete Punktgruppe und umgekehrt.*

(Einfache) **Beispiele 6.2.2.**

a) Die Klasse C_1 besteht nur aus der trivalen Gruppe $G = \{\mathrm{id}\}$.
b) Die Klasse C_2 besteht aus den Gruppen, die jeweils aus einer Geradenspiegelung erzeugt werden. (Man beachte, daß hier nur Drehungen einzubeziehen sind!)
c) Die Klasse $\mathbf{i} \times C_1$ bilden diejenigen Gruppen, die aus einer Punktspiegelung erzeugt werden.

d) Alle Gruppen, die aus einer Ebenenspiegelung erzeugt werden, bilden die Klasse $C_2 \mid C_1$.
Denn zu jeder Ebene ε gibt es einen Punkt $O \in \varepsilon$ und dazu eine Gerade g durch O, die zu ε senkrecht ist (Abb. 6.2.1). Wegen $\sigma_O \circ \sigma_g = \sigma_\varepsilon$ ist dann $\langle\sigma_\varepsilon\rangle = \{\mathrm{id}\} \cup \sigma_O \circ \{\sigma_g\} = \langle\mathrm{id}\rangle \cup \sigma_O \circ (\langle\sigma_g\rangle \setminus \langle\mathrm{id}\rangle)$.

e) Alle Gruppen, die aus einer Drehspiegelung $\varphi = \varrho \circ \sigma_\varepsilon$ mit $\varrho = \varrho(d, \pi/2)$ und $d \perp \varepsilon$ erzeugt werden (Abb. 6.2.2), bilden die Klasse $C_4 \mid C_2$.
Zunächst ist $\langle\varphi\rangle = \{\varphi, \varphi^2 = \varrho^2 = \sigma_d, \varphi^3 = \varrho^{-1} \circ \sigma_\varepsilon = \varphi^{-1}, \mathrm{id}\}$. Die Spiegelung am Fixpunkt O dieser Gruppe, also am Schnittpunkt O von d und ε, ist offensichtlich in der Gruppe nicht enthalten. Weiterhin gilt $\sigma_O \circ \varphi = \varrho^3 = \varrho^{-1}$. Folglich ist $\langle\varphi\rangle$ die gemischte Gruppe $\langle\varrho\rangle \mid \langle\sigma_d\rangle$.

Man *beachte*, daß diese Gruppe zur *Isomorphie*klasse C_4 gehört. Aus geometrischer Sicht (und dem Satz 6.2.1 entsprechend) wird bis auf Gruppenäquivalenz entschieden; und das führt hier zu einer feineren Klasseneinteilung.

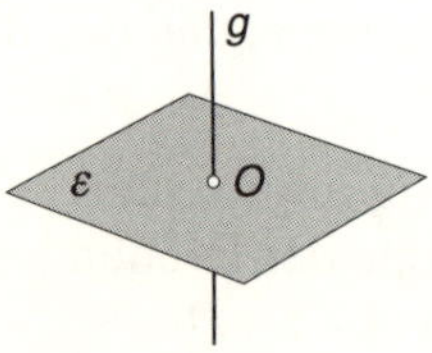

Abb. 6.2.1

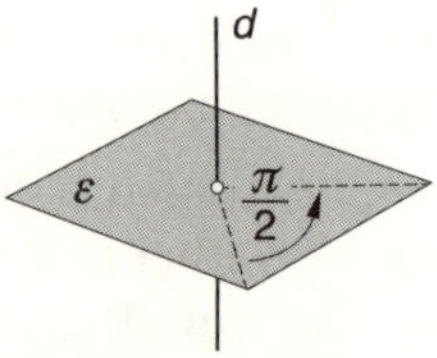

Abb. 6.2.2

Aufgabe 6.2.3. Man beschreibe die endlichen Bewegungsgruppen, die in folgenden Klassen liegen:
a) D_2; b) $\mathbf{i} \times C_2$; c) $\mathbf{i} \times D_2$; d) $D_2 \mid C_2$.

Aufgabe 6.2.4. Man zeige, daß jede endliche Bewegungsgruppe der Klasse $C_{2n} \mid C_n$, $n \geq 1$ durch eine Drehspiegelung erzeugt werden kann. (Mit den Beispielen 6.2.2 d) und e) ist das bereits für $n = 1$ und $n = 2$ klar.)

Aufgabe 6.2.5. Zu welchen Klassen gehören folgende endliche Bewegungsgruppen:
a) die Symmetriegruppe $S(\mathbf{T})$ eines regulären Tetraeders $\mathbf{T}$;
b) die Symmetriegruppe $S(\mathbf{O})$ eines regulären Oktaeders $\mathbf{O}$;
c) die Symmetriegruppe $S(\mathbf{I})$ eines regulären Ikosaeders $\mathbf{I}$;
d) die Symmetriegruppe eines echten Quaders;
e) die Symmetriegruppe eines geraden Prismas mit quadratischer Grundfläche, das kein Würfel ist.

Beispiel 6.2.6. Die Symmetriegruppe $S(\mathbf{P})$ eines regulären n-Ecks $\mathbf{P}$ besteht aus n Drehungen um eine zu $\mathbf{P}$ senkrechte Drehachse a, die durch den Mittelpunkt von $\mathbf{P}$ geht, aus n Geradenspiegelungen (also speziellen Drehungen), deren Achsen in der Ebene des n-Ecks liegen (siehe Aufgabe 6.1.3), aus Spieglungen an n Ebenen, die durch a gehen sowie aus n Drehspiegelungen mit der Achse a. Der Fixpunkt dieser Gruppe ist der Mittelpunkt O des n-Ecks (Abb. 6.2.3).

Ist n gerade, dann liegt σ_O in $S(\mathbf{P})$ und es gehört $S(\mathbf{P})$ zu $\mathbf{i} \times D_n$. Für ungerades n liegt σ_O nicht in $S(\mathbf{P})$ und die Gruppe gehört zu $D_{2n} \mid D_n$.

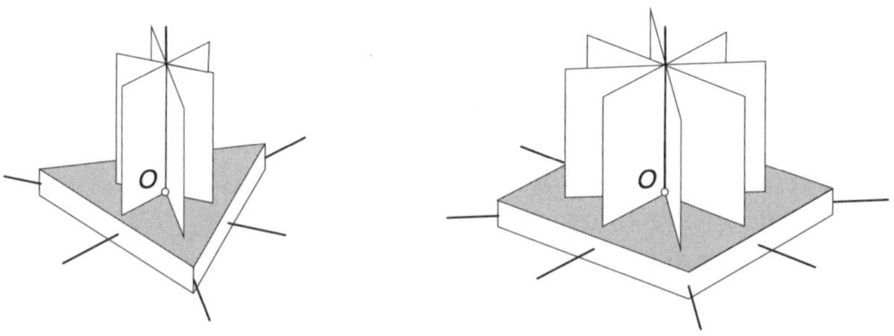

reguläres Dreieck reguläres Viereck

Abb. 6.2.3

Beispiel und Aufgabe 6.2.7. Wir kommen auf die *Friese* zurück. Es sei τ_e eine Translation, die alle Translationen in der Symmetriegruppe G eines Frieses erzeugt. Wir schneiden nun aus dem Band-Fries einen Teil heraus, der die m-fache ($m \geq 1$) Länge von τ_e besitzt, und legen ihn um einen passenden geraden Kreiszylinder mit dem Umfang $m \cdot |\tau_e|$.

Ein anschauliches Modell erhält man leicht und schnell, wenn man einen solchen Bandfriesteil auf Papier oder Folie zu einer Zylinderfläche zusammenfügt. Man gewinnt so eine Zylinderfläche mit einem Bandornament, wie man sie häufig auf zylinderförmigen Gebrauchs- und Schmuckgegenständen vorfindet.

Stellen wir uns umgekehrt die Zylinderfläche mit diesem Muster als Druckrolle vor, so gewinnt man durch einen (unbegrenzt gedachten) Druckprozeß wieder den Band-Fries.

Jeder Symmetrieabbildung des Frieses entspricht genau eine Bewegung des Zylinders auf sich, bei dem das Muster auf dem Zylinder in sich übergeht. Auf diese Weise ergibt sich aus der Symmtriegruppe G des Frieses eine Gruppe G' räumlicher Bewegungen, die den Zylinder auf sich abbilden.

Ist G eine Friesgruppe vom Typ $\mathbf{F}_1$, also $G = \langle \tau_e \rangle$, dann ist G' die Gruppe, die durch die Drehung $\varrho(a, 2\pi/m)$ um die Zylinderachse a erzeugt wird. G' ist also eine endliche Drehgruppe C_m.

Zu welchen endlichen Bewegungsgruppen G' führen Friesgruppen der restlichen sechs Typen wie $\mathbf{F}_1^1, ..., \mathbf{F}_2^2$?

Symmetrie der Polyeder

Die strukturellen Einsichten über die endlichen Bewegungsgruppen ergeben einige strukturelle Aussagen über die Symmetrie der Polyeder. Wir beschränken uns dabei auf konvexe Polyeder.

Die Symmetriegruppe $S(\mathbf{P})$ eines Polyeders **P** kann nur *endlich* sein. Folglich gehört $S(\mathbf{P})$ nach dem Satz 6.2.1 einer der dort angegebenen Klassen an. Nach den vorangegangenen Beispielen und den Lösungen vorangegangener Aufgaben gibt es zu jeder der Arten a), b) und c) ein Polyeder **P** derart, daß die Symmetriegruppe $S(\mathbf{P})$ von dieser Art ist, d. h. eine endliche Drehgruppe bzw. ein direktes Produkt bzw. ein gemischtes Produkt ist.

Einen interessanten Zugang zur Symmetrie von Polyedern vermitteln die Orientierungsfiguren eines Polyeders.

Eine *Orientierungsfigur* im Raum ist die Vereinigungsmenge aus einer Halbgeraden p, einer p anliegenden Halbebene H und einem H anliegenden Halbraum **H**. Auf ein Polyeder **P** bezogen ist eine Orientierungsfigur die Vereinigungsmenge aus einer Halbgeraden AB^+, die durch eine Kante AB von **P** bestimmt ist, aus einer anliegenden Halbebene H, die genau eine der beiden Seitenflächen von P mit der Kante AB enthält und aus demjenigen H anliegenden Halbraum, der das Polyeder **P** enthält (Abb. 6.2.4).

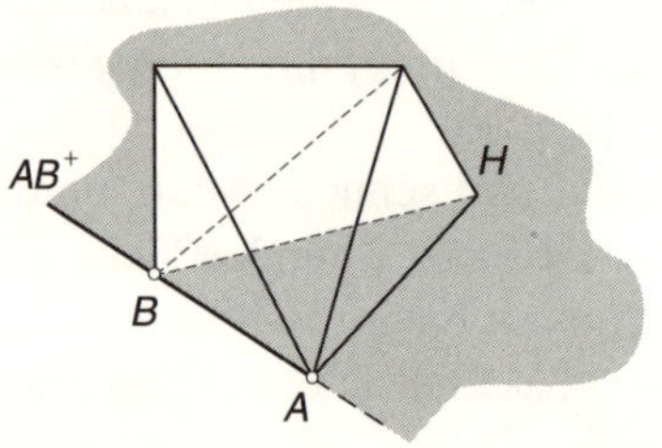

Abb. 6.2.4

Von grundlegender Bedeutung ist nun die Eigenschaft, daß es zu je zwei Orientierungsfiguren $p_1 \cup H_1 \cup \mathbf{H}_1$ und $p_2 \cup H_2 \cup \mathbf{H}_2$ eine und nur eine Bewegung β des Raumes gibt, für die $\beta(p_1) = p_2$, $\beta(H_1) = H_2$ und $\beta(\mathbf{H}_1) = \mathbf{H}_2$ ist (*Beweglichkeit* und *Starrheit*).

Da bei einer Symmetrieabbildung des Polyeders **P** jede Orientierungsfigur von **P** wieder in eine solche übergeht, ergibt sich eine einfache Beschränkung für die Anzahl der Symmetrieabbildungen von **P** durch die Anzahl $f(\mathbf{P})$ der

Orientierungsfiguren von **P**:

Lemma 6.2.2. *Es ist stets* card $S(\mathbf{P}) \leq f(\mathbf{P})$.

Da jede Kante von **P** in genau zwei Seitenflächen von **P** liegt, gilt

$$f(\mathbf{P}) = 4k\,,$$

wobei k die Anzahl der Kanten von **P** ist.

Aus dieser Sicht ist es naheliegend, ein (konvexes) Polyeder **P** genau dann *maximal symmetrisch* zu nennen, wenn

$$\operatorname{card} S(\mathbf{P}) = f(\mathbf{P}) \quad (= 4k)$$

gilt. Man kann wie erwartet zeigen ([Bö/Qu]):

Satz 6.2.3. *Ein (konvexes) Polyeder ist maximal symmetrisch genau dann, wenn es regulär ist.*

Orientierungsfiguren eines Polyeders **P** heißen zueiander *äquivalent*, wenn sie durch eine Symmetrieabbildung von **P** aufeinander abgebildet werden können. Diese Relation ist eine Äquivalenzrelation in der Menge der Orientierungsfiguren von **P**. Mit $a(\mathbf{P})$ sei die Anzahl der Äquivalenzklassen bezeichnet.

Diese Klassen sind gleichmächtig, denn jede Klasse läßt sich offenbar bijektiv der Menge $S(\mathbf{P})$ der Symmetrieabbildungen zuordnen. Folglich gilt

Lemma 6.2.4. *Es ist* card $S(\mathbf{P}) \cdot a(\mathbf{P}) = f(\mathbf{P})$.

Nach der maximalen Symmetrie kann als nächst ,,schwächere" Symmetrie von Polyedern diejenige angesehen werden, bei der

$$\mathrm{s}(\mathbf{P}) := \operatorname{card} S(\mathbf{P})/f(\mathbf{P}) = \frac{1}{2},$$

also $a(\mathbf{P}) = 2$ ist. Wir bezeichnen derartige (konvexe) Polyeder als *halbsymmetrisch*. Es überrascht, daß es weniger halbsymmetrische als maximal symmetrische Polyeder gibt:

Satz 6.2.5. *Es gibt (bis auf Ähnlichkeit) genau vier halbsymmetrische Polyeder: Kuboktaeder, Ikosododekaeder, Rhombendodekaeder und Rhombentriakontaeder.* [Bö/Qu, S. 110 – 112]

Diese Polyeder lassen sich einfach beschreiben: Jedes *Kuboktaeder* **P** erhält man aus einem Würfel W, indem man die Würfelecken bis zu den Mittelpunkten der zu der jeweiligen Ecke führenden Kanten abschneidet. Es entsteht ein (konvexes) Polyeder mit zwölf Ecken, $8 \cdot 3 = 24$ Kanten und $6 + 8 = 14$ Seitenflächen (Abb. 6.2.5 a). (Dies ist ein archimedischer Körper der Art (3, 4, 3, 4).

Dabei bezeichnet (3, 4, 3, 4) eine Abfolge benachbarter regulärer Seitenflächen (n-Ecke) bezüglich ein und derselben Ecke.)

Wegen $S(\mathbf{P}) = S(\mathbf{W})$ und der doppelt so großen Kantenzahl von **P** im Vergleich zu **W** ist in der Tat $s(\mathbf{P}) = \frac{1}{2}$.

Völlig analog ist das *Ikosododekaeder* aus einem regulären Ikosaeder darstellbar (Abb. 6.2.5 b).

In gewisser dualer Weise entsteht ein *Rhombendodekaeder* **P** aus einem Würfel **W**. Man stellt auf jede Seitenfläche des Würfels kongruente und gerade Pyramiden derart, daß die Seitenflächen der Pyramiden bezüglich ein und derselben Kante des Würfels in einer Ebene liegen (Abb. 6.2.5 c). (Das Polyeder ist ein dual-archimedischer Körper.) Hier ist die Kantenzahl von **P** gleich $6 \cdot 4 = 24$, also doppelt so groß wie die Kantenzahl des Würfels. Und wegen $S(\mathbf{P}) = S(\mathbf{W})$ ist $s(\mathbf{P}) = \frac{1}{2}$ wie behauptet.

Analog ergibt sich ein *Rhombentriakontaeder* aus einem Ikosaeder (Abbildung 6.2.5 d).

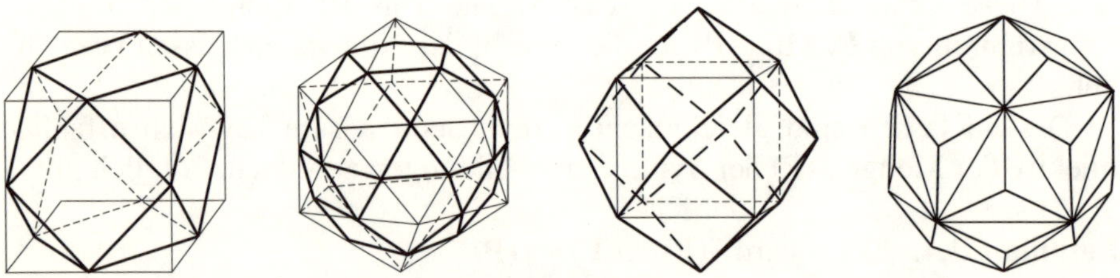

a b c d

Abb. 6.2.5

Für die *eckenäquivalenten* (konvexen) Polyeder, bei denen sich je zwei Ecken durch eine Symmetrieabbildung des Polyeders aufeinander abbilden lassen, führen diese Symmetriebetrachtungen zu einer systematischen Übersicht.

Es sei **P** ein eckenäquivalentes (konvexes) Polyeder und q die Anzahl der Kanten, die von jeder Ecke ausgehen. Nun gilt

$$e \cdot q = 2k \quad \text{und} \quad 3f \leq 2k\,,$$

wobei e die Anzahl der Ecken und f die Anzahl der Seitenflächen von **P** ist. Zusammen mit der Eulerschen Polyederformel

$$e - k + f = 2$$

folgt daraus

$$3 \leq q \leq 5.$$

Die Eckenäquivalenz hat außerdem zur Folge, daß a (die Anzahl der Äquivalenzklassen) ein Teiler von $2q$ ist. Damit ergeben sich für die Wertepaare (q, a) höchstens zwölf Möglichkeiten. Die folgende Tabelle gibt einen Hinweis auf Realisierungen:

q	a	Realisierungen
3	1	reguläres Tetraeder, Hexaeder (Würfel) und Dodekaeder
3	2	*Gibt es nach Satz 6.2.5 nicht!*
3	3	Quader mit quadratischer Grundfläche, archimedisches Prisma, archimedische Körper (3, 6, 6), (4, 6, 6), (5, 6, 6), (3, 8, 8) und (3, 10, 10)
3	6	echter Quader, archimedische Körper (4, 6, 8) und (4, 6, 10)
4	1	reguläres Oktaeder
4	2	Kuboktaeder (3, 4, 3, 4) und Ikosododekaeder (3, 5, 3, 5)
4	4	archimedisches Antiprisma, archimedische Körper (3, 4, 4, 4) und (3, 4, 5, 4)
4	8	„Halbantiprisma"
5	1	reguläres Ikosaeder
5	2	*Gibt es nach Satz 6.2.5 nicht!*
5	5	archimedische Körper (3, 3, 3, 3, 4) und (3, 3, 3, 3, 5)
5	10	*Wer kennt ein (einfaches) Beispiel?*

Dual dazu ergibt sich eine Systematik aller flächenäquivalenten Polyeder.
So verlockend es auch auf den ersten Blick erscheint, der Quotient

$$s(\mathbf{P}) = \operatorname{card} S(\mathbf{P})/f(\mathbf{P})$$

ist als „Symmetriemaß" für Polyeder nicht geeignet. (Siehe dazu [Bö/Qu], S.113 – 114.)

6.3. Raumgruppen

Auf die *ein- und zweidimensionalen diskreten* Gruppen von Bewegungen des Raumes wollen wir nicht näher eingehen, sondern uns nun den *Raumgruppen* zuwenden.

Wir setzen jetzt eine (diskrete) Raumgruppe G voraus.

Ihre Translationsgruppe $T = T(G)$ bildet dann für jeden Punkt O ein Orbit $T(O)$, der ein dreidimensionales Gitter ist (Verallgemeinerung des Satzes

5.1.4). Dieses Gitter ist bis auf Translationen eindeutig durch T bestimmt (Lemma 4.0.1); es ist – wie schon früher erklärt – das *Gitter der Gruppe G*, kurz $\Gamma(G)$.

Für die Punktgruppe G_o gilt wie bei den Ornamentgruppen in der ebenen Geometrie eine kristallographische Beschränkung. Zu ihrem Nachweis benutzen wir wieder das Gitter Γ der Gruppe G und ihre Symmetriegruppe $S(\Gamma)$. Daß diese Beschränkung nicht allein aus der Diskretheit der Gruppe G folgt, zeigt folgendes

Beispiel 6.3.1. Es sei $\varphi = \tau \circ \varrho$ eine (echte) Schraubung mit der Achse a, wobei $\varrho = \varrho\left(a, \frac{\sqrt{2} \cdot \pi}{4}\right)$ und τ eine nichtidentische Translation längs a ist. Für die Gruppe $G := \langle\varphi\rangle$ ist **D1** leicht einzusehen, d. h., sie ist diskret. Die Punktgruppe G_o ist, bezogen auf einen Punkt $O \in \alpha$, einfach anzugeben; es ist $G_o = \langle\varrho\rangle$. Diese Gruppe ist nach Aufgabe 4.1.3 aber *nicht* diskret, da $\sqrt{2}/4$ nicht rational ist.

In diesem Beispiel ist $T(G) = \langle\tau\rangle$, also eindimensional; und für $\Gamma = T(O)$ besteht die Punktgruppe $S_o(\Gamma)$ aus allen Drehungen um a.

Kristallographische Beschränkungen und die 32 geometrischen Kristallklassen

Die Diskretheit von G_o ergibt sich erst aus dem Umstand, daß das Gitter $\Gamma = T(O)$ dreidimensional ist. Wir betrachten dazu wie in der ebenen Geometrie die Symmetriegruppe $S(\Gamma)$ des Gitters Γ.

Satz 6.3.1 (Kristallographische Beschränkung). *$S_o(\Gamma)$ ist eine endliche Punktgruppe. Die Achsen ihrer Drehungen können nur zwei-, drei-, vier- oder sechszählig sein.*

Beweis. Es sei $(O; \boldsymbol{a}_1, \boldsymbol{a}_2, \boldsymbol{a}_3)$ eine Basis von $\Gamma = T(O)$ mit $\boldsymbol{a}_1 \leq \boldsymbol{a}_2 \leq \boldsymbol{a}_3$. Wir wählen $r > 0$ mit $r > |\boldsymbol{a}_3|$. Da T diskret ist, gibt es in der Umgebung $U_r(O)$ nur endlich viele, aber nichtkollineare Punkte des Gitters Γ.

Folglich kann es (aufgrund der Starrheit der Bewegungen im Raum) nur endlich viele Bewegungen des Raumes mit dem Fixpunkt O geben, die diese Punktmenge auf sich abbilden. Daraus ergibt sich, daß die Punktgruppe $S_o(\Gamma) = \{\alpha : \alpha(\Gamma) = \Gamma \text{ und } \alpha(O) = O\}$ erst recht endlich ist.

Ist nun ϱ eine nichtidentische Drehung aus $S(\Gamma)$, dann besitzt sie eine p-zählige Drehachse a ($p \geq 2$). Es sei D die Untergruppe aller Drehungen um a, die zu $S(\Gamma)$ gehören. Ferner ist $R := T \circ D \circ T^{-1}$ eine Untergruppe von $S(\Gamma)$. R besteht aus Drehungen, deren Achsen p-zählig und zu der Achse a parallel sind. Die Dreidimensionalität von T hat zur Folge, daß diese Drehachsen nicht komplanar liegen.

Wir wählen irgendeinen Punkt P des Gitters Γ. Dann ist $\Gamma' := R(P)$ eine Menge von Gitterpunkten, die ganz in derjenigen Ebene η liegen, die zu a orthogonal ist und durch den Punkt P geht.

Die Einschränkung von R auf die Ebene η enthält dann Drehungen in η, deren Zentren p-zählig und nicht kollinear sind. Folglich ist diese Einschränkung eine Ornamentgruppe in der Ebene η und Γ' ein Netz (zweidimensionales Gitter). Nach der kristallographischen Beschränkung in der ebenen Geometrie (Satz 5.2.5) kann dann p nur gleich 2, 3, 4 oder 6 sein. □

Aus den Sätzen 6.3.1 und 6.2.1 folgt

Satz 6.3.2. *Die Punktgruppen G_0 der Raumgruppen G* (im $\mathbf{E}^3$) *bilden folgende 32 Äquivalenzklassen:*

a) 11 *endliche Drehgruppen*: C_1, C_2, C_3, C_4, C_6; D_2, D_3, D_4, D_6; $D(\mathbf{T})$ und $D(\mathbf{O})$;

b) 11 *direkte Produkte*: $\mathbf{i} \times D$ mit D aus a);

c) 10 *gemischte Produkte*: $C_2 \mid C_1$, $C_4 \mid C_2$; $D_2 \mid C_2$, $D_3 \mid C_3$, $D_4 \mid C_4$, $D_6 \mid C_6$; $D_4 \mid D_2$, $D_6 \mid D_3$ und $D(\mathbf{O}) \mid D(\mathbf{T})$.

Diese Klassen heißen ebenso wie in der ebenen Geometrie *geometrische Kristallklassen*.

Folgerung. *Die Raumgruppen bilden 32 geometrische Kristallklassen.*

Aufgabe 6.3.1. Man gebe die Symmetriegruppe des Kerngerüsts des Allen-Moleküls (Abb. 6.3.1) und ihre Einordnung in die Punktgruppenklassen an. Bei den Symmetrieabbildungen hat natürlich jedes C-Atom bzw. H-Atom ein gleichartiges Bild! Um die räumliche Lage der Atome zueinander deutlich auszuweisen, ist bei der Darstellung in der Abbildung 6.3.1 ein Quader mit quadratischer Grundfläche zur Hilfe genommen worden.

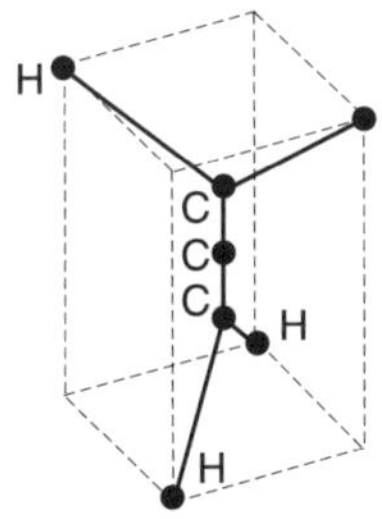

C_3H_4

Abb. 6.3.1

Übersicht über Bravais-Gittertypen

Wie in der ebenen Geometrie werden für die dreidimensionalen Gitter Äquivalenzen definiert. (Vgl. Definition 5.3.1.)

Zur Bestimmung der Äquivalenzklassen kann analog zur ebenen Geometrie vorgegangen werden (Abschn. 5.3):

Man wählt für das Gitter $\Gamma = T(O)$ ein Minimalsystem $\{O; \boldsymbol{a}, \boldsymbol{b}, \boldsymbol{c}\}$. Dies ist auch im dreidimensionalen Raum eine Basis von Γ ([Kle], S. 34 – 35 u. a.). Überdies kennt man die Strukturen der Punktgruppen $S_o(\Gamma)$, die überhaupt in Frage kommen. Da die Punktspiegelung σ_O stets zur Symmetriegruppe $S(\Gamma)$ gehört, kann $S_o(\Gamma)$ nur in einer der elf Klassen liegen, die im Satz 6.3.2 unter b) als direkte Produkte ausgewiesen sind. Auf weitere Erörterungen wird hier verzichtet. Es ergibt sich (siehe [Bu], [Kle] u. a.)

Satz 6.3.3. *Die dreidimensionalen Gitter bilden 14 Äquivalenzklassen.*

Diese Klassen heißen *Bravais-Gittertypen.*

In der folgenden Übersicht beschreiben wir die sieben *einfachen* Gitter(typen) mit Hilfe der Längen a, b und c der Basisvektoren $\boldsymbol{a}$, $\boldsymbol{b}$ bzw. $\boldsymbol{c}$ und der Winkel $\alpha = \sphericalangle\, \boldsymbol{b}, \boldsymbol{c}$, $\beta = \sphericalangle\, \boldsymbol{c}, \boldsymbol{a}$, $\gamma = \sphericalangle\, \boldsymbol{a}, \boldsymbol{b}$ zwischen ihnen (Abb. 6.3.2 a – g). Die *restlichen* Gitter können aus diesen einfachen durch gewisses Hinzufügen von weiteren Gitterpunkten beschrieben werden, wobei sich jeweils $S_o(\Gamma)$ nicht ändern darf. Das gelingt nur mit den Mittelpunkten der Seitenflächen oder mit dem Mittelpunkt des Parallelepipeds, das von den Basisvektoren $\boldsymbol{a}$, $\boldsymbol{b}$, $\boldsymbol{c}$ eines einfachen Gitters aufgespannt wird. Es ergeben sich sogenannte *einfach flächenzentrierte* (oder *basiszentrierte*, mit den Mittelpunkten zweier gegenüberliegender Seitenflächen), *innenzentrierte* (mit dem Mittelpunkt des Parallelepipeds) und *allseitig flächenzentrierte* (mit den Mittelpunkten aller Seitenflächen) *Gitter*. (Eine symbolische Darstellung gibt Abb. 6.3.3.)

1. *triklin*, $S_o(\Gamma) = \mathbf{i} \times C_1$
   einfach: a, b, c paarweise verschieden,
   α, β, γ paarweise verschieden und ungleich $\pi/2$ (Abb. 6.3.2 a)

2. *monoklin*, $S_o(\Gamma) = \mathbf{i} \times C_2$
   2.1 einfach: a, b, c paarweise verschieden,
   $\alpha = \beta = \pi/2 \neq \gamma$ (Abb. 6.3.2 b)

   2.2 einfach flächenzentriert

3. *orthorhombisch*, $S_o(\Gamma) = \mathbf{i} \times D_2$
   3.1 einfach: a, b, c paarweise verschieden,
   $\alpha = \beta = \gamma = \pi/2$ (Abb. 6.3.2 c)
   3.2 einfach flächenzentriert

3.3 innenzentriert
3.4 allseitig flächenzentriert

4. *trigonal*, $S_o(\Gamma) = \mathbf{i} \times D_3$
einfach: $a = b = c$,
$\alpha = \beta = \gamma < 2\pi/3$ (und $\neq \pi/2$) (Abb. 6.3.2 d)

5. *tetragonal*, $S_o(\Gamma) = \mathbf{i} \times D_4$
5.1 einfach: $a = b \neq c$,
$\alpha = \beta = \gamma = \pi/2$ (Abb. 6.3.2 e)

5.2 innenzentriert

6. *hexagonal*, $S_o(\Gamma) = \mathbf{i} \times D_6$
einfach: $a = b \neq c$,
$\alpha = \beta = \pi/2$, $\gamma = 2\pi/3$ (Abb. 6.3.2 f)

7. *kubisch*, $S_o(\Gamma) = \mathbf{i} \times D(\mathbf{O})$
7.1 einfach: $a = b = c$,
$\alpha = \beta = \gamma = \pi/2$ (Abb. 6.3.2 g)
7.2 innenzentriert
7.3 allseitig flächenzentriert

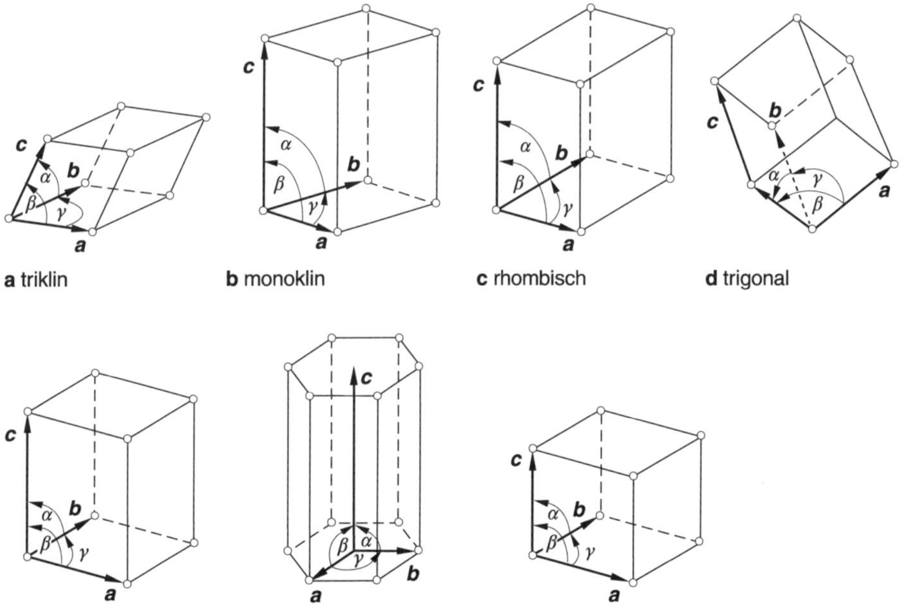

a triklin **b** monoklin **c** rhombisch **d** trigonal

e tetragonal **f** hexagonal **g** kubisch

Abb. 6.3.2

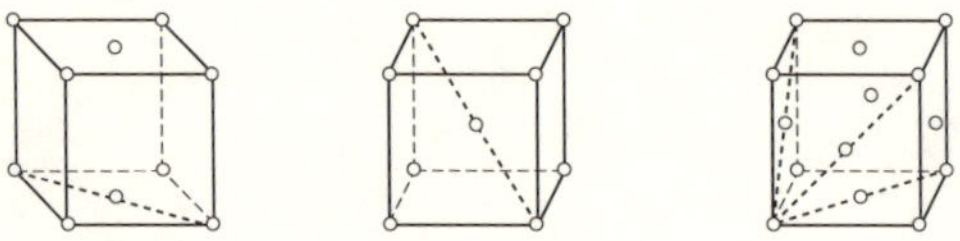

Abb. 6.3.3

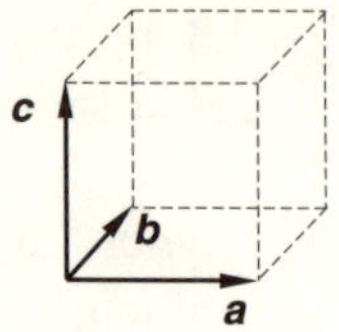

Abb. 6.3.4

Raumgruppen und ihre Äquivalenzklassen

In gleicher Weise wie bei den Ornamentgruppen (den Raumgruppen in der ebenen Geometrie) lassen sich die Äquivalenzklassen der Raumgruppen im dreidimensionalen Raum bestimmen. Dabei kann der Satz 5.4.2 übernommen werden, denn zu seiner Begründung kann völlig analog vorgegangen werden. Ein Vorteil der Vorgehensweise im Abschnitt 5.4 besteht gerade in der (unmittelbaren) Übertragbarkeit auf höherdimensionale Räume.

Zur Konstruktion der Raumgruppen und Bestimmung ihrer Äquivalenzklassen beginnen wir also mit den Produkten $G := T \circ H$, bei denen H eine der 32 Punktgruppen aus dem Satz 6.3.2 und T eine dreidimensionale diskrete Translationsgruppe derart ist, daß (i) aus dem Satz 5.4.2 gilt, d. h., daß $\beta \circ \tau \circ \beta^{-1} \in T$ für alle $\beta \in H$ und $\tau \in T$ gilt.

Beispiel 6.3.2

a) Es sei H eine C_1-Gruppe, also $H = \{\mathrm{id}\}$ und T irgendeine diskrete dreidimensionale Translationsgruppe. Dann ist $T \circ H = T$. Alle diskreten dreidimensionalen Translationsgruppen bilden eine Klasse von Raumgruppen. Sie wird mit C_1 bezeichnet.

b) Es sei H eine $\mathbf{i} \times D(\mathbf{O})$-Gruppe, also die Symmetriegruppe eines Würfels **W**. Wir wählen eine diskrete dreidimensionale Translationsgruppe T so, daß $\beta \circ \tau \circ \beta^{-1} T$ für alle $\beta \in H$ und $\tau \in T$ gilt. Eine solche ist bezogen auf den Würfel **O** leicht anzugeben. Wir wählen entsprechend Abbildung 6.3.4 die Translationen $\boldsymbol{a}$, $\boldsymbol{b}$ und $\boldsymbol{c}$ und erzeugen damit eine Translationsgruppe T.

$G := T \circ H$ ist dann nach Satz 5.4.2 eine Raumgruppe mit der Punktgruppe $G_0 = \mathbf{i} \times D(\mathbf{O})$ und mit $T(G) = T$. $\Gamma(G)$ ist ein einfach kubisches Gitter. Die durch diese einfache Erweiterung erzeugte Raumgruppe bestimmt eine Klasse, die mit O_h^1 bezeichnet wird.

Die restlichen Raumgruppen gewinnt man entsprechend Satz 5.4.4 mit einer Abbildung t, die nicht trivial ist, d. h., für die es ein $\beta \in H$ mit $t(\beta) \neq \boldsymbol{o}$ gibt.

Auf diese Weise ergibt sich, daß die Raumgruppen 219 Äquivalenzklassen bilden ([Kle] u. a.).

Windungsäquivalenz

Aus physikalischer Sicht möchte man einen Unterschied machen, ob die Äquivalenz durch eine orientierungserhaltende (kurz eigentliche) oder nur durch eine uneigentliche affine Transformation (Definition 4.1.6) besteht.

Im Raum gibt es genau zwei Orientierungen. Dieser Umstand kommt unter anderem dadurch zum Ausdruck, daß es für das Gewinde einer Schraube genau zwei Orientierungsmöglichkeiten gibt: entweder Rechts- oder Linksgängigkeit.

Man nennt zwei Raumgruppen *windungsäquivalent* ([Kle], S.180), wenn sie durch eine *eigentliche* affine Transformation ineinander überführt werden können. (Dazu sei bemerkt, daß im dreidimensionalen Raum jede eigentliche Bewegung eine Schraubung (Windung) ist. Spezialfälle sind Translationen und Drehungen.) Zwei windungsäquivalente Raumgruppen sind demnach auch äquivalent im Sinne der Definition 4.1.6. Die Umkehrung muß nicht bestehen. Aber erst ab der Dimension 3 ergibt die Windungsäquivalenz eine Verfeinerung der Äquivalenzklassen.

Aufgabe 6.3.3. Man zeige: Enthält eine Äquivalenzklasse (nach Definition 4.1.6) zwei Raumgruppen, die nicht windungsäquivalent sind, so zerfällt diese Klasse bezüglich der Windungsäquivalenz in genau zwei Klassen.

Ein solches Paar von Klassen nennt man *enantiomorphes Paar*.

Beispiel 6.3.4. Es sei H eine C_4-Gruppe, d. h., H ist durch eine Drehung $\varrho = \varrho(g, \pi/2)$ erzeugt. Außerdem wählen wir eine dreidimensionale diskrete Transformationsgruppe $T = \langle \boldsymbol{a}, \boldsymbol{b}, \boldsymbol{c}, \rangle$ bei der $(O;\, \boldsymbol{a}, \boldsymbol{b}, \boldsymbol{c})$ die Basis eines einfachen tetragonalen Gitters ist (d. h., $\boldsymbol{a}, \boldsymbol{b}, \boldsymbol{c}$ spannen einen Quader mit einer quadratischen Grundfläche auf, Abb. 6.3.2e) und die Achse g von ϱ durch den Punkt O geht und den Richtungsvektor $\boldsymbol{c}$ besitzt (Abb. 6.3.5).

Dann ist zunächst die Eigenschaft (i) im Satz 5.4.2 leicht einzusehen: es ist $\beta \circ \mathrm{T} \circ \beta^{-1} = T$ für alle $\beta \in H$. Durch $t_1(\varrho^k) := \frac{k}{4}\boldsymbol{c}$ und $t_2(\varrho^k) := -\frac{k}{4}\boldsymbol{c}$; $k = 0, 1, 2, 3$ sind Abbildungen t_1 und t_2 von der Gruppe H in die Menge der Vektoren (Translationen) bestimmt.

Speziell ist dann $t_i(\mathrm{id}) = \boldsymbol{o}$; $i = 1, 2$.

Für beide Abbildungen t_1 und t_2 gilt die Eigenschaft (iii) im Lemma 5.4.3, denn für $\varrho^m, \varrho^n \in H,\ m, n = 0, 1, 2, 3$ ist

$$t_1(\varrho^m) + \varrho^m(t_1(\varrho^n)) = \frac{m}{4}\boldsymbol{c} + \varrho^m\!\left(\frac{n}{4}\boldsymbol{c}\right) = \frac{m+n}{4}\boldsymbol{c},$$

$$t_1(\varrho^m \circ \varrho^n) = t_1(\varrho^p) = \frac{p}{4}\boldsymbol{c} \quad \text{mit} \quad 0 \le p \le 3 \quad \text{und} \quad p \equiv m + n \bmod 4,$$

und damit ist

$$t_1(\varrho^m) + \varrho^m(t_1(\varrho^n)) - t_1(\varrho^m \circ \varrho^n)$$

in der Tat ein *ganzzahliges* Vielfaches von $\boldsymbol{c}$.

Entsprechendes gilt für die Abbildung t_2.

Da für den dreidimensionalen euklidischen Raum eine dem Satz 5.4.4 völlig analoge Aussage gilt, sind

$$G_i := \bigcup_{\beta \in H} T \circ \varphi(t_i(\beta)) \circ \beta, \quad i = 1, 2$$

zwei (diskrete) Raumgruppen mit den Punktgruppen $(G_i)_0 = H$ und mit $T(G_i) = T$.

Diese beiden Raumgruppen G_1 und G_2 sind *äquivalent* im Sinne der Definition 5.4.6. Denn bei der Spiegelung σ an derjenigen Ebene ε durch O, die durch die Vektoren $\boldsymbol{a}$ und $\boldsymbol{b}$ aufgespannt wird, gilt offensichtlich $\sigma \circ T \circ \sigma^{-1} = T$, $\sigma \circ \varphi(t_1(\beta)) \circ \sigma^{-1} = \varphi(-t_1(\beta))$ für alle $\beta \in H$ sowie $\sigma \circ \beta \circ \sigma^{-1} = \beta$ für alle $\beta \in H$, da die Drehachse g von ϱ orthogonal zu der Ebene ε ist. Demnach gilt $\sigma \circ G_1 \circ \sigma^{-1} = G_2$.

Dagegen sind die Raumgruppen *nicht windungsäquivalent*. Auch dies ist leicht einzusehen. Zu G_1 gehört die Schraubung $\gamma_1 := \tau \circ \varrho$ mit $\tau := \varphi(1/4\boldsymbol{c})$. Sie ist entweder eine Rechts- oder eine Linksschraubung; im folgenden nehmen wir o. B. d. A. eine Rechtsschraubung an (Abb. 6.3.6).

Dann ist $\gamma_2 := \tau^{-1} \circ \varrho$ eine Linksschraubung, die zu der Gruppe G_2 gehört.

Ist aber α eine orientierungserhaltende affine Transformation, dann kann $\alpha \circ \gamma_1 \circ \alpha^{-1}$ stets nur eine Rechtsschraubung sein.

Die Gruppen G_1 und G_2 bestimmen also ein *enantiomorphes Paar* von Klassen; sie werden mit C_4^2 und C_4^4 bezeichnet.

Ergänzend sei bemerkt, daß die Klasse, die durch 0-Erweiterung $T \circ H$ bestimmt ist, mit C_4^1 bezeichnet wird.

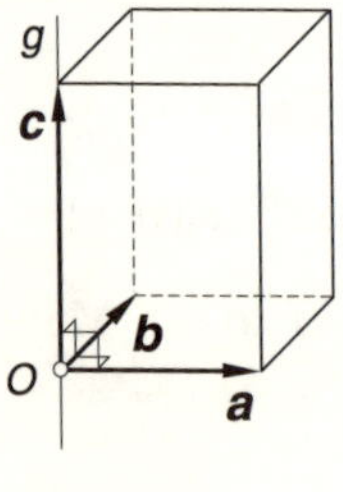

Abb. 6.3.5

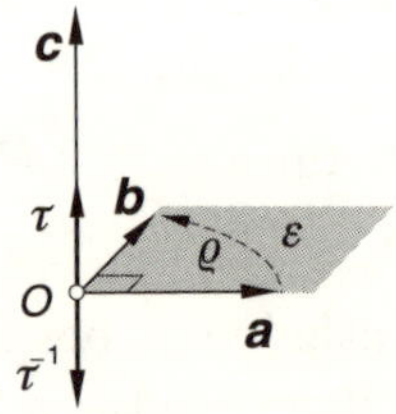

Abb. 6.3.6

Aufgabe 6.3.5. Man zeige: Gehört $G := \bigcup_{\beta \in H} T \circ \varphi(t(\beta)) \circ \beta$ zu einem enantiomorphen Paar von Raumgruppen, dann läßt sich die zweite Gruppe G^* dieses Paares mit Hilfe der Abbildung $t^*(\beta) := -t(\beta)$ beschreiben.

Aufgabe 6.3.6. Man zeige, daß es in der ebenen Geometrie keine Paare enantiomorpher Raumgruppenklassen gibt.

Es zeigt sich, daß elf der 219 Klassen in enantiomorphe Paare zerfallen ([Kle] u. a.; siehe folgende Tabelle).

Da man mit Blick auf Kristalle selbstverständlich nur bis auf Windungsäquivalenz unterscheiden möchte, ergibt sich der grundlegende

Satz 6.3.4. *Im dreidimensionalen euklidischen Raum gibt es genau 230 Klassen von Raumgruppen* (Fedorow, Schoenflies). (Eine eingehende Lehrbuchdarlegung findet man u. a. in [Kle], [Bu].)

Von den 230 Klassen enthalten 65 Gruppen, die nur orientierungserhaltende Bewegungen besitzen. Sie wurden bereits 1869 von C. Jordan (1838 – 1922, franz. Mathematiker) untersucht. Eine vollständige Auflistung aller Raumgruppen haben dann unabhängig voneinander E. S. Fedorow (1890; 1851 – 1919, russ. Kristallograph, Z. Krist. *20*(1892)) und A. Schoenflies (1891; 1853 – 1928, dt. Mathematiker, Königsberg, Frankfurt/Main; Krystallsysteme und Krystallstrukturen, Leipzig 1891 (1923: Theorie der Krystallstrukturen, 2. Aufl.) gegeben.

Die folgende Tabelle gibt neben der Bezeichnung im Satz 6.3.2 die international gebräuchliche Schoenflies-Notation der geometrischen Kristallklassen an; außerdem wird die Anzahl derjenigen der 230 Raumgruppenklassen angegeben, die zu der jeweiligen geometrischen Kristallklasse gehören (Angaben nach [Be/Eh] und [Kle]). Die in Klammern gesetzten Zahlen geben die Anzahl der Klassen an, die nach der Definition 4.1.6 bestehen. Auf diese Weise ist zu sehen, wo enantimorphe Paare auftreten.

C_1	$\mathbf{i}\times C_1$	C_2	$C_2 \mid C_1$	$\mathbf{i}\times C_2$	$D_2 \mid C_2$	$D_2 \mid C_2$	$\mathbf{i}\times D_2$
C_1	C_{i}	C_2	C_s	$C_{2\mathrm{h}}$	D_2	$C_{2\mathrm{v}}$	$D_{2\mathrm{h}}$
1	1	3	4	6	9	22	28
C_4	$C_4 \mid C_2$	$\mathbf{i}\times C_4$	D_4	$D_4 \mid C_4$	$D_4 \mid D_2$	$\mathbf{i}\times D_4$	
C_4	S_4	$C_{4\mathrm{h}}$	D_4	$C_{4\mathrm{v}}$	$D_{2\mathrm{d}}$	$D_{4\mathrm{h}}$	
6(5)	2	6	10(8)	12	12	20	
C_3	$C_6 \mid C_3$	D_3	$D_3 \mid C_3$	$D_6 \mid D_3$			
C_3	$S_6(D_{3\mathrm{i}})$	D_3	$C_{3\mathrm{v}}$	$D_{3\mathrm{d}}$			
4(3)	2	7(5)	6	6			

(Fortsetzung)

(Fortsetzung)

C_6	$\mathbf{i}\times C_3$	$\mathbf{i}\times C_6$	D_6	$D_6 \mid C_6$	$\mathbf{i}\times D_3$	$\mathbf{i}\times D_6$
C_6	C_{3h}	C_{6h}	D_6	C_{6v}	D_{3h}	D_{6h}
6(4)	1	2	6(4)	4	4	4

$D(\mathbf{T})$	$\mathbf{i}\times D(\mathbf{T})$	$D(\mathbf{O}) \mid D(\mathbf{T})$	$D(\mathbf{O})$	$\mathbf{i}\times D(\mathbf{O})$
T	T_h	T_d	O	O_h
5	7	8	6(5)	10

Zum Beispiel gehören der *Diamant* zur geometrischen Klasse O_h^7 und SiO_2 zur Klasse D_6^4.

Aufgabe 6.3.7. Der dreidimensionale euklidische Raum läßt sich so in kongruente Quader mit den Kantenlängen 1, 2 und 3 zerlegen, daß jede Seitenfläche eines Quaders genau zwei Quadern der Zerlegung angehört. Es sei G die Symmetriegruppe dieser „Kristallstruktur". Man beschreibe die Translationsgruppe $T(G)$, das Gitter $\Gamma(G) = T(O)$ und ordne die Punktgruppe G_o im Rahmen der 32 Klassen sowie das Gitter Γ im Rahmen der 14 Bravais-Gittertypen ein.

Hinsichtlich der *arithmetischen Kristallklassen*, die nach Definition 5.4.9 erklärt sind, läßt sich zeigen [Bu], [Kle]:

Satz 6.3.5. *Es gibt 73 arithmetische Kristallklassen.*

Hier führt die Beschränkung auf orientierungserhaltende Transformationen zu keiner Verfeinerung der Klassen.

Mit *Rückblick* auf die Ergebnisse im ein- und zweidimensionalen euklidischen Raum ergibt sich folgende Übersicht:

	$\mathbf{E}^1$	$\mathbf{E}^2$	$\mathbf{E}^3$
kristallographische Einschränkung (Elemente mit endlicher Ordnung m)	$m = 1, 2$	$m = 1, 2, 3, 4, 6$	$m = 1, 2, 3, 4, 6$
geometrische Kristallklassen (Punktgruppen)	2	10	32
arithmetische Kristallklassen	2	13	73
Bravais-Typen der Gitter	1	5	14
Klassen der Raumgruppen	2	17	$219 + 11 = 230$

Aufgabe 6.3.8. Hinsichtlich der Raumgruppen wurden die Betrachtungen und die Begriffe mit zunehmender Dimension verbreitert und verfeinert. Es sind deshalb die Angaben für $\mathbf{E}^1$ nicht explizit im 3. Kapitel enthalten. Man begründe die obigen Aussagen bezüglich des ein- und zweidimensionalen Raumes (meist durch Verweise auf zurückliegende Sätze)!

Historische Anmerkungen

Eingehende historische Studien zum Gegenstand des 6. Kapitels enthält die Monographie [Scho]. Sie geht Symmetriekonzeptionen der Kristallographen von R. J. Haüy zu Beginn des 19. Jahrhunderts bis zur Klassifizierung der (kristallographischen) Raumgruppen durch E. S. Fedorow und A. Schoenflies um die Jahrhundertwende und ihrer Beziehung zur Algebra nach.

Besondere Regelmäßigkeiten von Körperformen in der Natur haben die Menschen wohl schon immer interessiert. Die bewußte Beobachtung von äußeren Kristallformen und naturwissenschaftliche und -philosophische Deutungen von Kristallen lassen sich weit in die Antike zurück verfolgen.

Bereits im klassischen Altertum kannte man alle möglichen Arten regulärer (konvexer) Polyeder. Im Buch XIII der *Elemente* von Euklid [Euk] (etwa 365 v. u. Z. bis etwa 300 v. u. Z.; griech. Mathematiker) wird gezeigt, daß es genau fünf Arten gibt. Würfel, Tetraeder und Dodekaeder und möglicherweise waren auch Oktaeder und Ikosaeder schon vor 500 v. u. Z. bekannt. Kenntnisse über das Dodekaeder wurden wahrscheinlich im Zusammenhang mit dem Abbau des in Italien vorkommenden Schwefelkieses, der in Dodekaederform kristallisiert, erworben.

Betrachtungen über halbreguläre Körper gehen auf Archimedes (etwa 287 – 212 v. u. Z.; griech. Gelehrter, Mathematiker und Physiker in Alexandria und Syrakus) zurück. Er hat die 13 eckenäquivalenten Polyeder angegeben, deren Seitenflächen zwar regulär sind, aber nicht alle die gleiche Kantenzahl besitzen.

J. Kepler (1571 – 1630; deutscher Mathematiker, Astronom, Physiker und Philosoph) hat reguläre (auch sternförmige) und halbreguläre Polyeder eingehend untersucht. In seinem Glauben an eine umfassende Harmonie ordnet er im „Mysterium Cosmographicum“ (1596 erschienen) den fünf (konvexen) regulären Polyedern kugelförmige Sphären zu, auf denen in kreisförmig gedachten Bahnen die damals bekannten Planenten verlaufen (Abb. 6.3.7).

Wesentliche Impulse für die Herausbildung der Kristallographie als eigenständigen Zweig der beschreibenden Naturwissenschaften gaben die Entdeckung der Winkelkonstanz zwischen den Seitenflächen des Bergkristalls (SiO_2; Kristallklasse D_3), 1669 von N. Stenson veröffentlicht, sowie die Entdeckung der Doppelbrechung am Kalkspat ($CaCO_3$; Kristallklasse $D_6 \mid D_3 = D_{3d}$) im Jahre 1670.

Als erster bedeutender Schritt zur Aufklärung der Kristallstrukturen durch eine mathematische Theorie werden Arbeiten von R. J. Haüy (1743 – 1822;

franz. Abbé und Mineraloge) gewertet. 1830 bestimmte J. F. C. Hessel die 32 (geometrischen) Kristallklassen (Klassen von Punktgruppen) im dreidimensionalen euklidischen Raum. A. Bravais fand 1850 die 14 Typen dreidimensionaler Gitter. Auf die Beiträge von C. Jordan und die erste vollständige Auflistung aller Raumgruppentypen durch E. S. Fedorow 1890 und A. Schoenflies 1891 hatten wir schon hingewiesen.

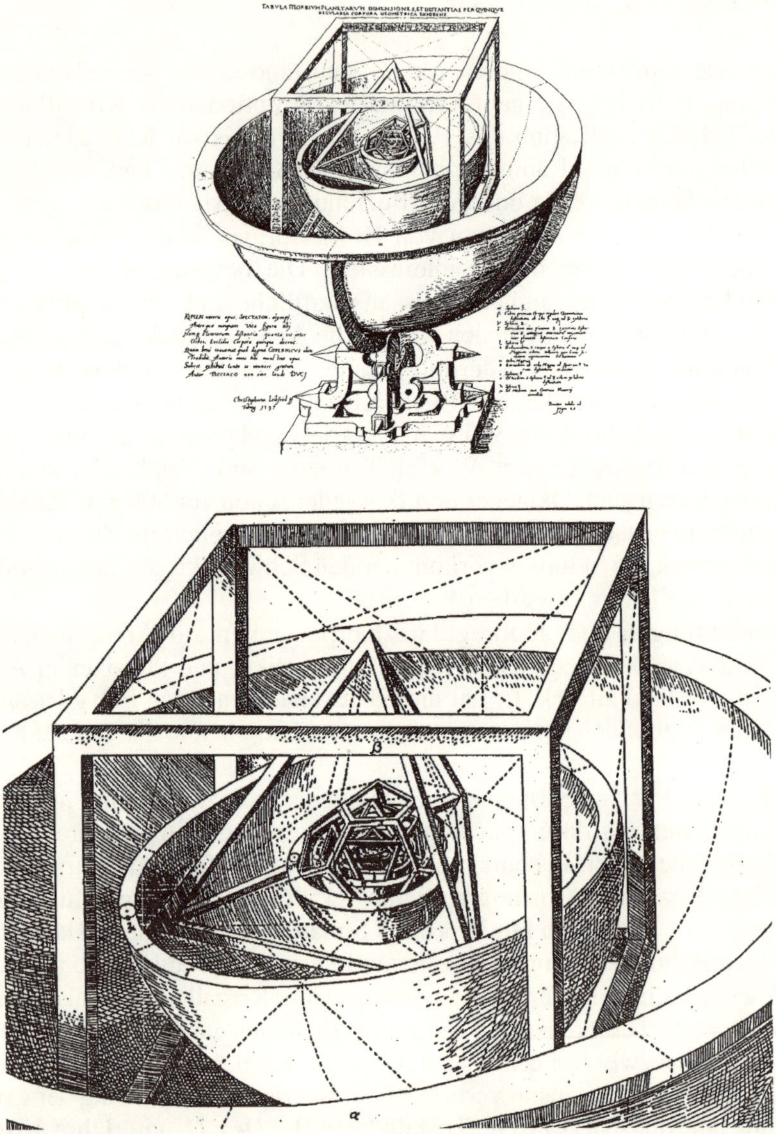

Abb. 6.3.7 Keplers Lösung des „Weltgeheimnisses" („Mysterium cosmographicum") mit Hilfe regulärer Polyeder (Gesamtansicht und Detail)

7. Einblicke in höherdimensionale Räume

Unsere Darlegungen über diskrete Bewegungsgruppen in den euklidischen Räumen $\mathbf{E}^1$, $\mathbf{E}^2$ und $\mathbf{E}^3$ wollen wir durch einige Anmerkungen und Einblicke in höherdimensionale euklidische Räume ergänzen. Und schließlich runden wir mit einigen Anmerkungen zu n-dimensionalen Kristallstrukturen das Kapitel 7 und den Teil II ab.

Diskrete Bewegungsgruppen in höherdimensionalen euklidischen Räumen

Als wir die diskreten Bewegungsgruppen in zwei- und dreidimensionalen Räumen erörterten, bot es sich an, einige Sachverhalte gleich für den n-dimensionalen Raum ($n \geq 2$) zu behandeln – so etwa Gitter (Abschn. 5.1) –, wenn eine Einschränkung auf die Dimension $n = 2$ bzw. $n = 3$ keine wesentliche Vereinfachung ergibt.

Es wurde dabei aber auch deutlich, daß man sich vor allzu leichtfertigen Übertragungen auf höherdimensionale Räume – etwa mit der laxen Anmerkung „...analog läßt sich zeigen..." – zu hüten hat.

So ist im Falle der Dimensionen 2 und 3 jedes Minimalsystem eines Gitters Γ auch eine Basis für Γ (Definition 5.1.6; Satz 5.1.8 und die folgenden Anmerkungen). Doch ab einer Dimension ≥ 5 gilt diese Aussage nicht mehr (Beispiel 5.1.11).

Eine andere Merkwürdigkeit besteht bei regulären Polyedern. Deren Symmetriegruppen sind Beispiele für diskrete Bewegungsgruppen und spielen eine grundlegende Rolle bei der Beschreibung diskreter Punktgruppen. Bei Beschränkung auf Konvexität gibt es im dreidimensionalen Raum (bis auf Ähnlichkeit) fünf reguläre Polyeder. Im vierdimensionalen Raum erhöht sich diese Anzahl auf sechs: neben dem Simplex (als Analogon zum Tetraeder), dem Kreuzpolytop (als Analogon zum Oktaeder) und dem Maßpolytop (als Analogon zum Hexaeder (Würfel)) gibt es noch das reguläre 600-Zell, das dazu duale reguläre 120-Zell sowie das reguläre (und selbst-duale) 24-Zell. Ab einer Dimension ≥ 5 gibt es aber als reguläre Polytope nur noch das Simplex, Kreuzpolytop und Maßpolytop.

Unter den 23 Problemen, die D. Hilbert im Jahre 1900 auf dem 2. Internationalen Mathematikerkongreß in Paris in seinem berühmten Vortrag mit dem Titel „Mathematische Probleme" vorgelegt hat, befindet sich auch eines, das sich direkt mit diskreten Bewegungsgruppen in höherdimensionalen euklidischen Räumen beschäftigt.

D. Hilbert formulierte unter dem 18. Problem die Frage, »ob es auch im n-dimensionalen euklidischen Raum nur eine endliche Anzahl wesentlich verschiedener Arten von Bewegungsgruppen mit Fundamentalbereich gibt« [Hi]. (Auf den Begriff des Fundamentalbereichs und seine Beziehung zur Diskretheit gehen wir in den Kapiteln 8 und 9 ausführlich ein. Es zeigt sich, daß damit *diskrete Raum*gruppen ausgezeichnet sind.)

Dieses Problem löste L. Bieberbach durch eingehende Untersuchungen, die die Frage bejahend beantworten [Bie 1, 2, 3].

Wie schon im zwei- und dreidimensionalen euklidischen Raum spielen für die diskreten Punktgruppen die Symmetriegruppen der regulären Polyeder eine wesentliche Rolle.

Im folgenden veschaffen wir uns als Beispiel eine Übersicht über die Symmetrieabbildungen eines Maßpolytops im n-dimensionalen euklidischen Raum (*n-dimensionaler Würfel*, $n \geq 1$). Für diese Auswahl spricht einerseits, daß es ein derartiges reguläres Polyeder generell für alle Dimensionen $n \geq 1$ gibt und daß wir andererseits anknüpfend an Bekanntes leicht eine geeignete Vorstellung in höherdimensionalen Räumen vermitteln können.

Was ist nun ein (reguläres) *Maßpolytop* im n-dimensionalen euklidischen Raum ($n \geq 1$)? Wir erklären diesen Begriff induktiv über die Dimension n wie folgt:

a) Im eindimensionalen Raum $\mathbf{E}^1$ (Gerade, siehe dazu Kapitel 3) seien die Strecken die Maßpolytope.
b) Im n-dimensionalen Raum $\mathbf{E}^n$ mit $n \geq 2$ sei ein Maßpolytop diejenige Punktmenge, die man mit einem Maßpolytop $\mathbf{P}'$ aus einem $(n-1)$-dimensionalen Unterraum $\mathbf{E}^{n-1}$ (Hyperebene) von $\mathbf{E}^n$ überstreicht, wenn man $\mathbf{P}'$ längs der zur Hyperebene $\mathbf{E}^{n-1}$ senkrechten Richtung um die Kantenlänge von $\mathbf{P}'$ verschiebt.

In der Tat entsteht im $\mathbf{E}^2$ aus einer Strecke ein *Quadrat* (Abb. 7.1 a) und im $\mathbf{E}^3$ aus einem Quadrat ein *Würfel* (Abb. 7.1 b). Die Definition gibt hier also die bekannten Sachverhalte richtig wieder. Die Abbildung 7.1 c vermittelt eine Vorstellung für den vierdimensionalen Raum $\mathbf{E}^4$ in Form eines Kantenmodells (kombinatorische Struktur der Seiten). In den Abbildungen 7.1 a – c sind die durch die Verschiebung neu entstehenden Kanten gestrichelt gekennzeichnet.

Die obige Erklärung des n-dimensionalen Würfels läßt sich leicht im Zusammenhang mit üblichen Definitionen von Polyedern sehen: Polyeder als

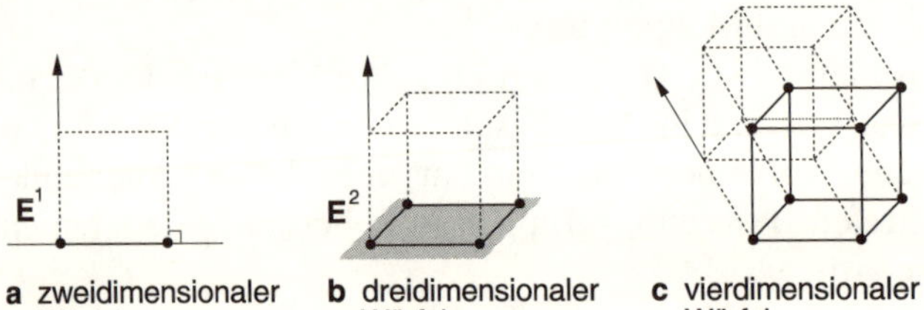

a zweidimensionaler Würfel **b** dreidimensionaler Würfel **c** vierdimensionaler Würfel

Abb. 7.1

konvexe Hülle von endlich vielen Punkten bzw. Polyeder als beschränkter Durchschnitt von endlich vielen (abgeschlossenen) Halbräumen.

Wir können, bezogen auf ein kartesisches Koordinatensystem des $\mathbf{E}^n$ ($n \geq 1$), eine Normierung vornehmen und anhand der obigen Definition das Maßpolytop offensichtlich als konvexe Hülle derjenigen Punkte $E(x_1, ..., x_n)$ beschreiben, deren Koordinaten +1 oder −1 sind (Abb. 7.2). Andererseits ist dieses Maßpolytop auch der Durchschnitt der $2n$ (abgeschlossen) Halbräume mit der Gleichung

$$x_k \leq +1 \quad \text{bzw.} \quad x_k \geq -1, \quad 1 \leq k \leq n \qquad \text{(Abb. 7.2).}$$

Und dieser Durchschnitt ist beschränkt, da kein Punkt dieses Durchschnitts vom Koordinatenursprung einen größeren Abstand als $\sqrt[n]{1 + \ldots + 1} = \sqrt[n]{n}$ haben kann.

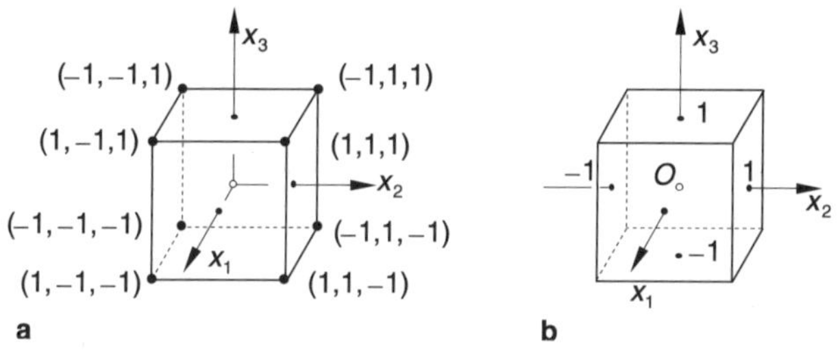

Abb. 7.2

Nun läßt sich kombinatorisch leicht die Anzahl χ_d^n der d-dimensionalen Seiten (kurz *d-Seite*, $0 \leq d \leq n - 1$) des n-dimensionalen Würfels bestimmen. (Die 0-Seiten sind die *Ecken*, die 1-Seiten die *Kanten* und die $(n - 1)$- Seiten die *Seitenflächen* des n-dimensionalen Polyeders.)

Betrachten wir nochmals den Entstehungsprozeß des n-dimensionalen Würfels $\mathbf{P}$ aus dem $(n - 1)$-dimensionalen Würfel $\mathbf{P}'$, so ergibt jede d-Seite von $\mathbf{P}'$doppelt so viele d-Seiten von $\mathbf{P}$, und die weiteren d-Seiten von $\mathbf{P}$ entstehen aus den $(d - 1)$-Seiten von $\mathbf{P}'$. Also gilt

$$\chi_d^n = 2 \cdot \chi_d^{n-1} + \chi_{d-1}^{n-1},$$

und zusammen mit den Anfangswerten $\chi_1^1 = 1$ und $\chi_0^1 = 2$ (bei einer Strecke im $\mathbf{E}^1$) folgt aus dieser induktiven Beziehung

$$\chi_d^n = \binom{n}{d} \cdot 2^{n-d}. \qquad [*]$$

Der n-dimensionale Würfel hat demnach $\chi_0 = \binom{n}{0} \cdot 2^n = 2^n$ Ecken und

$\chi_{n-1} = \binom{n}{n-1} \cdot 2^{n-(n-1)} = 2n$ Seitenflächen.

Wir wenden uns nun den Symmetrieabbildungen des n-dimensionalen Maßpolytops **P** (im $\mathbf{E}^n$) zu.

Bei einer Symmetrieabbildung β von **P** geht jede Seitenfläche **P′** wieder in eine solche über. Wird sie dabei auf sich abgebildet, dann ist die Einschränkung β' von β auf denjenigen $(n-1)$-dimensionalen Unterraum H (Hyperebene), der **P′** enthält, eine Symmetrieabbildung von **P′** (in H).

Umgekehrt läßt sich jede Symmetrieabbildung β' von **P′**, also jede Bewegung β' von H, die **P′** auf sich abbildet, zu einer Bewegung β des Raumes $\mathbf{E}^n$ fortsetzen, die **P** auf sich abbildet. (Das ist nicht trivial. Bei einer genaueren Erörterung kann die konstruktive Beschreibung von **P** oder bei analytischen Methoden die analytische Darstellung von **P** benutzt werden.)

Da **P** $2n$ Seitenflächen besitzt, besteht für die Anzahl der Symmetrieabbildungen von **P** (in $\mathbf{E}^n$) bzw. von **P′** (in H) folgende Beziehung

$$\text{card } S(\mathbf{P}) = 2n \cdot \text{card } S(\mathbf{P}').$$

Zusammen mit dem Anfangswert card $S(\mathbf{P}) = 2$ im $\mathbf{E}^1$ (vgl. Kapitel 3) folgt daraus

$$\text{card } S(\mathbf{P}) = 2^n \cdot n!$$

für die Anzahl der Symmetrieabbildung eines n-dimensionalen Würfels (im $\mathbf{E}^n$).

Zum gleichen Ergebnis kommt man, wenn man die Anzahl $f(\mathbf{P})$ der Orientierungsfiguren von **P** bestimmt.

Aufgrund von [*] liegt jede d-Seite von **P** in $\dfrac{2(d+1)\chi_{d+1}}{\chi_d} = n - d$ $(d+1)$-Seiten von **P** $(0 \le d \le n{-}2)$. Folglich ist

$$f(\mathbf{P}) = \chi_0 \cdot n(n-1) \ldots 2 = 2^n \cdot n!$$

und auf Grund der maximalen Symmetrie dann

$$\text{card } S(\mathbf{P}) = f(\mathbf{P}) = 2^n \cdot n!.$$

Die Anzahl der orientierungserhaltenden Symmetrieabbildungen ist $2^{n-1} \cdot n!$ Da sie alle den Mittelpunkt O von **P** fest lassen, werden sie als *Drehungen* bezeichnet.

Für einen detaillierteren Einblick in $S(\mathbf{P})$ bemerken wir noch folgendes: Jede Symmetrieebene H' einer Seitenfläche **P′** von **P** läßt sich zu einer Symmetrieebene (Hyperebene) von **P** fortsetzen, indem man einfach H' mit dem Mittelpunkt O von **P** verbindet.

Jede 2-Seite des n-dimensionalen Würfels **P** $(n \ge 3)$ ist ein Quadrat. Durch den Mittelpunkt N eines solchen Quadrats geht genau ein $(n-2)$-dimensionaler Unterraum **D**, der zu derjenigen Ebene E orthogonal ist, die das Quadrat enthält. Dieser Unterraum **D** ist eine vierzählige Drehsymmetrieachse für **P**; es gibt um **D** Drehungen mit dem Drehwinkel 0, $\pi/2$, π und $3\pi/2$, der sich in der Ebene E messen läßt (Abb. 7.3). Durch **D** und eine Symmetriegerade des Quadrats geht genau eine Hyperebene, die Symmetrieebene von **P** ist. Folglich läßt sich jede der angegebenen Drehungen als Produkt von zwei Hyperebenenspiegelungen beschreiben (Abb. 7.3), und damit liegt hier tatsächlich eine orientierungserhaltende Symmetrieabbildung vor.

Die in Abbildung 7.4 gegebene Darstellung (Projektion) eines vierdimensionalen Würfels vermag diese Drehsymmetrie besser anschaulich wiederzugeben als die Darstellung in der Abbildung 7.1 c.

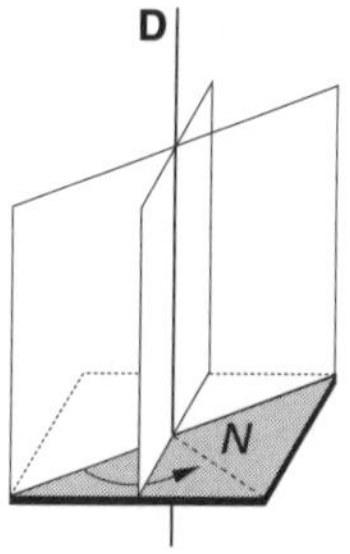

Abb. 7.3

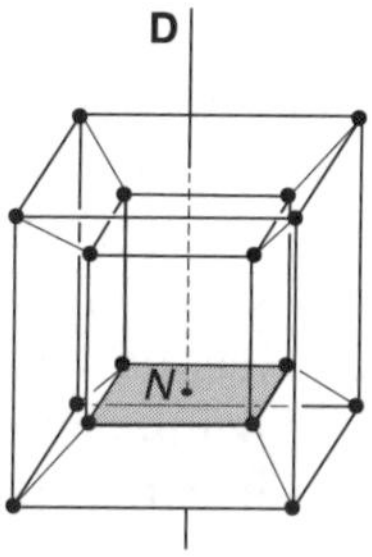

Abb. 7.4

Aufgabe 7.1. Stimmt die durch diese Veranschaulichung nahegelegte Vermutung, daß jede dieser Drehungen gleichzeitig Symmetrieabbildung für drei(!) weitere 2-Seiten (also Quadrate) des vierdimensionalen Würfels ist? Man gehe dazu vom Quadrat mit den Ecken (1, 1, 1, 1), (1, −1, 1, 1), (−1, −1, 1, 1) und (−1, 1, 1, 1) aus.

Die Spiegelung am Mittelpunkt O von **P** ist orientierungserhaltend genau dann, wenn die Dimension n des Raumes geradzahlig ist.

Nach Ergebnissen von L. Bieberbach und G. Frobenius gibt es in jedem endlichdimensionalen euklidischen Raum nur endlich viele Klassen äquivalenter diskreter Raumgruppen. Es besteht stets eine kristallographische Beschränkung.

Im zwei- und dreidimensionalen Raum besagt die kristallographische Beschränkung: Ist φ ein Element der diskreten Raumgruppe von *endlicher* Ordnung m, dann ist $m = 1, 2, 3, 4, 6$.

Für die nächsten beiden Dimensionen $n = 4$ und $n = 5$ ergibt sich als kristallographische Beschränkung $m = 1, 2, 3, 4, 5, 6, 8, 10, 12$.

Zu den Raumgruppen des $\mathbf{E}^n$ kommt man in gleicher Weise, wie im Abschnitt 5.4 für $n = 2$ näher ausgeführt.

Mit dem Satz 5.4.2 wird ein einfaches Verfahren vorgestellt, das zur Konstruktion von Raumgruppen führt.

Zum Beispiel kann man als Punktgruppe H im $\mathbf{E}^n$ ($n > 3$) die Symmetriegruppe des n-dimensionalen Würfels und dazu ein kartesisches Koordinatensystem $\{O; \boldsymbol{e}_1, ..., \boldsymbol{e}_n\}$ gemäß Abbildung 7.2 wählen.

Eine zu H passende (n-dimensionale) Translationsgruppe T wäre dann die durch die n Translationen erzeugte Gruppe, deren zugehörige Vektoren die Einheitsvektoren $\boldsymbol{e}_1, ..., \boldsymbol{e}_n$ sind.

In höherdimensionalen Räumen ist die mögliche Vielfalt bei der Konstruktion der Raumgruppen ohne moderne Hilfsmittel nicht mehr überschaubar. Letztlich verhalf erst der möglich gewordene Einsatz von leistungsfähigen Computern zur Bestimmung der Anzahl und zur vollständigen Auflistung der nichtäquivalenten Raumgruppen im *vier*dimensionalen euklidischen Raum.

Eine wesentliche Grundlage dafür bildeten theoretische Grundlagen, die durch Bieberbach und Frobenius gelegt wurden. (Wir haben im Zusammenhang mit dem Satz 5.4.4 schon auf die *Frobeniusschen Kongruenzen* hingewiesen.) Sie führten zur Ausarbeitung der arithmetischen Theorie der Raumgruppen (Burckhardt, Niggli u. a.).

Im $\mathbf{E}^4$ gibt es 227 Klassen von Punktgruppen (*geometrische Kristallklassen*), von denen sich 44 in enantiomorphe Paare verfeinern lassen. (Bis zur Dimension 3 tritt dieser Effekt nicht auf!) Auch bei den vierdimensionalen Gittern ergibt sich durch die Äquivalenz auf der Grundlage von eigentlichen affinen Abbildungen eine Verfeinerung der Klassen: Anstelle von 64 bestehen dann 74 Bravais-Typen. Schließlich sei noch bemerkt, daß es 710 + 70 arithmetische Kristallklassen gibt. Für diese und weitere Ergebnisse verweisen wir auf [Bro/...].

Auf dieser Grundlage ergeben sich 4783 Klassen äquivalenter Raumgruppen (im Sinne der Definition 4.1.6). Davon zerfallen 112 in enantiomorphe Paare. Damit gilt

Satz 7.1. *Im vierdimensionalen euklidischen Raum gibt es* 4895 *Klassen von diskreten Raumgruppen* [Bro/...].

Kristallstrukturen

In den Naturwissenschaften wird man zu diskreten Gruppen durch gewisse Strukturen geführt, die sich durch räumlich oder zeitlich periodisch wiederkehrende Eigenschaften auszeichnen. Ihr Symmetrieverhalten läßt sich durch diskrete Gruppen beschreiben. Wir reduzieren unsere Betrachtungen auf folgende Strukturen, die Punktmengen sind.

Definition 7.2. Eine nichtleere Punktmenge K des n-dimensionalen euklidischen Raumes heißt eine *n-dimensionale Kristallstruktur*, wenn es

1. n linear unabhängigige Translationen des Raumes gibt, die K auf sich abbilden (K heißt dann auch *n-fach periodisch*) und

2. eine reelle Zahl $d > 0$ derart gibt, daß für jede nichttriviale Translation τ, die K auf sich abbildet, die Translationsweite $|\tau| > d$ ist.

Nach unseren bisherigen Darlegungen ist der Zusammenhang zu den diskreten Raumgruppen leicht mit folgenden beiden Aussagen beschrieben:

Satz 7.3

a) *Ist K eine n-dimensionale Kristallstruktur im* $\mathbf{E}^n$, *dann ist die Symmetriegruppe S(K) von K eine diskrete Raumgruppe.*

b) *Ist G eine diskrete Raumgruppe im* $\mathbf{E}^n$, *dann ist für jeden Punkt P der Orbit G(P) eine n-dimensionale Kristallstruktur.*

Aufgabe 7.2. Man begründe diese Aussagen!

Folgerung 7.4. *Eine Raumgruppe G im* $\mathbf{E}^n$ *ist genau dann diskret, wenn sich ihre Untergruppe der Translationen aus n linear unabhängigen Translationen erzeugen läßt.*

Auf diese Weise werden entsprechende Einsichten für den $\mathbf{E}^1$ im Kapitel 3 (und im Satz 4.2.1) sowie für den $\mathbf{E}^2$ im Satz 5.4.6 erneut bestätigt.

III. Diskrete Systeme von Punktmengen

Im Unterschied zum Teil II stehen jetzt diskrete Systeme von Punktmengen im Mittelpunkt der Betrachtungen.

Bereits in der Definition 2.1 d) wurde für einen topologischen Raum $(T, \mathbf{O})$ erklärt:

Ein System $\mathbf{S}$ von Teilmengen von T heißt *diskret*, wenn es zu jedem Punkt $x \in T$ eine Umgebung von x gibt, die höchstens mit *endlich* vielen Mengen aus $\mathbf{S}$ gemeinsame Punkte besitzt (*lokale Endlichkeit* von $\mathbf{S}$).

8. Lagerungen, Überdeckungen, Packungen und Zerlegungen

8.1. Einige Bereitstellungen

Wir beginnen mit einem Hilfssatz.

Lemma 8.1.1. *Ist ein metrischer Raum* (R, d) *vollständig* (d. h., jede Fundamentalfolge besitzt in R einen Grenzwert) *und ist jede beschränkte Menge total beschränkt* (siehe Kapitel 2), *so folgt aus der Diskretheit für ein System* $\mathbf{S}$ *von Teilmengen von* R *die schärfere Eigenschaft*:

(d*) Zu jedem Punkt $x \in R$ und zu *jeder* r-Umgebung U von x gibt es nur *endlich* viele Mengen aus $\mathbf{S}$, die mit U einen nichtleeren Durchschnitt haben.

Beweis. Ist U irgendeine r-Umgebung eines beliebigen Punktes x aus R, dann ist U beschränkt und nach Voraussetzung über den Raum R sogar total beschränkt.

Angenommen, es gibt *unendlich* viele Mengen A aus $\mathbf{S}$ mit $A \cap U \neq \emptyset$.

Da nach Vorausetzung für jeden Punkt $y \in U$ eine Umgebung V existiert, die nur mit *endlich* vielen Mengen aus $\mathbf{S}$ einen nichtleeren Durschschnitt hat, gäbe es eine Folge $\{a_i\}$ von Punkten aus U, von denen je zwei in verschiedenen Mengen aus **S** liegen. Da U totalbeschränkt ist, müßte diese Folge eine Fundamentalfolge als Teilfolge enthalten. Aufgrund der Vollständigkeit des Raumes R gäbe es dann in U einen Häufungspunkt von $\{a_i\}$, und für diesen würde im Widerspruch zur Voraussetzung die Diskretheitseigenschaft d) nicht gelten. □

Da jeder endlichdimensionale normierte Raum (über den reellen Zahlen **R**) und damit erst recht jeder endlichdimensionale euklidische Raum (über **R**) vollständig ist und jede beschränkte Menge totalbeschränkt ist, sind hier nach dem Lemma 8.1.1 die Eigenschaften d) (Definition 2.1) und (**d***) äquivalente Diskretheitsforderungen.

Die im folgenden näher vorgestellten Begriffe Lagerung, Überdeckung, Packung und Zerlegung werden häufig ohne Diskretheitsforderungen benutzt. Geht es um Lagerungs-, Überdeckungs-, Packungs- oder Zerlegungsprobleme, dann sind diese häufig mit Diskretheitsvorstellungen wie in der Definition 2.1 d) verbunden.

Die folgende Definition folgt nicht einer Begriffserklärung, bei der Diskretheit generell vorausgesetzt wird.

Definition 8.1.2. Es sei $(T,\mathbf{O})$ ein topologischer Raum, $M \subseteq T$ eine nichtleere Teilmenge und **S** ein System von Teilmengen von T.

a) **S** heißt eine *Lagerung in M*, wenn die Vereinigung aller Teilmengen von **S** in M liegt ($\bigcup_{A \in \mathbf{S}} A \subseteq M$).
b) **S** heißt eine *Überdeckung von M*, wenn $M \subseteq \bigcup_{A \in \mathbf{S}} A$ ist.
c) **S** heißt eine *Packung in M*, wenn **S** eine Lagerung in M ist und wenn je zwei verschiedene Teilmengen A und B aus **S** keine gemeinsamen inneren Punkte besitzen.
d) **S** heißt eine *Zerlegung von M*, wenn **S** sowohl eine Überdeckung als auch eine Packung von M ist. Damit ist $M = \bigcup_{A \in \mathbf{S}} A$.
e) **S** heißt eine *Pflasterung von M* bezüglich einer Gruppe G von Transformationen von T (oder kurz eine *G-Pflasterung*), wenn **S** eine Zerlegung von M ist und wenn es zu $T_1, T_2 \in \mathbf{S}$ stets ein $\alpha \in G$ mit $\alpha(T_1) = T_2$ gibt.

Allein mit diesen Begriffen ist ein breites Feld an Problemstellungen angesprochen, aus denen sich eigenständige mathematische Teildisziplinen entwickelt haben. Es wäre vermessen, hier auch nur in Form einer Übersicht grundlegende Resultate und aktuelle Forschungsergebnisse zu umreißen. Einen umfassenden Einblick vermitteln u. a. [Gru/Wi] und das Handbuch der Konvexgeometrie [HaCG, B].

Wir können hier nur punktuell einige Fragestellungen auswählen. Dabei lassen wir uns, wie im Vorwort bereits deutlich gemacht, auch von einer möglichen Bereicherung des Geometrieunterrichts leiten. Hinsichtlich der meisten der folgenden Themen liegen diesbezügliche Erfahrungen vor.

Ein weiterer Gesichtspunkt besteht darin, Bezüge zwischen diskreten Bewegungsgruppen und diskreten Systemen von Punktmengen aufzuzeigen.

8.2. Spezielle diskrete Packungen

Polyominos

Unter das Thema der diskreten Packungen lassen sich recht vielfältige Problemstellungen und Sachverhalte einordnen. Es gibt dazu eine Fülle von Arbeiten und Ergebnissen.

Wir können und werden hier nur wenige ausgewählte Fragen erörtern. Ein für den Unterricht und die Freizeitbeschäftigung anregender Gegenstand sind *Polyominos*.

Die Problemstellung ergibt sich aus einfachen Legevarianten, wie man sie vom Dominospiel her kennt: Man legt an ein Quadrat ein weiteres dazu kongruentes so an, daß es mit ihm eine Quadratseite gemeinsam hat. Durch fortgesetztes Anlegen dieser Art entsteht eine *diskrete Packung* mit kongruenten Quadraten *in der Ebene*. Packungen dieser Art nennt man Polyominos. Eine Begriffsfassung ist die folgende

Definition 8.2.1. Ein *Polyomino* oder *n-Mino* ist eine Figur **P**, die aus n ($n \geq 1$) kongruenten Quadraten besteht, für die gilt:

a) je zwei Quadrate haben entweder keinen Punkt oder eine Ecke oder eine Seite gemeinsam,
b) zu je zwei verschiedenen Quadraten Q_1 und Q^* aus **P** gibt es eine Folge $Q_1Q_2...Q_{n-1}Q^*$ von benachbarten Quadraten aus **P**,
c) **P** bildet eine einfach zusammenhängende Punktmenge.

Dabei heißen zwei Quadrate *benachbart*, wenn die Menge ihrer gemeinsamen Punkte eine Seite ist.

Im folgenden können wir ohne Beschränkung der Allgemeinheit stets Einheitsquadrate voraussetzen.

Die Punktmengen **P** in den Abbildungen 8.2.1 a – e sind offensichtlich keine Polyominos.

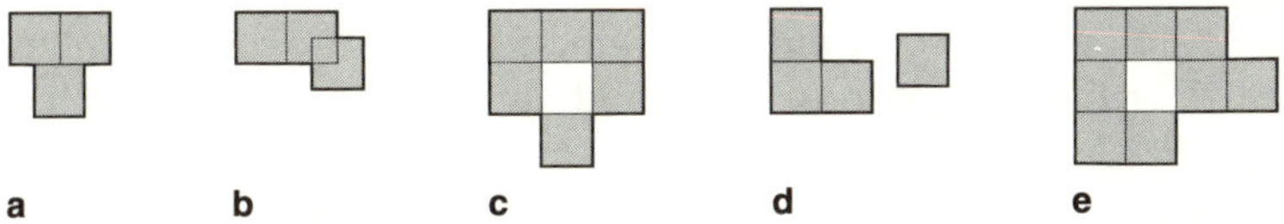

Abb. 8.2.1

In den Abbildungen 8.2.1 a, b ist die Forderung a), in den Abbildungen c, d die Forderung b) und in der Abbildung e die Forderung c) der Definition verletzt.

Beispiel 8.2.1. Für $n = 4$ werden die Polyominos *Tetrominos* genannt, und diese sind leicht zu überschauen. Es gibt fünf Möglichkeiten (Abb. 8.2.2 a):

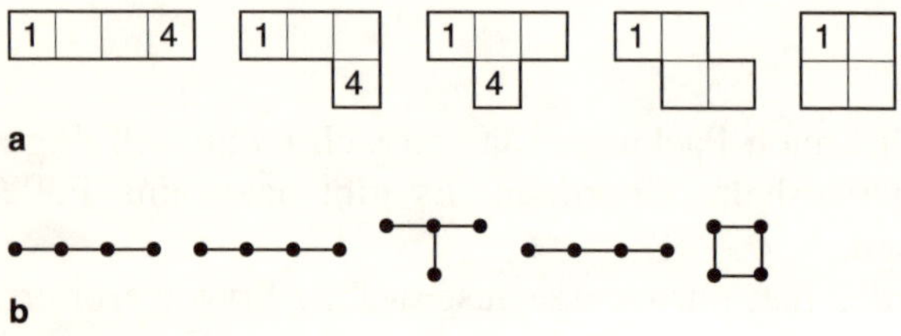

Abb. 8.2.2

Bei dieser Angabe der Möglichkeiten wird bereits deutlich, daß hier nur bis auf Kongruenz unterschieden wird.

In praktischen Sachverhalten ist es mitunter angebracht, nur eigentliche, d. h. orientierungserhaltende Bewegungen für das Zur-Deckung-Bringen zuzulassen. Dann ergeben sich zwei weitere, also sieben Klassen von Tetrominos. Es ist dann jeweils zwischen den Polyominos in der Abb. 8.2.3 zu unterscheiden, die sich nur durch eine uneigentliche Bewegung ineinander überführen lassen.

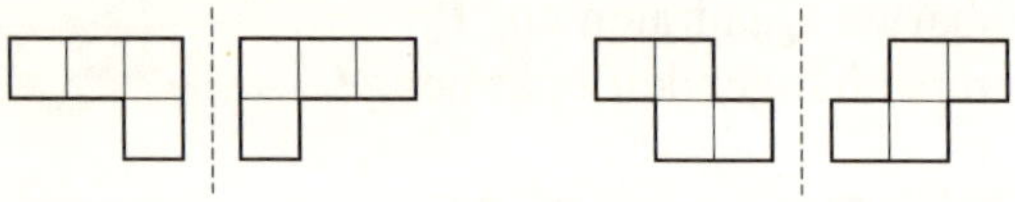

Abb. 8.2.3

Jedem Polyomino **P** läßt sich ein *Zusammenhangsgraph* zuordnen, indem man jedes Quadrat aus **P** als „Knoten" und das Benachbartsein zweier Quadrate aus **P** durch eine „Kante" wiedergibt. Nach Defintion der Polyominos ist der Zusammenhangsgraph eines Polyominos ein zusammenhängender Graph, d. h., jeder Knoten ist durch wenigstens einen Kantenzug mit jedem anderen verbunden. Für die Tetrominos in Abbildung 8.2.2 a ergeben sich die in Abbildung 8.2.2 b angegebenen Graphen.

Im folgenden bezeichne $A(n)$ die Anzahl der Klassen kongruenter Polyominos, die sich aus n Quadraten bilden lassen.

Man überschaut sofort $A(1) = 1,\ A(2) = 1,\ A(3) = 2$:

$n = 1$		Monomino
$n = 2$	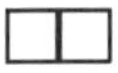	Domino
$n = 3$	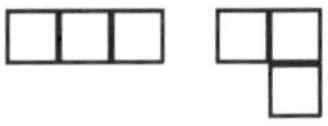	Trominos

Für $n = 4$ hatten wir bereits $A(4) = 5$ gefunden.

Man kann leicht ein rekursives Verfahren beschreiben, das es gestattet, aus der Kenntnis aller $(n-1)$-Minos $(n \geq 2)$ alle n-Minos zu gewinnen.

Dafür läßt sich zunächst zeigen, daß es zu jedem n-Mino $\mathbf{P}_2$ $(n \geq 2)$ ein $(n-1)$-Mino $\mathbf{P}_1$ und ein Quadrat Q gibt, so daß $\mathbf{P}_2 = \mathbf{P}_1 \cup Q$ ist.

Da der Zusammenhangsgraph von $\mathbf{P}_2$ ein endlicher zusammenhängender Graph ist, gibt es nach einem Satz der Graphentheorie stets einen Knoten so, daß durch Wegnahme dieses Knotens und aller mit ihm inzidierenden Kanten wieder ein zusammenhängender (Teil-)Graph entsteht. Jedes n-Mino läßt sich also stets durch Anfügen eines Quadrats an ein geeignetes $(n-1)$-Mino herstellen.

Im folgenden kann demnach von der Kenntnis der Repräsentanten der Klassen der $(n-1)$-Minos ausgegangen werden.

Um zu gewährleisten, daß aus diesen durch Anfügen eines Quadrats nur je *ein* Repräsentant der Klassen der n-Minos entsteht und auf diese Weise auch die Anzahl $A(n)$ der Klassen bestimmt werden kann, verfahren wir wie folgt:

Wir numerieren die Klassen der $(n-1)$-Minos durch und beginnen mit einem Repräsentanten **P** der ersten Klasse, etwa auf quadratischem Kästchenpapier gezeichnet, und betrachten in einer systematischen Abfolge alle Lagen eines Quadrats Q, die überhaupt zu einem n-Mino $\mathbf{P} \cup Q$ führen können. Diese Lagen werden mit ⧅ oder ⊡ markiert je nachdem, ob das entsprechende n-Mino zu den bisherigen kongruent ist oder nicht. Nun gehen wir zu einem Repräsentanten der nächsten Klasse der $(n-1)$-Minos über und verfahren in gleicher Weise. Dabei können wir natürlich ein n-Mino erhalten, das bereits zu einem n-Mino kongruent ist, welches wir in einer vorangegangenen Arbeitsstufe bezüglich der i-ten Klasse der $(n-1)$-Minos erhalten haben. Die deshalb nicht mehr in Frage kommenden Lagen von Q bezeichnen wir in den entsprechenden Lagekästchen mit i $(i = 1, 2, ...)$.

Nach endlich vielen Schritten bricht das Verfahren ab, und es liefert uns für jede Klasse der n-Minos einen Repräsentanten. In jedem Falle ist die Kongruenz oder Nichtkongruenz praktisch entscheidbar, auch wenn dies mit größeren Zahlen n zunehmend aufwendiger wird.

Auf diese Weise ergeben sich aus den fünf Repräsentanten der Tetrominos (Abb. 8.2.2) Repräsentanten der Klassen der *Pentominos* wie folgt (Abb. 8.2.4):

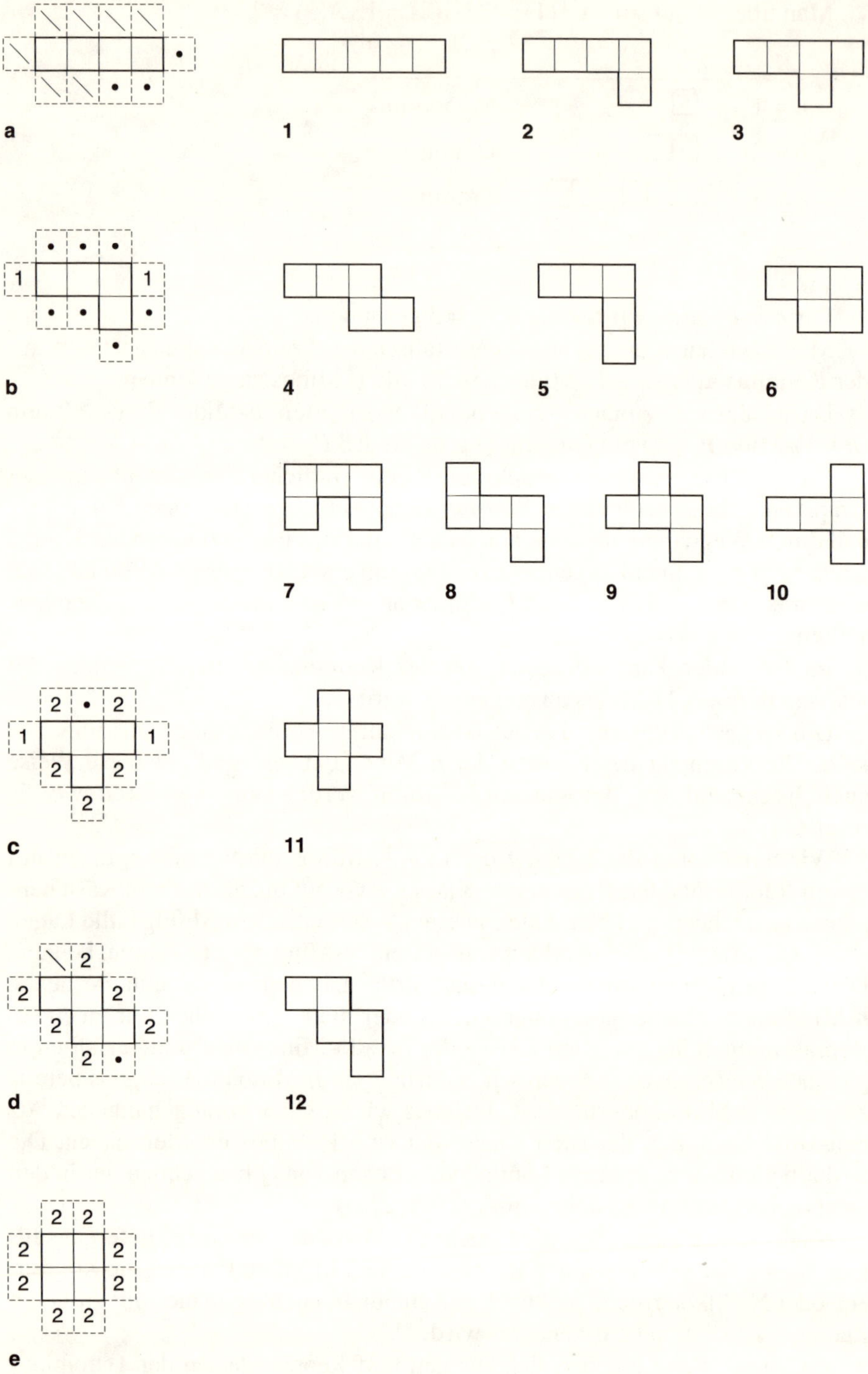

Abb. 8.2.4

Damit ist $A(5) = 12$.

Aufgabe 8.2.2. Man bestimme in entsprechender Weise aus den obigen Pentominos Repräsentanten der Klassen der *Hexominos*.

Auf der Grundlage eines solchen rekursiven Verfahrens lassen sich mit Computerprogrammen für größere Zahlen n Repräsentanten der Klassen der n-Minos und damit die Zahl $A(n)$ bestimmen. Dabei lassen sich die Polyominos durch Matrizen mit 0 und 1 wie in dem folgenden Beispiel beschreiben:

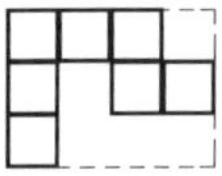

$$\Leftrightarrow \begin{pmatrix} 1 & 1 & 1 & 0 \\ 1 & 0 & 1 & 1 \\ 1 & 0 & 0 & 0 \end{pmatrix}$$

Mit diesen Anmerkungen sind natürlich die Probleme und der Aufwand bei der Umsetzung noch nicht näher dargelegt (siehe u. a. auch [Spr/Qu]).

In [Red] werden die Werte für $A(n)$ bis $n = 24$ angegeben. Um eine Vorstellung von dem Größenverlauf zu vermitteln, geben wir hier die Werte $A(n)$ bis $n = 15$ an:

n	1	2	3	4	5	6	7	8	9	10
$A(n)$	1	1	2	5	12	35	107	369	1285	4655

n	11	12	13	14	15
$A(n)$	17073	63600	238591	901971	3426576

Für $n = 24$ gilt bereits $65 \cdot 10^{10} < A(n) < 66 \cdot 10^{10}$.

Packungen mit Polyominos

Es sei R ein Rechteck mit den (positiv) ganzzahligen Seitenlängen a und b.

Eine einfache Frage ist die, welche notwendigen und hinreichenden Bedingungen für a und b bestehen, damit eine Packung des Rechtecks R mit *Dominos* möglich ist.

Existiert eine solche Packung, dann ist die Maßzahl $a \cdot b$ des Flächeninhalts von R eine gerade Zahl und damit *a oder b* gerade.

Diese Bedingung ist aber offensichtlich auch hinreichend. Man lege dazu einfach die Dominos mit ihrer Längsseite parallel zu einer Rechteckseite, deren Länge eine gerade Maßzahl besitzt. Damit ist gezeigt:

Satz 8.2.2. *Ein Rechteck R mit ganzzahligen Seitenlängen a und b besitzt dann und nur dann eine Packung mit Dominos, wenn a oder b eine gerade Zahl ist.*

Diese Packung kann man auch als *Zerlegung* des Rechtecks R in kongruente Dominos ansehen. Es kommt bei der Einordnung mitunter auch auf die Sicht an!

Im folgenden sei R eine Figur, die aus einem Rechteck mit den ganzzahligen Seitenlängen $a, b \geq 2$ entsteht, wenn man ein Paar gegenüberliegender Ecken-Einheitsquadrate herausnimmt. Man gebe eine notwendige und hinreichende Bedingung für a, b an, daß R eine Packung mit Dominos besitzt.

Offenbar muß dafür $a \cdot b - 2$ eine gerade Zahl und damit a oder b gerade sein. Ist diese Bedingung auch hinreichend?

1. Fall: Es sei *entweder a oder b* gerade, o. B. d. A $a = 2m$ und $b = 2n + 1$ ($m, n \geq 1$, ganzzahlig). Wir zerlegen R entsprechnd der Abbildung 8.2.5 in drei Rechtecke mit den Seitenlängen 1 und $b - 1 = 2n$ bzw. $a - 2 = 2(m - 1)$ und 1 bzw. $a - 1 = 2m - 1$ und $b - 1$. Für diese Rechtecke existiert eine Packung mit Dominos, für das dritte Rechteck nach Satz 8.2.2.

2. Fall: Es seien *a und b* gerade. Eine Packung mit Dominos gibt es hier *nicht*, wie folgende Überlegung zeigt. Wir färben die Einheitsquadrate in R schachbrettartig schwarz und weiß ein. Den ausgesparten Einheitsquadraten käme dann die gleiche Farbe zu, etwa weiß. Dann hat R $\frac{ab}{2}$ schwarze und $\frac{ab}{2} - 2$ weiße Felder. Gäbe es eine Packung von R mit Dominos, dann müßte aber die Anzahl der schwarzen und der weißen Felder gleich sein, denn jedes Domino überdeckt genau ein weißes und ein schwarzes Feld.

Also gilt: *R besitzt genau dann eine Packung mit Dominos, wenn entweder a oder b eine gerade Zahl ist.*

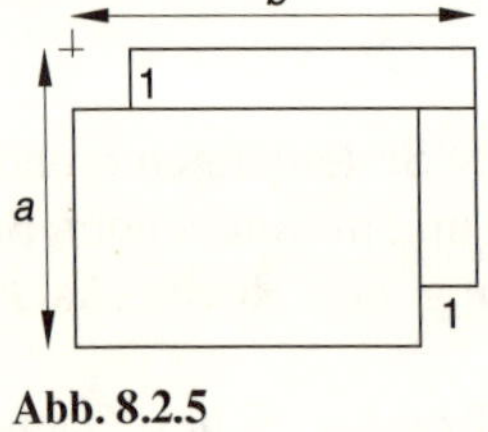

Abb. 8.2.5

Eine Einfärbung hat sich hier als recht nützliche Methode für einen Unmöglichkeitsbeweis erwiesen. Das gilt auch für weitere Fragen dieser Art.

Es ist nun naheliegend, nach Bedingungen für die Packung von Rechtecken mit *Trominos* zu fragen. Hier stehen zwei Formen zur Verfügung, die wir nach ihrem Aussehen mit „I“ und „L“ bezeichnen.

Aufgabe 8.2.3. Man beweise den folgenden Satz.

Satz 8.2.3. *Ein Rechteck mit den (ganzzahligen) Seitenlängen a und b besitzt dann und nur dann eine Packung mit Trominos der Form* I, *wenn* $3|a$ *oder* $3|b$ *gilt.*

Eine Modifizierung dieser Fragestellung ergibt sich, wenn man nach der Packung eines Quadrats mit der (ganzzahligen) Seitenlänge a fragt, in dem genau das Feld in der i-ten Zeile und k-ten Spalte ausgespart werden soll $(1 \leq i,\ k \leq a)$.

Wir nehmen dazu wieder eine schachbrettartige Einfärbung der Felder vor, diesmal mit drei Farben, etwa schwarz (s), rot (r) und weiß (w). Wir beginnen in der ersten Zeile in der zyklischen Abfolge s r w s ..., in der zweiten Zeile mit w s r w ..., in der dritten Zeile mit r w s r ..., in der vierten Zeile dann wie in der ersten Zeile usw.

Im Falle $a = 3n + 1$ ergeben sich bei dieser Einfärbung gleichviele rote und weiße Felder, aber ein schwarzes Feld mehr. Jedes Tromino der Form I bedeckt bei der Packung stets genau ein schwarzes, ein rotes und ein weißes Feld. Demnach muß das freie Feld schwarz sein; und folglich ist $i \equiv k(3)$ eine *notwendige* Bedingung.

Diese Bedingung ist aber nicht hinreichend. Zum Beispiel gibt es für $a = 4$ und $i = k = 2$ keine Packung der gewünschten Art.

Nehmen wir eine andere Einfärbung vor, die nach der ersten Zeile wie oben mit r w s r ... in der zweiten, mit w s r w ... in der dritten usw. fortgesetzt wird, also im Vergleich zur ersten Einfärbung in der umgekehrten zyklischen Reihenfolge vorgenommen wird, dann muß das freie Feld ebenfalls schwarz sein. Daraus folgt aber jetzt $i + k \equiv 2(3)$. Zusammen mit der ersten Bedingung ergibt sich daraus $i \equiv k \equiv 1(3)$ als notwendige Bedingung.

Man erkennt leicht, daß es unter dieser Bedingung tatsächlich eine Packung gibt (Abb. 8.2.6 a).

Im Falle $a = 3n + 2$ ergibt sich in entsprechender Weise $i \equiv k(3)$ und $i + k \equiv 0(3)$ und damit die notwendige Bedingung $i \equiv k \equiv 0(3)$.

Diese Bedingung ist auch hinreichend; eine geeignete Packung zeigt Abbildung 8.2.6 b.

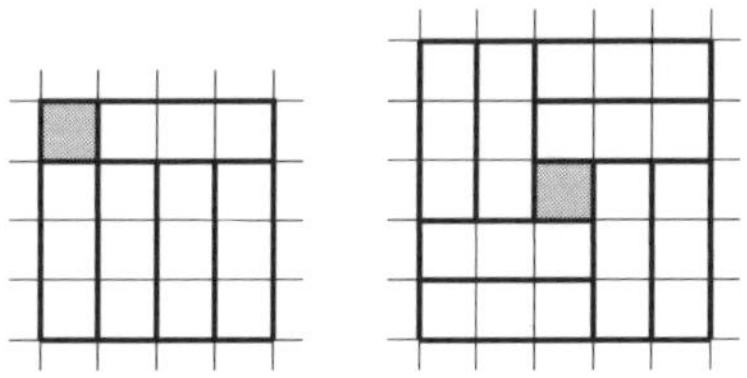

a b

Abb. 8.2.6

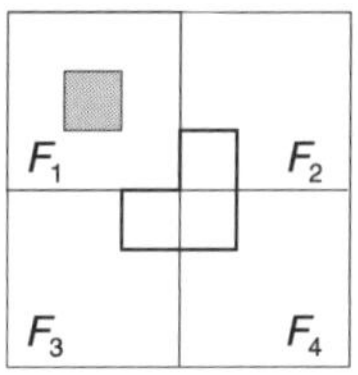

Abb. 8.2.7

Für $a = 3n$ ist eine Packung generell nicht möglich, da dann 3 kein Teiler von $a^2 - 1$ ist.

Nun ist nach einer Packung mit Trominos der Form L zu fragen.

Aufgabe 8.2.4. Man beweise den folgenden Satz.

Satz 8.2.4. *Ein Rechteck mit den (ganzzahligen) Seitenlängen a und b besitzt eine Packung mit Trominos der Form* L *genau dann, wenn* ($a = 3$ und $b = 2n$ $(n \geq 1)$) *oder* ($a = 3m$ und $b \geq 2$ $(m \geq 2)$) *gilt.*

Eine Modifizierung ist die Frage: Welches Feld ist in einem Quadrat mit der Kantenlänge $a = 2^n$ $(n \geq 1)$ auszusparen, damit das Übrige eine Packung mit Trominos der Form L besitzt? Die formale Betrachtung des Flächeninhalts ergibt zunächst keine generellen Einschränkungen, da stets 3 ein Teiler von $a^2 - 1 = 2^{2n} - 1 = (2^n + 1)(2^n - 1)$ ist.

Wir zeigen:

Satz 8.2.5. *Wird in einem Quadrat mit der Kantenlänge* $a = 2^n$ $(n \geq 1)$ *irgendein Feld ausgespart, dann gibt für die übrige Figur stets eine Packung mit Trominos der Form* L.

Beweis. Der Beweis wird durch vollständige Induktion geführt.

Für $n = 1$ ist die Aussage offensichtlich wahr.

Wir setzen nun voraus, daß sie für eine natürliche Zahl $n = k(\geq 1)$ gelte, d. h., im Quadrat mit der Kantenlänge $a = 2^k$ gäbe es bei jeder Aussparung eines Feldes eine Packung mit Trominos der Form L. Das Quadrat mit der Kantenlänge $a = 2^{k+1}$ läßt sich in vier Teilquadrate mit der Kantenlänge 2^k zerlegen (Abb. 8.2.7). Wir sparen irgendein Einheitsquadrat als leeres Feld aus, ohne Beschränkung der Allgemeinheit liege es in dem Teilquadrat F_1. In den Teilquadraten F_2, F_3 und F_4 lassen wir je ein Einheitsquadrat entsprechend der Abbildung 8.2.7 aus. Nach Induktionsvoraussetzung besitzt das Übrige in jedem Teilquadrat eine Packung. Überdies können aber auch die drei ausgelassenen Einheitsquadrate aus F_2, F_3 und F_4 durch eine Tromino der Form L überdeckt werden. Also gilt die Aussage auch für $n = k + 1$. □

Als nächste Bausteine für eine Packung betrachten wir die *Tetrominos*. Die fünf Formen lassen sich recht treffend mit I, L, T, Z und O bezeichnen (Abb. 8.2.2 und Abb. 8.2.8):

Abb. 8.2.8

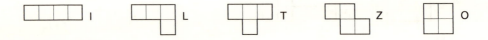

Satz 8.2.6. *Ein Rechteck mit (ganzzahligen) Seitenlängen* a und b *besitzt eine Packung mit Tetrominos der Form* I *genau dann, wenn* $4\,|\,a$ *oder* $4\,|\,b$ *gilt.*

Aufgabe 8.2.5. Man beweise den Satz 8.2.6.

Wir gehen nun der gleichen Aufgabe für die Tetrominos der Form L nach.

Zunächst ist offensichtlich $4\,|\,ab$ und $a, b \geq 2$ notwendig; o. B. d. A. können wir $2\,|\,b$ annehmen.

Wir färben das Rechteck schwarz-weiß entsprechend der Abbildung 8.2.9 a; dabei besitze jede Zeile schwarzer Felder die Länge a. Dann liegen $\frac{ab}{2}$ schwarze und $\frac{ab}{2}$ weiße Felder vor. Eine Packung muß aus $\frac{ab}{4}$ L-Teilen bestehen. Und da jedes L-Teil entweder 1 oder 3 schwarze Felder überdeckt, muß $2\,|\,\frac{ab}{4}$ und damit $8\,|\,ab$ gelten.

Diese Bedingung ist (zusammen mit $a, b \geq 2$) auch hinreichend, denn das Rechteck besitzt dann offenbar eine Packung, die mit den in der Abbildung 8.2.9 b und c ausgewiesenen Teilen möglich ist.

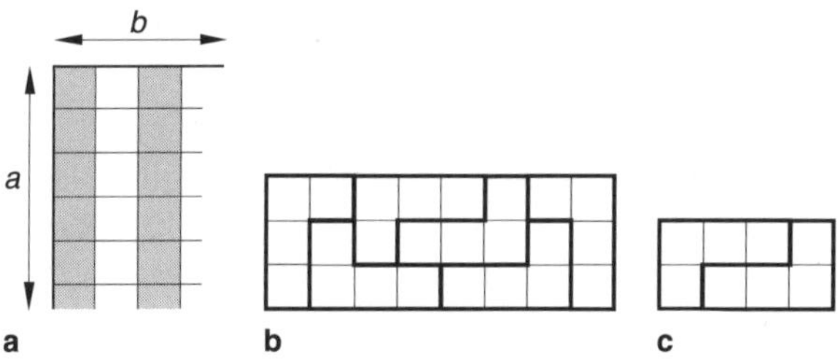

Abb. 8.2.9

Wir haben erhalten:

Satz 8.2.7. *Für ein Rechteck mit (ganzzahligen) Seitenlängen* a *und* b *existiert genau dann eine Packung mit Tetrominos der Form* L, *wenn* $a, b \geq 2$ und $8\,|\,ab$ *gilt.*

Aufgabe 8.2.6. Welche notwendigen und hinreichenden Bedingungen bestehen für a und b, wenn es eine Packung des Rechtecks mit
a) T-Tetrominos,
b) Z-Tetrominos,
c) O-Tetrominos
gibt?

Aufgabe 8.2.7. Können je vier der fünf Tetromino-Formen zu einem Quadrat zusammengesetzt werden?

Aufgabe 8.2.8. Mit welcher der Tetromino-Formen ist eine Packung des Quadrats der Kantenlänge 4 möglich? (Anmerkung: Eine Lösung ergibt sich natürlich aus den Lösungen vorangegangener Aufgaben. Das ist auch unabhängig davon und mit weniger Aufwand möglich.)

Wir betrachten nun Packungen mit *Pentominos*. Dazu stehen uns zwölf verschiedene Formen zu Verfügung (Abb. 8.2.4).

Wenn es ein Rechteck mit einer Packung von Pentominos derart gibt, daß *jede Form genau einmal* vorkommt, dann muß das Rechteck aus $12 \cdot 5 = 60$ Einheitsquadraten bestehen. Wir nennen eine derartige Packung *minimal* und fragen nach denjenigen Rechtecken, die eine minimale Packung von Pentominos gestatten.

Satz 8.2.8. *Die Rechtecke mit den Seitenlängen*
a) 3, 20
b) 4, 15
c) 5, 12
d) 6, 10
und nur diese gestatten eine minimale Packung mit Pentominos.

Beweis.
a) Eine Lösung zeigt Abbildung 8.2.10 a; eine weitere ergibt sich durch Drehung des schraffierten Teils. Und das sind nach [Go] bereits alle Lösungen.
b) Die Abbildungen 8.2.10 b und c geben nichtkongruente Möglichkeiten an. (Die stärkere Trennlinie in der Abb. c weist auf weitere Löungsmöglichkeiten hin: Die beiden rechteckigen Teile können anders zusammengelegt werden).

Den Nachweis der Behauptungen c) und d) überlassen wir dem Leser als Aufgabe 8.2.9.

Übrig bleiben nur noch Rechtecke mit den Seitenlängen 1, 60 und 2, 30; und diese können selbstverständlich keine minimale Packung mit Pentominos besitzen. □

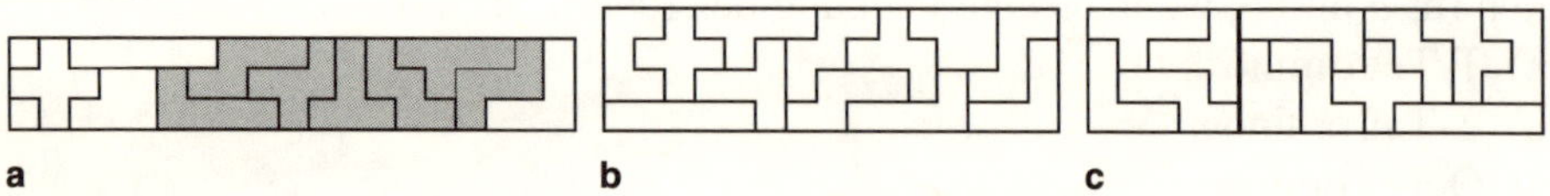

Abb. 8.2.10

Aufgabe 8.2.9. Man beweise die Behauptungen c) und d) im Satz 8.2.8.

Es zeigt sich, daß es beim 6×10-Rechteck mehr als 2300 Packungsmöglichkeiten gibt. Das minimale Packen eines solchen Rechtecks ist also praktisch ein nahezu unerschöpfliches Spiel.

Damit sind aber bei weitem nicht alle *kreativen Spielmöglichkeiten* mit den zwölf Pentominos umrissen. Die folgenden Beispiele möchten Anregungen geben und können nur einen kleinen Einblick in Möglichkeiten vermitteln. Wir empfehlen, sich dazu selbst die zwölf Pentominoformen als stabile Spielsteine herzustellen.

Beispiel 8.2.10. Man verdreifache eine ausgewählte Pentominoform. Die so entstandene Figur F umfaßt $3^2 \cdot 5 = 45$ Einheitsquadrate. Es ist F mit neun verschiedenen Pentominos im Sinne einer Packung zu überdecken.

Beispiele zeigen die Abbildungen 8.2.11 a und b.

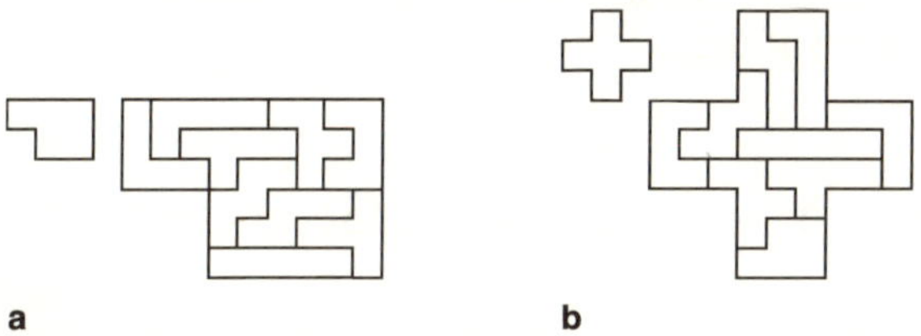

Abb. 8.2.11

Beispiel 8.2.11. Man lege mit den zwölf Pentominos drei Figuren, die kongruent zueinander sind. Dazu muß jede Figur aus vier Pentominos bestehen. Ein Beispiel zeigt Abbildung 8.2.12.

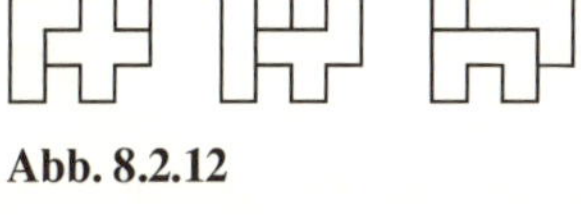

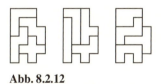

Abb. 8.2.12

Beispiel 8.2.12. Man kann mit den 12 Pentominos auch Figuren legen, die als stilisierte Abbilder realer Objekte aus Natur und Technik angesehen werden können. Die folgenden Beispiele kann man als ,,Elefanten", ,,Nilpferd" bzw. ,,Strauß" deuten.

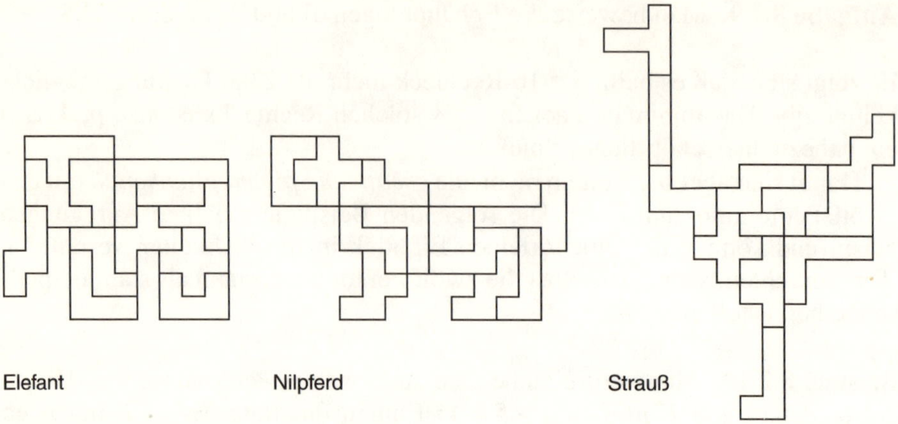

Abb. 8.2.13

Aufgabe 8.2.13. Alle Netze des (Einheits-)Würfels sind Hexominos. Welche der 35 Hexominos entstehen auf diese Weise ?

Verwandte der Polyominos in der ebenen Geometrie

Bei den Polyominos liegen kongruente Quadrate zugrunde, und für viele Überlegungen war es von Vorteil, daß man im Sinne einer regulären Zerlegung der Ebene (siehe späteren Abschnitt 8.3) die Ebene mit kongruenten Quadraten auslegen kann. (Eigentlich kann die Ebene selbst als ein Polyomino, wenn auch mit unendlich vielen Quadraten, aufgefaßt werden!)

Reguläre Zerlegungen der Ebene (in kongruente reguläre Polygone) gibt es bekanntlich nur für Drei-, Vier- und Sechsecke (Abschnitt 8.3). Es liegt deshalb nahe, den Begriff des Polyominos auf der Grundlage dieser regulären Polygone zu erweitern.

Definition 8.2.9. Ein *r-reguläres Polyomino* ist eine Figur **P**, die aus n ($n \geq 1$) kongruenten regulären r-Ecken (mit $r = 3$, 4 oder 6) besteht und für die die Bedingungen a), b) und c) der Definition 8.2.1 gelten.

Wir bezeichnen mit $A^r(n)$ die Anzahl der Klassen der kongruenten r-regulärer Polyominos, die aus n regulären r-Ecken bestehen.

Von Interesse ist wieder diese Anzahl.

Eine Übersicht über Repräsentanten der Klassen der 3-regulären Polyominos bis $n = 6$ bzw. der 6-regulären Polyominos bis $n = 4$ vermitteln die Abbildungen 8.2.14 bzw. 8.2.15.

Einen Anzahl-Vergleich gibt folgende Tabelle:

n	1	2	3	4	5
$A^3(n)$	1	1	1	3	4
$A^4(n)$	1	1	2	5	12
$A^6(n)$	1	1	3	7	22

Abb. 8.2.14

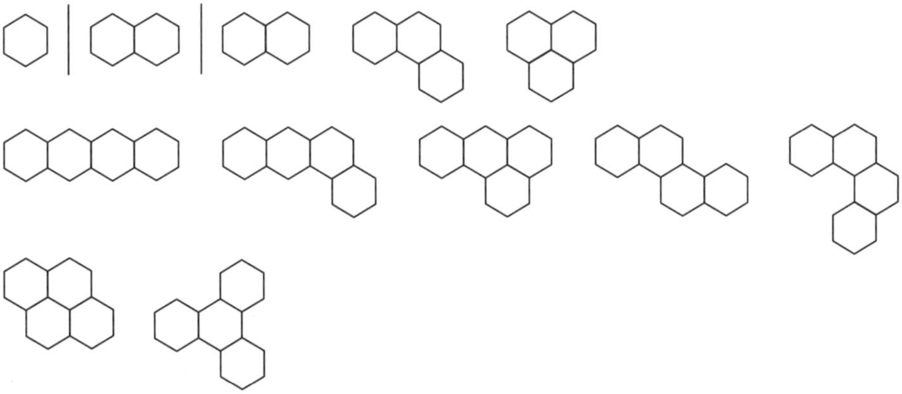

Abb. 8.2.15

Nun können in gleicher Weise wie bei den Polyominos Packungsaufgaben formuliert werden. Auch hier helfen mitunter Einfärbungen.

Aufgabe 8.2.14. Gibt es für einen Rhombus, der aus zwei gleichseitigen Dreiecken der Seitenlänge 6 zusammengesetzt ist, eine Packung mit 3-regulären Hexominos ($n = 6$) derart, daß jedes der zwölf Hexominos genau einmal auftritt?

Aufgabe 8.2.15. Besitzt ein Parallelogramm mit den Seitenlängen 3 und 6 und einem Innenwinkel von 60° eine Packung mit 3-regulären Tetrominos ($n = 4$) so, daß jede der drei möglichen Formen in gleicher Anzahl Verwendung findet?

Weitere Modifikationen des Polyomino-Begriffs sind hinsichtlich der Grundbausteine möglich, etwa dadurch, daß man auch kongruente reguläre n-Ecke für $n \neq 3, 4, 6$ oder kongruente gleichschenklig-rechtwinklige Dreiecke zuläßt. Für letztere gibt die Abbildung 8.2.16 bis $n = 4$ eine Übersicht.

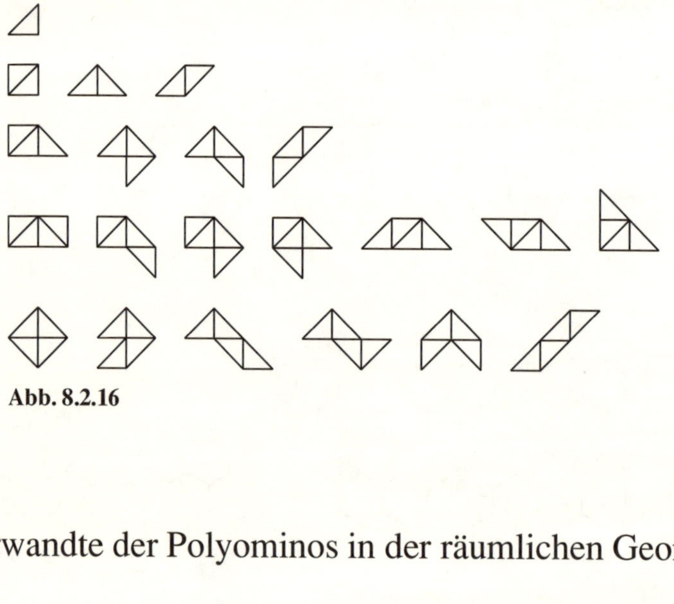

Abb. 8.2.16

Verwandte der Polyominos in der räumlichen Geometrie

Im Raum liegt ein Analogon zu den Polyominos (der Ebene) auf der Hand: Als Grundbausteine sind hier (Einheits-)Würfel zu nehmen; ansonsten fordern wir wieder die Eigenschaften a), b) und c) der Definition 8.2.1, wobei neben Ecken und Kanten noch die Seitenflächen der Würfel entsprechend einzubeziehen sind.

Benachbart sind zwei Würfel in dem Sinne, daß sie eine Seitenfläche als gemeinsame Punktmenge besitzen.

In der Abbildung 8.2.17 a wird bis $n = 4$ eine Übersicht über die räumlichen Polyominos bis auf Kongruenz gegeben.

Demnach ist $A(1) = 1$, $A(2) = 1$, $A(3) = 2$ und $A(4) = 7$.

Wie in der Ebene können zwei Figuren auch im Raum gleichsinnig oder

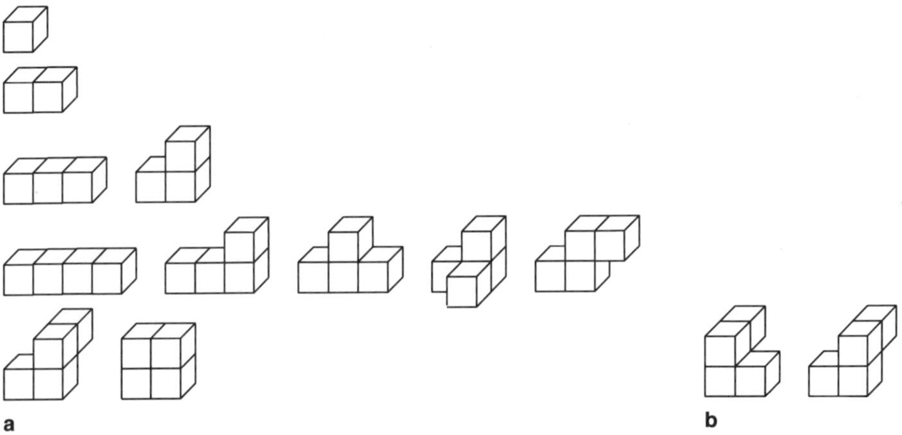

Abb. 8.2.17

ungleichsinnig kongruent sein. So geht eine Figur (z. B. eine Rechtsschraube) bei einer Spiegelung an einer Ebene in eine zu ihr ungleichsinnig kongruente Figur (im Beispiel in eine Linksschraube) über. Aus praktischer Sicht ist dieser Umstand im Raum von weit größerer Bedeutung als in der Ebene. In der Ebene konnten wir eine ungleichsinnige Kongruenz durch Wenden der Figur (des Polyominos) praktisch realisieren. Im Raum geht das gegenständlich nicht! Dies spielt u. a. bei Packungen im Raum, wie etwa beim noch folgenden *Herzberger Quader* oder dem *Soma-Würfel*, eine wesentliche Rolle.

Auf der Grundlage der gleichsinnigen Kongruenz gibt es acht (statt sieben) räumliche Tetrominos ($n = 4$); es ist zwischen den beiden Formen in Abbildung 8.2.17 b zu unterscheiden.

Herzberger Quader

Der *Herzberger Quader* (von G. Schulze aus Herzberg) benutzt elf Spielsteine: einen Domino, zwei Trominos ($n = 3$) und acht (nicht gleichsinnig kongruente) Tetrominos ($n = 4$). In der Tat lassen sie sich zu einem handlichen $(5 \times 4 \times 2)$-Quader packen. In [Schu] wird eine Fülle von Spiel- und Problemstellungen vermittelt, die in unterhaltsamer Art zur Ausbildung von mathematischen Denk- und Arbeitweisen sowie zur Schulung des räumlichen Wahrnehmungs-, Vorstellungs- und Darstellungsvermögen sehr geeignet sind.

Aufgabe 8.2.16. Man gebe wenigstens zwei nicht (gleichsinnig) kongruente Packungen des Herzberger Quaders an, etwa nach Numerierung der Bausteine entsprechend der Abfolge in Abbildung 8.2.17 durch bildliche Angabe ihres Auftretens in den beiden (5×4)-Schichten. (Es gibt weit mehr als 10 000 Möglichkeiten!)

Aufgabe 8.2.17. Welche der $(n \times 2 \times 2)$-Quader für $1 \leq n \leq 10$ lassen sich mit (einer Auswahl aus) den elf Spielsteinen packen?

Aufgabe 8.2.18. Man zeige, daß mit keiner Auswahl ein Würfel der Kantenlänge 2 gepackt werden kann.

Aufgabe 8.2.19. Man gebe zwei nicht (gleichsinnig) kongruente Packungen des Würfels der Kantenlänge 3 mit einer Auswahl aus den elf Spielsteinen an. Welche Spielsteine können hier grundsätzlich nicht verwendet werden?

SOMA-Würfel

Der SOMA-Würfel stammt von dem Dänen Piet Hein. Als Bausteine werden sieben räumliche Polyominos verwendet: die L-Form der Trominos und außer der I- und O-Form alle restlichen (nicht gleichsinnig kongruenten) Tetraminos. Sie bestehen aus insgesamt $3 + 6 \cdot 4 = 27$ Einheitswürfeln und lassen sich, wie Abbildung 8.2.18 zeigt, zu einer Packung des Würfels der Kantenlänge 3 zusammenfügen.

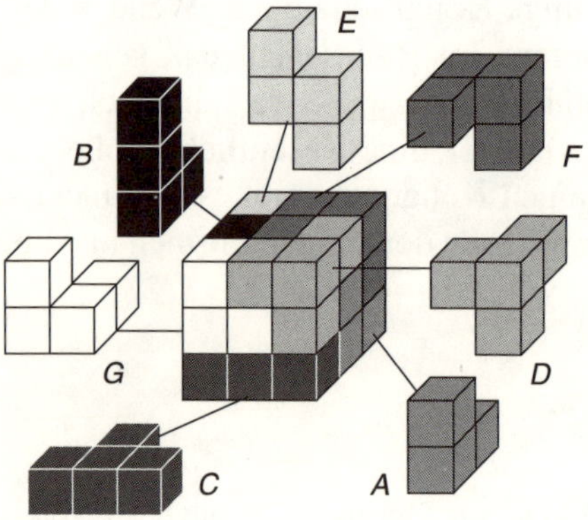

Abb. 8.2.18

Es ist zu empfehlen, sich solche Bausteine herzustellen. Ohne große Mühe gelingt das aus einer Holzleiste mit quadratischem Querschnitt.

Man wird leicht feststellen, daß das Bemühen um eine Würfelpackung ein recht unterhaltsames Spiel ist und Raumwahrnehmung und -vorstellung schult.

Satz 8.2.10. *Es gibt* 240 *nicht kongruente Packungen des SOMA-Würfels.* [Gro/La]

Beweisanmerkungen. Die Bausteine werden wie in Abbildung 8.2.18 mit A, B, ..., G bezeichnet.

a) Die erste Überlegung ergibt eine notwendige Bedingung für die Lage des Bausteins C im SOMA-Würfel.

Der Würfel hat acht Einheitswürfel als Eckwürfel. Es läßt sich leicht überlegen, wieviele dieser Eckwürfel jeweils einer der sieben Bausteine bilden kann und erhält folgende Übersicht:

Baustein	mögliche Eckwürfel (Anzahl)
A	0 oder 1
B	0, 1 oder 2
C	0 oder 2
D	0 oder 1
E	0 oder 1
F	0 oder 1
G	0 oder 1

Da also die Bausteine bis auf C zusammen nur höchstens 7 Eckwürfel bilden können, muß der Baustein C zwei Eckwürfel ergeben und damit eine Kantenlage im SOMA-Würfel einnehmen (Abb. 8.2.19 a).

b) Eine weitere notwendige Bedingung für die Lage der Bausteine ergibt folgende Einfärbung. Liegt eine Packung vor, dann färben wir schachbrettartig schwarz-weiß so, daß benachbarte Einheitswürfel verschieden gefärbt sind; überdies kann dabei so gefärbt werden, daß jeder der acht Eckwürfel schwarz ist. Von den 27 Einheitswürfeln sind dann $8 + 6 = 14$ schwarz (s) und $12 + 1 = 13$ weiß (w). Aufgrund der notwendigen Lage von C hat dieser Baustein drei schwarze und einen weißen Einheitswürfel. Für die übrigen Bausteine sind unabhängig voneinander folgende Farbverteilungen möglich:

B, E, F und G	2 s und 2 w
A	(1 s und 2 w) oder (2 s und 1 w)
D	(1 s und 3 w) oder (3 s und 1 w).

Wäre die Farbverteilung für D 3 s und 1 w, dann würde sich für A die Farbverteilung $14 - 3 - 8 - 3 = 0$ s und $13 - 1 - 8 - 1 = 3$ w ergeben. Also gilt 1 s und 3 w für D und damit 2 s und 1 w für A.

Folglich kann unter Berücksichtigung der notwendigen Lage von C der zentrale Würfel des Bausteins D nur einer der $14 - 3 = 11$ restlichen schwarzen Einheitswürfel und der mittlere Einheitswürfel von A nur einer der restlichen $13 - 1 = 12$ weißen Einheitswürfel im SOMA-Würfel sein.

c) Jede Packung des SOMA-Würfels kann so gedreht werden, daß der Baustein C die untere vordere Kante des Würfels bildet und ganz in der unterer Schicht der Einheitswürfel liegt (Abb. 8.2.19 a).

Als nichtidentische Symmetrieabbildungen des Würfels, die C auf sich abbilden, kommt nur noch die Spiegelung an der Symmetrieebene ε des Bausteins C in Frage (Abb. 8.2.19 b). Diese Spiegelung kann aber keine Symmetrieabbildung einer Packung sein, da jeder der Bausteine A, B, D und E gleichzeitig in sich übergehen müßte. Folglich ergeben alle Packungen, die von der speziellen Lage von C wie in Abbildung 8.2.19 a ausgehen, die Anzahl der nichtkongruenten Packungen des SOMA-Würfels.

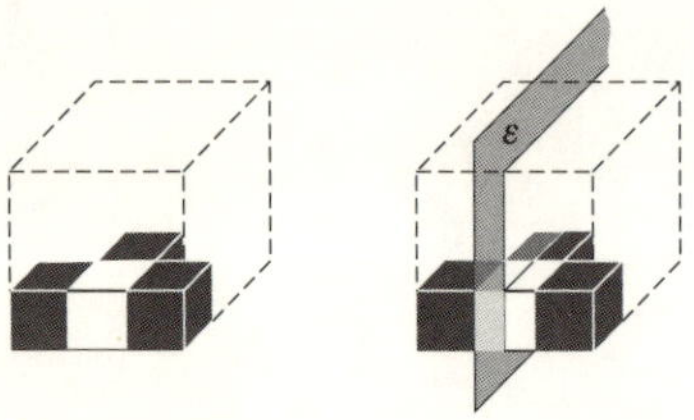

a b

Abb. 8.2.19

d) Nun legt man C wie in Abbildung 8.2.19 a fest und testet alle infrage kommenden Lagen für D hinsichtlich einer möglichen Packung des Würfels aus, wobei man nur einen derjenigen acht schwarzen Einheitswürfel als zentralen Einheitswürfel für D in Betracht zu ziehen braucht, die auf ein und derselben Seite der Ebene ε liegen. Die restlichen möglichen Packungen ergeben sich aus den bisherigen durch Spiegelung an dieser Ebene! □

Aufgabe 8.2.20. Man untersuche, ob sich die in den Abbildungen 8.2.20 a – f vorgegebenen Figuren aus den SOMA-Bausteinen zusammensetzen lassen. (Diese Figuren lassen sich als stilisierte Abbilder realer Objekte ansehen. Wir verweisen hier insbesondere auf [Ga]!)

Aufgabe 8.2.21. Man zeige, daß mit denjenigen zwölf räumlichen Pentominos, die den zwölf ebenen Pentominos entsprechen, eine Packung des $(3 \times 4 \times 5)$-Quaders existiert.

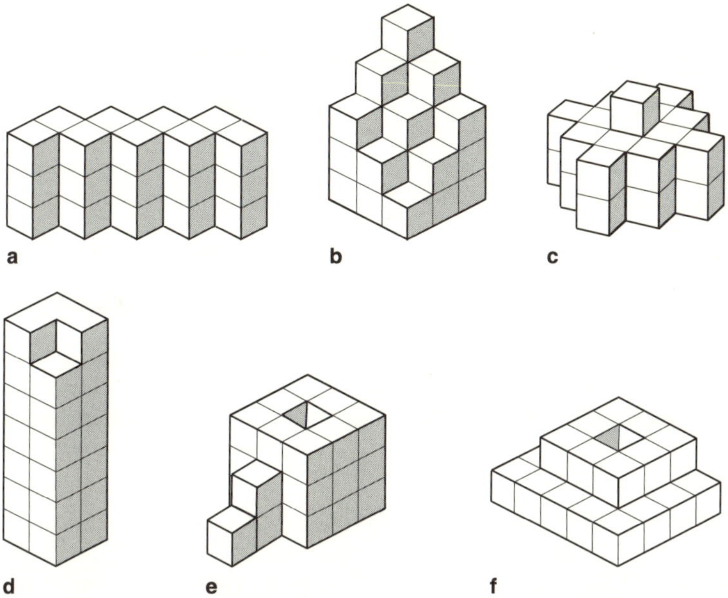

Abb. 8.2.20

8.3. Reguläre, halbreguläre und halbsymmetrische Zerlegungen der Ebene in Polygone

Wir setzen hier generell eine euklidische Ebene voraus und betrachten spezielle Zerlegungen $\mathbf{P} = \{T_i, i \in I\}$, I beliebige Indexmenge, der Ebene in Polygone (Vielecksflächen) T_i. Mit Blick auf spätere allgemeinere Begriffsbildungen nennen wir die Polygone T_i *Fliesen* der Zerlegung **P**. Der Rand der Polygone T_i soll zu der Punktmenge T_i gehören. (Diese Fliesen sind dann topologisch äquivalent zu abgeschlossenen Kreisscheiben.)

Derartige Zerlegungen sind für viele Studien noch zu allgemein.

Beispiel 8.3.1. In der Zerlegung in Abbildung 8.3.1. haben gewisse Polygone mehr als eine Seite gemeinsam, d. h., es gibt Ecken, die nur zwei Fliesen angehören.

Beispiel 8.3.2. Bei der Zerlegung in der Abbildung 8.3.2 gehört zwar jede Ecke einer Fliese drei Fliesen an, doch ist hier auffällig, daß der Durchschnitt zweier Fliesen eine Strecke sein kann, ohne daß diese Strecke eine Seite einer der beteiligten Fliesen ist.

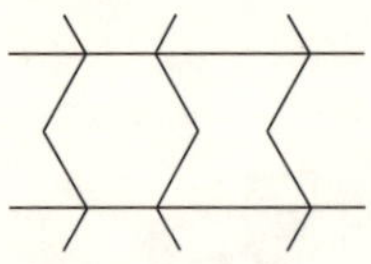

Abb. 8.3.1

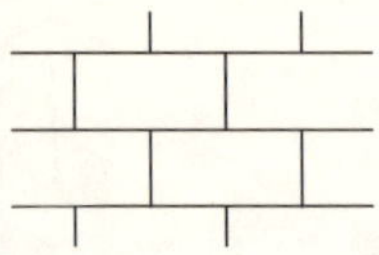

Abb. 8.3.2

Beispiel 8.3.3. Wir zerlegen die Ebene durch die Geraden mit den Gleichungen $x = (n+1)\frac{n}{2}$ und $y = (n+1)\frac{n}{2}$, n ganzzahlig. Diese Zerlegung hat die Besonderheiten wie in den Beispielen 8.3.1 und 8.3.2 nicht; sie ist im Sinne der noch folgenden Definition sogar „normal". Die Fliesen (und das sind hier Quadrate und Rechtecke) können hier aber einen beliebig großen Durchmesser haben.

Man könnte sich weitere ausgefallene Zerlegungen vorstellen.

Definition 8.3.1. Eine Zerlegung $\mathbf{P} = \{T_i\}$ in Polygone heißt *normal*, wenn je zwei verschiedene Fliesen entweder keinen Punkt oder genau eine Ecke oder eine Seite gemeinsam besitzen.

Dieser Begriff wird später bei Zerlegungen der Ebene in Fliesen allgemeinerer Natur umfassender gefaßt. (Siehe Abschn. 9.1.)

Einer normalen Zerlegung in Polygone läßt sich in kanonischer Weise ein dreidimensionales Polyederskelett ([Bö/Qu], S. 27) zuordnen. Die Seitenflächen, Kanten und Ecken der Polyederstruktur sind die Fliesen (Polygone), Seiten der Fliesen bzw. Ecken der Fliesen der normalen Zerlegung.

Tatsächlich gehört hier jede Kante genau zwei Seitenflächen an, und jede Ecke einer Seitenfläche gehört zu genau zwei Kanten dieser Seitenfläche. Im Unterschied zu den (konvexen) Polyedern im (dreidimensionalen Raum) ist hier die Anzahl der Seitenflächen nicht endlich. (Jede Seitenfläche hat aber als zweidimensionales Polyederskelett nur endlich viele eindimensionale Seiten.)

Die polyederische Sicht gestattet, Begriffe aus der Polyedergeometrie zu übertragen, so den Begriff der Eckenfigur.

Ist A eine Ecke einer normalen Zerlegung $\mathbf{P}$, dann bilden die Mittelpunkte der von der Ecke A ausgehenden Kanten von $\mathbf{P}$ ein Polygon, wenn man genau diejenigen Mittelpunkte durch eine Strecke verbindet, die auf einer gemeinsamen Fliese liegen. Dieses Polygon ist einfach, aber nicht notwendigerweise konvex und heißt die *Eckenfigur* der Ecke A.

Reguläre Zerlegungen

Mit Bezug zur Definition der regulären Polyeder erklären wir:

Definition 8.3.2. Eine Zerlegung $\mathbf{P} = \{T_i\}$ in Polygone heißt *regulär*, wenn sie normal ist und wenn die Fliesen (konvex) regulär und kongruent sind.

Bei [FeTó 2], S. 18 wird eine derartige Zerlegung als ,,reguläre Einteilung der Ebene" bezeichnet. Andere Bücher sprechen von einer ,,regulären Parkettierung" (z. B. [Ki/Le/Le/Schr], S. 51). Auf derartige Bezeichnungen wird noch in den folgenden Abschnitten eingegangen.

Bei Polyedern reichen die Forderungen in der Definition 8.3.2 für die Regularität nicht aus; hier wird außerdem die Regularität und Kongruenz der Eckenfiguren vorausgesetzt. Für reguläre Zerlegungen sind diese Eigenschaften anhand der Abbildungen 8.3.3 a – c unmittelbar einzusehen.

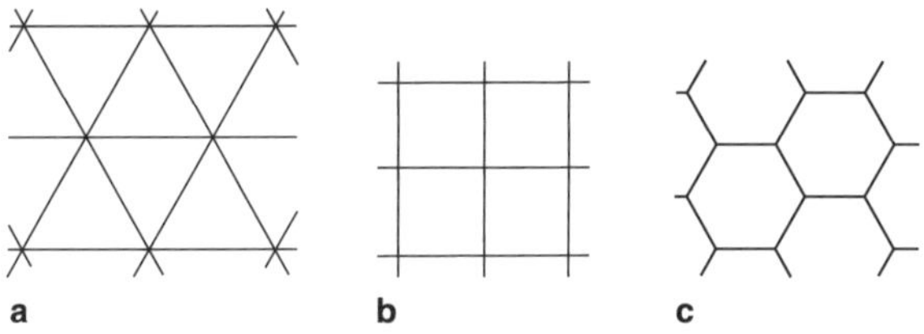

Abb. 8.3.3

Folgerung. *Bei einer regulären Zerlegung sind die Eckenfiguren regulär und kongruent.*

Ebenfalls leicht einzusehen ist

Satz 8.3.3. *Es gibt bis auf Ähnlichkeit genau drei reguläre Zerlegungen der Ebene in Polygone.*

Denn bei einer derartigen Zerlegung muß an jeder Ecke der Vollwinkel in m Innenwinkelgrößen eines regulären n-Ecks zerlegt werden, und dies ist offensichtlich nur für die Wertepaare $(n, m) = (3, 6)$, $(4, 4)$ und $(6, 3)$ möglich. Die Abbildungen 8.3.3 a – c zeigen derartige Zerlegungen. Es ist üblich, sie durch eine zyklische Abfolge der um eine Ecke liegenden n-Ecke zu beschreiben, hier also durch $(3, 3, 3, 3, 3, 3)$, $(4, 4, 4, 4)$ bzw. $(6, 6, 6)$.

Eine andere Bezeichnungsweise $\{p, q\}$ gibt an, daß die Fliesen reguläre p-Ecke und die Eckenfiguren reguläre q-Ecke sind.

Hier und im folgenden sind Symmetrieeigenschaften der Zerlegungen von Interesse.

Eine *Symmetrieabbildung* einer Zerlegung **P** ist eine Bewegung der Ebene, die jeder Fliese von **P** wieder eine Fliese von **P** zuordnet.

Die Symmetrieabbildungen von **P** bilden eine Gruppe; sie heißt die *Symmetriegruppe* von **P** und wird kurz mit $S(\mathbf{P})$ bezeichnet.

Man erkennt sofort, daß im Falle der regulären Zerlegungen (3, 3, 3, 3, 3, 3), (4, 4, 4, 4) und (6, 6, 6) die zugehörigen Symmetriegruppen die Ornamentgruppentypen $\mathbf{W}_6^1$ (P6M), $\mathbf{W}_4^1$ (P4M) bzw. $\mathbf{W}_6^1$ (P6M) sind.

Es zeigt sich, daß dies noch eine recht oberflächliche Beschreibung des Symmetrieverhaltens ist. Zur Verfeinerung führen wir wie bei den Polyedern ([Bö/Qu], S. 82) Orientierungsfiguren (oder „Flaggen") ein.

Eine *Orientierungsfigur* einer normalen Zerlegung der Ebene besteht aus einer Halbgeraden und einer anliegenden Halbebene derart, daß der Scheitelpunkt der Halbgeraden eine Ecke der Zerlegung ist und die Halbgerade eine von dieser Ecke ausgehende Kante enthält. In einer anliegenden (abgeschlossenen) Halbebene muß dann genau eine Fliese der Zerlegung liegen, die diese Kante als Seite besitzt. Da an jeder Kante genau zwei Fliesen anliegen, gehören zu jeder Kante genau vier Orientierungsfiguren der Zerlegung.

Die Orientierungsfiguren sind deshalb für die Erörterung der Symmetrieverhältnisse besonders geeignet, weil mit ihnen eine wesentliche Eigenschaft der Bewegungen formuliert werden kann:

Zu je zwei Orientierungsfiguren Ω_1 und Ω_2 (der Ebene) gibt es genau eine Bewegung α(der Ebene) mit $\alpha(\Omega_1) = \Omega_2$ (*Beweglichkeit und Starrheit*). Dies gilt völlig analog für jeden n-dimensionalen euklidischen Raum!

Bei einer normalen Zerlegung **P** heißt eine Orientierungsfigur Ω_1 *äquivalent zu* einer Orientierungsfigur Ω_2, wenn es eine Symmetrieabbildung von **P** gibt, die Ω_1 auf Ω_2 abbildet. Diese Relation ist eine Äquivalenzrelation in der Menge der Orientierungsfiguren der Zerlegung.

In gleichem Sinne sei die *Äquivalenz* von Fliesen, Kanten und Ecken einer Zerlegung erklärt. Äquivalente Figuren sind erst recht kongruent. Die obige Folgerung können wir ergänzen durch die

Folgerung. *Bei einer regulären Zerlegung sind die Fliesen äquivalent.*

Das Optimum an Symmetrieverhalten einer normalen Zerlegung besteht nun offenbar darin, daß je zwei Orientierungsfiguren dieser Zerlegung äquivalent sind.

Definition 8.3.4. Eine normale Zerlegung heißt *maximalsymmetrisch*, wenn je zwei ihrer Orientierungsfiguren äquivalent sind.

Satz 8.3.5. *Für eine normale Zerlegung sind folgende Aussagen äquivalent*:
a) *Die Zerlegung ist regulär.*
b) *Die Zerlegung ist maximalsymmetrisch.*
c) *Fliesen und Eckenfiguren sind regulär.*
d) *Die Eckenfiguren sind regulär und kongruent.*

Beweis. Auf ausführliche Darlegungen wird verzichtet.

a) ⇒ b) ist anhand der (in Abb. 8.3.3 konkret vorliegenden) Zerlegungen und mit Hilfe elementarer Kenntnisse über Bewegungen ersichtlich.

Nach b) sind die Orientierungsfiguren an einer Fliese bzw. an einer Ecke zueinander äquivalent. Damit ist jede Fliese und jede Eckenfigur regulär.

Die Schlüsse c) ⇒ d) und d) ⇒ a) sind nach Kongruenzsätzen offensichtlich. □

Nach Satz 8.3.5 ist für die Regularität einer Zerlegung ihre Maximalsymmetrie notwendig und hinreichend. Eine schwächere Forderung, wie etwa die Äquivalenz der Fliesen, Kanten und Ecken (oder nur die Kongruenz dieser Figuren) genügt nicht, denn im Gegensatz zu den dreidimensionalen Polyedern (vgl. [Bö/Qu], S. 86) folgt aus der gleichzeitigen Äquivalenz der Fliesen, Kanten und Ecken einer normalen Zerlegung nicht deren Regularität. Ein einfaches Gegenbeispiel zeigt die Abbildung 8.3.4.

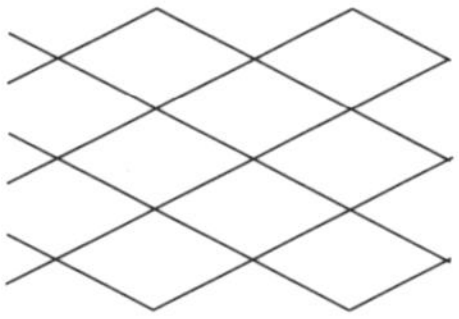

Abb. 8.3.4

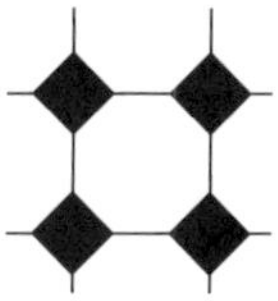

Abb. 8.3.5

Archimedische und dual-archimedische Zerlegungen

Es sind verschiedene Abschwächungen derjenigen Eigenschaften möglich, die für die Regularität einer Zerlegung notwendig und hinreichend sind. Im folgenden heißt eine *Ecke* (einer normalen Zerlegung) *regulär*, wenn an dieser Ecke die Winkel zwischen benachbarten Kanten kongruent sind. Aus der Regularität der Eckenfigur folgt die der Ecke, aber nicht umgekehrt.

Definition 8.3.6. Eine normale Zerlegung **P** der Ebene heißt *archimedisch*, wenn die Fliesen regulär und die Ecken äquivalent, aber nicht regulär sind.

Offenbar kann nach dieser Definition eine archimedische Zerlegung nicht regulär sein. Ein Beispiel mit regulären und kongruenten Vier- und Achtecken zeigt die Abbildung 8.3.5.

Die genauen Erörterungen, die zu einer Auflistung aller archimedischen Zerlegungen führen, sind nicht schwer, aber aufwendig. Wir skizzieren hier nur einige wesentliche Grundgedanken.

Zunächst ist klar, daß wenigstens zwei verschiedene Arten nicht ähnlicher, aber regulärer und kongruenter Fliesen auftreten müssen (sonst wäre die Zerlegung regulär) und daß höchstens drei verschiedene Arten auftreten können, da die Summe der Innenwinkelgrößen 60°, 90°, 108° und 120° der regulären Drei-, Vier-, Fünf- und Sechsecke bereits 360° übertrifft. Außerdem können wegen $6 \cdot 60^\circ = 360^\circ$ nur höchstens fünf reguläre Fliesen ein und derselben Ecke angehören.

Bei der archimedischen Zerlegung mögen r verschiedene Arten regulärer Fliesen auftreten, und m_i sei die Anzahl der regulären n_i-Ecke ($i = 1,...,r$) an der gleichen Ecke.

Nach den bisherigen Überlegungen gilt

$$2 \leq r \leq 3 \quad \text{und} \quad 3 \leq \sum_{i=1}^{r} m_i \leq 5.$$

Nun setzen wir als ersten Fall $r = 2$ voraus. Aufgrund der Winkelgrößen an einer Ecke gilt

$$m_1\left(1 - \frac{2}{n_1}\right)\pi + m_2\left(1 - \frac{2}{n_2}\right)\pi = 2\pi\text{, also}$$

$$m_1\left(1 - \frac{2}{n_1}\right) + m_2\left(1 - \frac{2}{n_2}\right) = 2 \quad \text{mit (o. B. d. A.)} \quad 3 \leq n_1 < n_2\,.$$

Für diese Gleichung ermittelt man durch systematisches Suchen folgende Lösungen. (In der folgenden Tabelle wird durch * die Existenz einer derartigen Zerlegung angezeigt.)

n_1	n_2	m_1	m_2	
3	4	3	2	**
3	6	4	1	*
3	6	2	2	*
3	12	1	2	*
4	8	1	2	*
5	10	2	1	-

Für $r = 3$ ist die Gleichung

$$m_1\left(1 - \frac{2}{n_1}\right) + m_2\left(1 - \frac{2}{n_2}\right) + m_3\left(1 - \frac{2}{n_3}\right) = 2 \quad \text{mit} \quad 3 \leq n_1 < n_2 < n_3$$

zu diskutieren. Es ergeben sich folgende Lösungen:

n_1	n_2	n_3	m_1	m_2	m_3	
3	4	6	1	2	1	*
3	4	12	2	1	1	-
3	7	42	1	1	1	-
3	8	24	1	1	1	-
3	9	18	1	1	1	-
3	10	15	1	1	1	-
4	5	20	1	1	1	-
4	6	12	1	1	1	*

Nun bleibt noch zu klären, ob und wie viele (bis auf Ähnlichkeit verschiedene) archimedische Zerlegungen es hinsichtlich der angegebenen Werte tatsächlich gibt. Insbesondere ist die Kongruenz der Ecken zu beachten. Unterschiede kann es bei gleichen Zahlen durch verschiedene Anordnungen geben. So gibt es zu der Lösung $(n_1, n_2, m_1, m_2) = (3, 4, 3, 2)$ bis auf Ähnlichkeit genau zwei verschiedene archimedische Zerlegungen. Und zu den mit ,,-" gekennzeichneten Lösungen existiert keine Zerlegung. Einen Beweis gewinnt man bei dem Versuch, die Ebene mit derartigen Fliesen unter Beachtung der Kongruenz (eigentlich der Äquivalenz) der Ecken auszulegen, zu ,,parkettieren". Aus dieser Sicht spricht man bei den vorliegenden Zerlegungen auch von *Parketten*. Wir führen diesen Begriff später unter allgemeineren Aspekten ein!

Bemerkenswert ist, daß bei diesen Untersuchungen, die zur vollständigen Übersicht aller möglichen archimedischen Zerlegungen führen, von der Äquivalenz der Ecken nicht im vollen Maße Gebrauch gemacht werden muß. Es reicht schon aus, daß es zu je zwei Ecken Q und R der Zerlegung eine Bewegung α der Ebene mit $\alpha(Q) = R$ gibt, die die Winkel zwischen benachbarten Kanten mit der Ecke Q in Winkel zwischen benachbarte Kanten mit der Ecke R überführt. Diese *Eckenkongruenz* folgt aus der Eckenäquivalenz, aber nicht umgekehrt (Aufgabe 8.3.1). In der Definition 8.3.6 kann also die Eckenäquivalenz durch die schwächere Forderung der Eckenkongruenz ersetzt werden.

Aufgabe 8.3.1. Man zeige durch Angabe eines Gegenbeispiels, daß die Eckenkongruenz in einer normalen Zerlegung nicht Eckenäquivalenz zur Folge hat.

Wir werden wie üblich die archimedischen Zerlegungen durch Angabe einer zyklischen Abfolge der regulären Fliesen um eine Ecke herum bezeichnen. Diese Kennzeichnung ist aufgrund der Eckenäquivalenz bis auf zyklische Vertauschungen und Inversionen eindeutig bestimmt. Die folgende Tabelle gibt eine Übersicht der archimedischen Zerlegungen. Die Reihenfolge ist (auch mit Blick auf spätere Nutzungen) „lexikographisch“ nach der Eckenbezeichnung vorgenommen worden. Außerdem wurden die Kennzeichnung der Symmetriegruppe der Zerlegung sowie die Anzahl der Äquivalenzklassen der Orientierungsfiguren der Zerlegung angegeben.

Die Abbildung 8.3.6 gibt ebenfalls eine Übersicht über die archimedischen Zerlegungen.

archimedische Zerlegung	Symmetrie-gruppe	Äquivalenz-klasse
(3, 3, 3, 3, 6)	$\mathbf{W}_6$	10
(3, 3, 3, 4, 4)	$\mathbf{W}_2^1$	5
(3, 3, 4, 3, 4)	$\mathbf{W}_2^1$	5
(3, 4, 6, 4)	$\mathbf{W}_6^1$	4
(3, 6, 3, 6)	$\mathbf{W}_6^1$	2 (!)
(3, 12, 12)	$\mathbf{W}_6^1$	3
(4, 6, 12)	$\mathbf{W}_6^1$	6
(4, 8, 8)	$\mathbf{W}_4^1$	3

Zusammenfassend gilt

Satz 8.3.7. *Es gibt bis auf Ähnlichkeit genau acht archimedische Zerlegungen.*

Folgende Konstruktion führt von den archimedischen Zerlegungen zu bemerkenswerten und dazu „dualen“ Zerlegungen, denen später noch eine grundlegende Rolle zukommt (Abschn. 9.1 und 9.2).

Es sei **P** eine archimedische Zerlegung der Ebene. Wir verbinden die Mittelpunkte derjenigen Fliesen von **P** durch eine Strecke, die eine gemeinsame Kante besitzen. (Da die Fliesen regulär sind, ist unter ihrem Mittelpunkt einfach der Mittelpunkt ihres Umkreises zu verstehen.)

Die Verbindungsstrecken bilden als Kanten eine neue und normale Zerlegung $\mathbf{P}'$ der Ebene. In der Abbildung 8.3.7 ist für jede archimedische Zerlegung diese Konstruktion ausgeführt.

Jede Symmetrieabbildung von **P** ist aufgrund der konstruktiven Darstellung von $\mathbf{P}'$ aus **P** eine Symmetrieabbildung von $\mathbf{P}'$. Also ist $S(\mathbf{P}) \subseteq S(\mathbf{P}')$ und sogar $S(\mathbf{P}) = S(\mathbf{P}')$.

Definition 8.3.8. Ist **P** eine archimedische Zerlegung, so heißt die nach der obigen Konstruktion bestimmte normale Zerlegung $\mathbf{P}'$ die zu **P** *dual-archimedische Zerlegung*.

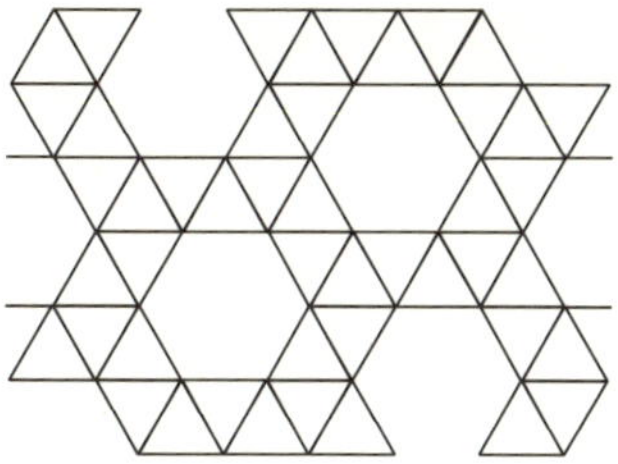

(3,3,3,3,6)

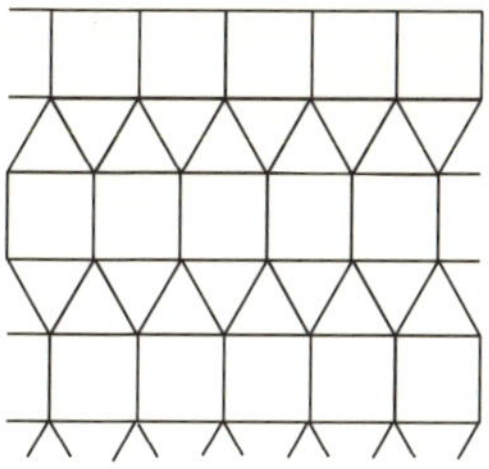

(3,3,3,4,4)

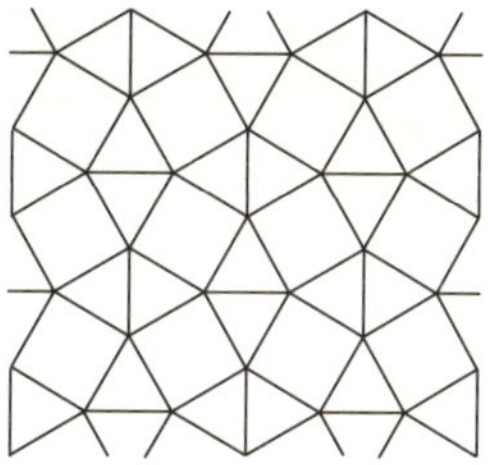

(3,3,4,3,4)

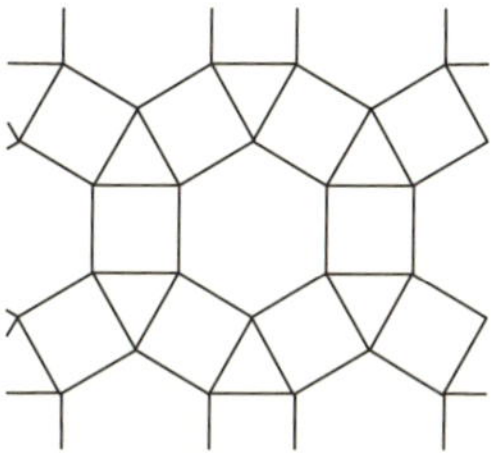

(3,4,6,4)

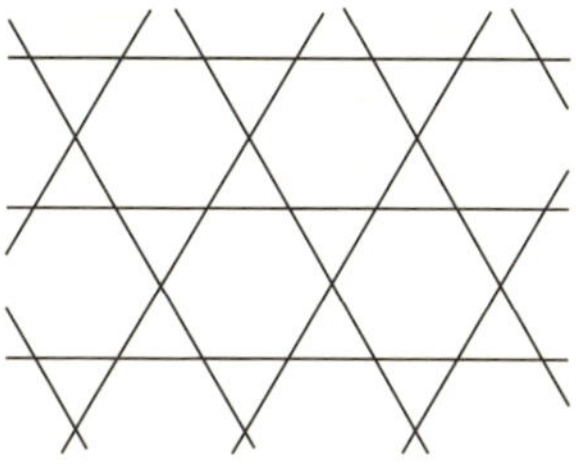

(3,6,3,6)

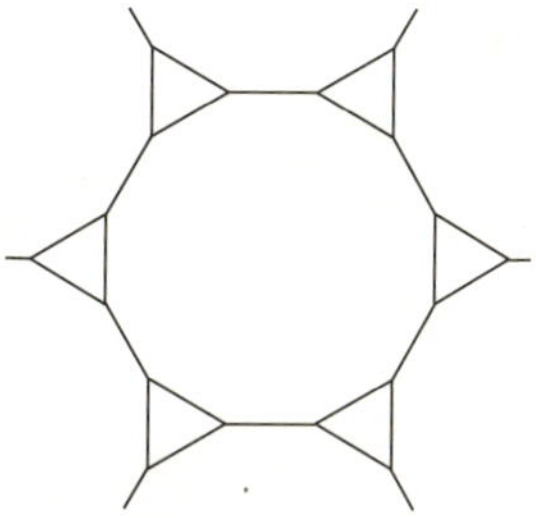

(3,12,12)

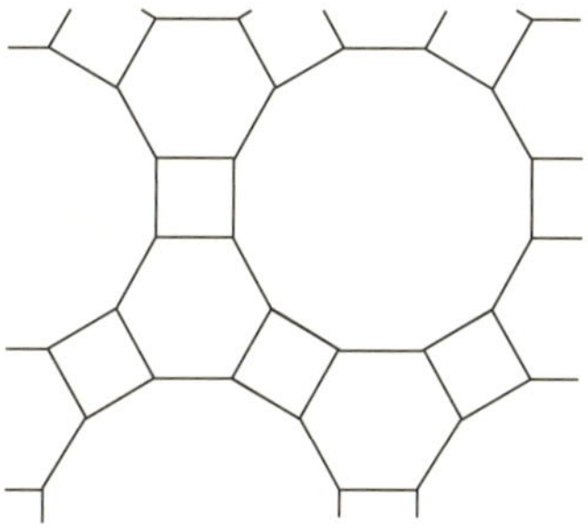

(4,6,12)

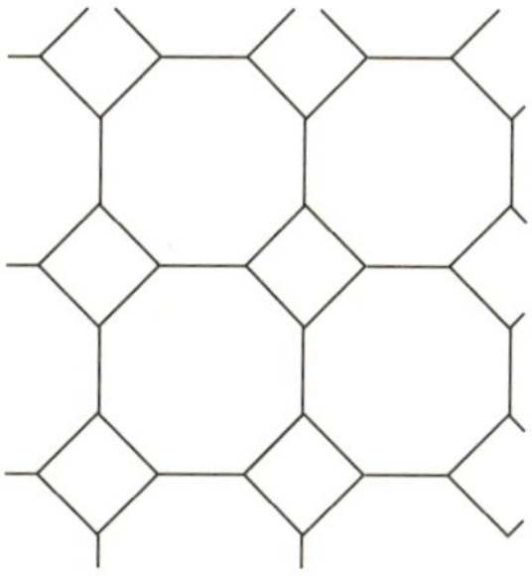

(4,8,8)

Abb. 8.3.6 Die archimedischen Zerlegungen

Satz 8.3.9. *Ist* $\mathbf{D} = \{D_i\}$ *eine dual-archimedische Zerlegung, dann gilt:*
a) Die Fliesen sind äquivalent, aber nicht regulär.
b) Die Ecken sind regulär.
c) Jede Fliese besitzt einen Inkreis.

Beweis. Nach Voraussetzung gibt es eine archimedische Zerlegung **P** mit $\mathbf{P}' = \mathbf{D}$.

Aus der Äquivalenz der Ecken von **P** (bezüglich $S(\mathbf{P})$) ergibt sich aufgrund der obigen Konstruktion von $\mathbf{P}'$ die Äquivalenz der Fliesen von $\mathbf{P}' = \mathbf{D}$ (bezüglich $S(\mathbf{P}) = S(\mathbf{P}') = S(\mathbf{D})$!).

In gleicher Weise einzusehen ist die Regularität der Ecken von $\mathbf{P}' = \mathbf{D}$ wegen der Regularität der Fliesen von $\mathbf{P}$. Jede Ecke von $\mathbf{P}$ hat aufgrund der Konstruktion von $\mathbf{P}'$ den gleichen Abstand von allen Seiten derjenigen Flie-

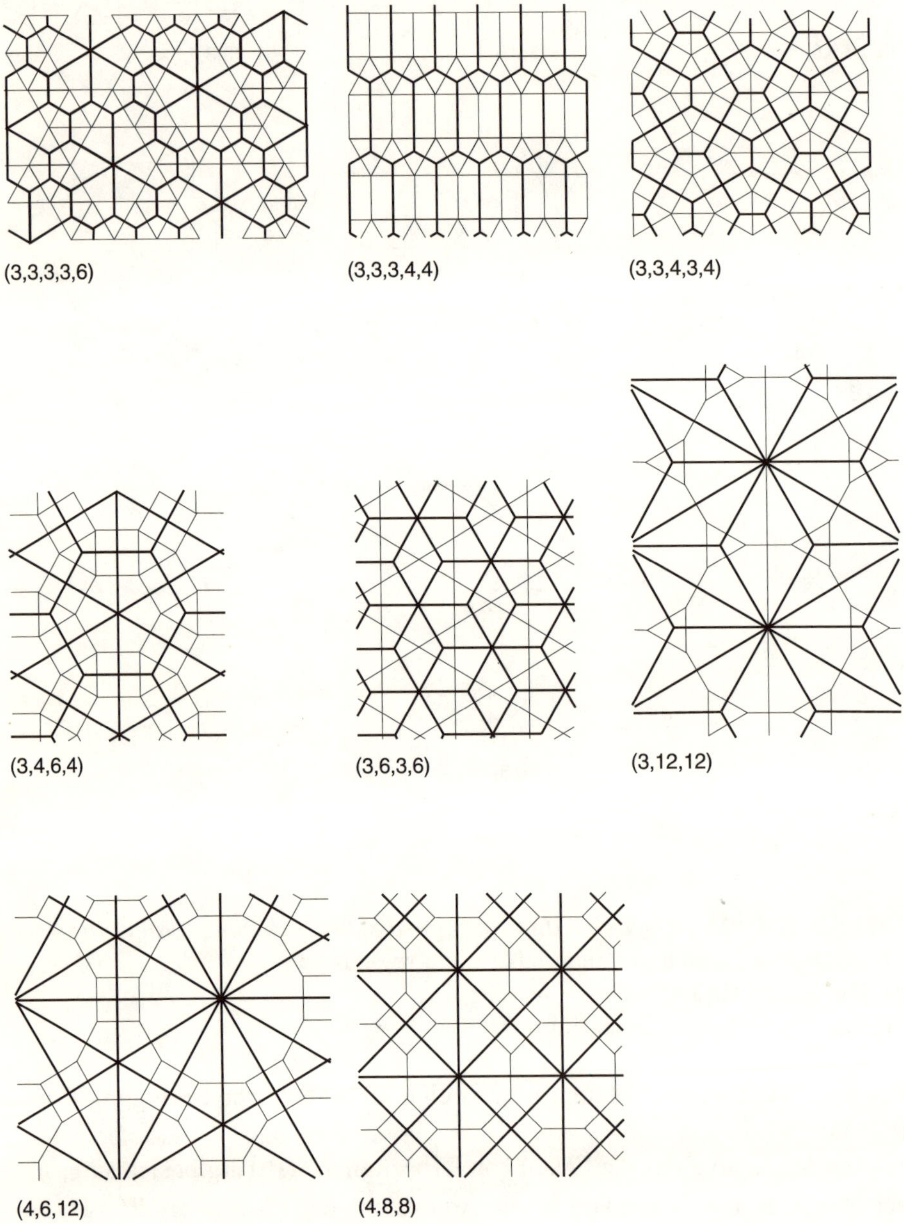

Abb. 8.3.7 Die dual-archimedischen Zerlegungen

se von $\mathbf{P}' = \mathbf{D}$, in der sie liegt. Sie ist also der Inkreismittelpunkt dieser Fliese.

Da in **P** wenigstens zwei Arten nicht ähnlicher regulärer Fliesen vorkommen, können die Innenwinkel ein und derselben Fliese von $\mathbf{P}' = \mathbf{D}$ nicht ein und dieselbe Größe haben, d. h., die Fliesen von **D** sind nicht regulär. □

Aufgabe 8.3.2. Zu welchen Zerlegungen führt bei den regulären Zerlegungen der konstruktive Übergang, der von den archimedischen zu den dual-archimedischen Zerlegungen führt?

Aufgabe 8.3.3. Welche der Eigenschaften a) – c) (Satz 8.3.9) gilt für die Rechteck- bzw. Rhombenzerlegung der Ebene (siehe Abb. 8.3.8 bzw. 8.3.4)?

Wir gehen nun von einer normalen Zerlegung **P** aus, die die Eigenschaften a) – c) besitzt, und verbinden durch eine Strecke die Mittelpunkte der Inkreise derjenigen Fliesen, die eine gemeinsame Kante besitzen. Diese Verbindungsstrecken bilden als Kanten eine neue und normale Zerlegung $\mathbf{P}^*$ der Ebene.

Satz 8.3.10.
a) *Ist* **P** *eine normale Zerlegung der Ebene mit den Eigenschaften 8.3.9 a) – c), dann ist* $\mathbf{P}^*$ *eine archimedische Zerlegung.*
b) *Es ist* $(\mathbf{P}')^* = \mathbf{P}$ *für jede archimedische Zerlegung* **P**.

Aufgabe 8.3.4. Man beweise den Satz 8.3.10.

Mit den Sätzen 8.3.9 und 8.3.10 ergibt sich die

Folgerung 8.3.11. *Eine normale Zerlegung ist genau dann eine dual-archimedische, wenn sie die Eigenschaften 8.3.9 a) – c) besitzt.*

Charakteristische Eigenschaften der Fliesen und Ecken von archimedischen Zerlegungen sind im Vergleich zu denen der dual-archimedischen Zerlegungen vertauscht. Aus polyederischer Sicht wird ein derartiger Zusammenhang „*Dualität*“ genannt.

Definition 8.3.12. Eine Zerlegung heißt *halbregulär*, wenn sie entweder archimedisch oder dual-archimedisch ist.

Halbsymmetrische Zerlegungen

Die Symmetriebetrachtungen von Zerlegungen mit Hilfe der Orientierungsfiguren legt (wie bei den Polyedern [Bö/Qu], S. 110) folgende Begriffserklärung nahe:

Definition 8.3.13. Eine normale Zerlegung heißt *halbsymmetrisch*, wenn ihre Orientierungsfiguren zwei Äquivalenzklassen bilden.

Unter den archimedischen Zerlegungen gibt es genau eine halbsymmetrische; es ist die Zerlegung (3, 6, 3, 6). Die dazu duale ist auch halbsymmetrisch.

Im folgenden soll eine Übersicht über die halbsymmetrischen Zerlegungen gewonnen werden. Die Überlegungen werden hier nicht alle ausführlich dargelegt.

Es sei **P** halbsymmetrisch. Dann liegen wenigstens die Hälfte der zu einer Fliese bzw. zu einer Ecke gehörenden Orientierungsfiguren in einer Äquivalenzklasse.

Daraus folgt für die Fliesen von **P**, daß sie halb- oder maximalsymmetrische (konvexe) Polygone sein müssen. (Das ist zunächst formal über die Definition, über die Anzahl der Äquivalenzklassen der Orientierungsfiguren zu verstehen.) Die maximalsymmetrischen Polygone sind die regulären. Und halbsymmetrisch ist ein Polygon genau dann, wenn es eine gerade Anzahl von Ecken besitzt und entweder die Mittelsenkrechten seiner Seiten oder die Winkelhalbierenden seiner Innenwinkel Symmetrieachsen des Polygons sind (siehe [Bö/Qu], S. 112).

Im ersten Fall sind die Innenwinkel und im zweiten Fall die Seiten bezüglich der Symmetriegruppe des Polygons äquivalent und damit kongruent. So sind unter den Vierecken die „echten" Rechtecke und Rhomben und nur diese halbsymmetrisch.

Entsprechend muß jede Eckenfigur maximalsymmetrisch (regulär) oder halbsymmetrisch sein.

Ist eine Fliese T maximalsymmetrisch (also regulär), dann sind die Eckenfiguren ihrer Ecken halbsymmetrisch (sonst wäre die Zerlegung regulär) und äquivalent (bezüglich S(**P**)). Weiterhin sind die benachbarten Fliesen von T äquivalent zueinander.

Daraus folgt weiter, daß die zu T benachbarten Fliesen selbst nicht halb-, sondern maximalsymmetrisch sind. Also ist die Zerlegung **P** archimedisch.

Unter derartigen Zerlegungen besitzt aber nur (3, 6, 3, 6) Halbsymmetrie.

Aus Dualitätsgründen gibt es lediglich eine halbsymmetrische Zerlegung mit maximalsymmetrischen Eckenfiguren. Es ist die dual-archimedische Zerlegung (3, 6, 3, 6).

Wir können nun voraussetzen, daß sowohl die Fliesen als auch die Eckenfiguren von **P** halbsymmetrisch sind. Ist T eine Fliese von der Art, daß die Seitenmittelsenkrechten Symmetrieachsen der Fliese (und aufgrund der Halbsymmetrie von **P** auch der Zerlegung!) sind, dann muß es in jeder zu T benachbarten Fliese eine Orientierungsfigur geben, die zu einer Orientierungsfigur von T äquivalent ist. (Es existieren nur zwei Klassen!). Folglich sind diese (und damit alle) Fliesen äquivalent.

Da von jeder Ecke nur eine gerade Anzahl von Kanten ausgehen kann (Halbsymmetrie der Eckenfiguren) und alle Innenwinkel der Fliesen gleich groß sind, muß die Fliese T ein echtes Rechteck sein.

Zusammen mit den anderen genannten Eigenschaften kann die Zerlegung nur von der Art wie in Abbildung 8.3.8 sein.

Eine derartige Zerlegung, kurz *Rechteckzerlegung* genannt, ist offensichtlich stets halbsymmetrisch.

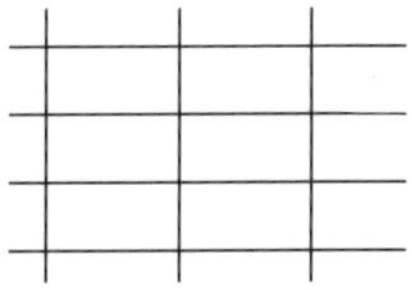

Abb. 8.3.8

Entsprechende Überlegungen mit einer halbsymmetrischen Fliese T, bei der die Halbierenden der Innenwinkel Symmetrieachsen sind, führt zu einer Zerlegung in echte Rhomben wie in Abbildung 8.3.4 (*Rhombenzerlegung*).

Als Ergebnis erhalten wir:

Satz 8.3.14. *Eine Zerlegung ist dann und nur dann halbsymmetrisch, wenn sie die archimedische Zerlegung $(3, 6, 3, 6)$ oder die dazu duale Zerlegung oder eine Rechteck- oder eine Rhombenzerlegung ist.*

Dazu sei noch bemerkt, daß es unendlich viele nicht ähnliche Rechteck- bzw. Rhombenzerlegungen gibt.

8.4. Diskrete Zerlegungen von Polygonen in Polygone

Im Unterschied zu dem vorangegangenen Abschnitt fragen wir nach Zerlegungen einer *begrenzten* Teilmenge M der euklidischen Ebene in Polygone. Ist diese Zerlegung diskret, dann ist sie endlich; und wenn überdies die Teile T_i konvex sind, dann ist $M = \cup T_i$ ein *allgemeines Polygon* (nach üblicher Begriffsbildung).

Nun ist die Frage nach der Zerlegung eines allgemeinen Polygons in Polygone eine recht allgemeine. Sie ist erst unter gewissen zusätzlichen Vorgaben oder Einschränkungen von Interesse und führt dabei zu bemerkenswerten Resultaten.

Wir können hier nur einigen wenigen Fragestellungen nachgehen.

Zerlegung eines konvexen Polygons in reguläre Polygone

Zu einem gegebenen konvexen n-Eck M wollen wir nach einer Zerlegung in *reguläre* k_i-Ecke fragen. Wir setzen überdies voraus, daß die Zerlegung normal sein soll.

Malkewitch hat gezeigt

Satz 8.4.1.
a) *Gibt es für ein konvexes n-Eck M eine normale Zerlegung in reguläre Drei- oder Vierecke, dann ist* $3 \leq n \leq 12$.
b) *Umgekehrt gibt es zu jeder natürlichen Zahl* $3 \leq n \leq 12$ *ein derartiges konvexes n-Eck.* [Mal]

Es ist naheliegend, bei dieser Aufgabenstellung ganz allgemein jegliche regulären Polygone zuzulassen. (Natürlich wird dabei von einer trivialen Zerlegung, die nur aus einem einzigen Polygon besteht, abgesehen.) Als Antwort hat Wildgrube folgendes Ergebnis vorgelegt:

Satz 8.4.2. *Existiert für ein konvexes n-Eck M eine normale Zerlegung in reguläre* k_i*-Ecke, dann ist* $3 \leq n \leq 12$ *und* $k_i = 3, 4, 5, 6$ *oder* 12. [Wil]

Man kann zur Beschreibung die an einer Ecke auftretenden regulären k_i-Ecke in zyklischer Abfolge notieren. Bis auf Ähnlichkeit gibt es genau 18 verschiedene Möglichkeiten. Das ergibt sich leicht aus den 14 Wertetupeln $(n_1, ..., n_r, m_1, ..., m_k)$, die in zwei Auflistungen für archimedische Zerlegungen im Abschnitt 8.3 angegeben worden sind.

So gibt es z. B. zu dem Wertetupel (3, 4, 12, 2, 1, 1) bis auf Ähnlichkeit die beiden Eckenfiguren (3, 3, 4, 12) und (3, 4, 3, 12).

In [Wil] und in anderen Arbeiten wird das Polygon, das durch eine derartige Aneinanderlegung von regulären Polygonen mit genau einer gemeinsamen Ecke ensteht, „reguläre Eckenfigur“ genannt. Diese Bezeichnung wurde aber im Abschnitt 8.3. schon anderweitig eingeführt!

Die Abbildungen 8.4.1 a – f zeigen einige einfache Beispiele von konvexen n-Ecken mit einer Zerlegung in reguläre Polygone.

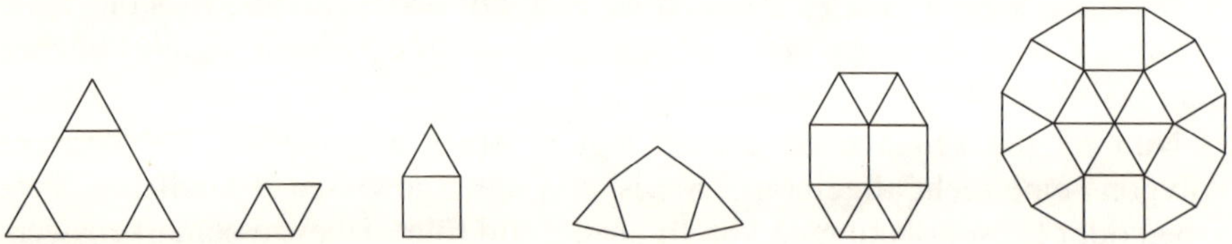

a Dreieck **b** Viereck **c** Fünfeck **d** Siebeneck **e** Achteck **f** Zwölfeck

Abb. 8.4.1

Aufgabe 8.4.1. Wann bilden zwei bzw. drei reguläre Polygone gleicher Kantenlänge aber mit verschiedener Eckenzahl eine normale Zerlegung eines konvexen (!) Polygons?

Aufgabe 8.4.2. Welche der 18 „regulären Eckenfiguren" sind eine normale Zerlegung eines *konvexen* Polygons in reguläre Polygone?

Aufgabe 8.4.3. Man beweise folgende Aussage:
Ist ein konvexes Polygon in reguläre Polygone zerlegbar, dann allein schon in reguläre Drei-, Vier- und Fünfecke.

Zerlegung eines konvexen Polygons in konvexe k-Ecke

Hier wird nach Zerlegungen eines konvexen n-Ecks gefragt, bei der die Teile konvexe Polygone der *gleichen* Eckenzahl k sind. Die Zerlegung muß dabei nicht normal sein.

Satz 8.4.3. *Jedes konvexe n-Eck M kann für alle $m \geq n-2$ in m Dreiecke zerlegt werden.*

Beweis. Die von einer Ecke von M ausgehenden $n-3$ Diagonalen triangulieren M in $n-2$ Dreiecke. Ist $m > n-2$, dann können diese Dreiecke in weitere Dreiecke so zerlegt werden, daß insgesamt eine Zerlegung von M in m Dreiecke vorliegt. □

Satz 8.4.4.
a) *Jedes Dreieck kann für alle $m \geq 3$ in m konvexe Vierecke zerlegt werden.*
b) *Jedes konvexe n-Eck mit $n > 3$ kann für alle $m \geq [(n-1)/2]$ in m konvexe Vierecke zerlegt werden.*
Dabei bezeichne $[x]$ für eine reelle Zahl x die größte ganze Zahl g mit $g \leq x$.

Beweis
a) Jedes Dreieck läßt sich in drei konvexe Vierecke zerlegen (Abb. 8.4.2 a). Und da sich jedes Dreieck in ein konvexes Viereck und in ein Dreieck zerlegen läßt (Abb. 8.4.2 b), ist nun die Behauptung offensichtlich.
b) Diese Aussage wird induktiv nach n bewiesen.
Für $n = 4$ ist die Behauptung klar: Es ist $1 = [(4-1)/2]$, und jedes Viereck kann für alle $m \geq 1$ in m konvexe Vierecke zerlegt werden.
Der Induktionsschritt gelingt wie folgt: Ist n gerade, so trennt man von dem n-Eck M ein Viereck ab, das vier aufeinanderfolgende Ecken von M bilden. Ist n ungerade, so wählt man ebenfalls vier aufeinanderfolgende Ecken $E_1, ..., E_4$ von M und trennt das Viereck ab, das E_1, E_2, E_3 und ein

zwischen E_3 und E_4 liegender Punkt bilden. Der Rest M' von M ist ein konvexes $(n-2)$- bzw. $(n-1)$-Eck.

Nach Induktionsvoraussetzung kann M' für alle

$$m' \geq [((n-2)-1)/2] = [(n-1)/2] - 1, \quad n \text{ gerade bzw.}$$

$$m' \geq [((n-1)-1)/2] = [(n-1)/2] - 1, \quad n \text{ ungerade,}$$

in m' konvexe Vierecke zerlegt werden. □

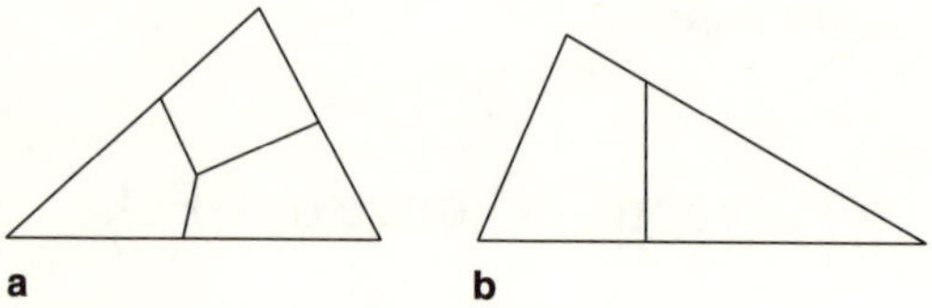

Abb. 8.4.2

Bei den bisherigen Aussagen ging es um eine Zerlegung in Dreiecke bzw. konvexe Vierecke. Der folgende Satz ist eine Aussage über eine Zerlegung in konvexe Fünfecke.

Satz 8.4.5. *Jedes konvexe Viereck kann für alle $m \geq 8$ in m konvexe Fünfecke zerlegt werden.*

Beweis. Die Abbildung 8.4.3 a zeigt, wie ein konvexes Viereck in acht konvexe Fünfecke zerlegt werden kann. Davon ausgehend läßt sich leicht eine Zerlegung in neun (Abb. 8.4.3 b), zehn (Abb. 8.4.3 c und d) und elf (Abb. 8.4.3 e) konvexe Fünfecke angeben. Und da sich jedes konvexe Viereck in vier konvexe Fünfecke und ein konvexes Viereck zerlegen läßt (Abb. 8.4.4), ist damit die Behauptung bewiesen. □

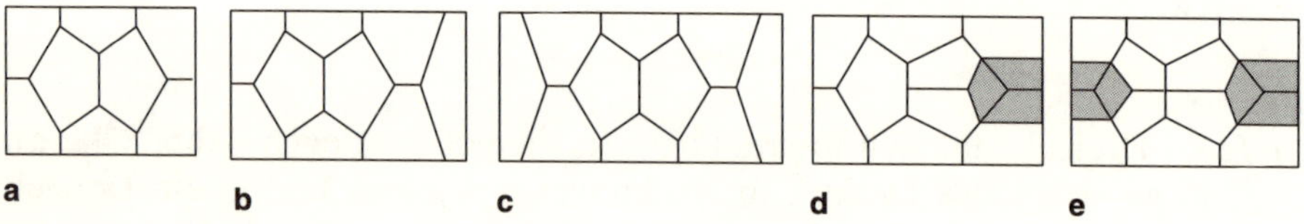

Abb. 8.4.3

Satz 8.4.6. *Jedes Dreieck kann für jedes $m \geq 9$ in m konvexe Fünfecke zerlegt werden.*

Beweis. Die Existenz einer derartigen Zerlegung mit neun konvexen Fünfecken zeigt die Abbildung 8.4.5 a auf. Ausgehend davon kann eine Zerlegung in zehn bzw. elf konvexe Fünfecke angegeben werden (Aufgabe 8.4.4). Weiterhin ist jedes Dreieck in drei konvexe Fünfecke und ein Dreieck zerlegbar (Abb. 8.4.5 b). Damit ist die Behauptung klar. □

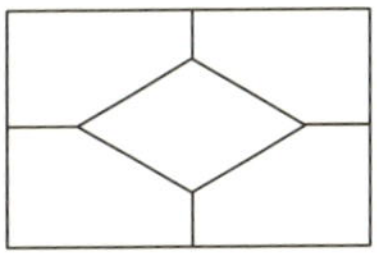

Abb. 8.4.4

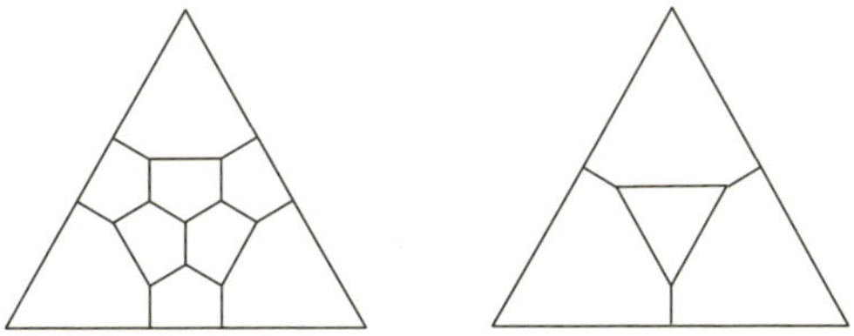

a b

Abb. 8.4.5

Aufgabe 8.4.4. Man gebe (auf der Grundlage der Zerlegung in Abb. 8.4.5 a) eine mögliche Zerlegung der Dreiecke in 10 bzw. 11 konvexe Fünfecke an.

Aufgabe 8.4.5. Die Abbildung 8.4.5 a mag den Eindruck erwecken, daß eine derartige Zerlegung nur für ein spitzwinkliges Dreieck vorgenommen werden kann. Man zeichne ein stumpfwinkliges Dreieck und zerlege es in gleicher Weise wie in Abbildung 8.4.5 a in neun konvexe Fünfecke.

Die Sätze 8.4.1 – 8.4.6 ergeben folgende generelle Einsicht:

Folgerung 8.4.7. *Jedes konvexe Polygon läßt sich*
a) *in Dreiecke,*
b) *in konvexe Vierecke bzw.*
c) *in konvexe Fünfecke zerlegen.*

Eine solche generelle Aussage besteht hinsichtlich konvexer Sechsecke nicht mehr.

Aufgabe 8.4.6. Man zeige: *Ein Dreieck läßt sich nicht in konvexe Sechsecke zerlegen.*

Lösungshinweis: Man führe den Beweis indirekt, indem man eine Zerlegung in m konvexe Sechsecke ($m > 1$) annimmt. Ein Widerspruch ergibt sich über einen Vergleich der Summe $m \cdot 5\pi$! der Innenwinkelgrößen der m Sechsecke mit der Summe der Innenwinkelgrößen, die bei den inneren Punkten und bei den Randpunkten der Zerlegung auftreten.

Die Sätze 8.4.3 – 8.4.6 geben Abschätzungen hinsichtlich der Anzahl der Teile möglicher Zerlegungen. Naheliegend ist die Frage, ob diese Abschätzungen optimal sind, d. h.:

Gibt es zu vorgegebenen natürlichen Zahlen n, $k \geq 3$ eine kleinste Zahl m_0 derart, daß für jedes konvexe n-Eck M und jede natürliche Zahl $m \geq m_0$ eine Zerlegung von M in m konvexe k-Ecke existiert?

Es gilt: *Alle Abschätzungen in den Sätzen 8.4.3 – 8.4.6 sind optimal!*

Für die 8.4.3 und 8.4.4 a) ist das trivial. Für die restlichen Abschätzungen wird ein Nachweis in [He] geführt.

Homotetische und perfekte Zerlegungen

Bei der Zerlegung eines n-Ecks in Polygone mit gleicher Eckenzahl k kann man den Sonderfall $k = n$ betrachten. Weitergehende Forderungen ergeben sich bei den folgenden Begriffen.

Definition 8.4.8.

a) Eine diskrete Zerlegung $\{T_i\}$ eines Polygons M heißt *homotetisch*, wenn alle Teile T_i zu M ähnlich sind.

b) Eine diskrete Zerlegung $\{T_i\}$ eines Polygons M heißt *perfekt*, wenn sie homotetisch ist und alle Teile T_i paarweise inkongruent sind.

Offenbar ist eine homotetische Zerlegung eine *Pflasterung* hinsichtlich der Gruppe der Ähnlichkeitsabbildungen. (Siehe Definition 8.1.2.)

Satz 8.4.9. *Für jedes Dreieck und jede natürliche Zahl m mit $m \neq 2, 3, 5$ existiert eine homotetische Zerlegung in m Teile.*

Beweis. Man wählt auf jeder Dreiecksseite n äquidistant liegende Punkte ($n \geq 1$). Diejenigen Verbindungsstrecken zwischen ihnen, die parallel zu den Dreiecksseiten verlaufen, zerlegen das Dreieck D in $1 + 3 + \ldots + (2n + 1) = (n + 1)^2$ zu D ähnliche und untereinander kongruente Teildreiecke. Folglich läßt sich jedes Dreieck homotetisch in $(2n + 1) + 1 = 2n + 2$ (also in 4, 6, 8, ...) Teile (Abb. 8.4.6 a) und damit auch in $(2n + 2) + 3 = 2n + 5$ (also in 7, 9, 11, ...) Teile (Abb. 8.4.6 b) zerlegen. □

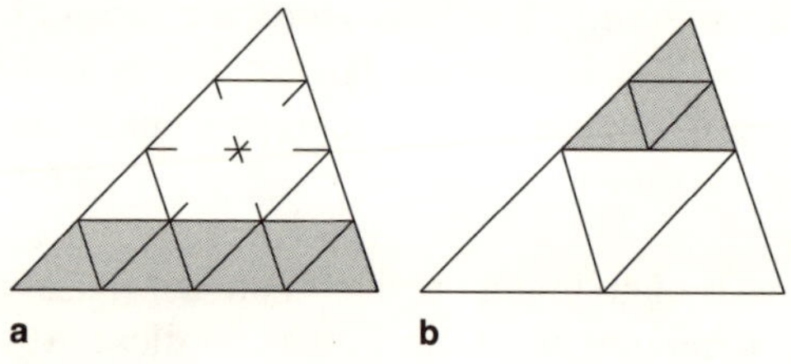

Abb. 8.4.6

Aufgabe 8.4.7. Man zeige: *Ist D ein rechtwinkliges Dreieck, dann existiert zu jeder natürlichen Zahl $m \geq 2$ eine homotetische Zerlegung von D in m Teile.*

Die Rechtwinkligkeit ist im Falle $m = 2$ oder $m = 3$ sogar dafür notwendig.

Aufgabe 8.4.8. Man zeige: *Besitzt eine Dreieck eine homotetische Zerlegung in zwei oder drei Teile, dann ist es rechtwinklig.*

Es ist *offen*, ob diese Aussage auch für $m = 5$ besteht.

Analog zum Beweis des Satzes 8.4.9 ergibt sich

Satz 8.4.10. *Jedes Rechteck kann für alle natürlichen Zahlen $m \neq 2, 3, 5$ homotetisch in m Teile zerlegt werden.*

Auch hier sind notwendige und hinreichende Bedingungen für eine homotetische Zerlegung in 2, 3 bzw. 5 Teile von Interesse.

Aufgabe 8.4.9. Man zeige:

a) Ist eine Rechteck homotetisch in zwei Teile zerlegbar, dann bilden seine Seitenlängen das Verhältnis $\sqrt{2}/2$ (= 0,707...).
b) Bilden die Seitenlängen eines Rechtecks das Verhältnis $\sqrt{2}/2$, dann ist es für alle $m \geq 2$ homotetisch in m Teile zerlegbar.
c) Ist eine Rechteck homotetisch in drei Teile zerlegbar, dann bilden seine Seitenlängen das Verhältnis $\sqrt{2}/2$ oder $\sqrt{3}/3$ (= 0,577...).

Eine notwendige Bedingung für die homotetische Zerlegung eines Rechtecks in fünf Teile ist nicht bekannt.

Wir wenden uns nun *perfekten Zerlegungen* zu und beginnen mit der perfekten Zerlegung eines Quadrats (in Quadrate).

Ein erstes Beispiel gab 1939 Sprague [Spr] mit 55 Teilquadraten. Mit Hilfe moderner Rechentechnik konnte Duijvestijn 1978 [Du] zeigen, daß 21 die Minimalzahl von Teilen ist, in die ein Quadrat perfekt zerlegt werden kann, und daß es bis auf Ähnlichkeit nur eine derartige Zerlegung gibt (Abb. 8.4.7).

Die Seitenlängen der Teilquadrate bilden rationale Verhältnisse, und deshalb können sie durch ganze Zahlen wie in dieser Abbildung beschrieben werden.

In der folgenden Zeit konnten perfekte Zerlegungen des Quadrats in n Teile für $n = 22$, 24 und für viele weitere natürliche Zahlen $n > 24$ vorgelegt werden. Auf der Grundlage bisheriger Ergebnisse gewann man ganze Serien für mögliche Zerlegungsanzahlen. In [Mü] wurde schließlich gezeigt, daß für alle natürlichen Zahlen $n \geq 24$ eine perfekte Zerlegung des Quadrats in n Teile existiert.

Offen blieb zunächst noch die Frage für $n = 23$. Nach einer Mitteilung von C. J. Bouwkamp hat J. D. Skinner (Nebraska) 1990 eine perfekte Zerlegung des Quadrats für $n = 23$ gefunden (Abb. 8.4.8). (Diese Information verdanke ich Herrn C. Müller.)

Folglich gilt

Satz 8.4.11. *Für alle und nur die natürlichen Zahlen $n \geq 21$ existiert eine perfekte Zerlegung des Quadrats in n Teile.*

Vor der perfekten Zerlegung eines Quadrats war bereits eine Zerlegung eines (echten) Rechtecks in paarweise inkongruente Quadrate bekannt. Bereits 1925 hat Morón eine derartige Zerlegung mit neun Quadraten angegeben (Abb. 8.4.9). Dies ist die kleinste Anzahl von Quadraten, die bei einer solchen Zerlegung eines Rechtecks auftreten kann.

Eine Übersicht über perfekte Zerlegungen von Quadraten und über Zerlegungen von Rechtecken in paarweise inkongruente Quadrate mit historischen Angaben vermittelt [Fe].

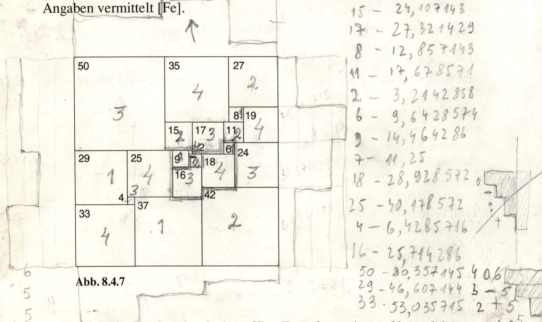

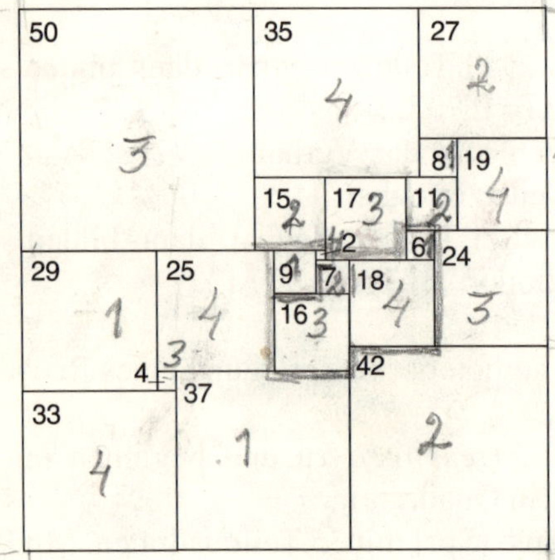

Abb. 8.4.7

Da sich ein Quadrat durch eine affine Transformation auf irgendein vorgegebenes Parallelogramm abbilden läßt, und dabei Parallelität und Teilverhältnisse invariant bleiben, erhält man aus dem Satz 8.4.11 die

Folgerung 8.4.12. *Jedes Parallelogramm ist perfekt zerlegbar.*

Zu perfekten Zerlegungen von Rechtecken, insbesondere von solchen mit bestimmten Seitenverhältnissen, sei auf [Mü 2] verwiesen.

Es bleibt *offen*, welche Vierecke, die keine Parallelogramme sind, eine perfekte Zerlegung besitzen.

Für Dreiecke gilt folgender

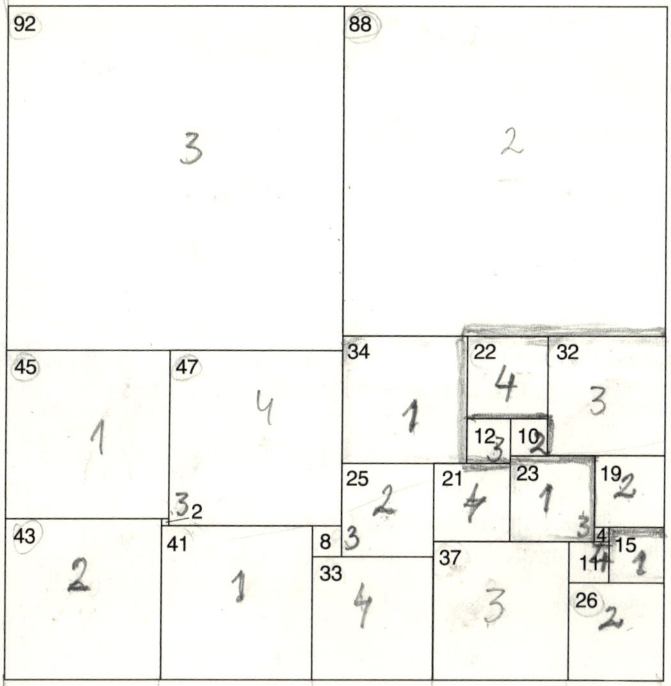

Abb. 8.4.8

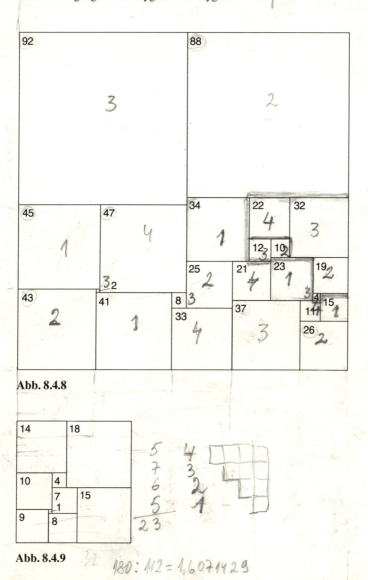

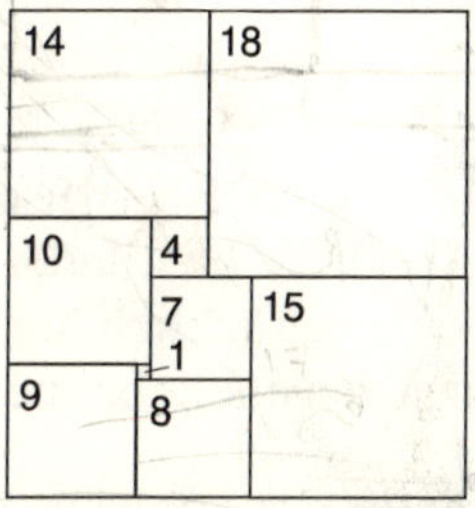

Abb. 8.4.9

Satz 8.4.13. *Jedes nicht gleichseitige Dreieck ist perfekt zerlegbar.* [Kai]

Für rechtwinklige Dreiecke ist das sofort anhand der Lösung der Aufgabe 8.4.7 klar.

Anderenfalls kann stets nach einer in [Kai 2] vorgelegten Zerlegungsweise eine perfekte Zerlegung des Dreiecks hergestellt werden. Dabei ist die kleinste Zerlegungszahl

2 für rechtwinklige aber nicht gleichschenklige Dreiecke,

8 für gleichschenklige Dreiecke, bei denen für die unterschiedlichen

Winkelgrößen α und β der Quotient $\sin\alpha/\sin\beta$ oder sein Kehrwert gleich der einzigen reellen Lösung der Gleichung $x^3 - x^2 - 1 = 0$ (also näherungsweise gleich 1,46557...) ist, und sonst

6 für alle anderen nicht gleichseitigen Dreiecke [Kai 2].

Die gleichseitigen Dreiecke machen eine Ausnahme.

Satz 8.4.14. *Gleichseitige Dreiecke besitzen keine perfekte Zerlegung.* [Kai]

Nach [Blei] läßt sich kein konvexes n-Eck mit $n \geq 6$ in konvexe n-Ecke zerlegen, und damit ergibt sich hinsichtlich der Frage nach perfekten Zerlegungen von konvexen n-Ecken die erhebliche Einschränkung:

Satz 8.4.15. *Kein konvexes n-Eck mit $n \geq 6$ läßt sich perfekt zerlegen.*

Offen bleibt die Frage nach perfekten Zerlegungen von konvexen Fünfecken und von einfachen, aber nicht konvexen n-Ecken mit $n \geq 4$.

8.5. Dirichletsche Kammern, Fundamentalbereiche und diskrete Bewegungsgruppen

Wir setzen eine euklidische Ebene voraus. Eine Reihe von Begriffen und Sachverhalten wird jedoch gleich allgemeiner eingeführt bzw. begründet. Wir weisen jeweils auf die allgemeineren Voraussetzungen ausdrücklich hin. Insbesondere sind viele Vorgehensweisen vom zwei- auf jeden endlichdimensionalen euklidischen Raum übertragbar.

Es sei M eine Menge isolierter Punkte (kurz isolierte Punktmenge, Definition 2.1 c) der euklidischen Ebene $\mathbf{E}^2$, die aus wenigstens zwei Punkten besteht, und es seien P, Q zwei verschiedene Punkte aus M. Die Menge

$$H_{PQ} := \{X : |X, P| \leq |X, Q|\}$$

ist die abgeschlossene Halbebene, die durch die Mittelsenkrechte $m(P, Q)$ begrenzt wird und die den Punkt P enthält (Abb. 8.5.1). Ihr Inneres H^o_{PQ} ist die Punktmenge $\{X : |X, P| < |X, Q|\}$. Es gilt $H^o_{PQ} = \mathbf{E}_2 \setminus H_{QP}$. Die abgeschlossene Halbebene H_{PQ} ist konvex.

Entsprechende Sachverhalte bestehen in jedem n-dimensionalen euklidischen Raum ($n \geq 2$). Anstelle der Mittelsenkrechten $m(P, Q)$ tritt die *Mittellotebene* $\mu(P, Q)$, d. h. diejenige Hyperebene, die durch den Mittelpunkt von (P, Q) geht und senkrecht zu der Geraden PQ ist.

Dirichletsche Kammern und Zerlegungen

Definition 8.5.1. Der Durchschnitt $K(P)$ aller H_{PQ} mit $Q(\neq P) \in M$ heißt die *Dirichlet-Kammer des Punktes* $P \in M$.

Und die Menge $K(M) := \{K(P) : P \in M\}$ heißt die *Dirichlet-Zerlegung* der Ebene (des Raumes) bezüglich der isolierten Menge M (mit card $M \geq 2$).

Beispiel 8.5.1. Es sei M die Menge der Ecken einer regulären Zerlegung der Ebene in Quadrate (siehe Abschn. 8.3). Die Punkte von M bilden ein quadratisches Gitter. Anhand der Abbildung 8.5.2 wird deutlich, daß für jedes $P \in M$ die Dirichlet-Kammer $K(P)$ eine abgeschlossene Quadratfläche ist, und $K(M)$ ist einfach bis auf eine Translation diejenige reguläre Zerlegung der Ebene in Quadratflächen, von der wir ausgegangen sind.

Beispiel 8.5.2. Es sei M die Menge der Ecken eines Quadrats (in der Ebene). Die Dirichlet-Kammern sind hier Quadranten (Abb. 8.5.3); sie sind abgeschlossene und konvexe, aber nicht beschränkte Punktmengen.

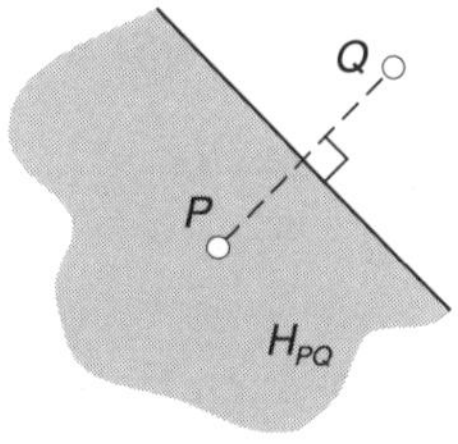

Abb. 8.5.1

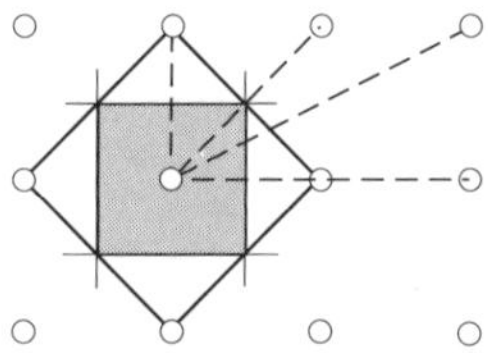
Abb. 8.5.2

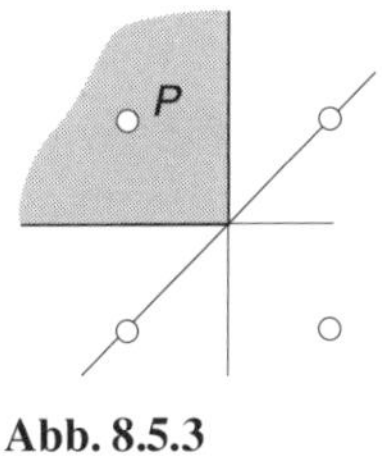

Abb. 8.5.3

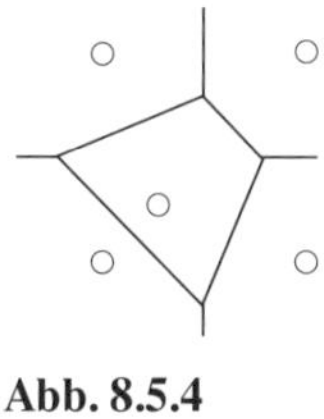
Abb. 8.5.4

Beispiel 8.5.3. Die Menge M sei gegenüber dem Beispiel 8.5.2 einfach durch die Aufnahme eines weiteren Punktes erweitert. Die Abbildung 8.5.4 zeigt die Dirichlet-Zerlegung $K(M)$ der Ebene, die aus fünf abgeschlossenen und konvexen Punktmengen besteht, von denen genau eine eine Polygonfläche ist.

Die hier eingeführte Begriffsbildung geht auf Einteilungen des Raumes in der Kristallographie und Festkörperphysik zurück, die in der Physik *Wigner-Seitz-Zellen* genannt werden. Man stelle sich regelmäßig im Raum verteilte punktförmige Zentren vor, etwa Atomkerne gleicher Sorte in einem Kristall. Die Zelle (Kammer) bezüglich eines solchen Atomkerns (Zentrums) ist dann die Menge aller derjenigen Punkte des Raumes, die unter allen Atomkernen zu diesem am nächsten liegen.

Die Bezeichnung „Dirichlet-Kammer" geht auf Arbeiten von G. P. Dirichlet zurück.

Aufgabe 8.5.4. Man prüfe, ob jede reguläre oder archimedische Zerlegung der Ebene in Polygonflächen (Abschn. 8.3) als Dirichlet-Zerlegung $K(M)$ beschrieben werden kann. Man gebe gegebenenfalls zu einer solchen vorgegebenen Zerlegung eine geeignete isolierte Punktmenge M an!

Satz 8.5.2. *Es sei M eine isolierte Menge in einem n-dimensionalen euklidischen Raum $\mathbf{E}^n$ (speziell in einer euklidischen Ebene). Dann gilt:*

a) Jede Kammer $K(P), P \in M$ *ist eine abgeschlossene und konvexe Punktmenge, und es gibt ein* $r > 0$ *mit* $U_r(P) \subseteq K(P)$. *Damit hat* $K(P)$ *stets ein Inneres.*
b) Es ist $K(P)^\circ = \{X : |X, P| < |X, Q|;\ Q(\neq P) \in M\}$, *falls M diskret* (Definition 2.3 c) *ist.*
c) *$K(P)$ ist ein Polyeder (Polygon), falls $K(P)$ beschränkt und M diskret ist.*

Beweis

a) $K(P)$ ist als Durchschnitt von abgeschlossenen und konvexen Halbräumen (Halbebenen) selbst abgeschlossen und konvex. Da M eine Menge von isolierten Punkten ist, gibt es für $P \in M$ ein $s > 0$ derart, daß die s-Umgebung von P aus der Menge M nur den Punkt P enthält. Für $r := s/2$ liegt $U_r(P)$ offenbar in jedem Halbraum H_{PQ} ($Q \in M$), und damit hat P eine Umgebung, die ganz in $K(P)$ liegt.
b) Aus $X \in K(P)^\circ$ folgt unmittelbar $|X, P| < |X, Q|$ *für alle* $Q(\neq P) \in M$. Umgekehrt sei $d := |X, P| < |X, Q|$ *für alle* $Q(\neq P) \in M$. Da M diskret ist, gibt es nur endlich viele $Q \in M$ mit $|X, Q| \leq d + 1$. Folglich existiert ein $\varepsilon > 0$ mit $|X, Q| \geq d + \varepsilon$ für alle $Q(\neq P) \in M$.

   Wir zeigen jetzt, daß die ε-Umgebung von X in $K(P)$ liegt. In der Tat gilt für jeden Punkt Y aus dieser Umgebung zunächst $|X, Y| < \varepsilon$ und damit $|Y, P| \leq |Y, X| + |X, P| < \varepsilon + d \leq |Q, X| + |X, Y| \leq |Y, Q|$ für alle $Q(\neq P) \in M$, also $Y \in K(P)$.

   Folglich liegt X im Innern von $K(P)$.
c) Die n-dimensionalen konvexen Polyeder im $\mathbf{E}^n$ lassen sich als beschränkte Durchschnitte von *endlich* vielen abgeschlossen Halbräumen charakterisieren.

   Da $K(P)$ beschränkt ist, gibt es eine r-Umgebung U von P mit $K(P) \subseteq U$.

Wegen $U \subseteq H_{PQ}$ für alle $Q \notin U_{2r} \cap M$ muß $K(P)$ bereits gleich dem Durchschnitt aller H_{PQ} mit $Q(\neq P) \in U_{2r} \cap M$ sein. In $U_{2r}(P)$ sind aber nur *endlich* viele Punkte aus M enthalten, da M diskret ist. □

Die Dirichlet-Zerlegung $K(M)$ einer isolierten Menge M muß keine diskrete Zerlegung des euklidischen Raumes sein; dazu folgendes

Beispiel 8.5.5. Bezüglich eines kartesischen Koordinatensystems einer euklidischen Ebene sei M die Menge der Punkte mit den Koordinaten $(1/n, 0)$, $n \geq 1$ ganzzahlig. Für jeden Punkt $(1/k, 0)$ gibt es eine r-Umgebung, die keinen weiteren Punkt aus M enthält. Dies leistet $r := \frac{1}{k} - \frac{1}{k+1} = \frac{1}{k(k+1)} > 0$. Folglich ist M isoliert.

Die Kammern sind abgeschlossene (Parallel-)Streifen senkrecht zur x-Achse. Diese Zerlegung der Ebene ist jedoch nicht diskret, da bezüglich des Punktes $(0, 0)$ jede r-Umgebung mit unendlich vielen Kammern gemeinsame Punkte besitzt.

Satz 8.5.3. *$K(M)$ ist eine diskrete Zerlegung des euklidischen Raumes (der euklidischen Ebene) genau dann, wenn M diskret ist.*

Beweis.

a) Es sei M diskret.

Wir betrachten einen beliebigen Punkt X des Raumes und wählen ein $\varepsilon > 0$. Da M diskret ist, kann $U_\varepsilon(X)$ nur *endlich* viele und von X verschiedene Punkte Q aus M enthalten. Folglich gibt es einen Punkt $P \in M$ mit $|P, X| \leq |Q, X|$ für alle $Q \in M$, und damit ist X in der Kammer $K(P)$ enthalten. Folglich ist $K(M)$ eine Überdeckung des Raumes. Nach dem Satz 8.5.2 ist sie überdies eine Zerlegung.

Wir zeigen nun, daß $K(M)$ diskret ist und wählen irgendeinen Punkt X. Der Punkt X muß in einer Kammer $K(P)$ liegen, da $K(M)$ eine Überdeckung ist.

Ist X ein innerer Punkt von $K(P)$, dann gibt es eine r-Umgebung von X, die ganz in $K(P)$ liegt, und diese hat nur mit einer Kammer aus $K(M)$ gemeinsame Punkte.

Ist $X \in K(P)$ kein innerer Punkt von $K(P)$, dann kann X auch kein innerer Punkt irgendeiner anderen Kammer sein; insbesondere ist $X \neq P$ (siehe Satz 8.5.2). Folglich muß X weiteren Kammern $K(Q_i)$ angehören, und dabei gilt $X \in K(Q_i) \Leftrightarrow |X, P| = |X, Q_i|$. Diese Punkte Q_i liegen auf der Sphäre (Kreis) um X mit dem Radius $|X, P|$.

Damit ist die Menge $M_X := \{Q_i\}$ beschränkt. Wäre sie unendlich, dann müßte sie einen Häufungspunkt Y besitzen. Jede Umgebung von Y würde dann aber unendlich viele Punkte aus M enthalten. Das widerspricht der Diskretheit von M. Also ist $M_X = \{Q_i\}$ eine endliche Menge, d. h., der

Punkt X gehört nur *endlich* vielen Kammern $K(Q_i)$ und diesen nur als Randpunkt an.

Es sei jetzt R ein Punkt aus M mit $|P, X| < |R, X|$. Aufgrund der Diskretheit von M gibt nur endlich viele Punkte Q aus $M \setminus M_X$ mit $|P, X| < |Q,X| \leq |R,X|$. Unter diesen gibt es einen solchen, für den $2d := |Q,X| - |P,X| > 0$ minimal ist. Nun läßt sich nach einigen elementaren Berechnungen zeigen, daß für jeden Punkt $Q \in M$ mit $|P, X| < |Q, X|$ der Abstand des Punktes X zu der jeweiligen Mittellotebene $\mu(P, Q)$ stets größer oder gleich d ist. Demzufolge hat die Umgebung $U_d(X)$ nur mit den endlich vielen Kammern $K(Q_i)$, $Q_i \in M_X$ gemeinsame Punkte.

Damit ist der Nachweis der Diskretheit von $K(M)$ abgeschlossen.

b) Die Umkehrung ergibt sich leicht indirekt. □

Von besonderem Interesse sind Dirichlet-Zerlegungen $K(M)$ bezüglich solcher Mengen M, die Orbit einer diskreten Bewegungsgruppe sind. Zuvor führen wir den Begriff des Fundamentalbereichs ein.

Fundamentalbereich

Definition 8.5.4. Es sei R ein metrischer Raum und G eine Gruppe von Isometrien von R. Eine Punktmenge $F \subseteq R$ heißt ein *Fundamentalbereich* von G, wenn gilt:

(1) F ist abgeschlossen und zusammenhängend, und es ist $F^{\circ} \neq \emptyset$.

(2) Jeder Orbit von G hat höchstens einen inneren Punkt von F.

(3) Jeder Orbit von G enthält wenigstens einen Punkt von F.

Mitunter wird auf die Forderung „zusammenhängend" verzichtet. Das ermöglicht unter anderem, Auffälligkeiten bei Mustern und Ornamenten in künstlerischer Sicht besser zu entsprechen.

Zum Beispiel ist die in der Abbildung 8.5.5 a angegebene zweiteilige (also nicht zusammenhängende) Figur F hinsichtlich des Streifens R ein Fundamentalbereich für die durch die Translation τ erzeugte Gruppe G.

Selbst in der euklidischen Ebene muß nicht jede Gruppe von Bewegungen einen Fundamentalbereich besitzen; dazu folgendes

Beispiel 8.5.6. Es sei G die Gruppe aller Translationen der euklidischen Ebene. Gäbe es einen Fundamentalbereich F von G, dann gäbe es wegen $F^{\circ} \neq \emptyset$ zwei verschiedene innere Punkte P, Q von F. Da es eine Translation gibt, die P in Q überführt, liegt Q im Orbit $G(P)$, und das widerspricht der Forderung (2) in der Definition 8.5.4.

Beispiel 8.5.7. Die Abbildung 8.5.5 b zeigt einen möglichen Fundamentalbereich für eine Rosettengruppe, nämlich für die Drehgruppe eines Quadrats.

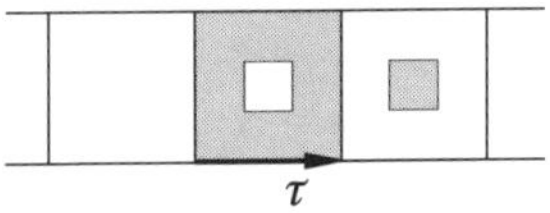

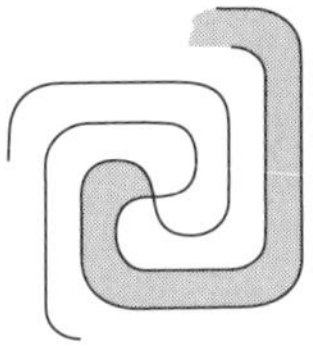

Abb. 8.5.5

Satz 8.5.5. *Es sei G eine Gruppe von Isometrien in einem metrischen Raum und $F \subseteq R$ ein Fundamentalbereich von G.*

a) *Für alle $\alpha \in G$ ist $\alpha(F)$ ein Fundamentalbereich von G und $\alpha(F^{\circ}) = (\alpha(F))^{\circ}$.*

b) *$G(F) := \{\alpha(F), \alpha \in G\}$ ist eine Überdeckung des metrischen Raumes R.*

Beweis

a) Die Behauptungen ergeben sich im wesentlichen aufgrund der Invarianz des Abstandes bei Isometrien. Insbesondere geht jede r-Umgebung eines Punktes in die r-Umgebung des Bildpunktes über.

b) Sei $X \in R$ ein beliebiger Punkt. Wegen der Eigenschaft (3) hat der Orbit $G(X)$ mit F einen Punkt Y gemeinsam. Dann gibt es ein $\alpha \in G$ mit $\alpha(Y) = X$, und folglich ist $X \in \alpha(F)$. □

Es stellt sich nun folgende Frage: Sind die Dirichlet-Kammern in einem euklidischen Raum, die hinsichtlich eines Orbits einer diskreten Bewegungsgruppe G entstehen, Fundamentalbereiche von G?

Zur Umsicht mahnt das folgende

Beispiel 8.5.8. In der euklidischen Ebene sei $PQRS$ ein Quadrat und G seine Symmetriegruppe. Die Kammer $K(P)$ der Quadratecke P ist in Abbildung 8.5.3 ersichtlich. Wählen wir einen Punkt X von $K(P)$, der nicht auf einer Symmetrieachse von $K(P)$ liegt, dann besitzt der Orbit $G(X)$ acht Punkte, von denen neben X noch ein weiterer im Innern von $K(P)$ liegt. Also ist $K(P)$ kein Fundamentalbereich von G.

Der folgende Satz zeigt, unter welchen zusätzlichen Voraussetzungen an den Orbit die Kammern auch Fundamentalbereiche sind.

Satz 8.5.6. *Ist G eine diskrete Gruppe von Bewegungen in einem euklidischen Raum und B ein regulärer Orbit von G, dann ist für jeden Punkt $P \in B$ die Kammer $K(P)$ (bezüglich B) ein Fundamentalbereich von G.*

Beweis. Die Eigenschaft (1) ist nach Satz 8.5.2 klar.

Zum Beweis der Eigenschaft (3) sei C irgendein Orbit. Nach Satz 8.5.3 gibt es ein $Q \in B$ so, daß der Orbit C mit der Kammer $K(Q)$ einen gemeinsamen Punkt X besitzt. Da es ein $\alpha \in G$ mit $\alpha(Q) = P$ gibt, ist $\alpha(X)$ ein gemeinsamer Punkt von $\alpha(C) = C$ und $\alpha(K(Q))$. Aufgrund der Invarianz der Abstände ist aber $\alpha(K(Q)) = K(\alpha(Q)) = K(P)$.

Zum Beweis der Eigenschaft (2) gehen wir von Punkten X und Y aus, die auf einem Orbit C und im Inneren von $K(P)$ liegen. Zunächst gibt es wieder ein $\alpha \in G$ mit $\alpha(X) = Y$. Ebenfalls aufgrund der Abstandsinvarianz ist $\alpha(K(P)^{\circ}) = (K(\alpha(P)))^{\circ}$. Damit ist Y ein innerer Punkt von $K(P)$ und $K(\alpha(P))$. Nach Satz 8.5.3 müssen dann die Kammern gleich sein, also ist $\alpha(P) = P$. Nun benutzen wir die Regularität des Orbits B (Definition 1.3). Nach dieser folgt aus $\alpha(P) = P$, daß $\alpha = \mathrm{id}$ und damit $Y = X$ ist. □

Eine weitere Charakterisierung von diskreten Bewegungsgruppen

Nun können wir eine bemerkenswerte Charakterisierung der Diskretheit von Bewegungsgruppen vornehmen. Zuvor stellen wir noch einen Hilfssatz bereit.

Lemma 8.5.7. *Hat im euklidischen Raum* $\mathbf{E}^n$ *eine Bewegungsgruppe* G *einen Fundamentalbereich* F *und sind* α, β *verschiedene Bewegungen aus* G, *dann ist* $\alpha(Z) \neq \beta(Z)$ *für alle inneren Punkte* Z *von* F.

Beweis. Angenommen, es gäbe einen inneren Punkt P von F mit $\alpha(P) = \beta(P)$. Da $V := \beta^{-1}(\alpha(F^{\circ}))$ nach Satz 8.5.5 a) offen ist und zusammen mit der offenen Menge F° den Punkt P enthält, ist der Durchschnitt von V und F° eine offene Menge, die P enthält.

Folglich gibt es eine r-Umgebung U von P, die ganz in diesem Durchschnitt liegt.

Sei nun X ein beliebiger Punkt aus U. Wegen $\beta^{-1}(\alpha(X)) \in U$ (Abstandsinvarianz) und $\beta^{-1}(\alpha(X)) \in G(X)$ muß nach der Eigenschaft (2) für den Fundamentalbereich F nun $\beta^{-1}(\alpha(X)) = X$ sein. Demnach würde die r-Umgebung U bei der Bewegung $\beta^{-1} \circ \alpha$ punktweise festbleiben. Aufgrund der Starrheit der Bewegungen könnte dann nur $\beta^{-1} \circ \alpha = \mathrm{id}$, also $\alpha = \beta$ sein.

Das widerspricht der Voraussetzung. □

Wir kommen nun zu dem angekündigten

Charakterisierungssatz 8.5.8. *Es sei* G *eine Bewegungsgruppe in einem euklidischen Raum* $\mathbf{E}^n$ (*mit* $G \neq \{\mathrm{id}\}$).

a) *Ist* G *diskret, so gibt es eine Dirichlet-Kammer* $K(P)$, *die ein Fundamentalbereich von* G *ist. Ist* G *überdies eine Raumgruppe, dann ist* $K(P)$ *ein* n*-dimensionales konvexes Polyeder.*

b) *Hat G einen Fundamentalbereich F, so ist G diskret. Gibt es überdies eine Kammer (bezüglich eines regulären Orbits), die beschränkt ist, dann ist G eine Raumgruppe.*

Zum Beweis dieses Satzes stellen wir zunächst folgenden Hilfssatz bereit:

Lemma 8.5.9. *Jede diskrete Bewegungsgruppe G im* $\mathbf{E}^n$ *besitzt einen regulären Orbit.*

Wir hatten bereits im Anschluß an die Definition eines *regulären* Orbits (Definition 1.3 b) bemerkt, daß ohne Voraussetzung der Diskretheit von G ein solcher Orbit nicht existieren muß.

Beweis des Lemmas. Jede Bewegung β aus G läßt sich (bezüglich eines kartesischen Koordinatensystems mit dem Ursprung O) in der Form $\beta = \varphi(\boldsymbol{H}, \boldsymbol{v})$ darstellen (Abschn. 5.2).

Da G diskret ist, existiert ein $\varepsilon > 0$ mit $U_{2\varepsilon}(O) \cap G(O) = \{O\}$. Damit gilt $|\boldsymbol{v}| \geq 2\varepsilon$ für alle diejenigen $\boldsymbol{v} \neq \boldsymbol{o}$, zu denen es ein $\boldsymbol{H}$ mit $\varphi(\boldsymbol{H}, \boldsymbol{v}) \in G$ gibt. Denn für $\beta = \varphi(\boldsymbol{H}, \boldsymbol{v})$ beschreibt $\boldsymbol{v}$ den Ortsvektor des Punktes $\beta(O)$ aus dem Orbit $G(O)$.

Im folgenden seien $K := U_\varepsilon(O)$, $G^* := \{\beta \in G: \ \beta(O) = O\}$ und $F(\beta) := \{P: \ \beta(P) = P\}$.

Dann ist $K' := K \setminus \bigcup\limits_{\beta(\neq \mathrm{id}) \in G^*} F(\beta)$ die Menge aller Punkte P aus K, für die $\beta(P) \neq P$ für alle $\beta(\neq \mathrm{id})$ aus G^* gilt.

Aufgrund der Diskretheit von G ist G^* endlich. Außerdem ist der affine Unterraum (Punkt, Gerade, Ebene, ...) mit der kleinsten Dimension, der die Punktmenge $F(\beta)$ für ein $\beta(\neq \mathrm{id}) \in G^*$ enthält, höchstens von der Dimension $n-1$. Er enthält stets den Punkt O.

Folglich gibt es einen Punkt $Q \in K'$, und dieser ist von dem Punkt O verschieden. Im folgenden sei $\boldsymbol{q}$ der Ortsvektor von Q. Für ihn gilt $|\boldsymbol{q}| < \varepsilon$!

Wir zeigen nun, daß der Orbit $B := G(Q)$ regulär ist.

Gilt $\beta(Q) = Q$ für eine Bewegung $\beta = \varphi(\boldsymbol{H}, \boldsymbol{v})$ aus G, dann ist $\boldsymbol{v} + \boldsymbol{Hq} = \boldsymbol{q}$ und damit $|\boldsymbol{v}| = |\boldsymbol{q} - \boldsymbol{Hq}| \leq |\boldsymbol{q}| + |\boldsymbol{q}| < 2\varepsilon$.

Nach Wahl von ε muß dann $\boldsymbol{v}$ der Nullvektor $\boldsymbol{o}$ und damit zunächst $\beta \in G^*$ sein. Daraus folgt schließlich $\beta = \mathrm{id}$, da für $\beta \neq \mathrm{id}$ der Punkt Q nicht in $F(\beta)$ liegt.

Die Punkte des Orbits B sind bezüglich G äquivalent, und damit gilt $\beta(R) = R \Rightarrow \beta = \mathrm{id}$ für *jeden* Punkt R aus $B = G(Q)$. □

Vor dem Beweis des Satzes 8.5.8 stellen wir noch folgende

Aufgabe 8.5.8. Es ist durchaus lehrreich, im $\mathbf{E}^2$ anhand der Gruppe aller Drehungen um einen festen Punkt O (Beispiel 1.3), die nicht diskret ist, aber einen regulären Orbit besitzt, die obigen Beweisüberlegungen nachzuvollziehen und zu erkennen, welche Eigenschaften oder Schlüsse hier nicht bestehen.

Wir vollziehen nun den *Beweis des Satzes* 8.5.8.

a) Es sei G diskret. Dann hat G nach dem Lemma 8.5.9 einen regulären Orbit B. Und bezüglich irgendeines Punktes $P \in B$ ist die Kammmer $K(P)$ nach Satz 8.5.6 ein Fundamentalbereich von G.

   Ist G eine Raumgruppe, d. h., ist die Gruppe $T(G)$ der Translationen von G n-dimensional, dann gibt es n Translationen $\tau_1, ..., \tau_n \in G$ mit unabhängigen Richtungen, die $T(G)$ erzeugen. Es sei $Q_i := \tau_i(P)$ und $Q_{i+n} := \tau_i^{-1}(P)$, $i = 1, ..., n$. Der Durchschnitt der Halbräume H_{PQ_k}, $k = 1, ..., 2n$ ist ein Parallelepiped (für $n = 2$ ein Parallelogramm) und damit beschränkt. In diesem Durchschnitt liegt offenbar die Kammer $K(P)$. Damit ist $K(P)$ selbst beschränkt und nach Satz 8.5.2 ein Polyeder.

b) Es sei F ein Fundamentalbereich von G. Wir zeigen, daß jeder Punkt X isoliert in seinem Orbit $G(X)$ ist und können dabei nach Satz 8.5.5 b) $X \in F$ vorausetzen.

   Läßt sich X durch eine r-Umgebung isolieren, dann leistet das die r-Umgebung für jeden anderen Punkt aus $G(X)$ (Lemma 2.5).

   Ist X ein innerer Punkt von F, so gibt es eine r-Umgebung von X, die im Inneren von F liegt, und aufgrund der Eigenschaft (2) für F kann diese Umgebung keinen weiteren Punkt aus $G(X)$ enthalten.

   Es sei jetzt $X \in F$ kein innerer Punkt von F. Wäre X nicht isoliert in $G(X)$, dann müßte jede r-Umgebung von X unendlich viele verschiedene Punkte Y_k aus $G(X)$ enthalten, also X ein Häufungspunkt von $G(X)$ sein.

   Es sei $\alpha_k \in G$ mit $\alpha_k(X) = Y_k$. Die Umgebung $U_r(X)$ muß einen inneren Punkt Z von F enthalten. Es ist $|Y_k, \alpha_k(Z)| = |X, Z| < r$ und damit gilt $|X, \alpha_k(Z)| \leq |X, Y_k| + |Y_k, \alpha_k(Z)| < 2r$ [*].

   Da die Punkte Y_k paarweise verschieden sind, müssen nach dem Lemma 8.5.7 auch die Bewegungen α_k und damit die Punkte $\alpha_k(Z)$ paarweise verschieden sein.

   Nach [*] müßte die $2r$-Umgebung von X unendlich viele Punkte des Orbits $G(Z)$ enthalten. Dieser Orbit ist aber nach den vorangegangenen Überlegungen diskret, da Z ein innerer Punkt von F ist.

   Die restliche Behauptung zeigen wir für den Fall $n = 2$. Die Vorgehensweise kann auf höherdimensionale Räume übertragen werden.

   Wäre $T(G)$ nicht zweidimensional, so gäbe es einen gemeinsamen Fixpunkt oder eine gemeinsame Fixgerade für alle $\alpha \in G$ (siehe Kapitel 4 und 5). Jede Kammer bezüglich eines regulären Orbits von G wäre dann aber unbeschränkt. □

Anmerkung: Für den letzten Schluß genügt es, daß ein Fundamentalbereich von G beschränkt ist. (Siehe [Kle] u. a.)

Wir heben einige Ergebnisse für Dirichlet-Zerlegungen im Zusammenhang mit diskreten Bewegungsgruppen hervor, die sich aus den bisherigen Erörterungen ergeben:

Satz 8.5.10. *Es sei G eine diskrete Bewegungsgruppe (mit* $G \neq \{\mathrm{id}\}$*) der euklidischen Ebene. Dann gelten:*

a) *Für jede reguläre Bahn B von G ist die Dirichlet-Zerlegung K(B) eine diskrete Zerlegung der Ebene, deren Teile Fundamentalbereiche von G sind, und es ist* $K(B) = \{\alpha(K(P)) : \alpha \in G\}$ *für jeden Punkt* $P \in B$.

b) *Für alle* $\alpha, \beta \in G$ *und* $P \in B$ (*B* regulär) *folgt aus* $\alpha(K(P)) = \beta(K(P))$ *stets* $\alpha = \beta$. *Außerdem ist G eine Untergruppe der Symmetriegruppe der Zerlegung K(B).*

Aufgabe 8.5.9. Man gebe anhand der bisherigen Darlegungen geeignete Begündungen für die Aussagen im Satz 8.5.10 an!

Neue Strukturen – neue Sichten

Der letzte Abschnitt 8.5 in diesem Kapitel sowie aufgezeigte Strukturen und Zusammenhänge im Teil II könnten die Eindruck entstehen lassen, daß eine *gesetzmäßige* normale Zerlegung der Ebene in Teile einer oder mehrerer weniger Kongruenzklassen zu einer zweifach periodischen Struktur führt, d. h. zu einer Struktur, deren Symmetriegruppe eine zweidimensionale Untergruppe von Translationen besitzt und damit eine Raumgruppe ist.

Das Muster in Abbildung 8.5.6 wurde von R. Penrose gefunden. Es ist eine normale Packung (oder Zerlegung, je nach Sicht) der Ebene, deren Teile zwei Kongruenzklassen bilden. Die eine Sorte der Teile besteht aus kongruenten

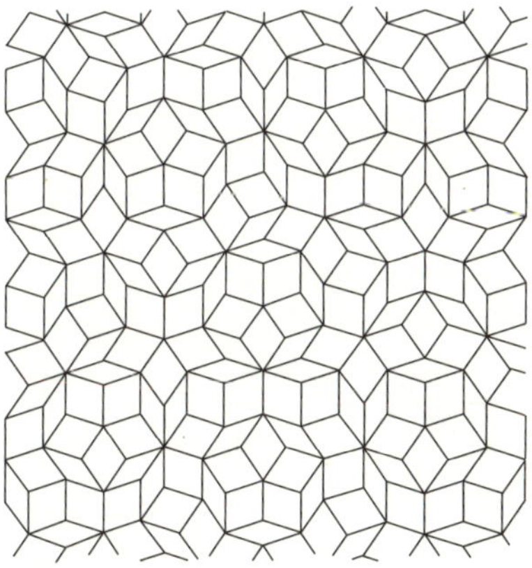

Abb. 8.5.6

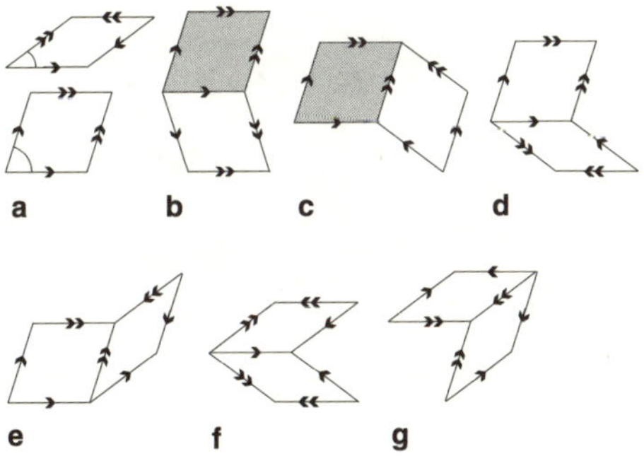

Abb. 8.5.7

Rhomben mit einem Innenwinkel von 72° (und 108°), die andere aus kongruenten Rhomben gleicher Kantenlänge mit einem Innenwinkel von 36° (und 144°). Ihre Kanten sind mit Pfeilen markiert (Abb. 8.5.7 a). Die strenge Gesetzmäßigkeit der Packung besteht nun darin, daß die Markierung aneinanderliegender Kanten von benachbarten Teile übereinstimmen muß.

Die Anlegemöglichkeiten zweier kongruenter bzw. nicht kongruenter Teile zeigen die Abbildungen 8.5.7 b – g. Man kann auf diese Weise eine normale Packung der Ebene herstellen (Abb. 8.5.8).

Diese besitzt keine nichtidentische Translation als Symmetrieabbildung, d. h., sie ist aperiodisch.

Alle Kanten bilden fünf Richtungen. Auffälig sind lokal gesehen Drehsymmetriezentren der Ordnung 5. Dies ist eine Eigenschaft, die für kristallographische Strukturen aufgrund der kristallographische Beschränkung ausgeschlossen ist.

Ist eine solche geometrische Struktur für Strukturen in den Naturwissenschaften relevant? Nun, seit 1982 kennt man Bilder von Elektronenbeugungen an kristallinen Strukturen (z. B. Al-Mg-Legierungen), die ,,verbotene" zehnzählige Muster zeigen.

Inzwischen sind solche *quasikristallinen* Strukturen (im Raum) sowohl physikalisch als auch mathematisch intensiv erforscht und theoretisch ausgearbeitet worden. Hier sind neue Sichten und Symmetriekonzeptionen gefragt.

Zu aperiodischen Zerlegungen (und Packungen) der Ebene verweisen wir insbesondere auf das Buch [Gr/Sh].

Ein weiteres Beispiel eines *Penrose-Musters* zeigt die Abbildung 8.5.9. Es besteht aus kongruenten Quadraten und Rhomben mit einem Innenwinkel von 45° und gleicher Kantenlänge.

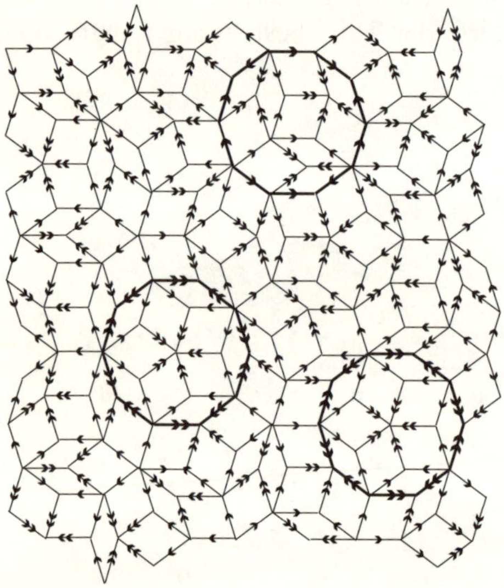

Abb. 8.5.8

Abb. 8.5.9

9. Parkette

Im folgenden werden spezielle diskrete Zerlegungen betrachtet, die einerseits eine Verallgemeinerung der diskreten Zerlegungen des n-dimensionalen euklidischen Raums in n-dimensionale Polyeder darstellen und bei denen andererseits die Symmetriegruppen gewisse Raumgruppen sind. Wir werden dabei weitgehend in der euklidischen Ebene bleiben. Übertragungsmöglichkeiten auf höherdimensionale Räume sind vielfach zu erkennen. In einem speziellen Fall werden wir Fragestellungen im dreidimensionalen Raum nachgehen.

9.1. Mosaike und Parkette

Wir setzen wieder eine euklidische Ebene voraus und betrachten im Vergleich zum Abschnitt 8.3 allgemeinere Zerlegungen der Ebene.

Mosaik, Kachelung

Definition 9.1.1.

a) Eine diskrete Zerlegung $\mathbf{M} = \{T_i, i \in I\}$ der Ebene heißt *Mosaik*, wenn jede Menge T_i aus $\mathbf{M}$ zu einer abgeschlossenen Kreisscheibe homöomorph ist. Die Mengen T_i von $\mathbf{M}$ heißen die *Fliesen des Mosaiks* $\mathbf{M}$.
b) Ein Mosaik $\mathbf{M}$ heißt *Kachelung* (und die Fliesen dann speziell *Kacheln*), wenn die Symmetriegruppe $S(\mathbf{M})$ eine Ornamentgruppe ist. ([Bo/Bo/Me/St], S. 132)
c) Ein Mosaik $\mathbf{M}$ heißt *isohedral*, wenn je zwei Fliesen äquivalent sind, d. h., wenn es zu je zwei Fliesen T_1 und T_2 eine Bewegung $\alpha \in S(\mathbf{M})$ mit $\alpha(T_1) = T_2$ gibt. ([Gr/Sh], S. 31)
d) Ein Mosaik heißt *monohedral*, wenn je zwei Fliesen kongruent sind. ([Gr/Sh], S. 20)

Anmerkungen zur Definition 9.1.1:

Der unter a) definierte Begriff *Mosaik* entspricht weitgehend dem *plane tiling* bei [Gr/Sh], S. 16 ff. (Wörtlich bedeutet *tile* im Deutschen *Fliese* oder *Kachel.*) *Parkettierungen* werden später eingeführt. Dieser Begriff wird in der Literatur leider recht unterschiedlich gebraucht.

Da eine abgeschlossene Kreisscheibe kompakt und zusammenhängend ist, gilt dies auch für jede Fliese eines Mosaiks.

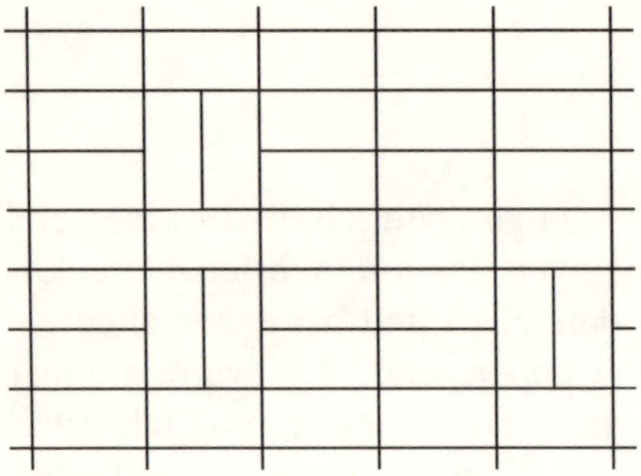

Abb. 9.1.1

Abb. 9.1.2

Offensichtlich gilt:

Folgerung (aus Definition 9.1.1)
a) *Jede diskrete Zerlegung der Ebene in Polygonflächen ist ein Mosaik.*
b) *Jedes isohedrale Mosaik ist monohedral.*

Beispiel 9.1.1. Die Abbildung 9.1.1 zeigt ein Mosaik **M**, das monohedral ist. Seine Symmetriegruppe $S(\mathbf{M})$ besteht aufgrund der eingebauten Störung aber nur aus der Identität. Damit ist es weder isohedral noch eine Kachelung.

Beispiel 9.1.2. Das Mosaik **M** in der Abbildung 9.1.2 ist eine Kachelung, da seine Symmetriegruppe die Ornamentgruppe $\mathbf{W}_4^1$ ist. Es ist aber nicht monohedral (und damit nicht isohedral).

Beispiel 9.1.3. Das kunstvolle Mosaik in Abbildung 9.1.3 stammt von Voderberg [Vo]. Es ist eine diskrete Zerlegung der Ebene in kongruente einfache (aber nicht konvexe) neuneckige Polygonflächen, also ein monohedrales Mosaik. Seine Symmetriegruppe ist eine Rosettengruppe C_2; und damit ist das Mosaik weder eine Kachelung noch isohedral.

Beispiel 9.1.4. In Anlehnung an die Zerlegung in Abbildung 9.1.2 ist das Mosaik in Abbildung 9.1.4 entstanden. Es ist eine Kachelung, da seine Symmetriegruppe eine Ornamentgruppe (nämlich $\mathbf{W}_1^1$) ist. Das Mosaik ist isohedral.

Aufgabe 9.1.5. Man ordne die regulären, halbregulären und halbsymmetrischen Zerlegungen der Ebene in Polygone (Abschn. 8.3) unter die Begriffe Mosaik, Kachelung, isohedrales bzw. monohedrales Mosaik ein!

Aufgabe 9.1.6. Man treffe für diskrete Dirichlet-Zerlegungen der Ebene, die durch ein reguläres Orbit einer diskreten Bewegungsgruppe bestimmt sind, eine Einordnung wie in Aufgabe 9.1.5!

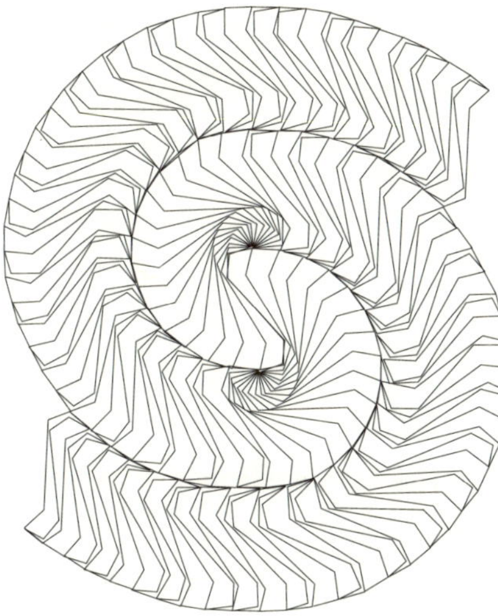

Abb. 9.1.3

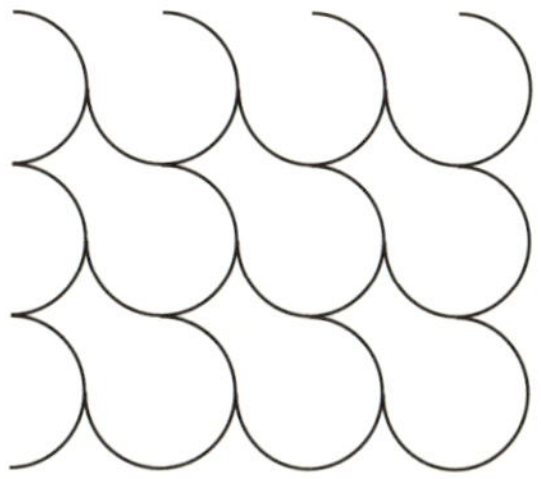

Abb. 9.1.4

Auf der Grundlage der Definition der „Normalität" einer Zerlegung der Ebene in Polygone (Definition 8.3.1) erklären wir:

Definition 9.1.2. Ein Mosaik heißt *normal*, wenn es

a) topologisch äquivalent (homöomorph) zu einer normalen Zerlegung in Polygone ist und wenn es
b) eine reelle Zahl $r > 0$ derart gibt, daß jede Fliese sich durch eine offene Kreisscheibe mit dem Radius r überdecken läßt.

Die Forderung a) bedeutet, daß je zwei verschiedene Fliesen entweder keinen Punkt oder genau einen Punkt oder einen Bogen (als homöomorphes Bild einer Strecke) als gemeinsame Punktmenge besitzen. In diesem Sinne wird in [Gr/Sh] von *edge-to-edge tiling* gesprochen.

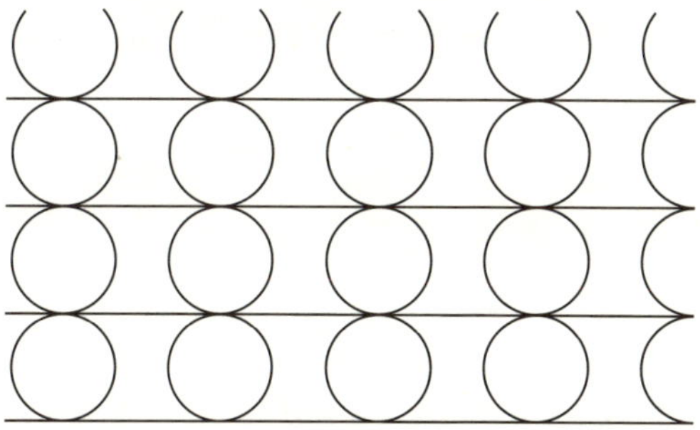

Abb. 9.1.5

Die Forderung b) sichert eine einheitliche Beschränkung der Fliesen. (Vgl. Forderung N3 für *normal tiling* bei [Gr/Sh].)

Das Mosaik im Beispiel 8.3.3 (Abschn. 8.3) erfüllt die erste, aber nicht die zweite Forderung. Das Mosaik in der Abbildung 9.1.5 erfüllt die zweite, aber nicht die erste Forderung. Es ist eine Kachelung. Die Zerlegungen der Ebene in den Abbildungen 8.3.1 und 8.3.2 (Abschn. 8.3) sind keine normalen Zerlegungen in Polygone, aber normale Mosaike!

Parkett

Definition 9.1.3. Ein Mosaik heißt *Parkett*, wenn es eine normale und isohedrale Kachelung ist. ([Bo/Bo/Me/St], S. 132)

Beispiel 9.1.7. Die regulären Zerlegungen der Ebene in Polygone (Abb. 8.3.3) sind Parkette. Die archimedischen Zerlegungen (der Ebene in Polygone) sind normale Kachelungen, aber durchweg keine Parkette!! (Mit diesem Beispiel werden Unterschiede im Gebrauch des Begriffs „Parkett" in der Literatur besonders deutlich.)

Aufgabe 9.1.8. Man begründe, daß die dual-archimedischen Zerlegungen (der Ebene in Polygone) Parkette sind!

Anmerkungen zur Definition 9.1.3. Der Begriffsaufbau führt bei der Definition des Parketts zu einer Überbestimmung des Begriffs.

Die folgenden Sätze klären, aus welchen Teilvorausetzungen, die in der Definition 9.1.3 für ein Parkett gefordert werden, bereits andere Eigenschaften folgen.

So sichert bereits die Forderung a) in der Definition 9.1.1, daß die Fliesen kompakte und folglich beschränkte Punktmengen sind. Damit ist aber, wie das Beispiel 8.3.3 zeigt, eine einheitliche Beschränkung entsprechend der Definition 9.1.2 nicht notwendigerweise gegeben. Diese Eigenschaft ergibt sich jedoch aus der Beschränktheit der Fliesen, wenn das Mosaik monohedral oder, wie in der Definition 9.1.3 gefordert, isohedral ist. Denn bei einem monohedralen (und damit erst recht bei einem isohedralen) Mosaik sind die Fliesen kongruent. Also gilt:

Lemma 9.1.4. *In jedem isohedralen Mosaik gilt die Eigenschaft* b) *der Normalitätsforderung* (Definition 9.1.2).

Weiterhin zeigen wir:

Lemma 9.1.5. *Ist das Mosaik* **M** *eine Kachelung, dann gilt für* **M** *die Normalitätseigenschaft* b).

Beweis. Nach Voraussetzung ist die Symmetriegruppe $S(\mathbf{M})$ der Kachelung **M** eine Ornamentgruppe, und zu dieser Bewegungsgruppe gibt es nach Satz 8.5.8 einen beschränkten Fundamentalbereich F. Dieser hat aufgrund der Diskretheit des Mosaiks **M** nur mit endlich vielen Fliesen $T_1, \ldots, T_n$ gemeinsame Punkte. Da jede dieser Fliesen beschränkt ist, ist es auch ihre Vereinigung W. Folglich gibt es eine offene Kreisscheibe mit einem Radius $r > 0$, die W überdeckt.

Wir zeigen nun, daß sich jede Fliese T der Kachelung **M** mit einer offenen Kreisscheibe vom Radius r überdecken läßt.

Dazu sei P ein Punkt der Fliese T.

Der Orbit von P bezüglich der Gruppe $S(\mathbf{M})$ hat mit dem Fundamentalbereich F dieser Gruppe einen gemeinsamen Punkt Q. Es sei $\alpha \in S(\mathbf{M})$ mit $\alpha(P) = Q$. Dann ist $\alpha(T)$ eine zu T kongruente Fliese aus **M**, die mit F einen gemeinsamen Punkt, nämlich Q, besitzt. Und folglich läßt sich $\alpha(T)$ nach Wahl von r mit einer Kreisscheibe vom Radius r überdecken, also auch T. □

Wir bleiben noch bei der Abwägung der Forderungen in der Definition 9.1.3 und gehen jetzt von einem normalen und isohedralen Mosaik **M** aus.

Eine weitere mögliche Reduzierung der Forderungen ergibt folgender

Satz 9.1.6. *Ein isohedrales Mosaik ist eine Kachelung.*

Beweis. Wir haben zu zeigen, daß die Symmetriegruppe $S(\mathbf{M})$ eines isohedralen Mosaiks **M** eine Ornamentgruppe ist.

Es sei T eine Fliese von **M**, und es sei S_T die Menge derjenigen Symmetrieabbildungen von **M**, die die Fliese T auf sich abbilden. $S_T := S(T) \cap S(\mathbf{M})$ ist eine Untergruppe von $S(\mathbf{M})$.

Ist V irgendeine Fliese von **M**, so läßt sich S_T auf S_V durch ein $\alpha \in S(\mathbf{M})$ mit $\alpha(T) = V$ transformieren. Denn es gibt eine derartige Bewegung α, da **M** isohedral ist, und diese leistet das Gewünschte.

Wir zeigen nun zunächst, daß die Gruppe S_T endlich ist.

Da T beschränkt ist, kann S_T keine echten Translationen enthalten. Folglich besitzt nach dem Satz 4.1.1 die Gruppe S_T einen Fixpunkt O, und sie enthält nur Drehungen (um O) oder Spiegelungen an Geraden (durch O).

Falls es nur einen Fixpunkt gibt, so liegt er im Innern von T. Ansonsten kann er unter mehreren so ausgewählt werden.

Wir wählen einen inneren Punkt X einer von T verschiedenen Fliese V.

Wäre S_T unendlich, dann müßte der Orbit von X bezüglich der Gruppe S_T unendlich viele Punkte enthalten und überdies auf dem Kreis um O mit dem Radius $|O, X|$ liegen, also beschränkt sein.

Folglich besitzt dieser Orbit einen Häufungspunkt Y. Jede r-Umgebung von Y würde dann aber unendlich viele Punkte dieses Orbits enthalten und damit mit unendlich vielen Fliesen von **M** gemeinsame Punkte besitzen.

Das widerspricht der Diskretheit von **M**. Also ist S_T endlich.

Folglich ist S_T eine Rosettengruppe, und damit gibt es nach den Darlegungen im Abschnitt 8.5 eine abgeschlossene Winkelfläche F mit dem Scheitel O (Abb. 9.1.6) als Fundamentalbereich, falls S_T mehr als die Identität enthält. Der Durchschnitt F_T von F und T ist eine abgeschlossene, beschränkte und zusammenhängende Punktmenge mit Innerem.

Wir zeigen jetzt für F_T die Eigenschaften (1) – (2), die nach Definition 8.5.4 einen Fundamentalbereich der Gruppe $S(\mathbf{M})$ charakterisieren. Nach dem Satz 8.5.8 ist dann $S(\mathbf{M})$ eine Ornamentgruppe.

Die Eigenschaft (1) ist bereits klar.

Würde irgendein Orbit eines Punktes P bezüglich $S(\mathbf{M})$ mehr als einen inneren Punkt von F_T enthalten, dann wären diese Punkte auch Orbitpunkte von P bezüglich der Untergruppe S_T. Das widerspricht aber der Eigenschaft von F, Fundamentalbereich von S_T zu sein. Also gilt die Eigenschaft (2) für $S(\mathbf{M})$.

Zum Beweis von (3) gehen wir von irgendeinen Orbit C eines Punktes P bezüglich $S(\mathbf{M})$ aus. P gehört wenigstens einer Fliese W an. Wie bereits erörtert, gibt es eine Bewegung $\alpha \in S(\mathbf{M})$ mit $\alpha(W) = T$. Folglich hat der Orbit C mit der Fliese T den Punkt $\alpha(P)$ gemeinsam. Schließlich gibt es noch ein $\beta \in S_T \subset S(\mathbf{M})$ mit $\beta(\alpha(P)) \in F, T$, da F ein Fundamentalbereich der Rosettengruppe S_T ist. Also ist $\beta(\alpha(P))$ ein gemeinsamer Punkt des Orbits C mit der Menge $F_T = F \cap T$. □

Ein *Parkett* läßt sich demnach als lückenlose und überlappungsfreie Überdeckung der Ebene mit „Fliesen" beschreiben, die zu einer abgeschlossenen Kreisscheibe topologisch äquivalent sind und bei der zwei Fliesen entweder keinen oder genau einen Punkt oder einen Bogen gemeinsam haben und jede Fliese durch eine Symmetrieabbildung der Überdeckung auf jede andere abgebildet werden kann.

Insbesondere ergibt sich die

Folgerung (aus Satz 9.1.6). *Ist B ein Orbit einer Ornamentgruppe, dann ist die Dirichlet-Zerlegung $K(B)$ ein Parkett.*

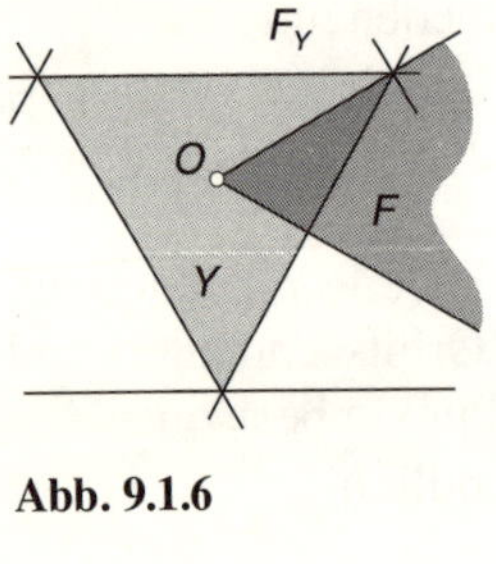

Abb. 9.1.6

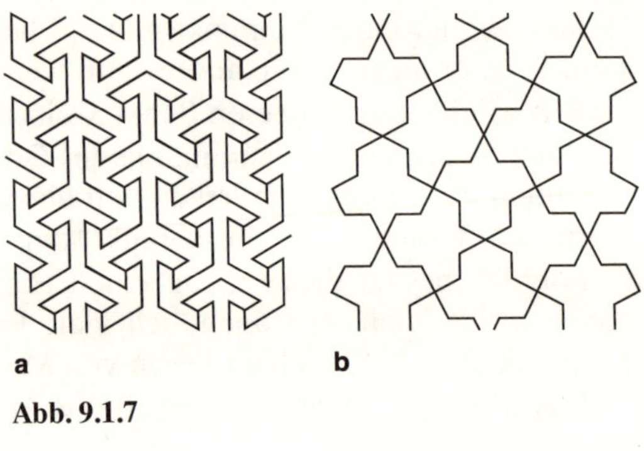

Abb. 9.1.7

Mit dieser Folgerung ist eine generelle Antwort auf die Aufgabenstellung 9.1.6 gegeben.

Aufgabe 9.1.9. Man vollziehe die wesentlichen Schritte des Beweises zu Satz 9.1.6 anhand derjenigen isohedralen Mosaike nach, die in den Abbildungen 9.1.7 a und b konkret vorliegen. Diese Muster sind dem niederländischen Graphiker M. C. Escher nachempfunden.

Parkettierung mit einfachen Polygonen

Wir gehen der Frage nach, zu welchen einfachen n-Ecken T es ein Parkett derart gibt, daß die Fliesen zu T kongruent sind. Geht das, dann sagen wir kurz, daß die *Ebene mit dem n-Eck T parkettierbar* ist.

Dabei heißt ein n-Eck (Polygon) einfach, wenn ein einfach geschlossener Streckenzug zugrunde liegt, d. h., wenn der Rand homöomorph zu einer Kreislinie ist.

Die Frage wird schrittweise über spezielle n-Ecke erörtert.

a) Es sei T ein *Parallelogramm.*

Die Abbildungen 9.1.8 a und b zeigen zwei verschiedene Anlegeweisen, mit denen offensichtlich gezeigt ist

Lemma 9.1.7. *Die Ebene ist mit jedem Parallelogramm parkettierbar.*

Das Parkett in Abbildung 9.1.8 a nennen wir kurz *Parallelogramm-Parkett* (oder *Parallelogrammzerlegung*). Spezialfälle sind die Rechteck- und die Rhombenzerlegung (Abb. 8.3.8 bzw. 8.3.4).

b) Es sei T ein *Dreieck ABC.*

Spiegeln wir das Dreieck ABC am Mittelpunkt einer Seite, etwa am Mittelpunkt Z der Seite BC, dann ergibt die Vereinigung des Dreiecks ABC mit seinem Bilddreieck $A'CB$ das Parallelogramm $P = ABA'C$.

Nach a) gibt es das Parallelogrammparkett $\mathbf{M}$ mit P als Fliese (Abb. 9.1.9). Zu jeder Fliese P_1 aus $\mathbf{M}$ existiert genau eine Translation aus der Symmetriegruppe $S(\mathbf{M})$, die die Fliese P auf P_1 abbildet. Mit diesen Abbildungen

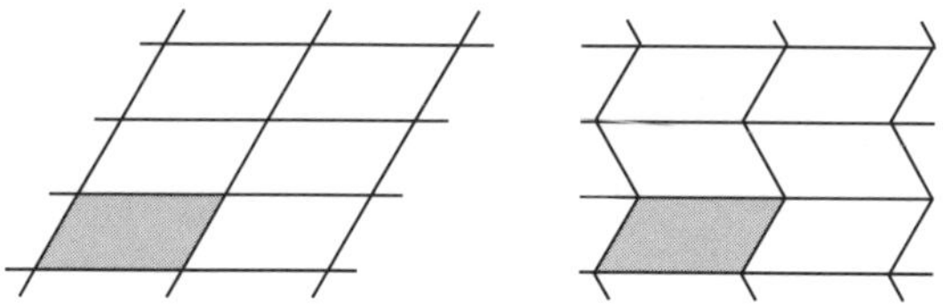

a b

Abb. 9.1.8

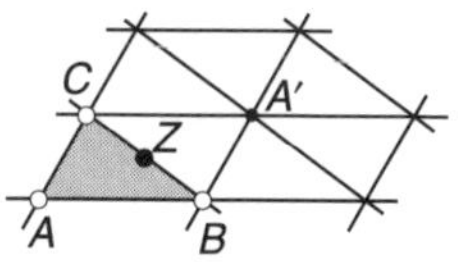

Abb. 9.1.9

übertragen wir die Diagonale BC des Parallelogramms P auf alle Fliesen von **M** und erhalten damit eine normale Zerlegung **M′** der Ebene in zu T kongruente Dreiecke. Die durch die Translationen aus $S(\mathbf{M})$ und die Spiegelung am Punkt M erzeugte Gruppe ist offenbar eine Ornamentgruppe, die transitiv über den Fliesen von **M′** operiert. Damit ist gezeigt

Lemma 9.1.8. *Die Ebene ist mit jedem Dreieck parkettierbar.*

Aufgabe 9.1.10. Könnte man auch mit Hilfe des Parketts in Abbildung 9.1.8 b zu einer Lösung kommen?

c) Es sei T ein *zentralsymmetrisches Sechseck* $A_1 \dots A_6$. (T kann auch konkav sein.)

Nach Voraussetzung gibt es (genau) einen Punkt Z derart, daß die Spiegelung an Z das Sechseck T auf sich abbildet.

Im folgenden sei M_i der Mittelpunkt der Seite A_iA_{i+1} ($i = 1, 2$). Bei der Spiegelung am Punkt M_i geht T in ein zentralsymmetrisches Sechseck T_i über (Abb. 9.1.10). Nun zeigt man, daß die Menge der gemeinsamen Punkte von T und T_1 die Kante A_1A_2 ist.

Da A_1A_2 bei der Spiegelung an M_1 in sich übergeht, liegt diese Kante im Durchschnitt $T \cap T_1$. Ist T konvex, dann liegen $T \setminus A_1A_2$ und $T_1 \setminus A_1A_2$ in verschiedenen Halbebenen bezüglich der Verbindungsgeraden von A_1 und A_2, und damit kann $T \cap T_1$ nicht mehr als diese Kante enthalten. Weitere Überlegungen überlassen wir dem Leser als Aufgabe.

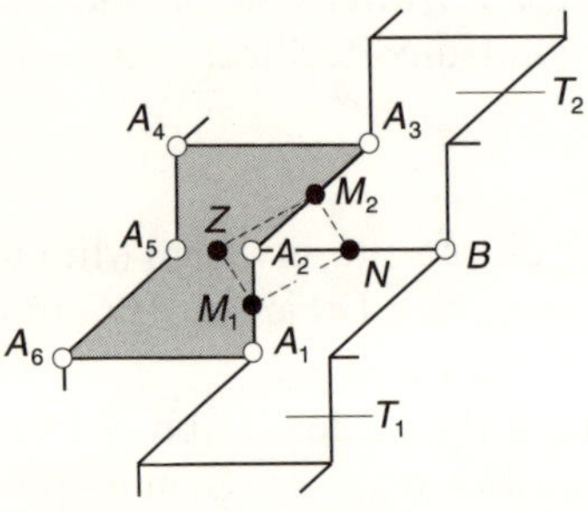

Abb. 9.1.10

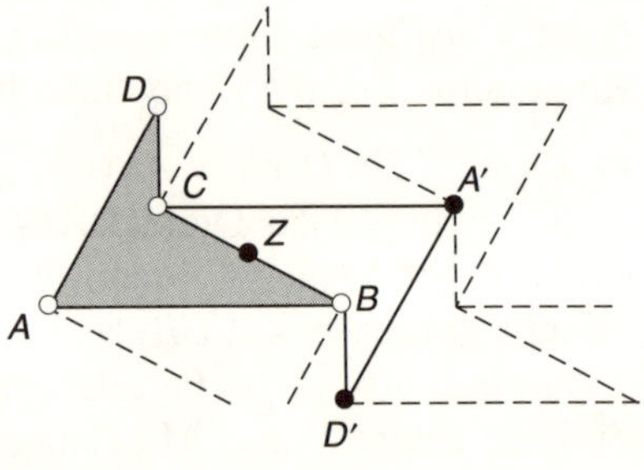

Abb. 9.1.11

Aufgabe 9.1.11.

a) Man gebe ein einfaches zentralsymmetrisches n-Eck $A_1 \dots A_n$ ($n > 6$) an, bei dem $T \cap T_1$ mehr als die Kante A_1A_2 enthält.

b) Man begründe $T \cap T_1 = A_1A_2$ für ein zentralsymmetrisches (und nicht konvexes) Sechseck näher.

Entsprechend ist A_2A_3 die Menge der gemeinsamen Punkte von T und T_2. Wir zeigen nun, daß auch $T_1 \cap T_2$ eine gemeinsame Kante ist.

Bekanntlich ist das Produkt von drei Punktspiegelungen stets eine Punktspiegelung. Demnach ist $\sigma_{M_2} \circ \sigma_Z \circ \sigma_{M_1}$ die Spiegelung an einem Punkt N.

Dann ist zunächst $\sigma_N(T_1) = (\sigma_{M_2} \circ \sigma_Z)(T) = T_2$.

Überdies ist wegen $\sigma_N(A_2) = \sigma_{M_2} A_4$ und $\sigma_N(A_2) = (\sigma_{M_1} \circ \sigma_Z \circ \sigma_{M_2})(A_2) = \sigma_{M_1}(A_6)$ der Punkt $B := \sigma_N(A_2)$ sowohl in T_2 als auch in T_1 eine benachbarte Ecke von A_2.

Demnach bilden die Sechsecke T, T_1 und T_2 eine lückenlose und überlappungsfreie Teilüberdeckung der Ebene (Abb. 9.1.10). Diese läßt sich nun offensichtlich mit Hilfe von Spiegelungen an Seitenmittelpunkten zu einem isohedralen Mosaik **M** der Ebene mit T als Fliese fortsetzen. Damit gilt

Lemma 9.1.9. *Die Ebene ist mit jedem zentralsymmetrischen Sechseck parkettierbar.*

d) Es sei T ein beliebiges (einfaches) *Viereck*.

Ist T' das Bild von T bei der Spiegelung am Mittelpunkt Z einer Seite von T, dann ist $T \cup T'$ ein einfaches zentralsymmetrisches Sechseck (mit dem Zentrum Z; Abb. 9.1.11). Analog zu den Darlegungen unter b) ergibt sich

Lemma 9.1.10. *Die Ebene ist mit jedem Viereck parkettierbar.*

e) Wir setzen jetzt ein einfaches *Fünfeck* voraus.

Ein Parkett mit regelmäßigen Fünfecken ist nicht möglich, da es keine reguläre Zerlegung mit Fünfecken gibt (Abschn. 8.3).

Die drei dual-archimedischen Zerlegungen (3, 3, 3, 3, 6), (3, 3, 3, 4, 4) und (3, 3, 4, 3, 4) zeigen, daß es Parkette mit konvexen Fünfecken gibt (Abschn. 8.3).

Aufgabe 9.1.12. Man zeige, daß die Ebene nicht mit einem Fünfeck parkettiert werden kann, dessen Innenwinkel alle stumpf sind. (Hinweis: Man führe den Beweis indirekt und überlege, wie viele Kanten eine Ecke gemeinsam haben können; siehe [Rei].)

Nach den bisherigen Darlegungen stellt sich die Frage, ob es zu jeder natürlichen Zahl $n \geq 7$ ein Parkett mit einfachen n-Ecken gibt. Zunächst überrascht

Satz 9.1.11. *Zu jeder natürlichen Zahl $n \geq 3$ gibt es ein isohedrales Mosaik der Ebene mit einfachen n-Ecken.*

Beweis. Für $n \leq 6$ ist die Behauptung bereits durch die Existenz von Parketten bewiesen. Die Darlegungen b) und d) bieten bereits eine Beweisidee für $n \geq 7$.

Wir wählen ein Rechteck $T = ABCD$; sein (Symmetrie-)Zentrum sei Z.

Nun ziehen wir einen Streckenzug $RT_1 ... T_k Z$ von einem inneren Punkt R der Seite AB zum Punkt Z mit abwechselnd zu AD und AB parallelen Strecken, also $RT_1 \parallel AD$, $T_1T_2 \parallel AB$ usw. Durch Spiegelung an Z erhält man einen Streckenzug $RT_1...T_kT_k'...T_1'R'$, der das Rechteck T in zwei $(4+2k)$-Ecke, $k \geq 1$ teilt, die bezüglich des Punktes Z symmetrisch zueinander liegen (Abbildung 9.1.12 a). Auf der Grundlage des Rechteckparketts mit der Fliese T ergibt sich entsprechend der Vorgehensweise, wie unter b) für ein Dreieck, ein isohedrales Mosaik mit dem $(4+2k)$-Eck $ART_1...T_kT_k'...T_1'R'D$ als Fliese. (Eine genauere Begründung überlassen wir dem Leser als Aufgabe.)

Damit ist die Behauptung für alle *geradzahligen* $n \geq 6$ bewiesen.

Für ungeradzahlige $n \geq 7$ können wir einen analogen Beweis führen. Dazu gehen wir von einem zentralsymmetrischen Sechseck T aus, das – wie in der Abb. 9.1.12 b – durch Entecken aus einem Rechteck entsteht. Wir zerlegen T wieder durch einen bezüglich des Zentrums Z symmetrischen Streckenzug und erhalten ein $(5+2k)$-Eck, $k \geq 1$ (Abb. 9.1.12 b). Die Parkettierung der Ebene mit T entsprechend Abbildung 9.1.10 induziert ein isohedrales Mosaik mit einem $(5+2k)$-Eck als Fliese. □

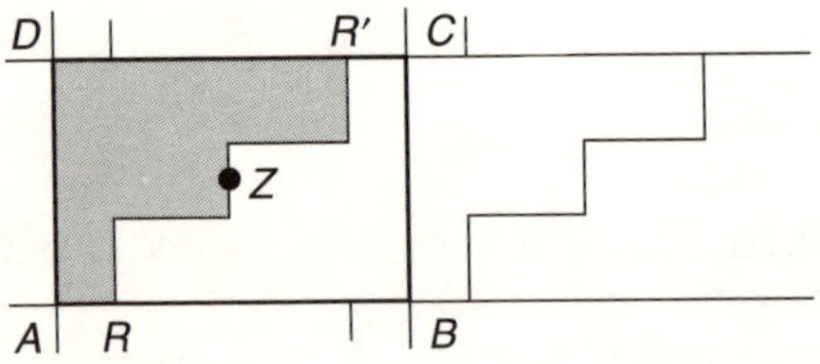

a

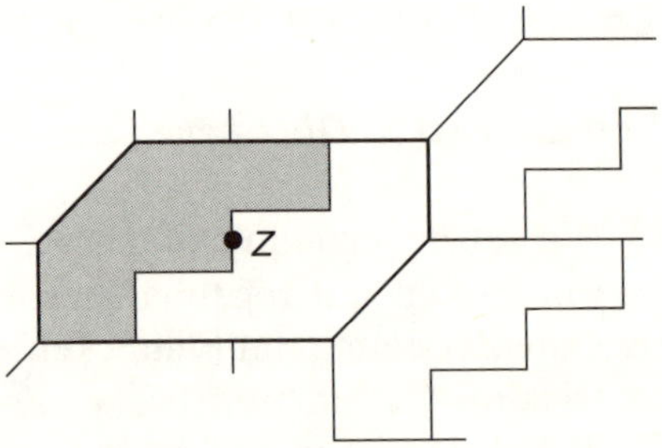

b

Abb. 9.1.12

Aufgabe 9.1.13. Man zeige, daß die beim Beweis des Satzes 9.1.11 konstruktiv vorgelegten Zerlegungen (Abb. 9.1.12 a, b) isohedral sind.

Bei der Formulierung des Satzes 9.1.11 ist der Begriff *Parkett* bewußt vermieden worden. Die vorgelegten Zerlegungen in $(4+2k)$- bzw. $(5+2k)$-Ecke sind nämlich *nicht* normal.

Offensichtlich sind diese Zerlegungen aber topologisch äquivalent zu einer normalen Zerlegung in *Fünf*- bzw. *Sechsecke*, genauer, topologisch äquivalent zur dual-archimedischen Zerlegung (3, 3, 3, 4, 4) bzw. zur regulären Zerlegung (3, 3, 3, 3, 3, 3). Folglich sind sie Parkette!

Diese Feinheit in der Betrachtungsweise ist bereits bei den Zerlegungen in den Abbildungen 9.1.7 a und b deutlich geworden. Nach Definition sind sie Parkette. Die Fliesen selbst sind einfache 24-Ecke bzw. 12-Ecke. Hier liegt auch keine normale Zerlegung in derartige Polygone vor. Topologisch äquivalent sind diese Zerlegungen zu den normalen Zerlegungen in Sechs- bzw. Vierecke.

Solche topologischen Gesichtspunkte sind aber für den Begriff Parkett geboten, wenn man u. a. gewisse Strukturen aus Natur und Technik einer einheitlichen mathematischen Analyse zuführen möchte.

Auf Klassifizierungsfragen unter topologischen Aspekten gehen wir im Abschnitt 9.2 ein.

9.2. Klassifizierung von Parketten

Die Fülle möglicher Parkette gebietet, eine *Übersicht nach ordnenden Prinzipien* herzustellen.

Topologischer Aspekt

Eine Klassifizierung nach topologischen Aspekten ist eine recht grobe geometrische Betrachtungsweise.

Ein Mosaik $\mathbf{M} = \{T_i\}$ heißt *topologisch äquivalent* zu einem Mosaik $\mathbf{M}' = \{T_i'\}$, wenn es einen Homöomorphismus γ der Ebene mit $\mathbf{M}' = \{\gamma(T) : T \in \mathbf{M}\}$ gibt. Laves [La] hat 1931 gezeigt

Satz 9.2.1. *Es gibt bis auf topologische Äquivalenz genau elf verschiedene Parkette.*

Anmerkungen. Auf einen Beweis wird hier nicht näher eingegangen. Folgende Anmerkungen sollen einige Sachverhalte (auch mit Blick auf Beweisansätze) vorstellen und vertiefen.

Es sei zunächst $\mathbf{M} = \{T_i\}$ nur ein Mosaik, das topologisch äquivalent zu einer normalen Zerlegung der Ebene in Polygone ist.

Einem derartigen Mosaik $\mathbf{M}$ kann in kanonischer Weise ein *Netz* $N(\mathbf{M})$ wie folgt zugeordnet werden, das aus Ecken, Kanten, Maschen und der Enthaltenseinsbeziehung (Inzidenz) zwischen ihnen besteht.

Eine *Ecke* ist ein Punkt, der drei oder mehr Fliesen angehört; eine *Kante* ist der (abgeschlossene) Bogen, den zwei benachbarte Fliesen als gemeinsame Punktmenge besitzen.

Jede Kante besitzt genau zwei Ecken. Zu zwei Ecken gibt es höchstens eine Kante, die sie enthält. Jede Ecke gehört mindestens drei, aber nur endlich vielen Kanten an. Diese Anzahl heißt der *Grad* oder die *Ordnung* der Ecke P und wird kurz mit $q(P)$ bezeichnet.

Eine *Masche* ist ein geschlossener Kantenzug, den die Kanten bezüglich ein und derselben Fliese bilden. Jede Masche besitzt wenigstens drei, aber nur endlich viele Kanten. Jede Kante gehört genau zwei Maschen an.

Eine topologische Abbildung (Homöomorphismus) von einem Mosaik **M** auf ein Mosaik **M′** induziert offenbar einen Isomorphismus des Netzes $N(\mathbf{M})$ auf das Netz $N(\mathbf{M}')$, d. h. eine eineindeutige Abbildung der Menge der Ecken, Kanten und Maschen von $N(\mathbf{M})$ auf die entsprechenden Mengen von $N(\mathbf{M}')$, die die bestehenden Inzidenzen invariant läßt.

Besonders hilfreich ist der Umstand, daß auch die Umkehrung gilt, d. h., daß es zu jedem Isomorphismus von $N(\mathbf{M})$ auf $N(\mathbf{M}')$ einen dazu verträglichen Homöomorphismus der Mosaike gibt.

Wir wenden uns nun speziell den Parketten zu. Die Maschen eines Parketts **M** sind nach Definition zueinander äquivalent (bezüglich der Symmetriegruppe des Parketts). Wird eine Masche (als geschlossener Kantenzug mit r Kanten) einmal durchlaufen und in dieser Abfolge für jede Ecke P_i der jeweilige Grad $q_i := q(P_i)$ notiert, dann ergibt sich ein geordnetes r-Tupel $(q_1, q_2, ..., q_r)$, das bis auf zyklische Vertauschungen und Inversionen und unabhängig von der Wahl der Masche eindeutig bestimmt ist. Es wird das *Knüpfmuster* des Parketts genannt.

Man beachte, daß bei den regulären Zerlegungen (3, 3, 3, 3, 3, 3), (4, 4, 4, 4) und (6, 6, 6) das Knüpfmuster durch die „duale“ Bezeichnung (6, 6, 6), (4, 4, 4, 4) bzw. (3, 3, 3, 3, 3, 3) beschrieben ist. Bei den dual-archimedischen Zerlegungen stimmt die Kennzeichnung im Abschn. 8.3 mit der des Knüpfmusters überein!

Das Parkett in der Abbildung 9.1.4 – als weiteres Beispiel – hat das Knüpfmuster (3, 3, 3, 3, 3, 3).

Netze von Parketten mit gleichem Knüpfmuster sind isomorph.

Die regulären und die dual-archimedischen Zerlegungen der Ebene in Polygone sind Parkette, und sie besitzen, wie wir schon in anderer Weise bemerkt, paarweise voneinander verschiedene Knüpfmuster. „Lexikographisch“ geordnet sind dies:

(3, 3, 3, 3, 3, 3); (3, 3, 3, 3, 6); (3, 3, 3, 4, 4); (3, 3, 4, 3, 4); (3, 4, 6, 4); (3, 6, 3, 6); (3, 12, 12); (4, 4, 4, 4); (4, 6, 12); (4, 8, 8) und (6, 6, 6).

Folglich sind diese Parkette paarweise nicht topologisch äquivalent, und damit gibt es wenigstens elf Äquivalenzklassen.

Nach [La] gibt es nicht mehr als elf Klassen topologisch äquivalenter Parkette.

Parkette mit der gleichen topologischen Struktur können geometrisch, etwa bezüglich der möglichen Symmetrieabbildungen gesehen, von recht unterschiedlicher Struktur sein. So haben z. B. das Parkett $\mathbf{M}_1$ in der Abbildung 9.1.4 und die reguläre Zerlegung $\mathbf{M}_2$ der Ebene in Sechsecke (Abb. 8.3.3 c) das gleiche Knüpfmuster (3, 3, 3, 3, 3, 3), aber die Symmetriegruppe $S(\mathbf{M}_1)$ ist eine $\mathbf{W}_1^1$- und $S(\mathbf{M}_2)$ eine $\mathbf{W}_6^1$-Gruppe.

Aspekt der Symmetriegruppen

Die Symmetriegruppe $S(\mathbf{M})$ einer diskreten Zerlegung **M** der Ebene muß selbst nicht diskret sein. (Das zeigt z. B. eine Zerlegung der Ebene in äquidistante Parallelstreifen.)

Ist **M** ein Mosaik, dann ist die Symmetriegruppe $S(\mathbf{M})$ diskret. Eine Begründung erhält man, indem man zunächst wie beim Beweis zum Satz 9.1.6 zeigt, daß für jede Fliese T die Einschränkung der Symmetriegruppe auf T (also der Stabilisator von T) endlich ist. Den weiteren Beweis kann man indirekt führen.

Für ein Parkett **M** ist ohne diese Vorüberlegungen schon aufgrund der Definition 9.1.3 klar, daß $S(\mathbf{M})$ eine Ornamentgruppe ist. Und davon gibt es 17 Typen nach den Darlegungen im Abschnitt 5.4.

Nun stellt sich die Frage, ob es zu jedem dieser Typen ein Parkett **M** der Art gibt, daß $S(\mathbf{M})$ von diesem Typ ist.

Es ist schon bemerkenswert, daß dies für genau den Ornamentgruppentyp $\mathbf{W}_3^1$ (P3M1) nicht gelingt. Es gilt

Satz 9.2.2. *Die Symmetriegruppen der Parkette bilden genau 16 der 17 Ornamentgruppentypen.*

Zur *Begründung* verweisen wir auf die noch folgende vollständige Klassifizierung aller isohedralen Mosaike nach Grünbaum und Shepard [Gr/Sh 2].

Eine feinere Einteilung der ersten beiden Aspekte

Eine feinere Einteilung der Parkette ist jetzt durch die Angabe zweier Kennzeichnungen möglich: durch das Knüpfmuster *und* den Typ der Symmetriegruppe.

Formal bestehen $11 \cdot 16 = 176$ verschiedene Kombinationsmöglichkeiten. Aber nicht alle werden durch Parkette realisiert.

Satz 9.2.3. *Es gibt genau 54 verschiedene Parkettarten, die sich durch das Knüpfmuster oder den Typ der Symmetriegruppe unterscheiden.*

Eine Übersicht (und damit einen Beweis) gibt folgende Tabelle. (Diese Übersicht ergibt sich aus der vollständigen Klassifizierung der isohedralen Mosaike in [Gr/Sh 2]. Die jeweilige Nummer bezieht sich auf die dortige Numerierung. Ferner ist die Einordnung der regulären und der dual-archimedischen Zerlegungen in Polygone mit „R“ bzw. „A“ angegeben.)

$S(\mathbf{M})$	$N(\mathbf{M})$										
	33333	33336	33344	33434	3464	3636	31212	4444	4612	488	666
$\mathbf{W}_1$(P1)	*	-	-	-	-	-	-	*	-	-	-
$\mathbf{W}_1^1$(CM)	*	-	*	-	-	-	-	*	-	-	*
$\mathbf{W}_1^2$(PM)	-	-	-	-	-	-	-	*	-	-	-
$\mathbf{W}_1^3$(PG)	*	-	-	-	-	-	-	*	-	-	-
$\mathbf{W}_2$(P2)	*	-	*	-	-	-	-	*	-	-	*
$\mathbf{W}_2^1$(CMM)	*	-	*A	-	-	-	-	*	-	*	*
$\mathbf{W}_2^2$(PMM)	-	-	-	-	-	-	-	*	-	-	-
$\mathbf{W}_2^3$(PMG)	*	-	*	-	-	-	-	*	-	-	*
$\mathbf{W}_2^4$(PGG)	*	-	*	*	-	-	-	*	-	-	*
$\mathbf{W}_3$(P3)	*	-	-	-	-	*	-	-	-	-	-
$\mathbf{W}_3^1$(P3M1)	-	-	-	-	-	-	-	-	-	-	-
$\mathbf{W}_3^2$(P31M)	*	-	-	-	*	*	*	-	-	-	-
$\mathbf{W}_4$(P4)	-	-	-	*	-	-	-	*	-	*	-
$\mathbf{W}_4^1$(P4M)	-	-	-	-	-	-	-	*R	-	*A	-
$\mathbf{W}_4^2$(P4G)	-	-	-	*A	-	-	-	*	-	*	-
$\mathbf{W}_6$(P6)	*	*A	-	-	*	*	*	-	-	-	*
$\mathbf{W}_6^1$(P6M)	*R	-	-	-	*A	*A	*A	-	*A	-	*R
Summen	11	1	5	3	3	4	3	12	1	4	7
											54

Die 81 Parkettklassen nach Grünbaum und Shepard

Die Angabe des Knüpfmusters *und* des Typs der Symmetriegruppe allein vermag noch nicht, weitere deutliche strukturelle Unterschiede von Parketten auszuweisen. Ein Beispiel soll dies verdeutlichen:

Die Parkette in den Abbildungen 9.2.1 a – c besitzen alle das Knüpfmuster (4, 4, 4), und ihre Symmetriegruppen sind vom Typ $\mathbf{W}_4$ (P4). Ein markanter struktureller Unterschied besteht hier darin, daß die Einschränkung der Symmetriegruppe auf einen Parkettstein (also der Stabilisator eines Parkettsteins) bei a die Identität (C_1), bei b eine Rosettengruppe C_2 und bei c eine Rosettengruppe C_4 ist. Weiterhin fällt auf, daß im ersten Beispiel die Drehzentren 4. und 2. Grades der Symmetriegruppe Ecken der Parkettsteine sind, daß im zweiten Beispiel alle Ecken Drehzentren 4. Grades (und die Drehzentren 2. Grades Symmetriezentren der Parkettsteine) sind und daß schließlich im letzten Beispiel nicht nur die Ecken, sondern auch die Mitten der Parkettsteine die Drehzentren 4. Grades (und die Mitten der Kanten Drehzentren 2. Grades) der Symmetriegruppe sind.

Diese Beispiele machen deutlich, daß eine weitere strukturelle Verfeinerung durch die Art des Zusammenhangs zwischen Netz $N(\mathbf{M})$ und Symmetriegruppe $S(\mathbf{M})$ eines Parketts **M** möglich und der Natur der Parkette angemessen ist.

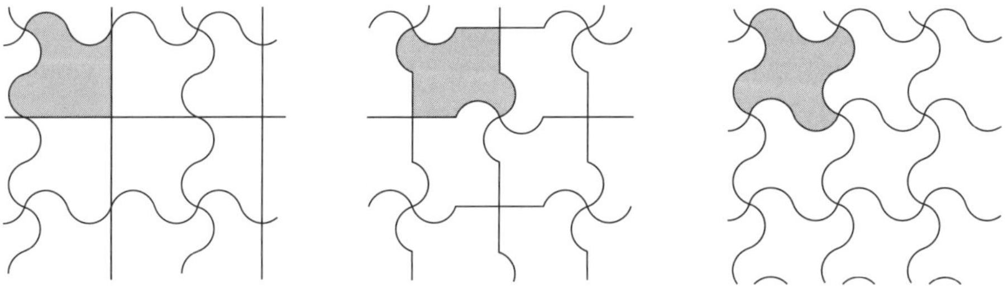

a b c

Abb. 9.2.1

Präzisierungen einer derartigen Verfeinerung haben in verschiedener Weise Heesch [He], Grünbaum und Shepard [Gr/Sh 2] sowie Dress und Scharlau [Dr/Sch] vorgenommen.

Wir skizzieren einen Weg, der gruppentheoretische Aspekte bevorzugt (vgl. [Si], [He] und [Bo/Bo/Me/St]).

Das Netz $N(\mathbf{M})$ eines Parketts **M** hatten wir als ein System $(E, K, T; I)$ von Ecken (E), Kanten (K), Maschen (T) und einer Enthaltenseinsbeziehung (Inzidenz: I) erklärt. Die topologische Äquivalenz von Parketten ist mit der Isomorphie ihrer Netze gleichwertig. Es gibt bis auf Isomorphie elf verschiedene Netze von Parketten, und jedes unterscheidet sich gegenüber dem anderen durch das Knüpfmuster.

Jede Symmetrieabbildung eines Parketts **M** induziert einen *Automorphismus* des Netzes $N(\mathbf{M})$, d. h. jeweils eine Transformation von E, K bzw. T auf sich derart, daß die Inzidenz invariant bleibt (Inzidenztreue). Die Automorphismen des Netzes N bilden eine Gruppe, die *Automorphismengruppe* $\mathrm{Aut}(N)$. Die durch die Symmetrieabbildungen des Mosaiks induzierten Automorphismen des Netzes bilden selbst eine Gruppe, die mit $\mathrm{Aut}_S(N)$ bezeichnet wird.

Es ergibt sich sofort:

Lemma 9.2.4. $\mathrm{Aut}_S(N)$ *ist eine Untergruppe von* $\mathrm{Aut}(N)$, *die transitiv auf den Maschen von N operiert.*

Das heißt, zu je zwei Maschen T_1 und T_2 von N gibt es wenigstens ein $\gamma \in \mathrm{Aut}_S(N)$ mit $\gamma(T_1) = T_2$.

Die Symmetriegruppe $S(\mathbf{M})$ eines Parketts **M** heißt *topologisch komplett*, wenn $\mathrm{Aut}_S(N) = \mathrm{Aut}(N)$ ist ([Bo/Bo/Me/St], S. 135).

Bemerkenswert ist dann

Lemma 9.2.5. *Zu jedem Parkett gibt es ein topologisch äquivalentes, das eine topologisch komplette Symmetriegruppe besitzt.*

Beweis. Die Behauptung ist leicht zu zeigen. Jedes Mosaik ist nach Satz 9.2.1 topologisch äquivalent zu genau einem der insgesamt elf Typen der regulären oder dual-archimedischen Zerlegungen der Ebene in Polygone. Diese Zerlegungen sind offensichtlich Parkette, die eine topologisch komplette Symmetriegruppe besitzen. □

Aufgrund dieses Zusammenhangs heißen die regulären und die dual-archimedischen Zerlegungen der Ebene in Polygone auch die *Laves-Parkette*. Bis auf Ähnlichkeit gibt es genau elf Laves-Parkette.

Es sei **M** ein Parkett und N das Netz von **M**. Dann gibt es bis auf Ähnlichkeit genau ein Laves-Parkett **L** mit dem gleichen Knüpfmuster wie N, und die Struktur der Automorphismengruppe $\mathrm{Aut}(N)$ kann nun durch die Symmetriegruppe $S(\mathbf{L})$ beschrieben werden: Es gibt einen Isomorphismus von $\mathrm{Aut}(N)$ auf die Symmetriegruppe $S(\mathbf{L})$.

Das Bild der Untergruppe $\mathrm{Aut}_S(N)$ ist dabei eine Untergruppe $U(\mathbf{M})$ der Symmetriegruppe $S(\mathbf{L})$, die transitiv auf den Kacheln von **L** operiert.

Zwei Parkette $\mathbf{M}_1$ und $\mathbf{M}_2$ sollen nun genau dann *in einer Klasse liegen*, wenn ihre Knüpfmuster gleich sind und wenn, bezogen auf das Laves-Parkett **L,** das durch das Knüpfmuster bestimmt ist, die durch die Symmetriegruppen $S(\mathbf{M}_1)$ und $S(\mathbf{M}_2)$ induzierten Untergruppen $U(\mathbf{M}_1)$ und $U(\mathbf{M}_2)$ von $S(\mathbf{L})$ gleich sind.

Damit stellt sich die Aufgabe, eine Übersicht über alle (transitiven) Untergruppen der Symmetriegruppen von Laves-Parketten zu gewinnen.

Eine solche Frage ergab sich bereits bei strukturellen Untersuchungen zu den elementaren Ostwald-Mustern (Abschn. 5.5). Dort waren Untergruppen der Symmetriegruppen der regulären Zerlegungen, die transitiv über den Kacheln wirken, von Interesse. Wir greifen dortige Ansätze auf und führen sie hier weiter.

Es sei T eine beliebig gewählte, aber dann feste Kachel eines Laves-Parketts **L**. $I := \{\gamma \in S(\mathbf{L}) : \gamma(T) = T\}$ ist die Isotropiegruppe von T bezüglich der Symmetriegruppe des Parketts **L**. (Vgl. Definition 1.3.) Sie ist zur Isotropiegruppe jeder anderen Kachel äquivalent bezüglich der Gruppe $S(\mathbf{L})$, da $S(\mathbf{L})$ transitiv wirkt.

Es sei U eine Untergruppe von $S(\mathbf{L})$, die ebenfalls transitiv auf den Kacheln von **L** operiert.

Wie im Abschnitt 5.5 betrachten wir die Menge U_N aller Bewegungen aus U, die die Kachel T in eine zu T benachbarte Kachel abbilden. Nach dem

Lemma 5.5.10 gilt:
a) $\alpha \in U_N \Rightarrow \alpha^{-1} \in U_N$ und
b) $\langle U_N \rangle = U$.

Insbesondere sind solche Untergruppen U von Interesse, die *minimal* (oder *einfach*) sind, d. h., die einfach transitiv wirken. (Äquivalent damit ist $I_U := I \cap U = \{\mathrm{id}\}$.) Hier gibt es eine Bijektion von U_N auf die Menge der Kanten von T.

Jeden dieser Übergänge α von T zu einer der benachbarten Kacheln T' haben wir im Abschnitt 5.5 in einer bemerkenswerten Weise mit Hilfe der Drehungen aus der Isotropiegruppe I beschreiben können. Die tabellarische Übersicht im Satz 5.5.11 weist 6 bzw. 16 bzw. 7 minimale Untergruppen der Symmetriegruppe der regulären Zerlegung (3, 3, 3, 3, 3, 3) bzw. (4, 4, 4, 4) bzw. (6, 6, 6) aus.

Bei den dual-archimedischen Zerlegungen ist eine solche Beschreibung der Menge U_N wie bei den regulären nicht möglich, da die Isotropiegruppe I zu arm ist. Wir vereinbaren deshalb für die Bezeichnung des Überganges $\alpha \in U$ von T zu einer benachbarten Kachel T' folgende Abkürzungen: S für Geradenspiegelung, R für Punktspiegelung, C_m für Drehung um $2\pi/m$, $m \geq 3$ (im mathematisch positiven Drehsinn), T für Translation und G für Schubspiegelung. Mehrere gleichartige Bewegungen werden durch Indizes unterschieden, wenn damit ein besserer Einblick in die Struktur vermittelt wird.

U_N läßt sich dann bei zyklischer Abfolge der n Kanten von T einfach durch eine n-gliedrige Folge beschreiben.

Anhand der dual-archimedischen Zerlegungen **L**, die hier nochmals in den Abbildungen 9.2.2 a – h vorgestellt werden, erkennt man die jeweils möglichen minimalen Untergruppen von S(**L**). Dabei ist die Eigenschaft a) (aus dem Lemma 5.5.11) eine brauchbare Hilfe.

Der folgende Satz gibt eine Übersicht, in der die minimalen (und transitiven) Untergruppen U von S(**L**) durch U_N gekennzeichnet werden. Ferner sind der Ornamentgruppentyp von U und die Isotropiegruppe I von S(**L**) angegeben.

Satz 9.2.6.

L	U_N	U	I	
(3, 3, 3, 3, 6)	$RC_3C_3^{-1}C_6C_6^{-1}$	$\mathbf{W}_6$	C_1	Abb. 9.2.2 a
(3, 3, 3, 4, 4)	$STGG^{-1}T^{-1}$	$\mathbf{W}_1^1$	D_1	Abb. 9.2.2 b
	$TR_1R_2T^{-1}R_3$	$\mathbf{W}_2$		
	$STR_1R_2T^{-1}$	$\mathbf{W}_2^3$		
	$TGG^{-1}T^{-1}R$	$\mathbf{W}_2^4$		
(3, 3, 4, 3, 4)	$G_1G_2G_1^{-1}G_2^{-1}R$	$\mathbf{W}_2^4$	D_1	Abb. 9.2.2 c
	$RC_{41}(C_{41})^{-1}C_{42}(C_{42})^{-1}$	$\mathbf{W}_4$		

(Fortsetzung)

(Fortsetzung)

L	U_N	U	I	
(3, 4, 6, 4)	$S_1C_3C_3^{-1}S_2$	$\mathbf{W}_3^2$		Abb. 9.2.2 d
	$C_6C_6^{-1}C_3C_3^{-1}$	$\mathbf{W}_6$		
(3, 6, 3, 6)	$C_{31}(C_{31})^{-1}C_{32}(C_{32})^{-1}$	$\mathbf{W}_3$	D_2	Abb. 9.2.2 e
(3, 12, 12)	$SC_3C_3^{-1}$	$\mathbf{W}_3^2$	D_1	Abb. 9.2.2 f
	$RC_3C_3^{-1}$	$\mathbf{W}_6$		
(4, 6, 12)	$S_1S_2S_3$	$\mathbf{W}_6^1$	C_1	Abb. 9.2.2 g
(4, 8, 8)	RS_1S_2	$\mathbf{W}_2^1$	D_1	Abb. 9.2.2 h
	RC_4C_4	$\mathbf{W}_4$		
	$SC_4C_4^{-1}$	$\mathbf{W}_4^2$		

Mit den minimalen (transitiven) Untergruppen U von $S(\mathbf{L})$ gewinnt man eine vollständige Übersicht über alle (transitiven) Untergruppen von $S(\mathbf{L})$, indem man für alle Untergruppen I' von I das Produkt $I'U$ bildet. Dabei können gleiche Gruppen entstehen!

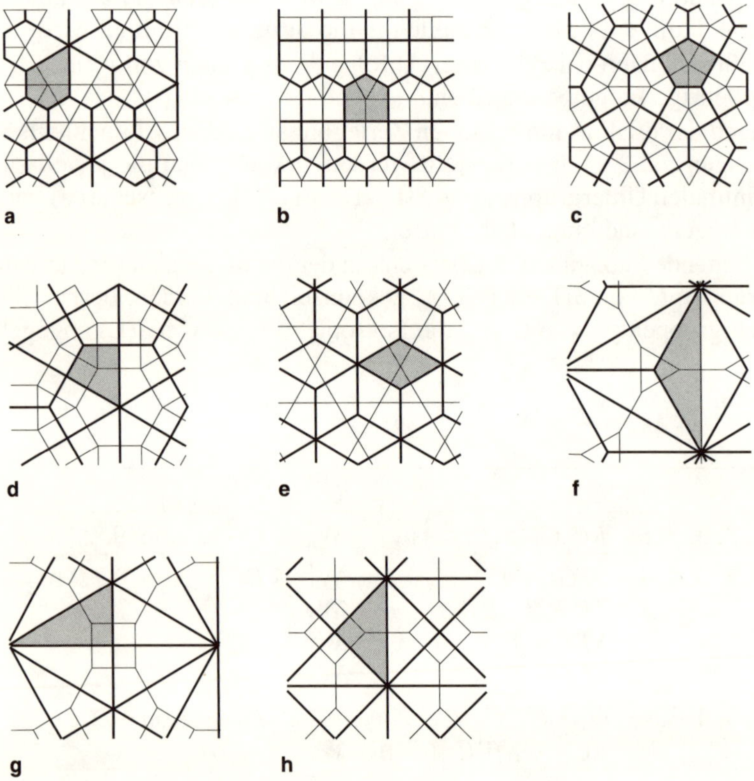

Abb. 9.2.2

Aufgabe 9.2.1. Man beweise, daß man auf diese Weise alle (transitiven) Untergruppen der Symmetriegruppe eines Laves-Parketts **L** erhält.

Man findet so (bis auf Äquivalenz und damit bis auf Kongruenz) 93 Möglichkeiten, von denen sich nur 81 durch ein entsprechendes Parkett realisieren lassen ([Gr/Sh 2]):

Satz 9.2.7. *Die Parkette bilden* 81 *Klassen.*

In [Gr/Sh] wird für jede dieser 81 Klassen ein geeignetes Parkett als Repräsentant vorgelegt. (Die Parkette sind bei weitem nicht bis auf Ähnlichkeit festgelegt. Es bleibt ein kreativer Spielraum zur Schaffung anderer Parkettsteinformen!)

Die Reihenfolge (Ordnung) der Klassen orientiert sich zuerst an der obigen Reihenfolge der Knüpfmuster. Die Numerierung der Klassen stammt von Grünbaum und Shepard [Gr/Sh 2]. Die Bezeichnung „IH" weist auf „*iso**h**e*drales" Mosaik hin.

Abschließend betrachten wir weitere Beispiele, um die Einsicht in diese Klasseneinteilung zu vertiefen.

Beispiel 9.2.2. Wir wählen die Parkette IH 2 und IH 3 aus [Gr/Sh]; siehe Abbildung 9.2.3 a, b.

Beide haben das gleiche Netz mit dem Knüpfmuster (3, 3, 3, 3, 3, 3), beide haben als Symmetriegruppe die Ornamentgruppe vom Typ $\mathbf{W}_1^3$ (PG), und bei beiden ist die Einschränkung der Symmetriegruppe auf einen Parkettstein, also die Isotropiegruppe, gleich $C_1 = \{\text{id}\}$.

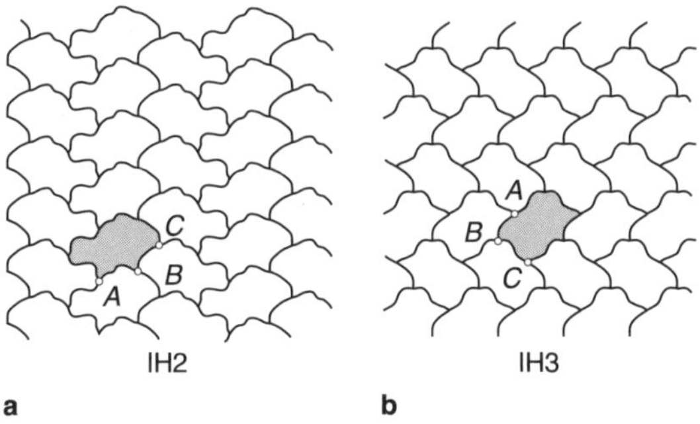

Abb. 9.2.3

Zur Einordnung haben wir das Laves-Parkett **L** mit dem Knüpfmuster (3, 3, 3, 3, 3, 3) zu wählen, also die reguläre Zerlegung (6, 6, 6). Den Symmetriegruppen von S(IH 2) und S(IH 3) entsprechen dann minimale (und transitive) Untergruppen U_2 und U_3 von $S(\mathbf{L})$, die sich eindeutig durch die Angabe U_N der Übergänge von ein und demselben Parkettstein von **L** zu seinen sechs benachbarten beschreiben lassen.

Wir veranschaulichen den Sachverhalt in den Abbildungen 9.2.3 a für IH 2 und b für IH 3.

U_N ist anhand der Parkette selbst ersichtlich. Hier hilft einfach und schnell eine Orientierungsfigur, die man auf einem Parkettstein auswählt. Man sucht zunächst ihre Bilder (bei den Symmetrieabbildungen des Parketts) auf den sechs benachbarten Parkettsteinen und überträgt diese Orientierungsfiguren nun leicht auf das Laves-Parkett **L** (Abb.9.2.4 a und b).

In beiden Fällen werden die sechs Übergänge zu den benachbarten Parkettsteinen durch eine Translation T und durch zwei „parallele" Schubspiegelungen G_1 und G_2 sowie durch ihre Inversen beschrieben. Im ersten Fall liegen die Achsen der Schubspiegelungen in Translationsrichtung, im zweiten Falle verlaufen sie orthogonal zur Translationsrichtung.

Im Rahmen der Kennzeichnungen im Satz 9.2.6 ergibt sich für U_N die Bezeichnung
$TG_1G_1^{-1}T^{-1}G_2^{-1}G_2$ bzw. $TG_1G_2T^{-1}G_2^{-1}G_1^{-1}$, hinsichtlich des Satzes 5.5.1 ist U_N durch $3\underline{51}3\underline{51}$ bzw. $3\underline{24}3\underline{24}$ beschrieben.

Damit sind die (durch diese Übergänge bestimmten) Untergruppen U_2 und U_3 bezüglich $S(\mathbf{L})$ nicht äquivalent. Beide betrachteten Parkette gehören also in der Tat verschiedenen Klassen an!

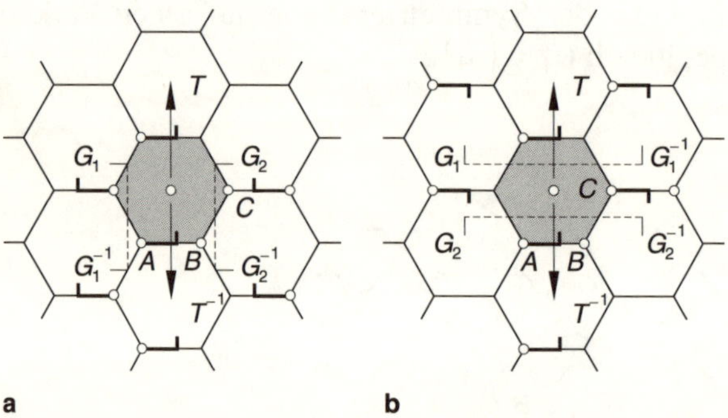

Abb. 9.2.4

Aufgabe 9.2.3. Man analysiere die folgenden Parkette im Sinne der Klasseneinteilung nach Grünbaum und Shepard:

a) Abb. 9.1.4;
b) Abb. 9.1.7 a;
c) Abb. 9.1.7 b;
d) das „Pferd und Reiter"-Parkett von M. C. Escher (Abb. 9.2.5), wobei zwischen schwarz und weiß nicht unterschieden werden soll!

Abb. 9.2.5

Dirichlet-Parkette und ihre 37 Klassen

Definition 9.2.8. Eine Dirichlet-Zerlegung $K(M) = \{K(Q) : Q \in M\}$ der Ebene heißt *Dirichlet-Parkett*, falls M der Orbit $G(P)$ eines Punktes P bezüglich einer Ornamentgruppe G ist.

Nach der Folgerung aus Satz 9.1.6 ist eine derartige Zerlegung tatsächlich ein Parkett. Ist umgekehrt eine Dirichlet-Zerlegung $K(M)$ ein Parkett, dann ist M Orbit eines Punktes bezüglich einer Ornamentgruppe. Die Bedingung an M in der Definition ist also auch notwendig.

Das Dirichlet-Parkett ist durch die Gruppe G und den Punkt P bestimmt und wird im folgenden kurz mit $K(G, P)$ bezeichnet.

Wir haben schon bemerkt, daß für jedes $\alpha \in G$ das Bild $\alpha(K(P))$ der Kammer $K(P)$ gleich der Kammer $K(\alpha(P))$ und damit $\{K(Q) : Q \in G(P)\} = \{\alpha(K(P)) : \alpha \in G\}$ ist (Satz 8.5.10 a), und zwar unabhängig davon, ob der Orbit $G(P)$ regulär ist oder nicht. Die Gruppe operiert also transitiv auf den Fliesen (Kammern) des Dirichlet-Parketts, und sie operiert einfach transitiv genau dann, wenn $G(P)$ regulär ist (Satz 8.5.10 b).

Aufgabe 9.2.4. Man zeige, daß G eine Untergruppe der Symmetriegruppe des Dirichlet-Parketts $K(G, P)$ ist.

Aufgabe 9.2.5. Man gebe eine Ornamentgruppe G vom Typ $\mathbf{W}_6^1$ (P6M) konkret durch die Festlegung der Drehzentren 6. Grades vor. Nun bestimme man zu verschiedenen Punkten P das Dirichlet-Parkett $K(G, P)$. Man wähle dazu etwa

a) P als Drehzentrum 6. Grades ,
b) P als Drehzentrum 3. Grades ,
c) P als Drehzentrum 2. Grades von G.

Man erkennt, daß trotz festem G die Wahl von P einen erheblichen Einfluß selbst auf das Knüpfmuster des Parketts $K(G, P)$ hat!

Aufgabe 9.2.6. Man zeige, daß man unter den gleichen Vorgaben für G wie in der Aufgabe 9.2.5 durch geeignete Wahl von P solche Dirichlet-Parkette erzeugen kann, die Laves-Parkette mit dem Knüpfmuster (3, 3, 3, 3, 3, 3) oder (3, 4, 6, 4) oder (3, 6, 3, 6) oder (3, 12, 12) oder (4, 6, 12) oder (6, 6, 6) sind.

Bongartz und Steins haben gezeigt ([Bo, Bo, Me, St], S. 95 ff.):

Satz 9.2.9. *Die Dirichlet-Parkette bilden im Rahmen der Parkettklassen nach Grünbaum und Shepard 37 Typen.*

Im einzelnen sind das die Klassen mit den Bezeichnungen IH 4, 5, 6, 7, 8, 13, 15, 16, 17, 20, 21, 23, 24, 26, 27, 28, 29, 30, 32, 37, 40, 46, 49, 53, 54, 56, 67, 69, 72, 76, 77, 78, 82, 84, 85, 91 und 93.

Es sind bis auf zehn Klassen (nämlich 2, 3, 9, 22, 25, 50, 51, 57, 58 und 74) diejenigen 47 der 81 Klassen, die eine Realisierung mit einem *konvexen* Parkettstein zulassen.

9.3. Escher-Parkette

Wir haben bereits im Abschnitt 5.4 im Rahmen der Bemerkungen zu Ornamenten in der Kunst auf die „regelmäßigen Fächenaufteilungen" des holländischen Künstlers M. C. Escher [Esch] aufmerksam gemacht. Und dort hatten wir versprochen, mathematisch gesehen „hinter die Kulissen" des Künstlers zu schauen. Seine „Flächenaufteilungen" verblüffen durch die Möglichkeit, eine euklidische Ebene lückenlos und überlappungsfrei mit recht naturgetreuen Figuren oder Fabelfiguren zu überdecken.

Ein Teil der „regelmäßigen Flächenaufteilungen" von Escher sind Parkette im Sinne der Definition 9.1.3.

Unter dem faszinierenden Eindruck dieser Bilder stellt sich die Frage, aufgrund welcher Gesetzmäßigkeiten und Verfahren Nachschöpfungen (Konstruktionen) derartiger Ornamente möglich sind.

Mit Darlegungen zu dieser Frage ergänzen wir in besonderer Weise die eingehenden Charakterisierungen und Klassifizierungen der Parkette in den Abschnitten 9.1 und 9.2 .

Im folgenden betrachten wir Parkette **M**, deren Kanten der Kacheln keine Strecken sind und deren Isotropiegruppe $I(\mathbf{M}) = \{\alpha \in S(\mathbf{M}) : \alpha(T) = T\}$ für irgendeine feste Kachel T nur aus der Identität besteht. Wir haben bereits an früherer Stelle festgestellt, daß diese Eigenschaft äquivalent mit folgender ist: Zu Kacheln T_1, T_2 gibt es stets *genau* eine Symmetrieabbildung α von **M** mit $\alpha(T_1) = T_2$.

Wir nennen derartige Parkette *Escher-Parkette* und wissen sehr wohl, daß damit Eschers „Flächenaufteilungen" und ihre mathematischen Strukturen nur zum Teil und nur unter einschränkenden Gesichtspunkten erfaßt werden.

Zum Beispiel bleiben die mathematisch interessanten Schwarz-Weiß-Färbungen (wie etwa bei dem bekannten Holzstich „Reiter") oder die Mehrfarbigkeiten unberücksichtigt. Wesentliche Struktureigenschaften hinsichtlich der Kanten der Kacheln gehen dabei aber nicht verloren. Parkette mit Kacheln, die eine Strecke als Kante besitzen und deshalb künstlerisch zu einfach und anspruchslos erscheinen, wie u. a. die regulären und dual-archimedischen Zerlegungen, werden hier bewußt ausgeschlossen.

Keine Escher-Parkette sind die Parkette in den Abbildungen 9.2.1 a – c; letzteres deshalb nicht, weil die Isotropiegruppe mehr als die Identität enthält. Aus gleichem Grunde kommen auch die Parkette in den Abbildungen 9.1.7 a, b nicht in Betracht. (Hier ist keine Kante einer Kachel eine Strecke!)

Es sei **M** ein Escher-Parkett. Wählt man für irgendeine Kachel T von **M** eine zyklische Abfolge der Kanten von T, dann ist damit eindeutig eine Folge S_N von Symmetrieabbildungen von **M** bestimmt, die T auf die jeweils benachbarte Kachel von T abbilden. Die Art der Bewegungen und ihre Abfolge ist bis auf die zyklische Reihenfolge durch das Escher-Parkett **M** eindeutig bestimmt.

Diese Systeme ordnen sich in die minimalen Systeme E_N bzw. U_N ein, die in den Abschnitten 5.5 bzw. 9.2 dargelegt worden sind. Die Sätze 5.9.11 und 9.2.6 ergeben zusammen eine vollständige Übersicht über die minimalen Systeme.

Da keine Kante einer Kachel eine Strecke sein darf, kann S_N keine Geradenspiegelung enthalten.

Die Typen von Escher-Mustern

Die folgende Übersicht gibt nun anhand der Sätze 5.9.11 und 9.2.6, nach den Knüpfmustern der Parkette (also nach topologischem Aspekt) „lexikographisch" geordnet, die Anzahl der möglichen minimalen Systeme sowie die Anzahl derjenigen von ihnen an, die eine Geradenspiegelung enthalten. Die Differenz ergibt zunächst eine obere Schranke für die Anzahl der möglichen

Typen von Escher-Parketten, wenn man nach S_N, also *nach Grünbaum-Shepard klassifiziert*. (Vgl. Abschn. 9.2, 4. Aspekt.)

Knüpfmuster des Parketts	Anzahl der minimalen Systeme	minimale Systeme mit Geradenspiegelung	Differenz
(3, 3, 3, 3, 3, 3)	7	-	7
(3, 3, 3, 3, 6)	1	-	1
(3, 3, 3, 4, 4)	4	2	2
(3, 3, 4, 3, 4)	2	-	2
(3, 4, 6, 4)	2	1	1
(3, 6, 3, 6)	1	-	1
(3, 12, 12)	2	1	1
(4, 4, 4, 4)	16	7	9
(4, 6, 12)	1	1	-
(4, 8, 8)	3	2	1
(6, 6, 6)	6	3	3
Summe			28

Anhand der in [Hee/Kie] vorgestellten Grundtypen für „Flächenschlüsse“ und der dort explizit und konstruktiv vorgelegten Parkette gibt es zu jedem der 28 minimalen Systeme U tatsächlich ein Escher-Parkett mit $S_N = U$. Folglich gilt:

Satz 9.3.1. *Es gibt genau* 28 *Typen von Escher-Parketten. Es gibt kein Escher-Parkett mit dem Knüpfmuster* (4, 6, 12).

Damit ist die eingangs gestellte Frage keineswegs zufriedenstellend beantwortet.

Man möchte insbesondere konkrete Konstruktionsbedingungen und -möglichkeiten zur Hand haben. In den folgenden Bemerkungen gehen wir darauf näher ein.

Bei der Aufzählung orientieren wir uns wieder an dem Knüpfmuster des Parketts sowie an dem Typ der Ornamentgruppe, die die Symmetriegruppe des Parketts besitzt.

Die angegebene Abfolge S_N von Symmetrieabbildungen entspricht der Abfolge der Kanten $k_1 = A_1A_2, ..., k_m = A_mA_1$ einer Kachel. Dabei bedeutet, wie beim Satz 9.2.6, T eine Translation, R eine Punktspiegelung, C_n eine Drehung um $2\pi/n$ (im mathematisch positiven Drehsinn) und G eine Schubspiegelung. Gegebenenfalls werden zur Unterscheidung Indizes angefügt. Die in der Abbildung 9.3.1 vorgelegten Kacheln sind geeignete Beispiele, die [Hee/Kie] entnommen sind.

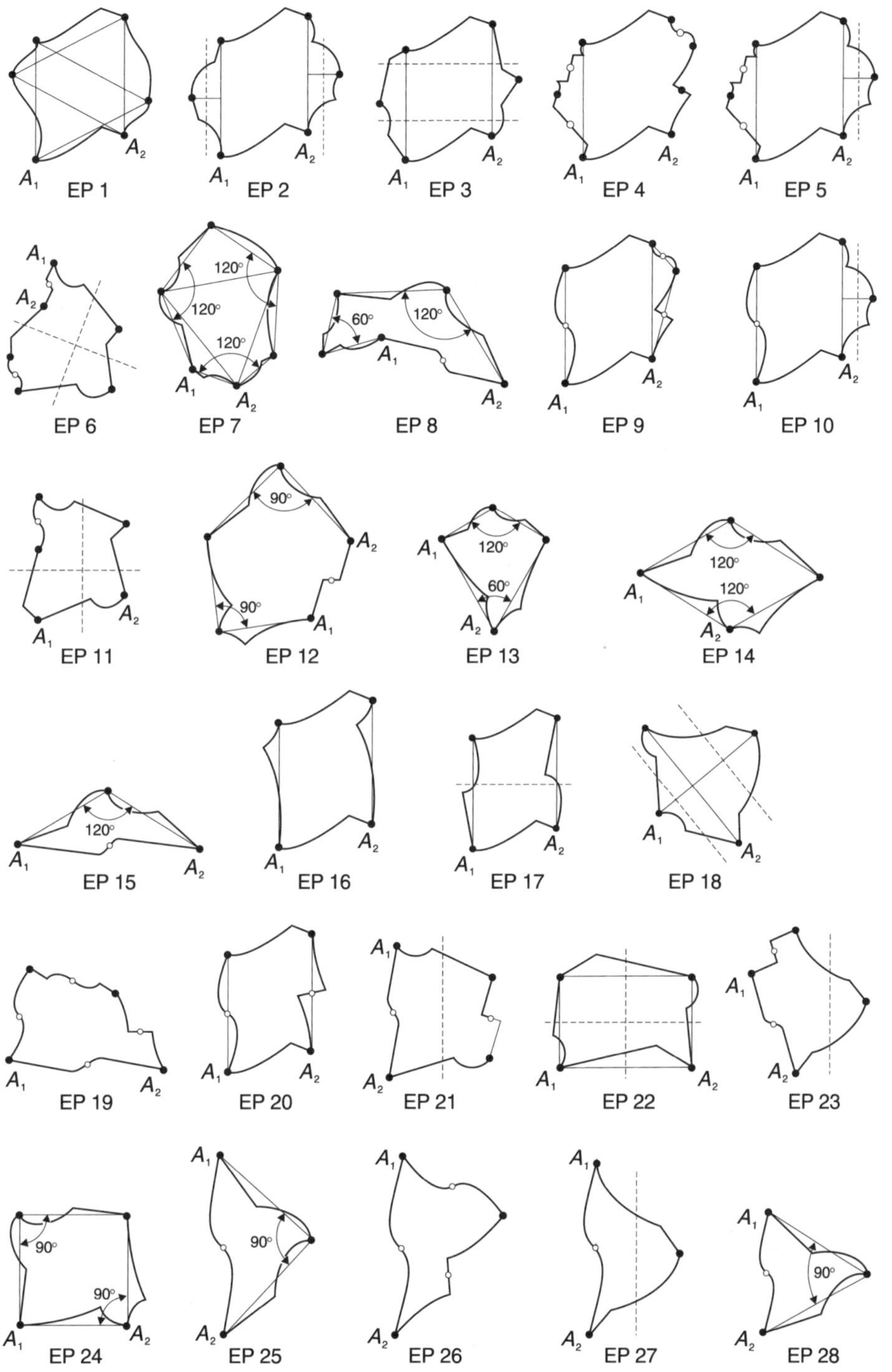

Abb. 9.3.1 Die Typen der Escher-Parkette

Knüpfmuster (3, 3, 3, 3, 3, 3)

EP 1. $T_1T_2T_3T_1^{-1}T_2^{-1}T_3^{-1}$ mit $T_1(k_4) = k_1$, $T_2(k_5) = k_2$ und $T_3(k_6) = k_3$.
Folglich muß $A_1 \dots A_6$ ein zentralsymmetrisches Sechseck sein.

EP 2. $TG_1G_1^{-1}T^{-1}G_2G_2^{-1}$ mit $T(k_4) = k_1$, $G_1(k_3) = k_2$ und $G_2(k_5) = k_6$.

EP 3. $TG_1G_2T^{-1}G_2^{-1}G_1^{-1}$ mit $T(k_4) = k_1$, $G_1(k_6) = k_2$ und $G_2(k_5) = k_3$.

EP 4. $TR_1R_2T^{-1}R_3R_4$ mit $T(k_4) = k_1$.
$A_1A_2A_4A_5$ muß ein Parallelogramm sein.

EP 5. $TGG^{-1}T^{-1}R_1R_2$ mit $T(k_4) = k_1$ und $G(k_3) = k_2$.

EP 6. $R_1G_1R_2G_2G_1^{-1}G_2^{-1}$ mit $G_1(k_5) = k_2$ und $G_2(k_6) = k_4$.

EP 7. $C_{31}(C_{31})^{-1}C_{32}(C_{32})^{-1}C_{33}(C_{33})^{-1}$ mit $C_{31}(k_2) = k_1$.
$A_2A_4A_6$ muß ein gleichseitiges Dreieck sein. Durch die Lage von A_1 ist die Lage der restlich zwei Ecken bestimmt.

Knüpfmuster (3, 3, 3, 3, 6)

EP 8. $RC_3C_3^{-1}C_6C_6^{-1}$ mit $C_3(k_3) = k_2$ und $C_6(k_5) = k_4$.

Knüpfmuster (3, 3, 3, 4, 4)

EP 9. $TR_1R_2T^{-1}R_3$ mit $T(k_4) = k_1$.

EP 10. $TGG^{-1}T^{-1}R$ mit $T(k_4) = k_1$ und $G(k_3) = k_2$.

Knüpfmuster (3, 3, 4, 3, 4)

EP 11. $G_1G_2G_1^{-1}G_2^{-1}R$ mit $G_1(k_3) = k_1$ und $G_2(k_5) = k_2$.

EP 12. $RC_{41}(C_{41})^{-1}C_{42}(C_{42})^{-1}$ mit $C_{41}(k_3) = k_2$ und $C_{42}(k_5) = k_4$.

Knüpfmuster (3, 4, 6, 4)

EP 13. $C_6C_6^{-1}C_3C_3^{-1}$ mit $C_6(k_2) = k_1$ und $C_3(k_4) = k_3$.
Die vier Ecken bilden bilden ein Drachenviereck mit Gegenwinkeln von 60° und 120°.

Knüpfmuster (3, 6, 3, 6)

EP 14. $C_{31}(C_{31})^{-1}C_{32}(C_{32})^{-1}$ mit $C_{31}(k_2) = k_1$ und $C_{32}(k_4) = k_3$.
Die vier Ecken bilden einen Rhombus mit einem Innenwinkel von 60°.

Knüpfmuster (3, 12, 12)

EP 15. $RC_3C_3^{-1}$ mit $C_3(k_3) = k_2$.
Die drei Ecken bilden ein gleichschenkliges Dreieck mit einem Winkel von 120°.

Knüpfmuster (4, 4, 4, 4)

EP 16. $T_1T_2T_1^{-1}T_2^{-1}$ mit $T_1(k_3) = k_1$.

EP 17. $TGT^{-1}G^{-1}$ mit $T(k_3) = k_1$ und $G(k_4) = k_2$.

EP 18. $G_1G_2G_2^{-1}G_1^{-1}$ mit $G_1(k_4) = k_1$ und $G_2(k_3) = k_2$.
Die Ecken bilden ein Drachenviereck.

EP 19. $R_1R_2R_3R_4$.
Die Mittelpunkte der vier Kanten bilden ein Parallelogramm. Mit diesen Punkten und einer Ecke sind die drei anderen Ecken bestimmt.

EP 20. $TR_1T^{-1}R_2$ mit $T(k_3) = k_1$.

EP 21. $R_1GR_2G^{-1}$ mit $G(k_4) = k_2$.

EP 22. $G_1G_2G_1^{-1}G_2^{-1}$ mit $G_1(k_3) = k_1$ und $G_2(k_4) = k_3$.
Die Ecken bilden ein Rechteck.

EP 23. $R_1GG^{-1}R_2$ mit $G(k_3) = k_2$.

EP 24. $C_{41}(C_{41})^{-1}C_{42}(C_{42})^{-1}$ mit $C_{41}(k_2) = k_1$ und $C_{42}(k_4) = k_3$.
Die Ecken bilden ein Quadrat.

Knüpfmuster (4, 8, 8)

EP 25. $RC_4C_4^{-1}$ mit $C_4(k_3) = k_2$.
Die Ecken bilden ein gleichschenklig-rechtwinkliges Dreieck.

Knüpfmuster (6, 6, 6)

EP 26. $R_1R_2R_3$.
Die Ecken können ein beliebiges Dreieck bilden.

EP 27. RGG^{-1} mit $G(k_3) = k_2$.
Die Ecken können ein beliebiges gleichschenkliges Dreieck bilden.

EP 28. $RC_6C_6^{-1}$ mit $C_6(k_3) = k_2$.
Die Ecken bilden ein gleichseitiges Dreieck.

Um Einordnungen und Vergleiche hinsichtlich der Numerierung der isohedralen Mosaike (IH) nach [Gr/Sh] und der Numerierung der Grundtypen von Flächenschlüssen (FS) nach [Hee/Kie] zu erleichtern, geben wir folgende tabellarische Übersicht:

EP	1	2	3	4	5	6	7	8	9	10	11	12	13	14
IH	1	2	3	4	5	6	7	21	23	25	27	28	31	33
FS	2	18	20	7	24	28	9	13	6	23	27	16	12	8

EP	15	16	17	18	19	20	21	22	23	24	25	26	27	28
IH	39	41	43	44	46	47	51	52	53	55	79	84	86	88
FS	10	1	19	17	4	5	25	26	22	15	14	3	21	11

Konstruktion von Escher-Mustern

Aus den angegebenen Bedingungen und den vorliegenden Abbildungen erkennt man, von welchen (gegebenenfalls eingeschränkten) Lagen der Ecken man bei der Konstruktion jeweils ausgehen kann. Durch die Folge S_N kann nur ein Teil der Kanten als verbindender Jordanbogen zwischen Ecken weitgehend frei gewählt werden. Die anderen Kanten erhält man als Bilder.

Kurze Konstruktionsanweisungen werden in [Hee/Kie] gegeben. So heißt es zum Parkett EP 7: „Drehe die willkürliche Linie A_1A_2 um 120° in die Lage A_2A_3. Drehe eine zweite willkürliche Linie A_3A_4 (A_4 beliebig) in A_4 um 120° in die Lage A_4A_5. A_6 ist die dritte Ecke des gleichseitigen Dreiecks $A_2A_4A_6$, Winkel $A_5A_6A_1$ gleich 120°. Drehe eine dritte willkürliche Linie A_5A_6 in A_6 um 120° in die Lage A_6A_1.“ (Bei diesem Zitat sind die Punktbezeichnungen denjenigen in der Abb. 9.3.1 EP 7 angepaßt worden.)

Für die Kreativität bei der Formung der Ausgangskachel bleibt also noch ein großer Freiraum.

Durch S_N ist die weitere Konstruktion des Parketts determiniert. Zu beachten ist, daß durch die Gestaltung der Kanten keine Eigenschaften auftreten, die der Definition des Escher-Parketts widersprechen.

Ein Stückchen Kunst besteht schließlich darin, eine ansprechende und interpretationsfähige Kachel zu formen.

Escher hat seine Parkette weitgehend intuitiv geschaffen und dabei Eigenschaften berücksichtigt, die ihm nicht aus mathematischer Einsicht zur Hand waren.

Für eine Schöpfung eigener Escher-Parkette, insbesondere mit Hilfe der heutigen Möglichkeiten durch den Computer, sind nun die nötigen Einsichten gegeben.

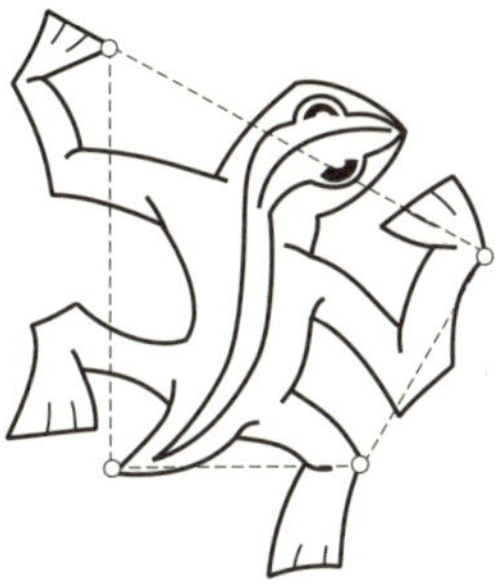

Abb. 9.3.2

Abb. 9.3.3

Abb. 9.3.4

a b

Abb. 9.3.5

Praktische und interessante Anregungen für eine Nutzung im Unterricht vermittelt [Ja].

Nachträglich läßt sich leicht prüfen, zu welchem Typ ein Parkett von Escher gehört. Die bekannten Kacheln „Reptil" (Abb. 9.3.2) und „Reiter" (Abb. 9.3.3) ergeben Parkette vom Typ 13 bzw. 18; das „geflügelte Einhorn" (Abb. 9.3.4) ergibt ein Parkett vom Typ 2. Die Abbildungen 9.3.5 a, b zeigen, daß man auch bei Escher-Ornamenten mit mehr als einer Grundfigur mit Hilfe der Strukturen der Escher-Parkette „hinter die Kulissen" des Künstlers schauen kann.

Nach einer Mitteilung von Herrn Jank hat Escher keine Parkette vom Typ EP 5, 9, 15, 26 oder 27 gezeichnet.

Zum Schluß geben wir hier noch zwei Escher-Parkette wieder (Abb. 9.3.6 und 9.3.7), die W. Jank entworfen hat ([Ja], Teil 3, S. 4).

Aufgabe 9.3.1 Von welchem EP-Typ sind diese Parkette?

Es gibt Bild-Puzzles, bei denen die inneren Teile ein Escher-Parkett bilden. Der Rand der Teile ist dabei so gewählt, daß aus Stabilitätsgründen benachbarte Teile miteinander verzahnt sind.

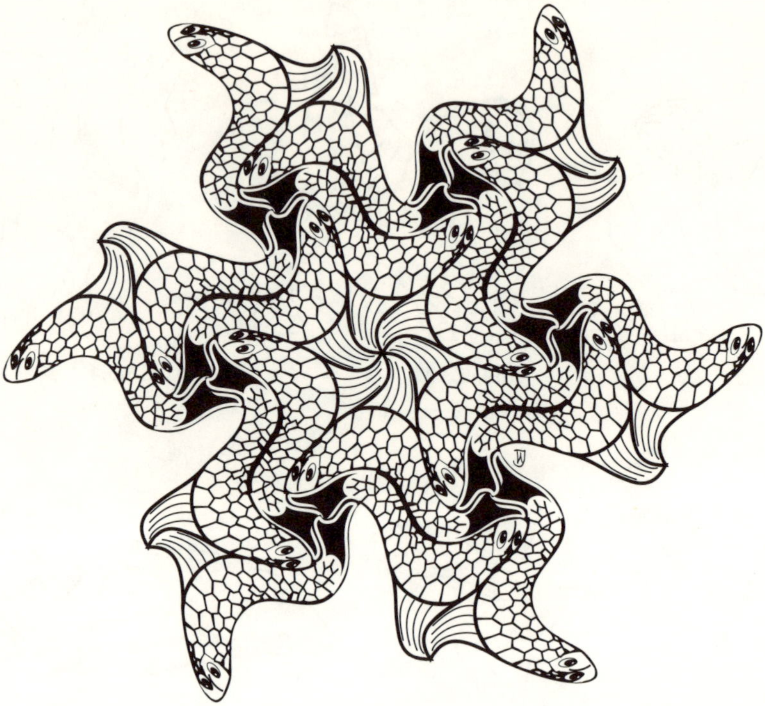

Abb. 9.3.6

Die Teile sind auf (genau) einer Seite bedruckt, und wir setzen voraus, daß alle Teile durch Übereinanderlegen zur Deckung gebracht werden können, wenn dabei ihre Bildseiten nach oben zeigen.

Aufgabe 9.3.2. Wie viele Typen von Escher-Parketten können zur Herstellung derartiger (unbegrenzt gedachter) Bild-Puzzles verwendet werden?

9.4. Spezielle Parkette im Raum

Wir setzen den dreidimensionalen euklidischen Raum voraus.

Analog zur ebenen Geometrie versteht man unter einem *Parkett* (Abschn. 9.1) eine diskrete Zerlegung $\mathbf{M} = \{T_i\}$, die topologisch äquivalent zu einer normalen Zerlegung des Raumes in Polyeder ist und bei der es zu Fliesen T_1, T_2 stets eine Symmetrieabbildung α von $\mathbf{M}$ derart gibt, daß $\alpha(T_1) = T_2$ ist.

Normalität einer Zerlegung in Polyeder bedeutet, daß die Polyeder entwe-

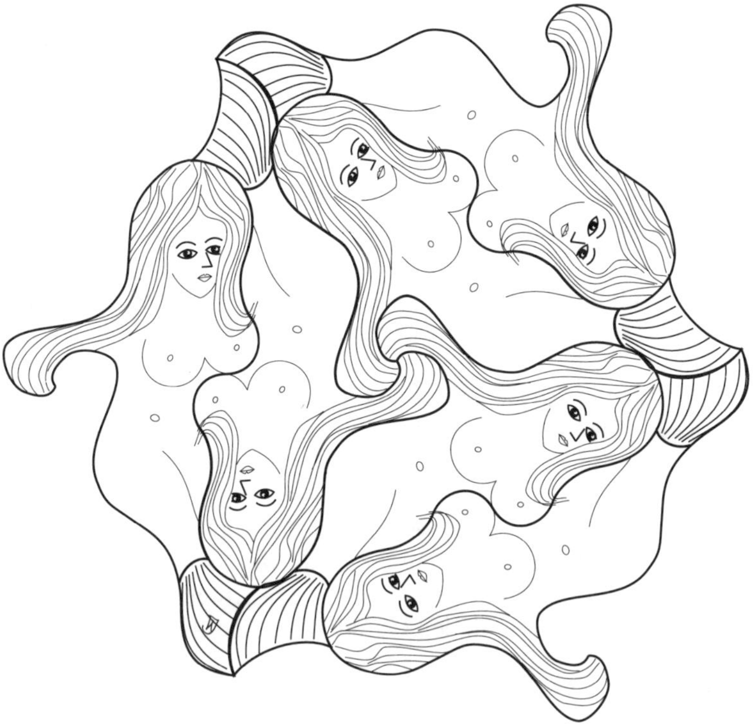

Abb. 9.3.7

der keinen Punkt oder genau eine Ecke oder genau eine Kante oder genau eine Seitenfläche als gemeinsame Punkte besitzen. Die Fliesen eines Parketts sind nach Voraussetzung topologisch äquivalent zu einer abgeschlossenen Kugel.

Wir vereinfachen die Frage nach Parketten **M** im Raum durch folgende zusätzliche Forderungen an **M**:

(a) die Fliesen sind konvexe Polyeder,

(b) zu je zwei benachbarten Fliesen T_1, T_2 (d. h. mit gemeinsamer Seitenfläche) gibt es eine *Translation* τ aus $S(\mathbf{M})$ mit $\tau(T_1) = T_2$.

Die Fliesen eines derartigen Parketts heißen *Paralleloeder* [FeTó], und das Parkett **M** selbst nennen wir *Paralleloeder-Parkett*.

Diese Begriffe lassen sich offenbar für alle endlichdimensionalen euklidischen Räume $\mathbf{E}^n$ ($n \geq 2$) analog einführen; im $\mathbf{E}^2$ werden die Fliesen *Parallelogone* genannt.

An Paralleloeder (und Parallelogone) wird demnach hier eine starke Forderung gestellt: Sie müssen Fliesen eines Parketts mit den Eigenschaften (a) und (b) sein.

Parallelogone

Wir verweilen zunächst kurz bei den Parketten der Ebene mit Parallelogonen.

Lemma 9.4.1. *Die Parallelogramme und die konvexen zentralsymmetrischen Sechsecke und nur diese sind Parallelogone.*

Beweis

a) Ist T ein Parallelogramm oder ein konvexes zentralsymmetrisches Sechseck, dann gibt es nach den Darlegungen über Parkette mit Polygonen (Abschn. 9.1) offenbar ein Parkett mit den obigen Eigenschaften (a) und (b), für das T eine Fliese ist (Abb. 9.4.1 und 9.4.2).

b) Es sei T eine Fliese eines Parallelogon-Parketts **M**. Ist AB eine Kante von T, dann gibt es eine zu T benachbarte Fliese T', die mit T die gemeinsame Kante AB besitzt, und nach der Forderung (b) gibt es eine Translation τ mit $\tau(T') = T$. Also ist $A'B' := \tau(AB)$ eine zu AB parallele Kante von T. Da T konvex ist (Forderung (a)), gibt es zu AB genau eine parallele und gleichlange Kante von T, und T liegt in demjenigen Parallelstreifen, der durch die zueinander parallelen Geraden AB und $A'B'$ bestimmt ist (Abb. 9.4.3).

$ABB'A'$ ist ein Parallelogramm. Da zwei Parallelogramme mit gemeinsamer Diagonale einen gemeinsamen Mittelpunkt besitzen, ist die Fliese T zentralsymmetrisch.

Da die Eckenzahl n eines Parallelogons nach den bisherigen Einsichten nur geradzahlig sein kann, kommt aufgrund der elf möglichen topologischen Klassen der Parkette (Satz 9.2.1) nur $n = 4$ oder $n = 6$ in Frage. □

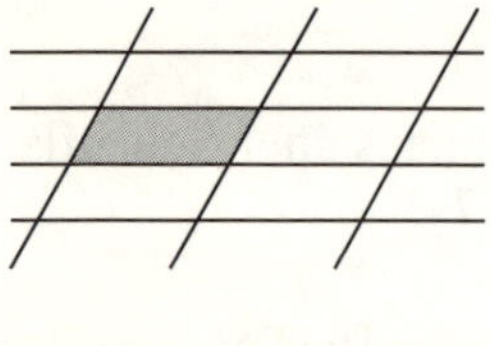

Abb. 9.4.1

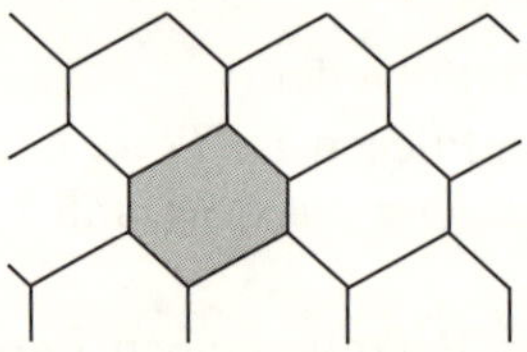

Abb. 9.4.2

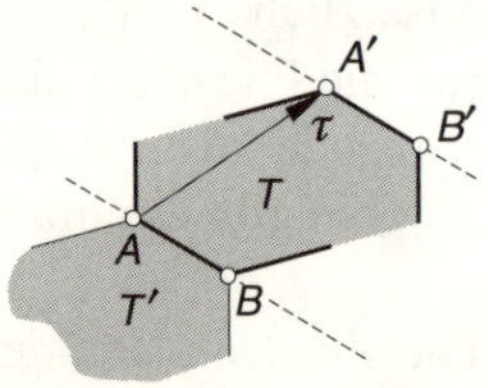

Abb. 9.4.3

Folgerung 9.4.2. *Die affinen Bilder der regulären Zerlegungen* (4, 4, 4, 4) *und* (6, 6, 6) *sind Parallelogon-Parkette.*

Da bei einer affinen Transformation inzidenz- und anordnungsgeometrische Sachverhalte sowie das Teilverhältnis invariant bleiben, stellt sich folgende Frage:

Aufgabe 9.4.1. Ist umgekehrt jedes Parallelogon-Parkett als affines Bild einer regulären Zerlegung (4, 4, 4, 4) oder (6, 6, 6) darstellbar?

Wir kommen nun zu den Paralleloedern T im Raum zurück.

Paralleloeder-Parkette

Es sei T ein Paralleloeder. Dann ist zunächst wie beim Beweis des Lemmas 9.4.1 klar, daß es zu jeder Seitenfläche von T genau eine parallele und translationskongruente Seitenfläche gibt und daß T der Durchschnitt von endlich vielen Parallelschichten (als räumliches Analogon zu den Parallelstreifen) ist.

In [Al], S. 309/310 wird unter Nutzung eines grundlegenden Satzes von Minkowski gezeigt

Satz 9.4.3. *Jedes Paralleloeder ist zentralsymmetrisch, und seine Seitenflächen sind zentralsymmetrisch.*

Für ein Paralleloeder T lassen sich weitere Eigenschaften zeigen.

Wir wählen eine Kante AB von T und betrachten alle Seitenflächen von T, die zu AB parallele Kanten enthalten. Dann gilt:

Lemma 9.4.4. *Die Seitenflächen, die eine zu AB parallele Kante enthalten, bilden eine zyklische Folge $S_1 \ldots S_m$, bei der je zwei aufeinanderfolgende Seitenflächen eine gemeinsame Kante besitzen, die zu AB parallel ist.*

$S_1 \cup \ldots \cup S_m$ heißt der durch die Kante AB bestimmte *Mantel* von T.

Beweis. Die Kante AB von T ist in einer Seitenfläche S_1 von T enthalten. Da S_1 zentralsymmetrisch (und konvex) ist (Satz 9.4.3), gibt es genau eine weitere und zu AB parallele Kante A_2B_2 von S_1. Diese liegt in genau einer weiteren Seitenfläche S_2 von T. Die Zentralsymmetrie von S_2 hat nun die Existenz genau einer weiteren Kante A_3B_3 von S_2, die zu AB parallel ist, zur Folge.

Da die Anzahl der sich auf diese Weise ergebenden Seitenflächen $S_1, S_2, \ldots$ nur eine endliche sein kann, muß sich die Folge schließen. □

Diese Eigenschaft hilft wesentlich bei der strukturellen Beschreibung der Paralleloeder-Parkette.

An der Seitenfläche S_1 von T liegt genau ein weiteres Paralleloeder T_1 des Parketts an, das zu T translationskongruent ist und demzufolge einen hinsichtlich T translationskongruenten Mantel mit zu AB parallelen und gleichlangen Kanten besitzt. Die sich auf diese Weise ergebenden Paralleloeder des Parketts bilden eine allein durch T und die Kante AB bestimmte „Schicht“.

Wir projizieren nun die Paralleloeder dieser Schicht längs AB auf eine zu AB orthogonale Ebene ε. Da die Mäntel dieser Paralleloeder (bez. AB) orthogonal zu der Ebene ε sind, ergibt die Projektion ein Parkett mit den Eigenschaften (a) und (b). Die Projektion ist also also ein Parallelogon-Parkett (Abb. 9.4.4).

Die Zentralsymmetrie der Fliesen folgt unabhängig davon auch direkt aus der Zentralsymmetrie der Paralleloeder.

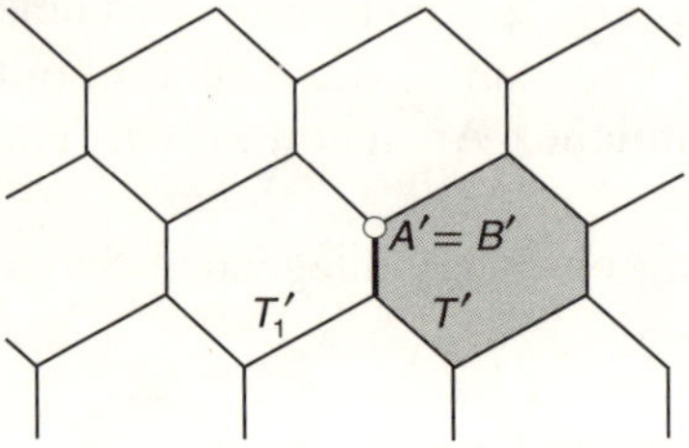

Abb. 9.4.4

Wir bleiben bei dieser Projektion und fragen nach den Bildern derjenigen Seitenflächen von T, die nicht zum Mantel gehören.

Orientiert an der Projektion bilden diese restlichen Seitenflächen von T einen „oberen" und einen „unteren" zusammenhängenden Teil der Oberfläche von T, den wir *obere* bzw. *untere Kappe* nennen.

An jeder Seitenfläche S^* der oberen Kappe von T gibt es genau ein zu T benachbartes Paralleloeder T^* des Parketts. Da auch T^* zu T translationskongruent ist, besitzt es ebenfalls einen durch AB bestimmten Mantel.

Das Bild $T^{*\prime}$ von T^* ist translationskongruent zu dem Bild von T. Folglich ergibt die Projektion aller dieser endlich vielen Paralleloeder T^*, deren Anzahl k gleich derjenigen der Seitenflächen der oberen Kappe ist, ein Polygon K, das eine Packung von k zu T' parallelkongruenten Parallelogonen ist und das T' überdeckt (Abb. 9.4.5 a – e).

Die Projektion der unteren Kappe liegt zentralsymmetrisch zu der der oberen.

Wir treffen nun eine vollständige Fallunterscheidung nach der Art von T' und der Art der Überdeckung von T' durch die k Parallelogone des Polygons K:

1. Das Parallelogon T' ist eine Sechseck. Wir zerlegen es entsprechend Abbildung 9.4.5 a mit einem Punkt Q in drei Parallelogramme.

a) Zwei Parallelogonecken, die innere Punkte von K sind, liegen auch im Innern von T' (Abb. 9.4.5 a). Dann besteht der Mantel von T aus 4 Sechsecken und 2 Vierecken. T hat insgesamt 8 Sechsecke und 6 Vierecke

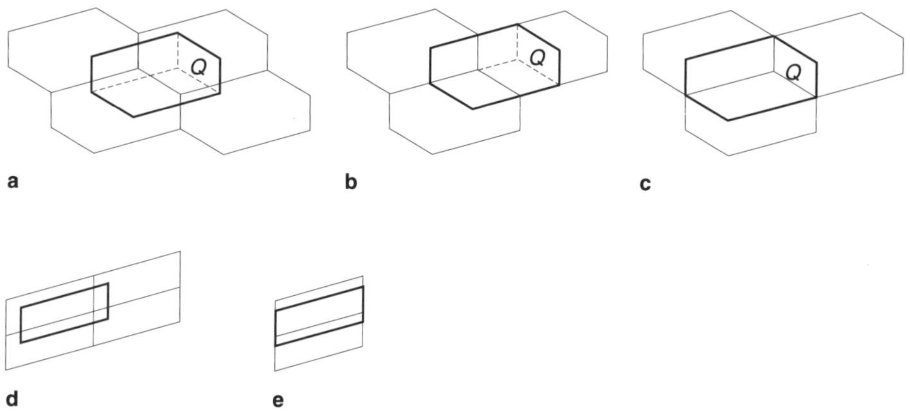

Abb. 9.4.5

als Seitenflächen und ist topologisch äquivalent zum *abgestumpften Oktaeder*. (Abb. 9.4.6 a; dies ist der archimedische Körper (4, 6, 6).)

b) Genau eine Parallelogonecke liegt im Innern von T' und ist vom Punkt Q verschieden (Abb. 9.4.5 b). Dann besteht der Mantel von T aus 2 Sechsecken und 4 Vierecken. T hat insgesamt 4 Sechsecke und 8 Vierecke als Seitenflächen und ist topologisch äquivalent zu dem konvexen Dodekaeder in Abb. 9.4.6 b). (Dieses Polyeder ist aus einem Quader mit quadratischer Grundfläche durch „Aufzelten" konstruiert.)

c) Genau eine Parallelogonecke liegt im Innern von T' und fällt mit dem Punkt Q zusammen (Abb. 9.4.5 c). Dann hat T insgesamt 12 Vierecke als Seitenflächen und ist topologisch äquivalent zum *Rhombendodekaeder*. (Abb. 9.4.6 c; dies ist der dual-archimedische Körper (3, 4, 3, 4).)

d) Es ist $K = T'$. Dann hat T insgesamt 2 Sechsecke und 6 Vierecke als Seitenflächen und ist topologisch äquivalent zu dem *archimedischen Prisma* (4,4,6), Abb.9.4.6 d).

2. Das Parallelogon T' ist ein Parallelogramm.

a) Genau eine Ecke der k Paralleogramme liegt im Innern von T' (Abbildung 9.4.5 d). Dann hat T 4 Sechsecke und 8 Vierecke als Seitenflächen und ist topologisch äquivalent zu dem Dodekaeder in Abbildung 9.4.6 b, vgl. Fall 1 b.

b) T' wird von zwei translationskongruenten Parallelogrammen überdeckt (Abb. 9.4.5 e). Dann hat T 2 Sechsecke und 6 Vierecke als Seitenflächen und ist topologische äquivalent zu dem archimedischen Prisma (4, 4, 6), vgl. Fall 1 d.

c) K und T' sind gleich. Dann hat T 8 Vierecke als Seitenflächen und ist

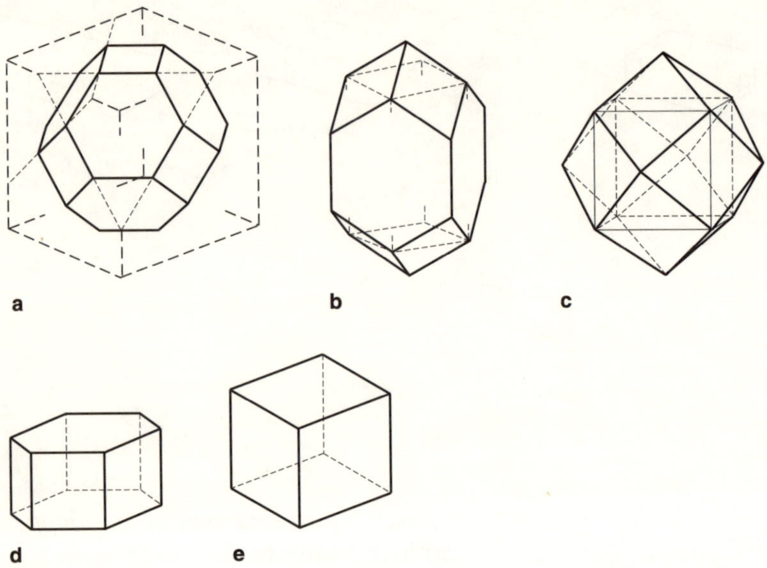

Abb. 9.4.6

topologisch äquivalent zum Würfel (Abb. 9.4.6 e). Das Paralleloeder *T* ist also ein *Parallelepiped.*

Umgekehrt läßt sich an dieser Strukturübersicht erkennen, daß mit derartigen Paralleloedern schichtweise ein Paralleloeder-Parkett aufgebaut werden kann.

Nun kann eine abschließende Charakterisierung vorgenommen werden.

Satz 9.4.5. *Ein konvexes Polyeder ist ein Paralleloeder genau dann, wenn es zentralsymmetrisch ist und zentralsymmetrische Seitenflächen besitzt und wenn es topologisch äquivalent entweder zu dem archimedischen Körper (4, 6, 6) oder zu dem Polyeder in Abbildung 9.4.6 b oder zu dem dual-archimedischen Körper (3, 4, 3, 4) oder zu dem archimedischen Prisma (4, 6, 6) oder zum Würfel ist.*

Aufgabe 9.4.2. Der archimedische Körper (4, 6, 6) läßt sich aus einem Würfel durch gewisses „Abstumpfen" und der dual-archimedische Körper durch gewisses „Aufzelten" auf den Seitenflächen des Würfels herstellen. Man führe eine solche konstruktive Darstellung am Schrägbild eines Würfels aus.

Aufgabe 9.4.3. Bilden kongruente Elementarzellen eines dreidimensionalen Gitters im Raum ein Paralleloeder-Parkett?

Fedorow hat bei seiner Aufzählung der kristallographischen Gruppen (diskreten Raumgruppen) Paralleloeder benutzt.

IV. Diskrete Transformationsgruppen und diskrete Systeme von Punktmengen in nichteuklidischen Geometrien

In diesem letzten Teil verlassen wir die euklidische Geometrie und untersuchen in einigen speziellen Fällen nichteuklidischer Geometrien die Frage nach diskreten Bewegungsgruppen und nach diskreten Zerlegungen. Ausgewählt werden die ebene pseudoeuklidische, die ebene sphärische und die ebene hyperbolische Geometrie. Sie alle sind in gewisser Weise der ebenen euklischen Geometrie nahestehend.

Wir wollen dabei deutlich machen, wie Begriffe, Mittel und Methoden aus der euklidischen in nichteuklidische Geometrien übernommen werden können und welche neuen Fragestellungen und strukturelle Einsichten sich dabei ergeben.

Das vertieft das Begriffsverständnis und die Kenntnis über Sachverhalte in der euklidischen Geometrie. Überdies sind derartige Betrachtungen in besonderer Weise geeignet, Vorstellungen über geometrische Strukturen zu erweitern.

10. Diskrete Bewegungsgruppen in der pseudoeuklidischen Ebene

Zunächst soll die ebene pseudoeuklidische Geometrie näher vorgestellt werden.

10.1. Pseudoeuklidische Ebene und ihre Bewegungen

Die ebene pseudoeuklidische Geometrie unterscheidet sich von der ebenen euklidischen nur in der Struktur der Metrik. Die inzidenz- und anordnungsgeometrischen Sachverhalte sind hier wie dort die gleichen, also die einer (reellen) angeordneten affinen Ebene.

Alle metrischen Sachverhalte in der euklidischen Geometrie lassen sich durch ein Skalarprodukt erklären und beschreiben. Unter Zugrundelegung eines kartesischen Koordinatensystems $(O;\, \boldsymbol{e}_1, \boldsymbol{e}_2)$ gilt für Vektoren $\boldsymbol{x} = (x_1, x_2)$ und $\boldsymbol{y} = (y_1, y_2)$ im $\mathbf{E}^2$:

$$\boldsymbol{xy} = x_1y_1 + x_2y_2\,.$$

Definition 10.1.1. Eine *pseudoeuklidische Ebene* ist eine (reelle) angeordnete affine Ebene, in der das Skalarprodukt durch

$$\boldsymbol{xy} := x_1y_1 - x_2y_2 \tag{i}$$

erklärt ist.

Für $\boldsymbol{xx}$ wird kurz $\boldsymbol{x}^2$ gesetzt.

Der Unterschied zur euklidischen Geometrie besteht formal nur in einem Vorzeichen! Zur Rechtfertigung der Bezeichnung „Skalarprodukt" ist zunächst festzustellen:

Aufgabe 10.1.1. Durch (i) wird im Vektorraum der (reellen) ebenen affinen Geometrie eine symmetrische Bilinearform erklärt.

In der euklidischen Geometrie ist das Skalarprodukt positiv definit, d. h., für alle Vektoren $\boldsymbol{x} \neq \boldsymbol{o}$ gilt $\boldsymbol{x}^2 > 0$. Für das Skalarprodukt (i) gilt dies nicht. Hier läuft folgende Erklärung nicht leer:

Definition 10.1.2. Ein Vektor $\boldsymbol{x}$ heißt *isotrop*, wenn er vom Nullvektor $\boldsymbol{o}$ verschieden und $\boldsymbol{x}^2 = 0$ ist.

Aufgabe 10.1.2. Man zeige: Ein Vektor $\boldsymbol{x}$ ist dann und nur dann isotrop, wenn $\boldsymbol{x} = t(1, 1)$ oder $\boldsymbol{x} = t(1, -1)$ für eine reelle Zahl $t \neq 0$ ist.

Auf der Grundlage des Skalarprodukts werden metrische Begriffe in der pseudoeuklidischen Ebene weitgehend wie in der euklidischen erklärt. Die pseudoeuklidische Ebene erweist sich als geometrische Reflexion der *Speziellen Relativitätstheorie* längs einer Geraden (mit einer Raum- und einer Zeitkoordinate). Demzufolge erhalten folgende Bezeichnungen einen Sinn:

Definition 10.1.3.

a) Ein vom Nullvektor verschiedener *Vektor* $\boldsymbol{x}$ heißt *raum-* bzw. *zeitartig*, wenn $\boldsymbol{x}^2 > 0$ bzw. $\boldsymbol{x}^2 < 0$ ist.

b) Eine *Gerade g* heißt *isotrop* bzw. *raum-* bzw. *zeitartig*, wenn ein Richtungsvektor von g isotrop bzw. raum- bzw. zeitartig ist.
(Die Unabhängigkeit dieser Eigenschaft der Geraden von der Wahl des Richtungsvektors ist leicht einzusehen.)

c) $|\boldsymbol{x}| := \sqrt{|\boldsymbol{x}^2|}$ heißt *Betrag des Vektors* $\boldsymbol{x}$; entsprechend ist der *Abstand* $d(A, B)$ *zweier Punkte* durch den Betrag des Vektors AB erklärt. Der Abstand

$d(A, B)$ heißt *isotrop* bzw. *raum-* bzw. *zeitartig* entsprechend der Art des Vektors AB.

d) Der Vektor $\boldsymbol{x}$ ist zum Vektor $\boldsymbol{y}$ *orthogonal* ($\boldsymbol{x} \perp \boldsymbol{y}$), wenn $\boldsymbol{xy} = 0$ ist. Über die Richtungsvektoren ist damit die *Orthogonalität von Geraden* erklärt.

e) Die Punktmenge $K(M; r) := \{P : d(M, P) = r\}$ heißt der *Kreis um M mit dem Radius r* ($r \geq 0$!). Diese Punktmenge zerfällt für $r > 0$ in zwei Teilmengen, den *raum-* bzw. *zeitartigen Kreis um M mit dem Radius r*, je nachdem, ob der Abstand $d(M, P)$ raum- oder zeitartig ist.

f) Der Nullkreis $K(M, 0)$ heißt der *isotrope Kegel* K_M bezüglich M. Er besteht nach der Aussage in Aufgabe 10.1.2 aus zwei isotropen Geraden, die sich in M schneiden. In der Speziellen Relativitätstheorie (längs einer Richtung) ist dies der *Lichtkegel* bezüglich des (Ereignis-)Punktes M.

Aufgabe 10.1.3. Man zeige:

a) Durch jeden Punkt P geht genau eine Gerade l, die zu einer vorgegebenen Gerade g orthogonal ist (Existenz und Eindeutigkeit des Lotes $l(P, g)$).

b) Das Lot $l(P, g)$ ist genau dann zu g parallel, wenn g isotrop ist.

c) Durch jeden Punkt gehen genau zwei isotrope Geraden.

Eine Besonderheit und auch einen Reiz (!) macht der Umstand aus, daß die pseudoeuklidische Ebene hinsichtlich des erklärten Abstandes *kein metrischer Raum* ist. Schon die Eigenschaft **M1** (siehe Anhang A 3) gilt nicht, da isotrope Geraden existieren. Weiterhin gilt die Dreiecksungleichung (**M2**) im allgemeinen nicht.

Damit steht auch für topologische Bezüge *keine Metrik-Topologie* (siehe Anhang A 4) zur Verfügung.

Da eine pseudoeuklidische Ebene aus inzidenz- und anordungsgeometrischer Sicht eine (reelle) affine Ebene ist, kann sie einfach in einer euklidischen Ebene unter Zugrundelegung eines kartesischen Koordinatensystems $(O; \boldsymbol{e}_1, \boldsymbol{e}_2)$ beschrieben werden. Die Basisvektoren sind im Sinne der pseudoeuklidischen Metrik ebenfalls orthogonale Einheitsvektoren! Diese Widerspiegelung benutzt auch die Physik zur Veranschaulichung der Speziellen Relativitätstheorie.

Sowohl der raum- als auch der zeitartige Einheitskreis um den Punkt $O(0, 0)$ sind zweiteilige Normalhyperbeln. Und ihre Asymptoten sind die beiden isotropen Geraden durch den Punkt O (Abb. 10.1.1).

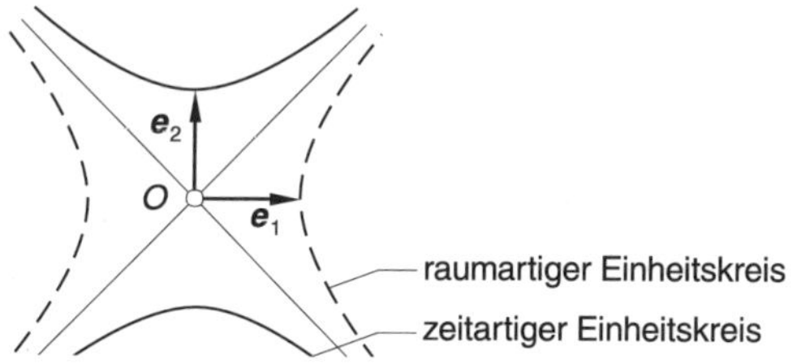

Abb. 10.1.1

Wir wenden uns nun dem Bewegungsbegriff zu. Hier wollen wir bei der sonst üblichen Charakterisierung durch Abstandsinvarianz zwischen raum- und zeitartigen Abständen unterscheiden. Dies gelingt durch die Forderung, daß das Skalarprodukt invariant bleibt.

Definition 10.1.4. Eine Punkttransformation der pseudoeuklidischen Ebene heißt *Bewegung*, wenn sie eine affine Transformation ist und wenn bei der induzierten Vektortransformation das Skalarprodukt invariant bleibt.

Zur Definition können die Forderungen abgeschwächt werden, doch ist dies hinsichtlich unserer Absichten mehr ein methodologischer Aspekt.

Jede affine Punkttransformation α, die $P(x_1, x_2)$ auf $P'(x_1', x_2')$ abbildet, läßt sich in der Form

$$(x_1', x_2')^{\mathrm{T}} = \boldsymbol{H}(x_1, x_2)^{\mathrm{T}} + (v_1, v_2)^{\mathrm{T}} \qquad \text{(ii)}$$

darstellen, wobei $\boldsymbol{H} = (a_{ik})$ eine durch α bestimmte reguläre zweireihige Transformationsmatrix und $\boldsymbol{v} = (v_1, v_2)$ ein durch α bestimmter Vektor ist. (Vgl. Anhang A 5 und Abschn. 5.1 und 5.2.) Es gilt [Kl/Qu]:

Satz 10.1.4. *α ist eine Bewegung genau dann, wenn $\boldsymbol{H}$ eine der folgenden vier Matrizen ist*

$$\boldsymbol{H}_1 = \begin{pmatrix} \cosh\varphi & \sinh\varphi \\ \sinh\varphi & \cosh\varphi \end{pmatrix}, \qquad \boldsymbol{H}_2 = \begin{pmatrix} \cosh\varphi & \sinh\varphi \\ -\sinh\varphi & -\cosh\varphi \end{pmatrix}$$

$$\boldsymbol{H}_3 = \begin{pmatrix} -\cosh\varphi & \sinh\varphi \\ -\sinh\varphi & \cosh\varphi \end{pmatrix}, \qquad \boldsymbol{H}_4 = \begin{pmatrix} -\cosh\varphi & \sinh\varphi \\ \sinh\varphi & -\cosh\varphi \end{pmatrix}.$$

An die Stelle der Kreisfunktionen sin und cos bei der Beschreibung der Bewegungen in der euklidischen Ebene treten hier die hyperbolischen Funktionen sinh und cosh. Sie lassen sich einfach mit Hilfe der Exponentialfunktion wie folgt beschreiben:

$$\sinh t = \frac{1}{2}(\mathrm{e}^t - \mathrm{e}^{-t}), \quad \cosh t = \frac{1}{2}(\mathrm{e}^t + \mathrm{e}^{-t}),$$

und ihre Graphen zeigt Abbildung10.1.2. Es gilt der *hyperbolische Pythagoras* $\cosh^2 t - \sinh^2 t = 1$ und damit stets $\cosh t \geq 1$.

Der Satz 10.1.4 gibt nicht nur eine vollständige, sondern auch eine disjunkte Einteilung der Bewegungen. Dazu betrachten wir die vier Teile R_1, R_2, Z_1 und Z_2, in die die Ebene durch die zwei isotropen Geraden durch O (ausschließlich der Punkte auf diesen Geraden selbst) zerlegt wird (Abb.10.1.3).

Die Bewegungen

$$\beta_i: \ \boldsymbol{x}'^{\mathrm{T}} = \boldsymbol{H}_i \boldsymbol{x}^{\mathrm{T}}, \quad i = 1, 2, 3, 4 \qquad \text{(iii)}$$

bilden jede dieser vier Punktmengen bijektiv wieder auf eine dieser vier

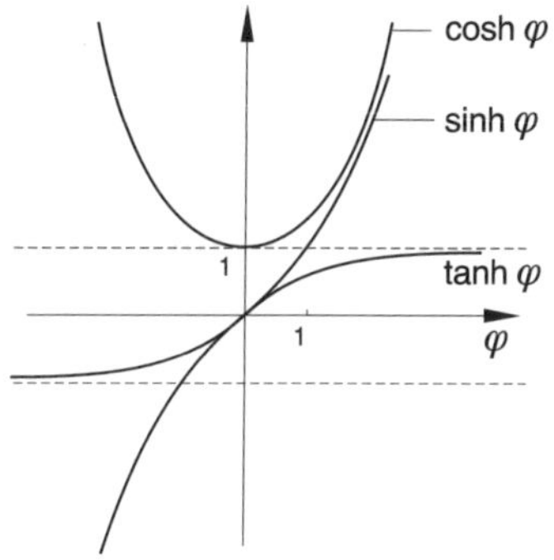

Abb. 10.1.2

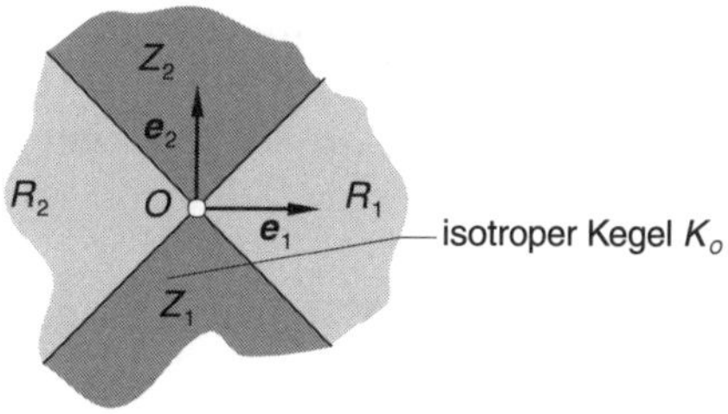

Abb. 10.1.3

Punktmengen wie folgt ab:

	R_1	R_2	Z_1	Z_2
β_1	R_1	R_2	Z_1	Z_2
β_2	R_1	R_2	Z_2	Z_1
β_3	R_2	R_1	Z_1	Z_2
β_4	R_2	R_1	Z_2	Z_1

Aufgabe 10.1.4. Man prüfe dies analytisch nach.

Eine Bewegung heißt von *i-ter Art*, wenn zu ihrer Beschreibung (ii) die Matrix $\boldsymbol{H}_i$, $i = 1, 2, 3, 4$ zutreffend ist.

Die Bewegung β_1 heißt *hyperbolische Drehung um O mit dem Drehwinkel* φ. Denn O ist bei $\beta_1 \neq \text{id}$ der einzige Fixpunkt, und jeder Punkt P, der nicht zu einer der beiden isotropen Geraden durch O gehört, liegt mit seinem Bild P' auf ein und demselben Hyperbelast. Wir bezeichnen sie kurz mit $h(O; \varphi)$. Es ist $h(O, 0)$ die Identität id.

Aufgabe 10.1.5. Man zeige: $h(O; \varphi_1) \circ h(O; \varphi_2) = h(O; \varphi_1 + \varphi_2)$.

Jede Bewegung 1. Art ist demnach das Produkt der hyperbolischen Drehung $h(O; \varphi)$ und der Translation τ mit dem Vektor $\boldsymbol{v}$ und damit eine hyperbolische Drehung um den Punkt $Z(z_1, z_2)$ mit

$$z_1 = \frac{v_1}{2} + \frac{v_2 \sinh \varphi}{2(\sinh \varphi + 1)} \quad \text{und} \quad z_2 = \frac{v_2}{2} + \frac{v_1 \sinh \varphi}{2(\sinh \varphi + 1)}$$

und dem Drehwinkel $\varphi \neq 0$ oder eine Translation, falls $\varphi = 0$.

Die Bewegung β_2 ist involutorisch (d. h. $\beta_2 \neq \mathrm{id}$ und $(\beta_2)^2 = \mathrm{id}$), und die Menge der Fixpunkte ist eine Gerade a durch O mit dem Richtungsvektor $(\cosh\varphi + 1, -\sinh\varphi)$, also eine raumartige Gerade. Die Verbindungsgerade eines Punktes $P(\notin a)$ mit seinem Bild P' ist stets orthogonal zu a.

Damit ist mit Bezug auf die Orthogonalität der pseudoeuklidischen Ebene β_2 die *Spiegelung an einer raumartigen Geraden* durch O und folglich jede Bewegung 2. Art eine Schubspiegelung mit raumartiger Achse.

Aufgabe 10.1.6. Man weise die genannten Eigenschaften für β_2 nach!

Aus Analogiegründen ist β_3 die *Spiegelung an der zeitartigen Geraden* durch O mit dem Richtungsvektor $(\sinh\varphi, \cosh\varphi + 1)$, und demnach sind Bewegungen 3. Art Schubspiegelungen mit zeitartigen Achsen.

Schließlich ist β_4 gleich dem Produkt der hyperbolischen Drehung $h(O; \varphi)$ und der Spiegelung am Punkt O; man nennt deshalb β_4 die *Drehspiegelung* $d(O; \varphi)$ am Punkt O mit dem Drehwinkel φ; speziell ist $d(O; 0)$ gleich der Punktspiegelung σ_O.

Jede Bewegung 4. Art ist eine Drehspiegelung am Punkt $Z(z_1, z_2)$ mit $z_1 = \frac{v_1}{2} + \frac{v_2 \sinh\varphi}{2(\sinh\varphi + 1)}$ und $z_2 = \frac{v_2}{2} + \frac{v_1 \sinh\varphi}{2(\sinh\varphi + 1)}$ und dem Drehwinkel $\varphi \neq 0$ oder eine Punktspiegelung.

Die folgende Tabelle gibt eine Übersicht über die Art der Bewegung, die bei der Nacheinanderausführung einer Bewegung i-ter Art mit einer Bewegung k-ter Art $(i, k = 1, 2, 3, 4)$ entsteht:

	1	2	3	4
1	1	2	3	4
2		1	4	3
3			1	2
4				1

Weitere Eigenschaften von Bewegungen, die später bei Diskretheitsuntersuchungen noch nützlich sein werden, kleiden wir in Aufgaben.

Vielfach bestehen einfache Analogien zu Eigenschaften der Bewegungen in der euklidischen Ebene. Ein Grund besteht in der Übereinstimmung der Geometrien bei inzidenz- und anordnungsgeometrischen Sachverhalten. Spiegelungen an Geraden sind sowohl in der euklidischen wie in der pseudoeuklidischen Ebene Affinspiegelungen. An jeder nicht isotropen Geraden gibt es genau eine Spiegelung, an isotropen Geraden keine.

Für das Verständnis einiger Beweisüberlegungen in den weiteren Abschnitten genügt es zunächst, folgende Bewegungseigenschaften zur Kenntnis zu nehmen, die auffallend analog zur euklidischen Geometrie sind.

Aufgabe 10.1.7 (Produkte von Geradenspiegelungen). Man zeige für Geradenspiegelungen σ_g und σ_h:

a) Das Produkt ist eine Translation in Richtung einer Orthogonalen zu g, falls g, h parallel sind.
b) Sind die Geraden g und h gleichartig, d. h. beide raum- oder beide zeitartig, und schneiden sie sich in einem Punkt P, dann ist das Produkt $\sigma_g \circ \sigma_h$ eine nichtidentische hyperbolische Drehung um P.
c) Sind g und h nicht gleichartig, dann schneiden sie sich in einem Punkt P und das Produkt $\sigma_g \circ \sigma_h$ ist eine Drehspiegelung am Punkt P. Insbesondere ist das Produkt gleich der Spiegelung am Punkt P genau dann, wenn g und h zueinander orthogonal sind.

Aufgabe 10.1.8 (Transformation von Bewegungen mit Bewegungen). Man zeige: Ist β irgendeine Bewegung, dann gilt

a) $\beta \circ \sigma_g \circ \beta^{-1}$ ist die Spiegelung an der Geraden $\beta(g)$.
b) $\beta \circ h(P, \varphi) \circ \beta^{-1}$ ist die hyperbolische Drehung am Punkt $\beta(P)$ mit dem Drehwinkel φ, wenn β eine Bewegung erster oder vierter Art ist bzw. mit dem Drehwinkel $-\varphi$, falls β eine Bewegung zweiter oder dritter Art ist.

10.2. Punktgruppen (Rosettengruppen)

Wie bereits bemerkt, steht für einen Diskretheitsbegriff eine Metrik-Topologie nicht zur Verfügung. Durch die mögliche Einbettung der pseudoeuklidischen Ebene in die euklidische Ebene bietet sich eine Hilfestellung sofort an: die Metrik-Topologie der euklidischen Ebene. Eine r-Umgebung eines Punktes P ist dann die euklidische offene Kreisscheibe um P mit dem Radius r.

Auf weitere Umstände macht nun die folgende Betrachtung aufmerksam.

Beispiel 10.2.1. Es sei G die von einer nichtidentischen hyperbolischen Drehung $h = h(O; \varphi)$ erzeugte Gruppe.

Nach der Eigenschaft, die in der Aufgabe 10.1.5 ausgewiesen ist, besteht G aus allen hyperbolischen Drehungen $h(O; m\varphi)$ mit ganzer Zahl m, und damit ist G eine unendliche zyklische Gruppe.

Dies ist ein auffallender Unterschied zu den Gruppen in der euklischen Ebene, die von einer Drehung erzeugt werden. Diese können auch endlich sein.

G ist eine Punktgruppe mit dem Fixpunkt O.

Hinsichtlich diskontinuierlicher Aspekte betrachten wir nun alle Orbits $G(P)$.

a) Für $P = O$ ist $G(P) = \{O\}$.
b) Es sei nun $P(c, d)$ ein von O verschiedener Punkt, der auf keiner isotropen Geraden durch O liegt. Dann ist $|c| \neq |d|$; es sei $c > 0$ und $|c| > |d|$. Für die

folgenden Betrachtungen ist das keine Beschränkung der Allgemeinheit. Wir setzen $a := \sqrt{c^2 - d^2} > 0$.

Durch P geht genau ein „Ast“ H einer gleichseitigen Hyperbel, bei der die isotropen Geraden durch O Asymptoten sind (Abb. 10.2.1). Die Kurve H ist durch die Parameterdarstellung

$$x_1 = a \cosh t \quad \text{und} \quad x_2 = a \sinh t \quad \text{mit} \quad -\infty < t < +\infty$$

beschrieben, und die gleichseitige Hyperbel hat die Gleichung

$$\frac{x_1^2}{a^2} - \frac{x_2^2}{a^2} = 1 .$$

Dabei ist der Punkt $P(c, d)$ durch diejenige reelle Zahl t_o erfaßt, für die $a \cdot \sinh t_o = d$ gilt.

Im folgenden sei $P_m := h^m(P)$, und damit ist $\{P_m, m \in \mathbf{Z}\}$ der Orbit $G(P)$. Die Koordinaten x_1, x_2 des Punktes P_m sind dann

$$x_1 = a \cdot \cosh(t_o + m\varphi), \qquad x_2 = a \cdot \sinh(t_o + m\varphi).$$

Wir projizieren den Orbit $G(P)$ parallel zu der x_1-Achse auf die x_2-Achse; dem Punkt P_m entspricht dann eineindeutig die Zahl $y_m := a \cdot \sinh(t_o + m\varphi)$. Offensichtlich ist (Abb. 10.2.1)

$$d_e(P_i, P_k) \geq |y_i - y_k|, \tag{*}$$

wobei d_e den euklidischen Abstand bezeichnet.

Die Funktion sinh vermittelt eine topologische Abbildung von **R** auf **R**. (In der Menge **R** der reellen Zahlen wird hier die durch den Abstand bestimmte Metrik-Topologie genommen.) Da $(t_o + m\varphi;\ m \in \mathbf{Z})$ in **R** eine Menge isolierter Punkte (Zahlen) ist und in jedem offenen Intervall von **R** nur endlich viele Punkte dieser Menge liegen, gilt dies auch für $\{y_m;\ m \in \mathbf{Z}\}$. Aufgrund von (*) gilt dann:

- In jeder (euklidischen) r-Umgebung gibt es nur endlich viele Punkte des Orbits $G(P)$ (*lokale Endlichkeit*; vgl. Diskretheitsdefinition **D0**, Kap. 2).
- Zu jedem Punkt X aus dem Orbit $G(P)$ gibt es eine (euklidische) r-Umgebung U mit $U \cap G(P) = \{X\}$ (*Isoliertheit* der Orbitpunkte; vgl. Diskretheitsdefinition **D1**, Kap. 2).

Die restlichen Orbits zeigen nicht die gleichen Eigenschaften.

c) Es sei P ein von O verschiedener Punkt, der auf einer der beiden isotropen Geraden durch O liegt; o. B. d. A. können wir annehmen, daß P die Koordinaten $x_1 = x_2 = c > 0$ hat. Für die Orbitpunkte $P_m := h^m(P)$ ergibt sich

$$x_1 = x_2 = (\cosh m\varphi + \sinh m\varphi) \cdot c = \mathrm{e}^{m\varphi} \cdot c$$

(siehe Abschn. 10.1).
Folglich liegen die Punkte des Orbits $G(P)$ isoliert.

Lokale Endlichkeit besteht jedoch nicht. Wegen $\lim_{m \to -\infty} e^{m\varphi} = 0$ für $\varphi > 0$ (bzw. $\lim_{m \to +\infty} e^{m\varphi} = 0$ für $\varphi < 0$) ist der Punkt O ein Häufungspunkt des Orbits $G(P)$, und damit besteht die lokale Endlichkeit des Orbits im obigen Sinne nicht.

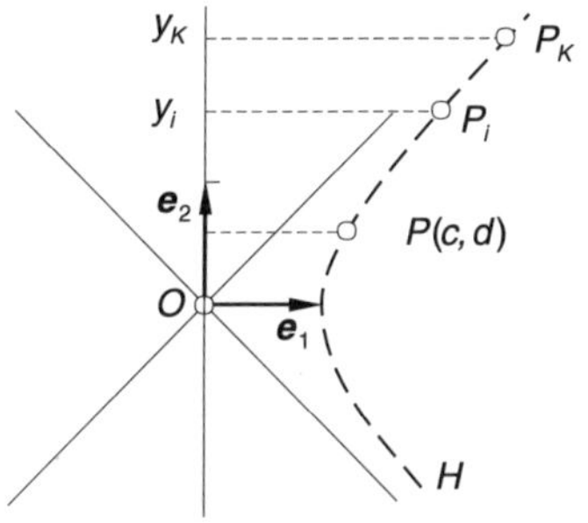

Abb. 10.2.1

Diskretheitsbegriff

In der pseudoeuklidischen Ebene erklären wir deshalb die Diskretheit einer Bewegungsgruppe wie folgt

Definition 10.2.1. Eine Gruppe G von Bewegungen heißt *diskret*, wenn es einen Punkt X derart gibt, daß $G(X) \neq \{X\}$ und jede (euklidische) r-Umgebung U nur endlich viele Punkte aus dem Orbit $G(X)$ enthält (*Existenz eines nichttrivialen Orbits mit lokaler Endlichkeit*).

Aus den Darlegungen im Beispiel 10.2.1 folgt

Lemma 10.2.2. *Jede mit einer hyperbolischen Drehung h erzeugte Gruppe G ist diskret.*

Überdies ist G eine zyklische Gruppe C, falls $h \neq \mathrm{id}$.

Nun stellt sich die Frage nach allen diskreten Gruppen von Bewegungen mit Fixpunkt.

Wir gehen zunächst auf die Struktur von Gruppen mit Fixpunkt näher ein, ohne Diskretheit vorauszusetzen.

Lemma 10.2.3. *Ist G eine Gruppe von Bewegungen und gilt $G(X) \neq \{X\}$ für alle Punkte X, dann enthält G eine nichtidentische Translation.*

Beweis. Nach Voraussetzung enthält die Gruppe G eine nichtidentische Bewegung α. Wir führen eine vollständige Fallunterscheidung nach der Art der Bewegung α durch. Wenn α keine Translation ist, dann gibt es nach der Übersicht im Abschnitt 10.1 über die Bewegungen noch folgende Möglichkeiten

a) α ist eine hyperbolische Drehung um einen Punkt P mit dem Drehwinkel $\varphi \neq 0$. Nach Voraussetzung muß es eine weitere Bewegung β mit $\beta(P) \neq P$ geben. Das Produkt $\gamma := \beta \circ \alpha \circ \beta^{-1}$ ist wieder eine hyperbolische Drehung, nämlich um den Punkt $\beta(P)$ mit dem Drehwinkel φ oder $-\varphi$. (Siehe Aufgabe 10.1.8.) Folglich ist $\alpha \circ \gamma^{-1}$ oder $\alpha \circ \gamma$ eine nichtidentische Translation in G.
b) Ist α eine echte Schubspiegelung, dann ist $\alpha \circ \alpha$ eine nichtidentische Translation in G.
c) Ist α eine Drehspiegelung $\sigma_P \circ h(P, \varphi)$, die keine Punktspiegelung ist, dann ergibt $\alpha \circ \alpha$ eine nichtidentische Drehung, und daraus folgt die Existenz einer nichtidentischen Translation nach a).
d) Den Fall, daß α ein Punktspiegelung ist, überlassen wir dem Leser als Aufgabe 10.2.2.
e) Als letzter Fall bleibt nur noch die Diskussion für eine Spiegelung $\alpha = \sigma_g$.

   Nach Voraussetzung gibt es eine weitere nichtidentische Bewegung $\beta \in G$, und $\gamma := \beta \circ \alpha \circ \beta^{-1}$ ist die Spiegelung an der Geraden $g' := \beta(g) \neq g$.

   Sind g und g' (echt) parallel, dann ist $\alpha \circ \gamma$ eine nichtidentische Translation. Andernfalls schneiden sich diese Geraden in einem Punkt P. Das Produkt $\alpha \circ \gamma$ ist eine nichtidentische hyperbolische Drehung um P, falls die Geraden g und g' gleichzeitig raum- oder zeitartig sind, und es ist eine nichtidentische Drehspiegelung um P, falls g und g' verschiedenartig sind (Aufgabe 10.1.7). Die Behauptung ergibt sich nun nach a) bzw. nach c) oder d). □

Aufgabe 10.2.2. Man schließe die Beweislücke (Fall d).

Wie in der euklidischen Geometrie erhalten wir

Folgerung 10.2.3. *Eine Gruppe G besitzt genau dann einen Fixpunkt, wenn ihre Untergruppe der Translationen nur aus der Identität besteht.*

Es sei G eine Gruppe von Bewegungen mit Fixpunkt O. Die Untergruppe $D(G)$ der hyperbolischen Drehungen um O ist ein Normalteiler von G. Die Gruppe kann neben diesen Drehungen nur noch Spiegelungen an raum- oder zeitartigen Geraden durch O oder Drehspiegelungen am Punkt O enthalten. Anhand der Übersicht über die Produkte einer Bewegung i-ter Art mit einer Bewegung k-ter Art ($i, k = 1, 2, 3, 4$) und den in der Aufgabe 10.1.7 genannten Eigenschaften wird klar, daß folgende Fallunterscheidung vollständig und disjunkt ist:

Lemma 10.2.4.

a) *G enthält nur hyperbolische Drehungen um O, und damit ist* $G = D(G)$.

b) *G enthält neben D(G) nur noch Spiegelungen an raumartigen Geraden durch O. Ist* σ_g *eine derartige Spiegelung, dann gilt* $G = D(G) \cup \sigma_g \circ D(G)$.

c) *G enthält neben D(G) nur noch Spiegelungen an zeitartigen Geraden durch O. Ist* σ_h *eine derartige Spiegelung, dann gilt* $G = D(G) \cup \sigma_h \circ D(G)$.

d) *G enthält neben D(G) nur noch Drehspiegelungen an O. Ist d eine derartige Drehspiegelung, dann gilt* $G = D(G) \cup d \circ D(G)$. *Im Falle* $D(G) = \{\mathrm{id}\}$ *kann d nur die Spiegelung an O sein.*

e) *G enthält neben D(G) Spiegelungen sowohl an raum- als auch an zeitartigen Geraden durch O sowie Drehspiegelungen an O;* $G = D(G) \cup \sigma_g \circ D(G) \cup \sigma_h \circ D(G) \cup d \circ D(G)$. *Im Falle* $D(G) = \{\mathrm{id}\}$ *ist* $d = \sigma_O$, *und g, h sind zueinander orthogonale Geraden.*

Um eine Übersicht über die Punktgruppen, d. h. über die diskreten Bewegungsgruppen mit Fixpunkt zu gewinnen, bleibt nur noch die Aufhellung der diskreten Gruppen von hyperbolischen Drehungen um ein und denselben Punkt O.

Satz 10.2.5. *Ist G eine diskrete Gruppe von hyperbolischen Drehungen um O, dann ist entweder* $G = \{\mathrm{id}\}$ *oder es existiert eine hyperbolische Drehung* $h_0 \neq \mathrm{id}$, *die G erzeugt.*

Beweis. Es sei $G \neq \{\mathrm{id}\}$. Da G diskret ist, gibt es einen Punkt $P(c, d)$ derart, daß der Orbit $G(P)$ lokal endlich und nichttrivial ist. Dann kann P auf keiner der beiden isotropen Geraden durch O liegen. Andernfalls wäre $G(P) = \{P\}$ oder nach den Darlegungen im Beispiel 10.2.1 der Punkt O Häufungspunkt schon für eine Teilmenge des Orbits $G(P)$.

Wir können ohne Beschränkung der Allgemeinheit $c > |d|$ voraussetzen. Der Orbit $G(P)$ liegt auf einem wohlbestimmten Hyperbelast H (Aufgabe 10.2.1). Den Punkten aus $G(P)$ entsprechen eineindeutig die Drehwinkel $\varphi \in \mathbf{R}$ der Drehungen aus G. In dieser Sicht sei $W \subseteq \mathbf{R}$ das Bild von $G(P)$. Nach den Darlegungen im Beispiel 10.2.1 folgt aus der lokalen Endlichkeit von $G(P)$, daß jedes offene Intervall in $\mathbf{R}$ nur endlich viele Zahlen aus W enthält. Folglich existiert $\varphi_0 := \min\{\varphi > 0 : \varphi \in W\} > 0$.

Überdies bildet W bezüglich der Addition eine zu G isomorphe Gruppe, da $h(O, \varphi_1) \circ h(O; \varphi_2) = h(O; \varphi_1 + \varphi_2)$ ist.

Damit ist wie beim Beweis des Satzes 3.1 klar, daß φ_0 die additive Gruppe W erzeugt. Folglich erzeugt $h(O; \varphi_0)$ die Gruppe G. □

Klasseneinteilung bezüglich Äquivalenz und gleichartiger Äquivalenz

Wir fassen unsere Ergebnisse über Punktgruppen entsprechend der Einteilung im Lemma 10.2.4 zusammen und beschreiben dabei eine Erzeugung und ihre algebraische Struktur:

a) 1. $G = \langle \mathrm{id} \rangle = \{\mathrm{id}\}$; G ist eine C_1-Gruppe.
2. $G = \langle h \rangle$ mit $h \neq \mathrm{id}$; G ist eine C_∞-Gruppe.

b) 3. $G = \langle \sigma_g \rangle = \{\mathrm{id}, \sigma_g\}$, g raumartig; G ist eine D_1-Gruppe.
4. $G = \langle h, \sigma_g \rangle$ mit $h = h(P; \varphi) \neq \mathrm{id}$, $P \in g$ und g raumartig; G ist eine D_∞-Gruppe.

c) 5. wie 3., nur anstelle von raum- jetzt zeitartig.
6. wie 4., nur anstelle von raum- jetzt zeitartig.

d) 7. $G = \langle \sigma_P \rangle = \{\mathrm{id}, \sigma_P\}$; G ist eine D_1-Gruppe.
8. $G = \langle h, \sigma_P \rangle$ mit $h = h(P; \varphi) \neq \mathrm{id}$; G ist keine (unendliche) Diedergruppe, da bis auf σ_P alle anderen Drehspiegelungen nicht involutorisch sind; G ist direktes Produkt $C_\infty \times D_1$.
9. $G = \langle h, d \rangle$, wobei $h = h(P; \varphi) \neq \mathrm{id}$ und d eine Drehspiegelung mit dem gleichen Zentrum P ist, aber σ_P *nicht* zur Gruppe G gehört.
In diesem Falle gibt es eine Drehspiegelung $d_0 = \sigma_P \circ h(P; \varphi)$ mit $\varphi \neq 0$, die bereits G erzeugt! (Siehe Aufgabe 10.2.3.) G ist eine C_∞-Gruppe.

e) 10. $G = \{\mathrm{id}, \sigma_g, \sigma_h, \sigma_P\}$ mit $P \in g, h$ und $g \perp h$ und damit $G = \langle \sigma_g, \sigma_h \rangle$. G ist eine Kleinsche Vierergruppe (also eine D_2-Gruppe).
11. $G = \langle h, \sigma_g, \sigma_P \rangle$ mit $h = h(P; \varphi) \neq \mathrm{id}$, $P \in g$ und g raum- oder zeitartig.
12. $G = \langle h, \sigma_g, d \rangle$ mit Bedingungen für h, d und g wie unter 9. und 11. Nach 9. gibt es eine Drehspiegelung d_0, die alle hyperbolische Drehungen und Drehspiegelungen aus G erzeugt, so daß die Darstellung $G = \langle \sigma_g, d_0 \rangle$ möglich ist; G ist eine D_∞-Gruppe.

Aufgabe 10.2.3. Man zeige: Eine Punktgruppe mit Fixpunkt P, die neben hyperbolischen Drehungen nur noch Drehspiegelungen, aber nicht die spezielle Drehspiegelung σ_P enthält, ist durch eine Drehspiegelung allein erzeugbar.

Die Definition 4.1.6 der Gruppenäquivalenz kann hier in der pseudoeuklidischen Geometrie ohne weiteres übernommen werden, weil dafür affine Sachverhalte benutzt werden. Danach ist eine Bewegungsgruppe G *äquivalent* zu einer Bewegungsgruppe G', wenn es eine affine Transformation γ (der Ebene) mit $\gamma \circ G \circ \gamma^{-1} = G'$ gibt.

Da es zu Affinspiegelungen σ und σ' stets eine affine Transformation γ mit $\gamma \circ \sigma \circ \gamma^{-1}$ gibt, sind die in der Übersicht unter 3. und 5. sowie unter 4. und 6. beschriebenen Gruppen äquivalent. Die affine Transformation einer Punktspiegelung ist stets wieder eine Punktspiegelung. Demnach kann keine der

Gruppen unter 8. zu einer unter 9. äquivalent sein. (Dies folgt selbstverständlich bereits aus ihrer Nichtisomorphie!)

So ergibt sich

Satz 10.2.6. *Es gibt bis auf Äquivalenz zehn Punktgruppen.*

Es besteht ein deutlicher Unterschied zur ebenen euklidischen Geometrie. Dort sind *alle* Punktgruppen *endliche* Dreh- oder Diedergruppen mit Drehungen und Geradenspiegelungen; die *Anzahl der Äquivalenzklassen* ist aber bei jeder Art *unendlich*.

Bei den Bewegungen haben wir zwischen vier verschiedenen Arten unterschieden. Diesen Unterschied möchte man bei der Klassifizierung der Punktgruppen gewahrt sehen.

Definition 10.2.7. Eine Bewegungsgruppe G heißt *gleichartig äquivalent* zu einer Bewegungsgruppe G', wenn es eine affine Transformation γ mit $\gamma \circ G \circ \gamma^{-1} = G'$ gibt, die Bewegungen auf gleichartige transformiert.

Anhand der obigen Übersicht über die Punktgruppen ist ersichtlich

Satz 10.2.8. *Es gibt bis auf gleichartige Äquivalenz zwölf Punktgruppen.*

Aufgabe 10.2.4. Wie schon bemerkt, ist die Untergruppe $D(G)$ der hyperbolischen Drehungen einer Punktgruppe G ein Normalteiler von G. Man beschreibe alle Faktorgruppen $G/D(G)$ der Punktgruppen G!

10.3. Friesgruppen

Friesgruppen seien wie in der ebenen euklidischen Geometrie (Definition 4.0.2) erklärt: Es sind diskrete Bewegungsgruppen G, bei denen die Untergruppe $T(G)$ der Translationen eindimensional ist.

Es sei G eine Friesgruppe und $T = T(G)$ die Untergruppe der Translationen von G.

Dann gibt es aufgrund der Diskretheit einen Orbit $G(A)$, der lokal endlich ist (Definition 10.2.1), und dies gilt erst recht für die Teilmenge $T(A)$. Folglich läßt sich T nach dem Satz 3.1 von einer Translation τ_0 erzeugen. Der durch sie bestimmte Vektor wird im folgenden mit $\boldsymbol{t}_0$ bezeichnet.

Weitere Einsichten vermitteln die folgenden beiden Hilfssätze

Lemma 10.3.1. *Eine Friesgruppe G enthält keine echten hyperbolischen Drehungen.*

Beweis. Angenommen, es gibt in G eine hyperbolische Drehung $h = h(P;\ \varphi) \neq \mathrm{id}$; o. B. d. A. sei $\varphi > 0$.

Im weiteren unterscheiden wir, ob der Vektor $\boldsymbol{t}_0$, der die Translation τ_0 beschreibt, isotrop ist oder nicht.

Ist $\boldsymbol{t}_0$ isotrop, o. B. d. A. $\boldsymbol{t}_0 = (c, c)$, dann beschreibt $\boldsymbol{t}_1 := \mathrm{e}^{-\varphi}(c, c)$ diejenige Translation aus G, die aus τ durch Transformation mit $h^{-1} \in G$ entsteht, also $\boldsymbol{t}_1 = h^{-1}(\boldsymbol{t}_0)$. Im Widerspruch zur Wahl von $\boldsymbol{t}_0$ hat aber $\boldsymbol{t}_1$ eine kürzere Länge als $\boldsymbol{t}_0$.

Ist $\boldsymbol{t}_0$ nicht isotrop, dann auch nicht $\boldsymbol{t}_1 := h^{-1}(\boldsymbol{t}_0)$. Dieser Vektor ist aber zum Vektor $\boldsymbol{t}_0$ nicht parallel, und damit wäre im Widerspruch zur Voraussetzung T zweidimensional. □

Lemma 10.3.2. *Enthält eine Friesgruppe eine Geradenspiegelung σ_g oder eine echte Schubspiegelung $\tau \circ \sigma_h$, dann ist der Vektor $\boldsymbol{t}_0$ nicht isotrop. Überdies liegt die Gerade g in der Richtung von $\boldsymbol{t}_0$ oder orthogonal zu dieser, und die Gerade h liegt in dieser Richtung.*

Beweis. Die Achsen der Geraden- und Schubspiegelungen sind stets nicht isotrop. Lägen diese Achsen nicht in der Richtung von $\boldsymbol{t}_0$ oder orthogonal zu dieser, dann ergäbe sich durch Transformation wie bei dem Beweis zu 10.3.1 die Zweidimensionalität von T. □

Gruppen, die von einer nichtidentischen Translation erzeugt werden, sind nicht nur äquivalent, sondern auch gleichartig äquivalent, da Translationen Bewegungen erster Art sind. Aus dieser Sicht gibt es keinen Unterschied, wenn die Vektoren der erzeugenden Translationen verschiedenartig (isotrop, raum- oder zeitartig) sind.

Es ist leicht ersichtlich, daß die folgende Übersicht eine disjunkte und vollständige Auflistung aller Friesgruppen ist. Und man erkennt, daß die verwendete Bezeichnung der Friesgruppen aus der euklidischen Ebene angebracht ist.

Die zusätzliche Kennzeichnung „r“ bzw. „z“ weist auf „raumartig“ bzw. „zeitartig“ hin. Weiterhin bezeichne τ eine nichtidentische Translation und $\boldsymbol{t}$ den zugehörigen Vektor.

1. $\mathbf{F}$ $G = \langle \tau \rangle$.
2. $\mathbf{F}^1_{1\mathrm{r}}$ $G = \langle \tau, \sigma_g \rangle$, $\boldsymbol{t}$ Richtungsvektor von g und raumartig.
3. $\mathbf{F}^1_{1\mathrm{z}}$ wie 2., aber $\boldsymbol{t}$ zeitartig.
4. $\mathbf{F}^2_{1\mathrm{r}}$ $G = \langle \tau, \sigma_g \rangle$, $\boldsymbol{t}$ raumartig und g orthogonal zu $\boldsymbol{t}$ (und damit g zeitartig).
5. $\mathbf{F}^2_{1\mathrm{z}}$ wie 4., aber $\boldsymbol{t}$ zeitartig.
6. $\mathbf{F}^3_{1\mathrm{r}}$ $G = \langle \tau\, \sigma_g \rangle$, $\boldsymbol{t}$ Richtungsvektor von g und raumartig.
7. $\mathbf{F}^3_{1\mathrm{z}}$ wie 6., aber $\boldsymbol{t}$ zeitartig.
8. $\mathbf{F}_2$ $G = \langle \tau, \sigma_P \rangle$
9. $\mathbf{F}^1_{2\mathrm{r}}$ $G = \langle \tau, \sigma_P, \sigma_g \rangle$, $P \in g$, $\boldsymbol{t}$ Richtungsvektor von g und raumartig.

10. $\mathbf{F}^1_{2z}$ wie 9., aber $\boldsymbol{t}$ zeitartig.
11. $\mathbf{F}^2_{2r}$ $G = \langle \sigma_P, \sigma_g \rangle$, $P \notin g$, g zeitartig. Dann ist $\tau := (\sigma_P \sigma_g)^2$ raumartig und $T(G) = \langle \tau \rangle$.
12. $\mathbf{F}^2_{2z}$ wie 11., aber g raumartig.

Damit erhält man

Satz 10.3.3. *Bezüglich der gleichartigen Äquivalenz gibt es zwölf Klassen von Friesgruppen.*

Bezüglich der Äquivalenz (Definition 4.1.6) fallen jeweilige Unterscheidungen in „raumartig" und „zeitartig" zusammen und wie in der euklidischen Ebene gilt

Satz 10.3.4. *Es gibt sieben Klassen äquivalenter Friesgruppen.*

Diese Übereinstimmung mit dem entsprechenden Ergebnis in der euklidischen Ebene ist nicht zufällig, wie folgende Anmerkungen zeigen.

Die ebene pseudoeuklidische Geometrie kann, wie dargelegt, in der ebenen euklidischen Geometrie beschrieben werden.

Ist F eine Friesgruppe in der euklidischen Ebene, die weder Geraden- noch Schubspiegelungen enthält, dann ist sie rein affiner Natur und kann sofort als Friesgruppe der pseudoeuklidischen Ebene ausgewiesen werden.

Enthält eine Friesgruppe F (der euklidischen Ebene) Geraden- oder Schubspiegelungen, dann sind durch Achsen- und Spiegelungsrichtungen genau zwei Richtungen ausgezeichnet, die orthogonal zueinander sind. Nun kann durch eine affine Transformation so abgebildet werden, daß die Bilder dieser Richtungen orthogonale Richtungen im Sinne der pseudoeuklidischen Ebene sind. Dabei wird F eine Friesgruppe der pseudoeuklidischen Ebene.

Aus gleichen Gründen kann in gleicher Weise jede Friesgruppe der pseudoeuklidischen Ebene zu einer Friesgruppe der euklidischen Ebene umgedeutet bzw. transformiert werden. Dabei bleibt man in der gleichen Äquivalenzklasse.

Damit ist eine weitere Begründung für den Satz 10.3.4 gegeben.

10.4. Fedorowgruppen (Raumgruppen) und kristallographische Beschränkung

Eine *Raumgruppe* oder *Fedorowgruppe* G [Ba/Ga] ist eine diskrete Bewegungsgruppe der pseudoeuklidischen Ebene, deren Untergruppe T der Translationen zweidimensional (im Sinne der Definition 4.0.2) ist. Demnach enthält der Orbit $T(X)$ für jeden Punkt X nicht kollineare Punkte.

Da G diskret ist, gibt es einen lokal endlichen Orbit $G(A)$. Damit ist auch der Orbit $T(X)$ lokal endlich und folglich T durch zwei nicht parallele Translationen erzeugbar.

Die Orbits $T(X)$ sind translationskongruente zweidimensionale Gitter (Netze).

Aufgabe 10.4.1. Man zeige: Jedes Netz besitzt eine Basis mit einem raum- und einem zeitartigen Vektor.

Aufgabe 10.4.2. Es sei $(O; \boldsymbol{a}, \boldsymbol{b})$ mit $\boldsymbol{a} = (1, 0)$ und $\boldsymbol{b} = (1, 2)$ eine Basis des Netzes Γ. Man zeige, daß Γ keinen isotropen Netzvektor besitzt.

Aufgabe 10.4.3. Gibt es ein Netz, das isotrope Netzvektoren besitzt, die nicht linear unabhängig sind?

Wie bei den Friesgruppen werden sich auch hier direkte Bezüge zu den Raumgruppen der euklidischen Ebene, den Ornamentgruppen ergeben. Um den Bezug zur jeweils unterlegten Geometrie deutlicher zu machen, werden wir die Raumgruppen in der pseudoeuklidischen Ebene durchweg Fedorowgruppen nennen.

Wir betrachten zunächst

Fedorowgruppen ohne hyperbolische Drehung

Lemma 10.4.1. *Sind α und β Bewegungen zweiter oder dritter Art (also Schubspiegelungen oder speziell Geradenspiegelungen) einer Gruppe G, die keine (echten) hyperbolischen Drehungen enthält, dann sind die Achsen a und b von α bzw. β entweder parallel oder orthogonal zueinander.*

Beweis. Sind α und β gleichartig, dann ist das Produkt $\alpha \circ \beta$ eine Bewegung erster Art und aufgrund der Voraussetzung für G dann eine Translation. Folglich ist $a \parallel b$.

Im Falle ungleichartiger Bewegungen ist dieses Produkt eine Punktspiegelung und damit $a \perp b$. □

In Fedorowgruppen ohne hyperbolische Drehung können also neben Translationen nur noch Schubspiegelungen (speziell auch Geradenspiegelungen) existieren, deren Achsen entweder in ein und derselben Richtung oder in zwei zueinander orthogonalen Richtungen liegen.

Nun wird mit Hilfe von affinen Transformationen wie bei Friesgruppen deutlich:

Satz 10.4.2.

a) *Ist G eine Fedorowgruppe ohne hyperbolische Drehung, dann ist sie zu einer Ornamentgruppe äquivalent, deren Punktgruppe eine* C_1-, D_1-, C_2- *oder* D_2*-Gruppe ist.*

b) *Ist G eine Ornamentgruppe aus einer der neun Äquivalenzklassen* $\mathbf{W}_1$, $\mathbf{W}_1^1$, ..., $\mathbf{W}_2^3$, $\mathbf{W}_2^4$, *dann gibt es dazu eine äquivalente Fedorowgruppe ohne hyperbolische Drehung.*

Folgerung. *Es gibt bis auf Äquivalenz neun Fedorowgruppen ohne hyperbolische Drehung.*

Aufgabe 10.4.4. Man begründe die Aussagen des Satzes 10.4.2 näher.

Es stellt sich wie bei den Punkt- und Friesgruppen die Frage, in wie viele Klassen die Fedorowgruppen ohne Drehung zerfallen, wenn man bis auf *gleichartige* Äquivalenz (Definition 10.2.7) unterscheidet. Diese Klassen können nur Teilklassen der Äquivalenzklassen (im Sinne der Definition 4.1.6) sein.

Die einfachsten Fedorowgruppen, die nur aus Translationen bestehen und die eine Äquivalenzklasse ($\mathbf{W}_1$) bilden, sind gleichartig äquivalent. Die Klasse $\mathbf{W}_1$ zerfällt also in keine Teilklassen. Aus gleichen Gründen gilt dies auch für die Äquivalenzklasse $\mathbf{W}_2$.

Bei den restlichen sieben Äquivalenzklassen $\mathbf{W}_1^1$, $\mathbf{W}_1^2$, $\mathbf{W}_1^3$, $\mathbf{W}_2^1$, $\mathbf{W}_2^2$, $\mathbf{W}_2^3$ und $\mathbf{W}_2^4$ liegen durch die Achsen der Schub- oder Geradenspiegelungen und durch die Spiegelungsrichtung stets zwei ausgezeichnete und zueinander orthogonale Richtungen vor. Hier ist die weitere Aufspaltung der jeweiligen Klasse hinsichtlich der *gleichartigen* Äquivalenz leicht überschaubar.

Die folgende Tabelle gibt eine Übersicht.

Äquivalenzklasse (nach Definition 4.1.6)	(Teil-)Klassen nach gleichartiger Äquivalenz
$\mathbf{W}_1$	$\mathbf{W}_1$
$\mathbf{W}_1^1$	$\mathbf{W}_{1r}^1$, $\mathbf{W}_{1z}^1$
$\mathbf{W}_1^2$	$\mathbf{W}_{1r}^2$, $\mathbf{W}_{1z}^2$
$\mathbf{W}_1^3$	$\mathbf{W}_{1r}^3$, $\mathbf{W}_{1z}^3$
$\mathbf{W}_2$	$\mathbf{W}_2$
$\mathbf{W}_2^1$	$\mathbf{W}_2^1$
$\mathbf{W}_2^2$	$\mathbf{W}_2^2$
$\mathbf{W}_2^3$	$\mathbf{W}_{2r}^3$, $\mathbf{W}_{2z}^3$
$\mathbf{W}_2^4$	$\mathbf{W}_2^4$

Damit gilt

Satz 10.4.3. *Es gibt bis auf gleichartige Äquivalenz* 13 *Fedorowgruppen ohne hyperbolische Drehung.*

Aufgabe 10.4.5. Man begründe, daß im Unterschied zu der Äquivalenzklasse $\mathbf{W}_2^3$ die Klassen $\mathbf{W}_2^1$, $\mathbf{W}_2^2$ und $\mathbf{W}_2^4$ hinsichtlich der gleichartigen Äquivalenz nicht in Teilklassen zerfallen.

Fedorowgruppen mit hyperbolischer Drehung

Wir streben hier keine vollständige Auflistung dieser Fedorowgruppen an, sondern verweisen dazu auf die umfangreichen Untersuchungen in [Ba/Ga]. Ein Hauptanliegen der folgenden Ausführungen sind Sachverhalte, die notwendigerweise für derartige Fedorowgruppen bestehen. Insbesondere ist von Interesse, ob und wie sich hier eine kristallographische Beschränkung zeigt.

Lemma 10.4.4. *Enthält eine Fedorowgruppe G eine hyperbolische Drehung* $h = h(O;\ \varphi)$, $\varphi \neq 0$, *dann enthält sie keine Translationen mit isotropen Vektoren.*

Beweis. Angenommen, es existiert eine nichtidentische Translation τ mit einem isotropen Vektor $\boldsymbol{a}$. Nach geeigneter Normierung kann o. B. d. A. $\boldsymbol{a} = (1,1)$ angenommen werden.

Die Transformation $\tau_k := h^k \circ \tau \circ h^{-k}$, k ganzzahlig, ist eine Translation aus G mit dem Vektor $\boldsymbol{a}_k = h^k(\boldsymbol{a}) = (\cosh k\varphi + \sinh k\varphi)\boldsymbol{a} = \mathrm{e}^{k\varphi}\boldsymbol{a}$.

Wegen $\lim\limits_{m \to -\infty} \boldsymbol{a}_k = \boldsymbol{o}$ wäre dann der Orbit irgendeines Punktes bezüglich der Untergruppe der Translationen von G nicht lokal endlich. □

Lemma 10.4.5. *Enthält eine Fedorowgruppe G eine nichtidentische hyperbolische Drehung* $h = h(O;\varphi)$, *dann ist für jede natürlichen Zahl n*

$$N_n := \cosh n\varphi$$

eine natürliche Zahl ≥ 2.

Beweis. Wir wählen für das Netz $\Gamma = T(O)$ einen Basisvektor $\boldsymbol{a}$. Die durch $\boldsymbol{a}$ bestimmte Translation τ gehört zur Gruppe G. Nach dem Lemma 10.4.4 ist $\boldsymbol{a}$ nicht isotrop.

Für jede ganze Zahl k ist $\boldsymbol{a}_k := h^k(\boldsymbol{a})$ der zu der Translation $\tau_k \in G$ gehörige Vektor. (Siehe Beweis des Lemmas 10.4.4.)

Es sei nun $n \geq 1$ eine natürliche Zahl. Die zum Vektor $\boldsymbol{b}_n := \boldsymbol{a}_n + \boldsymbol{a}_{-n}$ gehörige Translation liegt in G. Man bestätigt leicht, daß $\boldsymbol{b}_n = h^n(\boldsymbol{a}) + h^{-n}(\boldsymbol{a}) = (2\cosh n\varphi)\boldsymbol{a}$ ist.

Aufgrund der Voraussetzung für $\boldsymbol{a}$ und wegen $\cosh t > 1$ für alle $t(\neq 0) \in \mathbf{R}$ muß $2\cosh n\varphi$ eine natürliche Zahl > 2 sein. □

Das Lemma weist eine Einschränkung für mögliche Drehwinkel in Fedorowgruppen mit hyperbolischer Drehung aus; sie ist also eine *kristallographische Beschränkung*.

Auf den ersten Blick mag diese Bedingung für φ sehr stark erscheinen, denn es soll $\cosh n\varphi$ für *jede* natürliche Zahl n selbst wieder eine natürliche Zahl sein. Die Aussage in der folgenden Aufgabe relativiert das wesentlich.

Aufgabe 10.4.6. Man zeige: Ist $2\cosh\varphi$ eine natürliche Zahl, dann ist auch $2\cosh n\varphi$ für jede natürliche Zahl n.

Im folgenden geben wir Fedorowgruppen mit hyperbolischer Drehung konstruktiv an.

Es sei $N > 2$ eine natürliche Zahl.

Wir setzen $\boldsymbol{a} := (1, 0)$ und $\boldsymbol{b} := \frac{1}{2}(N, \sqrt{N^2-4})$. Dann bestimmt $(O; \boldsymbol{a}, \boldsymbol{b})$ als Basis genau ein Netz Γ_N.

Aufgabe 10.4.7. Man zeige, daß Γ_N keinen isotropen Netzvektor besitzt.

Zu N gibt es genau eine reelle Zahl $\varphi > 0$ mit $2\cosh\varphi = N$. Wesentlich ist nun folgende Eigenschaft:

Lemma 10.4.6. *Die hyperbolische Drehung $h := h(O; \varphi)$ ist eine Symmetrieabbildung des Netzes Γ_N.*

Beweis. Nach Voraussetzung gilt $\cosh\varphi = N/2$ und damit wegen $\varphi > 0$ auch $\sinh\varphi \sqrt{\cosh^2 - 1} = \frac{1}{2}\sqrt{N^2-4}$. Weiterhin gilt

$$\sinh 2\varphi = 2\sinh\varphi \cdot \cosh\varphi = \frac{1}{2}N\sqrt{N^2-4}$$

und

$$\cosh 2\varphi = \sinh^2\varphi + \cosh^2\varphi = \frac{N^2}{2} - 1\,.$$

Nun ist

$$\boldsymbol{a}' := h(\boldsymbol{a}) = h(\boldsymbol{e}_1) = (\cosh\varphi, \sinh\varphi) = \left(\frac{N}{2}, \frac{1}{2}\sqrt{N^2-4}\right) = \boldsymbol{b} \text{ und}$$

$$\boldsymbol{b}' := h(\boldsymbol{b}) = h^2(\boldsymbol{e}_1) = \left(\frac{N^2}{2} - 1\,, \frac{1}{2}N\sqrt{N^2-4}\right) = N\boldsymbol{b} - \boldsymbol{a}.$$

Nach dem Charakterisierungssatz 5.1.5 für Basistransformationen eines

Netzes ist $(O; \boldsymbol{a}', \boldsymbol{b}')$ eine Basis für Γ_{N}, denn die Matrix $\begin{pmatrix} 0 & -1 \\ 1 & N \end{pmatrix}$ hat die Determinante +1. Folglich gilt die Behauptung. □

Mit dem Lemma 10.4.6 ist die konstruktive Darstellung einer ganzen Schar von Fedorowgruppen mit hyperbolischer Drehung gegeben, die nur Bewegungen erster Art enthalten.

Sei $N > 2$ eine natürliche Zahl, τ die Translation mit dem Vektor $\boldsymbol{a} = (1, 0) = \boldsymbol{e}_1$ und $h = h(O; \varphi)$ die hyperbolische Drehung mit $2 \cosh \varphi = N$ und $\varphi > 0$. Wir bilden

$$G_N := \langle \tau, h \rangle.$$

Nach den bisherigen Darlegungen erscheint klar:

Satz 10.4.7. G_N ist eine Fedorowgruppe mit hyperbolischer Drehung, und Γ_N ist das Netz der Gruppe G_N.

Die einheitliche Konstruktion läßt auf den ersten Blick Gruppen erwarten, die in kanonischer Weise isomorph zueinander sind.

Es seien G_N und $G_{N'}$ zwei derartige Gruppen. Bei einem kanonischen Isomorphismus f von G_N auf $G_{N'}$ werden die Erzeugenden τ und τ^{-1} jeweils auf sich sowie h auf $h' = h(O; \varphi')$ und h^{-1} auf h'^{-1} abgebildet.

Der Translation aus G_N mit dem Vektor $\boldsymbol{b} = h(\boldsymbol{a}) + h^{-1}(\mathrm{a}) = (2 \cosh \varphi)\boldsymbol{a} = N\boldsymbol{a}$ wird dann die Translation aus $G_{N'}$ mit dem Vektor $h'(\boldsymbol{a}) + h'^{-1}(\boldsymbol{a}) = N'\boldsymbol{a}$ zugeordnet. Aufgrund der Operationstreue ist damit $N = N'$.

Folglich gilt

Satz 10.4.8. *Sind N und N' verschiedene natürliche Zahlen, dann sind die Gruppen G_N und $G_{N'}$ nicht isomorph und damit erst recht nicht äquivalent.*

Allein diese spezielle Serie von Fedorowgruppen zeigt, daß es unendlich viele Klassen von äquivalenten Fedorowgruppen gibt!

In der euklidischen Geometrie ist dagegen die Anzahl der Äquvalenzklassen der Raumgruppen in jeder Dimension endlich.

11. Diskrete Sachverhalte in der zweidimensionalen sphärischen Geometrie

Die zweidimensionale sphärische Geometrie ist die Geometrie auf einer Kugelfläche im dreidimensionalen euklidischen Raum.

Diese Geometrie läßt sich unabhängig von diesem Bezug begründen. Wir werden aber bewußt diesen Bezug und die Darstellung im Rahmen der dreidimensionalen euklidischen Geometrie nutzen.

Die sphärische Geometrie ist eine seit langem ausgearbeitete Geometrie. Wesentliche Impulse dazu gingen von praktischen Bedürfnissen der Astronomie und Geographie aus. Trigonometrische Sachverhalte der sphärischen Geometrie, insbesondere für Kursberechnungen, gehörten vor Jahren zum unverzichtbar erscheinenden Bestandteil des Mathematikunterrichts in den Gymnasien und Oberrealschulen.

Wir stellen zunächst die zweidimensionale sphärische Geometrie kurz vor.

11.1. Inzidenz, Anordnung, Abstand, Bewegung

Die *Punkte* der zweidimensionalen sphärischen Ebene $\mathbf{S}^2$ seien die Punkte auf einer Kugelfläche; es sei M der Mittelpunkt dieser Kugel, und o. B. d. A. sei der Radius der Kugel $r = 1$.

Zu jedem Punkt $P \in \mathbf{S}^2$ gibt es genau einen bezüglich der Kugel diametral liegenden Punkt, den wir den *Gegenpunkt* von P nennen und mit P^* bezeichnen (Abb. 11.1.1).

Schneidet im $\mathbf{E}^3$ eine (euklidische) Ebene ε die Kugelfläche, dann ist der Schnitt ein Kreis mit dem Radius $s \leq 1$ $(= r)$. Ein solcher Kreis heißt *Großkreis* genau dann, wenn die Ebene ε durch den Mittelpunkt M der Kugel geht. (Dann und nur dann ist $s = 1$.) Ansonsten spricht man vom *Kleinkreis.*

Sind P und Q zwei Punkte aus $\mathbf{S}^2$, dann ist die kürzeste Kurve in $\mathbf{S}^2$, die P mit Q verbindet, ein Großkreisbogen. Aus diesen und anderen Gründen werden die Großkreise die *Geraden der sphärischen Ebene* genannt. Wir bezeichnen sie mit $g, h, \ldots$.

Folgende inzidenzgeometrische Sachverhalte (Lagebeziehungen) sind leicht einzusehen:

- Durch je zwei verschiedene Punkte P, Q geht eine Gerade; im Falle $Q \neq P^*$ ist sie eindeutig bestimmt und wird mit g_{PQ} bezeichnet.
- Je zwei verschiedene Geraden haben genau zwei Punkte gemeinsam, die ein Paar von Gegenpunkten bilden (Abb. 11.1.1).

Damit ist allein schon aus inzidenzgeometrischer Sicht die sphärische Geometrie keine euklidische!

Auch bezüglich der *Anordnung der Punkte auf einer Geraden* gibt es im Vergleich zur euklidischen Ebene erhebliche Unterschiede. Jede Gerade g besitzt zwar ebenfalls genau zwei Durchlaufsinne, durch einen Punkt $P \in g$ wird aber die Gerade nicht in zwei Halbgeraden zerlegt. Die Anordnung der Punkte auf einer Geraden ist *zyklischer* Natur. Erst zwei verschiedene Punkte $P, Q \in g$ zerlegen $g \setminus \{P, Q\}$ in zwei Teile, die sich im Rahmen der Durchlaufsinne unterscheiden lassen.

Ist $P \in g$, P^* der Gegenpunkt von P, der ebenfalls auf g liegt, und Q ein weiterer Punkt auf der Geraden g, dann bezeichne PQ^+ denjenigen der beiden Teile, der durch die Zerlegung von $g \setminus \{P, P^*\}$ hinsichtlich P und P^* entsteht und der den Punkt Q enthält. Als *Strecke* PQ mit $Q \neq P^*$ wird dann der Durchschnitt $PQ^+ \cap QP^+$ verstanden. Eine *Strecke* PP^* ist erst durch einen weiteren Punkt Q bestimmt, den sie enthält. Es sei dann $PP^* = PQ \cup QP^*$.

Das Zerlegen der sphärischen Ebene durch eine Gerade in zwei *Halbebenen* kann weitgehend wie in der euklidischen Ebene beschrieben werden.

Sind A, B, C drei nichtkollineare Punkte, dann bilden keine zwei von ihnen ein Paar von Gegenpunkten und die Verbindungsgeraden g_{AB}, g_{BC} und g_{CA} zerlegen die sphärische Ebene $\mathbf{S}^2$ in acht(!) Teile (Abb. 11.1.2). In der euklidischen Ebene entstehen sieben Teile. Unter dem *Dreieck ABC* wird dasjenige Gebiet verstanden, das von den Strecken AB, BC und CA begrenzt wird. Es kann wie in der euklidischen Ebene als Durchschnitt von Halbebenen bezüglich der Verbindungsgeraden g_{AB}, g_{BC} und g_{CA} erklärt werden.

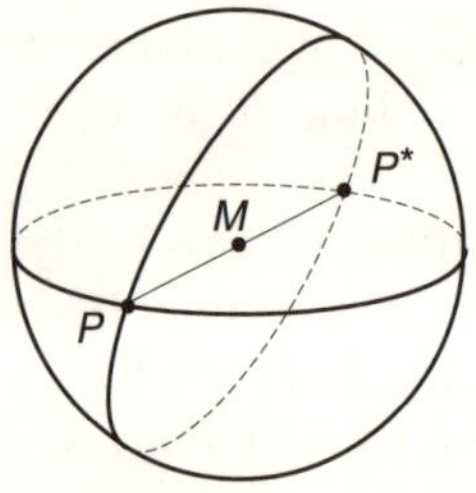

Abb. 11.1.1

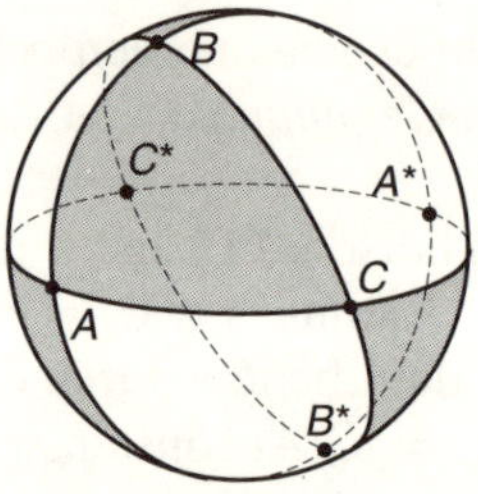

Abb. 11.1.2

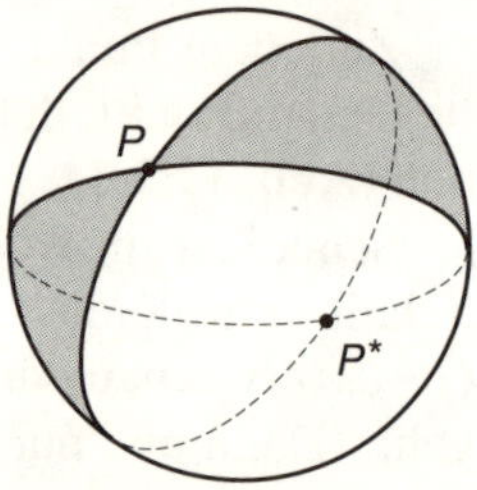

Abb. 11.1.3

Im Gegensatz zur euklidischen Geometrie gibt es hier auch *Zweiecke*. Die Ecken sind hier Paare P, P^* von Gegenpunkten. Zwei verschiedene Geraden zerlegen die sphärische Ebene in vier Zweiecke (Abb. 11.1.3).

Einer Geraden g in $\mathbf{S}^2$ entspricht nach ihrer Erklärung eine wohlbestimmte Ebene ε im $\mathbf{E}^3$ durch den Mittelpunkt M der Kugel. Die Normale zu der Ebene ε durch den Punkt M schneidet die Kugelfläche in zwei Punkten, die ein Paar von Gegenpunkten bilden und die *Pole der Geraden* g genannt werden.

Berücksichtigt man dabei noch eine der beiden möglichen Orientierungen von g, dann ist einer der beiden Pole im Sinne einer Rechtsschraube im $\mathbf{E}^3$ vor dem anderen ausgezeichnet. Man spricht dann von *dem* Pol $P(g)$ der orientierten Geraden g.

Offenbar gibt es zu jedem Punkt P genau eine Gerade g derart, daß P ein Pol von g ist. Sie heißt die *Polare* $p(P)$ des Punktes P.

Der *Abstand zweier Punkte* P, Q ($d(P, Q)$) sei die (euklidische) Länge des kürzesten Großkreisbogens, der P und Q verbindet und folglich (wegen $r = 1$) gleich der Größe des Winkels $\sphericalangle PMQ$ (euklidisch und im Bogenmaß gemessen).

Es ist stets $d(P, Q) \leq \pi$ und $d(P, Q) = \pi$ genau dann, wenn Q der Gegenpunkt von P ist.

Sind A, B, C drei nichtkollineare Punkte, d. h., liegen A, B, C auf keiner gemeinsamen Geraden (Großkreis), dann ist, wie man nachrechnen kann, $d(A, B) + d(B, C) > d(A, C)$ (Dreiecksungleichung).

Der Abstand d genügt den Abstandseigenschaften in einem metrischen Raum (siehe Anhang A 3), d. h., $(\mathbf{S}^2, d)$ ist ein metrischer Raum.

Für topologische Aspekte steht demnach die Metrik-Topologie zur Verfügung.

Bilden A, O, B ein Dreieck, dann kann die (sphärische) Größe des Winkels $\sphericalangle AOB$ wie folgt eingeführt werden: Auf den Geraden $a := g_{OA}$ und $b := g_{OB}$ ist durch OA^+ bzw. OB^+ je eine Orientierung (Durchlaufsinn) ausgezeichnet. Die Winkelgröße $\sphericalangle AOB$ wird dann durch die (euklidische) Größe $\sphericalangle P(a)MP(b)$ und damit durch den Abstand der Punkte $P(a)$ und $P(b)$ erklärt.

Es ist stets $0 \leq \sphericalangle AOB \leq \pi$.

Die Summe der Winkelgrößen im Dreieck ist stets größer (!) als 2π.

Insbesondere ist $\sphericalangle AOB = \pi/2$ genau dann, wenn $P(a) \in b$ (und damit äquivalent $P(b) \in a$) gilt.

Eine *Bewegung* α der sphärischen Ebene $\mathbf{S}^2$ ist eine Punkttransformation, die inzidenz- und anordnungsgeometrische Sachverhalte und (vor allem) den Abstand invariant läßt. (Diese Forderungen können erheblich abgeschwächt werden.)

Ist α^* eine Bewegung des $\mathbf{E}^3$, die den Mittelpunkt M der Kugel invariant läßt, dann ist die Einschränkung von α^* auf die Kugelfläche $\mathbf{S}^2$ eine Bewegung α von $\mathbf{S}^2$.

Umgekehrt gibt es zu jeder Bewegung α von $\mathbf{S}^2$ genau eine Bewegung α^* von $\mathbf{E}^3$ mit dem Fixpunkt M, die eine Fortsetzung von α ist.

Diese Bewegungen des $\mathbf{E}^3$ sind genau die Drehungen und Drehspiegelungen, deren Achsen durch den Punkt M gehen. Damit ist eine vollständige Übersicht über alle Bewegungen der sphärischen Ebene $\mathbf{S}^2$ gegeben.

Es sei noch angemerkt, daß die Identifizierung der Punkte mit ihren Gegenpunkten zu der ebenen *elliptischen Geometrie* führt.

11.2. Klassifizierung der diskreten Bewegungsgruppen

Wie bereits bemerkt, steht für topologische Aspekte im $\mathbf{S}^2$ die Metrik-Topologie zur Verfügung.

Für die r-Umgebung muß natürlich $r < \pi$ vorausgesetzt werden. Jede r-Umgebung eines Punktes P läßt sich im $\mathbf{E}^3$ als Schnitt einer r^*-Umgebung ($r^* < 2$!) von P mit der Kugelfläche darstellen.

Aufgabe 11.2.1. Welche Beziehung besteht dabei zwischen r und r^*?

Definition 11.2.1. Eine Bewegungsgruppe G im $\mathbf{S}^2$ heißt *diskret*, wenn jede r-Umgebung U aus jedem Orbit $G(X)$ nur *endlich* viele Punkte enthält. (Lokale Endlichkeit der Orbits; vgl. Definition **D0** im Kapitel 2.)

Durch die Einbettung im dreidimensionalen Raum ist ersichtlich, daß die Diskretheitserklärung mit der Isoliertheit der Punkte in ihren Orbits (siehe Definition **D1** im Kapitel 2) äquivalent ist.

Und zusammen mit der Darstellung der Bewegungen des $\mathbf{S}^2$ im dreidimensionalen euklidischen Raum ist nun einzusehen

Lemma 11.2.2. *Eine Gruppe G von Bewegungen des $\mathbf{S}^2$ ist dann und nur dann diskret, wenn die Gruppe G^* der ihnen kanonisch zugeordneten Bewegungen des $\mathbf{E}^3$ (mit Fixpunkt M) diskret ist.*

Eine vollständige Übersicht diskreter Bewegungsgruppen mit Fixpunkt haben wir bereits im Kapitel 6 gegeben. Es sind die endlichen Punktgruppen, die der Satz 6.2.1 strukturell und vollständig beschreibt.

Zur Übertragung dieses Ergebnisses in die sphärische Geometrie beschreiben wir zunächst die Einschränkungen der Drehungen und Drehspiegelungen auf $\mathbf{S}^2$:

1. Eine (euklidische) Drehung α^* um die Achse a (durch M) mit dem Drehwinkel φ $(0 \leq \varphi < \pi)$ induziert auf $\mathbf{S}^2$ eine Bewegung α, die aus Sicht der sphärischen Metrik eine *Drehung* mit dem Drehwinkel φ um diejenigen Punkte A und A^* ist, die als Schnittpunkt der Achse a mit der Kugelfläche entstehen und ein Paar von Gegenpunkten bilden (Abb. 11.2.1). Sie ist durch A und φ bestimmt, so daß wir sie mit $\varrho(A, \varphi)$ bezeichnen können.

Ist speziell α^* die Spiegelung an a, dann ist die zugehörige Bewegung α im Sinne der sphärischen Metrik die *Punktspiegelung* an A und A^*. Sie ist durch A allein bestimmt (σ_A). Die Punkte der Polaren $p(A)$ werden auf ihre Gegenpunkte abgebildet.

2. Es sei α^* eine (euklidische) Drehspiegelung, also $\alpha^* = \varrho(a, \varphi) \circ \varrho_\varepsilon$ mit $M \in a$, ε und $a \perp \varepsilon$.

Die Einschränkung der (euklidischen) Ebenenspiegelung σ_ε auf die Kugelfläche ergibt im Sinne der sphärischen Metrik die *Geradenspiegelung* σ_g an derjenigen Geraden g, die durch die Ebene ε bestimmt ist (Abb. 11.2.2).

Der Drehspiegelung α^* entspricht also die Bewegung $\alpha = \varrho(A, \varphi) \circ \sigma_g$ in $\mathbf{S}^2$ mit $p(A) = g$. Wir nennen sie ebenfalls *Drehspiegelung*.

Speziell entspricht der (euklidischen) Spiegelung am Punkt M aufgrund der Darstellung $\sigma_M = \sigma_a \circ \sigma_\varepsilon$ mit $a \perp \varepsilon$ die sphärische Bewegung $\alpha = \sigma_A \circ \sigma_g$ mit $p(A) = g$, die (wie im Kapitel 6) *Inversion* genannt und mit $\mathbf{i}$ bezeichnet wird. Sie bildet jeden Punkt auf seinen Gegenpunkt ab.

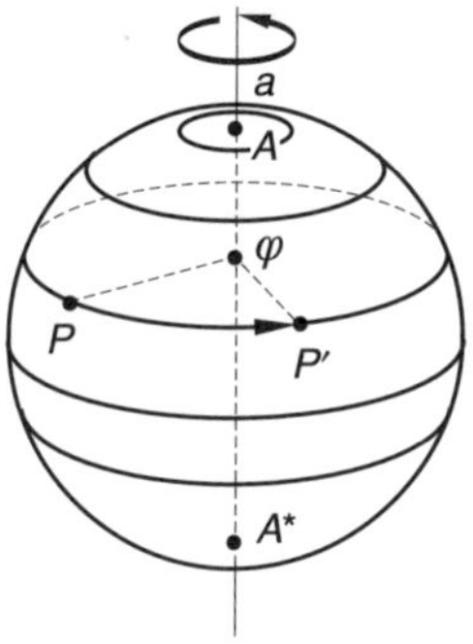

Abb. 11.2.1

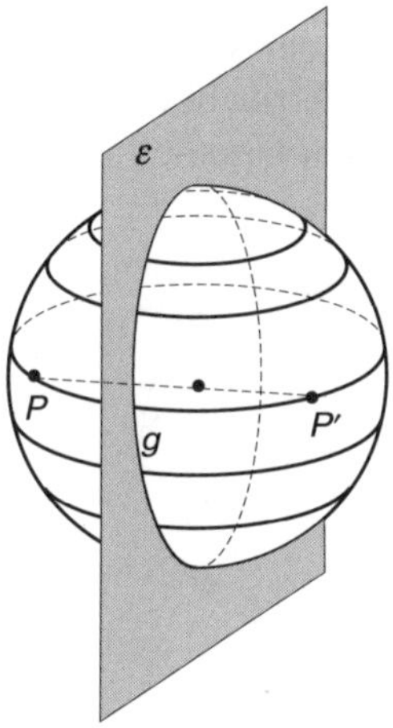

Abb. 11.2.2

In diesem Sinne übertragen wir den Satz 6.2.1 und erhalten eine Übersicht über alle diskreten Bewegungsgruppen der sphärischen Ebene $\mathbf{S}^2$.

Satz 11.2.3. *Bis auf Äquivalenz gibt es im $\mathbf{S}^2$ folgende diskrete Bewegungsgruppen*

a) 1. die endlichen Drehgruppen $C_n := \langle \varrho(A, 2\pi/n \rangle, n \geq 1$
   2. die endlichen Drehgruppen $D_n := \langle \varrho(A, 2\pi/n, \sigma_B \rangle$ mit $B \in p(A)$ und $n \geq 2$
   3. die endliche Drehgruppe $R(\mathbf{T})$ (als Einschränkung der Drehgruppe $D(\mathbf{T})$ eines regulären Tetraders $\mathbf{T}$ auf seine Umkugel)
   4. die endliche Drehgruppe $R(\mathbf{O})$ (Oktaeder)
   5. die endliche Drehgruppe $R(\mathbf{I})$ (Ikosaeder);

b) die direkten Produkte $R \times \mathbf{i}$, wobei R eine der unter a) genannten Drehgruppen ist;

c) die gemischten Produkte $C_{2n} \mid C_n$ $(n \geq 1)$, $D_n \mid C_n$ $(n \geq 2)$, $D_{2n} \mid D_n$ $(n \geq 2)$ und $R(\mathbf{O}) \mid R(\mathbf{T})$.

Offensichtlich steht im $\mathbf{S}^2$ eine Einteilung in Rosetten-, Fries- und Ornamentgruppen (Raumgruppen), wie in der euklidischen Ebene, nicht zur Diskussion. Etwas Analoges zu den Translationen in der euklidischen Ebene steht hier nämlich nicht zur Verfügung. Das Produkt von zwei Punktspiegelungen ist stets eine Drehung.

Eine kristallographische Beschränkung gibt es ebenfalls nicht, da es keine Gitter gibt.

Aufgabe 11.2.2. Das Bild 11.2.3 kann man als Erdkugel mit Äquator und sechs Meridian-Großkreisen deuten, von denen je zwei benachbarte Meridiane gleichgroße Winkel einschließen. Man ordne die Symmetriegruppen dieser Figur in der spärischen Ebene in die Übersicht des Satzes 11.2.3 ein. (Bei den Symmetrieabbildungen muß jede (sphärische) Gerade wieder in eine der angegebenen Geraden übergehen.)

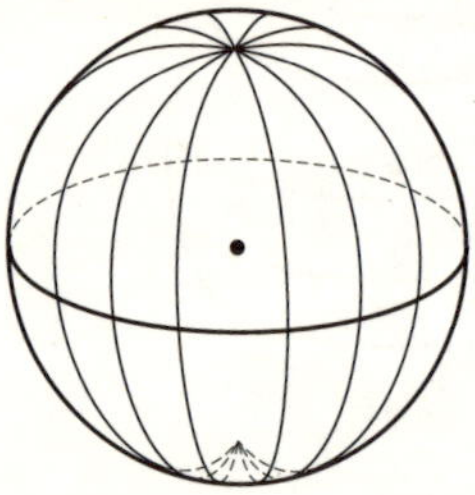

Abb. 11.2.3

11.3. Reguläre und halbreguläre Zerlegungen in Polygone

In der sphärischen Ebene können wir ein konvexes *Polygon* als Durchschnitt von endlich vielen abgeschlossenen Halbebenen erklären. Ein solcher Durchschnitt ist im Unterschied zur euklidischen Ebene stets beschränkt. Die Seiten eines Polygons sind Großkreisbögen im Sinne der erklärten Strecken (Abschn. 11.1).

Ein konvexes Polygon heißt *regulär*, wenn seine Seitenlängen und Innenwinkelgrößen jeweils gleich sind.

Ein Zweieck ist demnach stets regulär.

Im folgenden können Begriffserklärungen weitgehend aus dem Abschnitt 8.3 übernommen werden. Auf Unterschiede zur euklidischen Ebene wird hingewiesen.

Jede diskrete Zerlegung der sphärischen Ebene $\mathbf{S}^2$ in Polygone ist endlich; die Ebene kann bereits durch vier r-Umgebungen mit $r < \pi$ überdeckt werden.

Eine Zerlegung $\mathbf{P} = \{T_i\}$ in konvexe Polygone heißt *normal*, wenn der Durchschnitt je zwei der Polygone entweder leer ist oder aus einer Ecke oder aus einer Seite besteht.

Jeder normalen diskreten Zerlegung in konvexe Polygone kann in natürlicher Weise eine dreidimensionale Polyederstruktur mit Seitenflächen, Kanten und Ecken zugeordnet werden. Sie besitzt nur endlich viele Seitenflächen, Kanten und Ecken; f, k bzw. e bezeichne ihre jeweilige Anzahl.

Es gilt die Eulersche Polyederformel

$$f - k + e = 2\,. \tag{i}$$

Reguläre Zerlegungen

Wie in der euklidischen Ebene erklären wir (vgl. Definition 8.3.2):

Definition 11.3.1. Eine Zerlegung $\mathbf{P} = \{T_i\}$ in konvexe Polygone heißt *regulär*, wenn sie normal ist und wenn die Polygone regulär und kongruent sind.

Die Regularität und Kongruenz der Polygone erzwingt zunächst die Kongruenz aller Polygonwinkel. Folglich sind die Ecken der Zerlegung regulär, d. h., an einer Ecke schließen je zwei benachbarte Kanten gleichgroße Winkel ein. Da die Summe der Polygonwinkel an jeder Ecke der Zerlegung 2π beträgt, sind die Ecken nun auch kongruent. (Für ein konvexes Polyeder im $\mathbf{E}^3$ gilt der letzte Schluß nicht!)

Folgerung 11.3.2. *Bei jeder regulären Zerlegung sind die Ecken regulär und kongruent.*

Im folgenden bezeichne p die Anzahl der Kanten eines Polygons und q die Anzahl der Kanten mit gemeinsamer Ecke. Es ist $p \geq 2$ (Zweiecke sind nicht ausgeschlossen!) und $q \geq 3$.

Da jede Kante der Zerlegung genau zwei Polygonen angehört und genau zwei Ecken besitzt, gilt

$$f \cdot p = 2k = e \cdot q.$$

Zusammen mit (i) folgt daraus

$$\frac{1}{p} + \frac{1}{q} = \frac{1}{2} + \frac{1}{k} \tag{ii}$$

Diese Gleichung hat folgende Lösungen (vgl. Absch. 6.2.), lexikographisch nach (p, q) geordnet:

p	q	k	f	e	
2	n	n	n	2	mit $n \geq 3$, ganzzahlig
3	3	6	4	4	
3	4	12	8	6	
3	5	30	20	12	
4	3	12	6	8	
5	3	30	12	20	

Zu jeder Lösung der Gleichung (ii) gibt es tatsächlich eine reguläre Zerlegung der spärischen Ebene in Polygone.

Für die Zweiecke ist das leicht nachvollziehbar: Man wählt ein Paar von Gegenpunkten als Ecken und verbindet sie mit n ($n \geq 3$) Strecken (Großkreisbögen) so, daß je zwei benachbarte einen Winkel von $2\pi/n$ einschließen (Abb. 11.3.1).

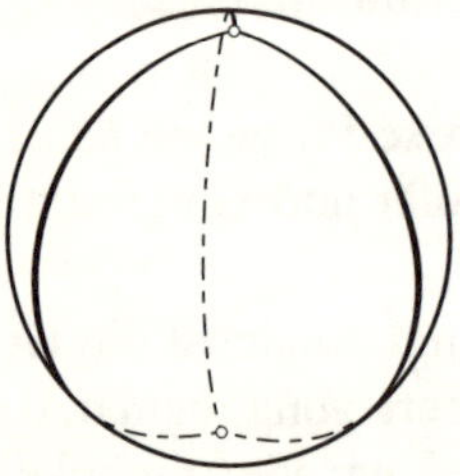
{2,3}

Abb. 11.3.1

Für die anderen Lösungen ergeben sich reguläre Zerlegungen durch die Projektion der Kanten eines regulären (konvexen) Polyeders (im $\mathbf{E}^3$) von seinem Mittelpunkt aus auf seine Umkugel (Abb. 11.3.2 a – e).

Und ist umgekehrt **P** eine reguläre Zerlegung der sphärischen Ebene in Polygone, die keine Zweiecke sind, dann bilden die Ecken der Zerlegung offensichtlich die Ecken eines regulären (konvexen) Polyeders im $\mathbf{E}^3$.

Die letzte Sicht macht die Überlegungen zu (ii) weitgehend überflüssig.

Durch p und q sind die Seitenlängen (und Winkelgrößen) der Polygone bereits bestimmt.

Die regulären Zerlegungen sind nun offensichtlich auch diskret.

Aufgabe 11.3.1. Man bestimme die Seitenlänge und die Winkelgröße eines Polygons der regulären Zerlegungen $(p, q) = (3, 3)$ und $(p,q) = (3, 4)$!

Zusammenfassend gilt

Satz 11.3.3. *Es gibt bis auf Kongruenz fünf reguläre Zerlegungen ohne Zweiecke und für jedes $n \geq 3$ eine reguläre Zerlegung in n Zweiecke.*

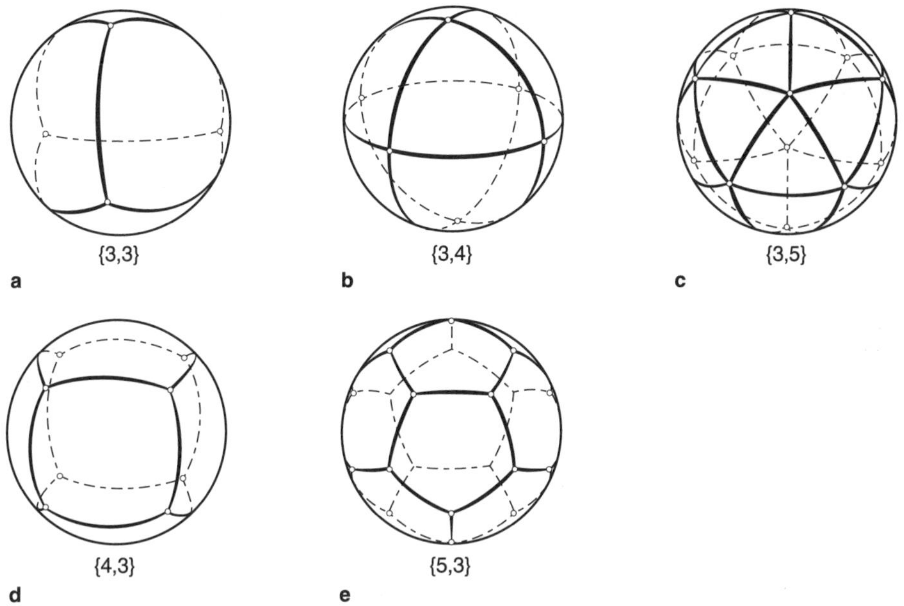

Abb. 11.3.2

In der euklidischen Ebene konnten derartige Aussagen nur bis auf Ähnlichkeit gemacht werden. Überdies gab es dort keine Zerlegung in reguläre Fünfecke.

Anhand der ausgewiesenen regulären Zerlegungen ist sofort ersichtlich

Lemma 11.3.4. *Bei einer regulären Zerlegung sind die Fliesen (Polygone) und Ecken äquivalent (hinsichtlich der Symmetriegruppe der Zerlegung).*

Aufgabe 11.3.2. Man ordne die Symmetriegruppe einer regulären Zerlegung $(2, 5)$ in die durch den Satz 11.2.3 gegebene Übersicht über die diskreten Bewegungsgruppen ein.

Halbreguläre Zerlegungen

Auch hier folgen wir Begriffserklärungen wie in der euklidischen Ebene.

Definition 11.3.5. Eine normale Zerlegung der sphärischen Ebene in Polygone heißt *archimedisch*, wenn die Zerlegung nicht nur aus Zweiecken besteht und wenn die Polygone regulär, aber nicht kongruent und die Ecken äquivalent, aber nicht regulär sind.

Zweiecke sind stets regulär. Deshalb kann man recht willkürlich Zerlegungen in nicht kongruente Zweiecke angeben, bei denen die Ecken äquivalent, aber nicht regulär sind. Eine solche Zerlegung hat genau zwei Ecken. Die Defintion 11.3.5 schließt solche ausgefallenen Zerlegungen aus.

Da die Ecken äquivalent sind, genügt zur Kennzeichnung einer archimedischen Zerlegung die Angabe der zyklischen Abfolge der regulären Polygone an ein und derselben Ecke. (Vgl. Abschn. 8.3.)

Die Ecken einer archimedischen Zerlegung bilden die Ecken eines (konvexen) archimedischen Körpers. Dies ist anhand bekannter Charakterisierungen dieser Polyeder sofort einzusehen.

Und umgekehrt ergibt die Projektion der Kanten eines archimedischen Körpers vom Mittelpunkt aus auf seine Umkugel eine archimedische Zerlegung der Umkugelfläche.

Bekanntlich gibt es bis auf Ähnlichkeit 13 archimedische Körper mit der Kennzeichnung (3, 3, 3, 3, 4), (3, 3, 3, 3, 5), (3, 4, 3, 4), (3, 4, 4, 4), (3, 4, 5, 4), (3, 5, 3, 5), (3, 6, 6), (3, 8, 8), (3, 10, 10), (4, 6, 6), (4, 6, 8), (4, 6, 10), und (5, 6, 6) sowie je eine Serie archimedischer Prismen $(4, 4, n)$ mit $n = 3, 5, 6, \ldots$ und Antiprismen $(3, 3, 3, n)$ mit $n \geq 4$. Daraus folgt

Satz 11.3.6. *Es gibt bis auf Kongruenz zwei Serien und* 13 *weitere archimedische Zerlegungen.*

Zu jeder archimedischen Zerlegung **P** kann nach dem gleichen Konstruktionsverfahren wie in der euklidischen Ebene (Abschn. 8.3) die *dual-archimedische Zerlegung* **P**′ erklärt werden: Man verbindet die Mittelpunkte benachbarter Polygone und erhält auf diese Weise eine normale Zerlegung **P**′, deren Kanten diese Verbindungsstrecken sind. Die Polygone von **P**′ sind äquivalent aber nicht regulär, und die Ecken sind regulär. Weiteres kann nach den Darlegungen in 8.3 hier weiter verfolgt werden.

Den dual-archimedischen Zerlegungen entsprechen kanonisch die dual-archimedischen Körper.

Die Abbildung 11.3.3 zeigt die dual-archimedische Zerlegung (4, 6, 10). (Die Schwarz-Weiß-Färbung dient nur zum leichteren Erkennen der Kugelaufteilung o. ä.)

Abb. 11.3.3 Dual-archimedische Zerlegung (4, 6, 10)

12. Diskrete Strukturen in der zweidimensionalen hyperbolischen Geometrie

Mit den „Elementen" von Euklid (etwa 325 v. u. Z.)[Euk] wurde ein erster folgerichtiger Aufbau einer Theorie, nämlich der Geometrie des Anschauungsraumes vorgenommen. Es wurde versucht, aus einer überschaubaren Menge von Grundannahmen Sätze für den Anschauungsraum durch logische Schlußweisen zu gewinnen. Diese Vorgehensweise wurde Vorbild für den Aufbau einer Wissenschaft.

Im Rahmen der euklidischen Axiome stellte sich sehr früh die Frage, ob das 5. *Postulat* ([Euk], 1. Teil, S. 3) und dazu äquivalent eine Parallelenaussage (euklidisches Parallelenaxiom) aus den übrigen ableitbar und damit als Grundannahme entbehrlich ist oder nicht.

Das 5. Postulat besagt, daß es mit Blick auf Dreieckskonstruktionen zu vorgegebener Länge a und vorgegebenen Winkelgrößen β und γ mit $\beta + \gamma < 180^{\circ}$ stets ein Dreieck ABC mit der Seitenlänge a und den Größen β und γ anliegender Winkel gibt (Abb. 12.1.1).

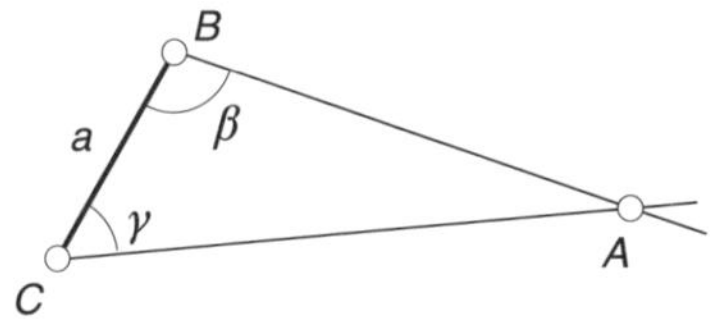

Abb. 12.1.1

Aus den übrigen euklidischen Axiomen kann bereits abgeleitet werden, daß es zu jeder Geraden g und jedem Punkt $P(\notin g)$ eine zu g parallele Gerade h durch P gibt. (Dabei heißen zwei Geraden g und h genau dann *parallel*, wenn sie gleich sind oder keinen Punkt gemeinsam haben.) Das 5. Postulat ist nun äquivalent zu der Aussage, daß es durch P nicht mehr als eine Parallele zu g gibt (*euklidisches Parallelenaxiom*).

Jahrhundertelang bemühte man sich um eine Klärung des Parallelenproblems. Vielfach fand man nur weitere zum 5. Postulat äquivalente Aussagen. (Eine Übersicht über äquivalente Aussagen gibt u. a. [Kl/Qu].)

Erst im 19. Jahrhundert entdeckten C. F. Gauß (aufgrund brieflicher Nachlässe wird 1817, 1824 angegeben), N. I. Lobatschewski (1829, russ. Mathematiker in Kasan) und J. Bolyai (1831, ungar. Mathematiker) unabhängig voneinander die Möglichkeit einer Geometrie, in der die Verneinung des euklidischen Parallelenaxioms und alle euklidischen Axiome gelten. Diese Geometrie wird heute *hyperbolische Geometrie* genannt.

12.1. Geometrische Sachverhalte der ebenen hyperbolischen Geometrie, Kleinsches Modell

Für die (ebene) hyperbolische Geometrie wurden verschiedene Realisierungen (Modelle) gefunden. Ein erstes einfaches Modell hat F. Klein 1871 angegeben, das wir im folgenden benutzen werden. Ein weiteres häufig benutztes Modell hat H. Poincaré 1881 vorgelegt.

Hinsichtlich der ebenen hyperbolischen Geometrie (mit voller Stetigkeitseigenschaft) sind alle Modelle isomorph zueinander. Dies bedeutet, daß geometrische Eigenschaften im Kleinschen Modell stets Sätze der ebenen hyperbolischen Geometrie sind.

Auf der Grundlage eines axiomatischen Aufbaus der ebenen hyperbolischen Geometrie, der bis auf das Parallelenaxiom euklidische Axiome benutzt, läßt sich eine Fülle von Sätzen wie in der euklidischen Geometrie üblich gewinnen.

Wir nennen einige Sachverhalte, die wir für spätere Überlegungen gebrauchen und zeigen in speziellen Fällen, wie sie sich im Kleinschen Modell widerspiegeln. (Für eingehende Studien stehen viele einschlägige Lehrbücher zur Verfügung.)

Dazu wird jetzt das *Kleinsche Modell* kurz vorgestellt. (Für konstruktive Darstellungen von elementargeometrischen Sachverhalten der hyperbolischen Geometrie im Kleinschen Modell verweisen wir insbeondere auf [Buch].)

Es sei K eine offene Kreisscheibe in der euklidischen Ebene mit dem Mittelpunkt O und dem Radius 1. (Die Radiusnormierung ist unbedeutend.)

Punkte des Modells seien alle Punkte von K. Hinsichtlich eines kartesischen Koordinatensystems der euklidischen Ebene mit dem Ursprung O werden sie durch alle geordneten Paare (x_1, x_2) reeller Zahlen mit der Nebenbedingung $x_1^2 + x_2^2 < 1$ beschrieben.

In der einschlägigen Literatur wird häufig die komplexe Zahlenebene zugrunde gelegt. Punkte des Modells sind dann die komplexen Zahlen $z = x + \mathrm{i}y$ mit $|z| < 1$

Geraden sind die nichtleeren Durchschnitte der euklidischen Geraden mit der offenen Kreisscheibe K, also alle Kreissehnen, wobei jeweils die beiden Endpunkte der Sehne nicht dazu gehören. Diese Endpunkte der Sehne nennen wir im folgenden die *Enden* der Geraden.

Ein Durchlaufsinn einer Geraden des Kleinschen Modells wird einfach als Einschränkung eines Durchlaufsinns der zugehörigen euklidischen Geraden hinsichtlich K erklärt. Damit sind die bekannten anordnungsgeometrischen Begriffe und Sachverhalte der euklidischen Ebene, wie Halbgerade, Strecke, Halbebene und diesbezügliche Eigenschaften in das Modell übertragen.

Im Modell ist einfach zu erkennen, daß die Negation des Parallelenaxioms gilt. Es besteht folgende Eigenschaft: Ist g eine Gerade und P ein nicht auf g liegender Punkt, dann gibt es unendlich viele Geraden durch P, die parallel zu g sind. Sie bilden ein Büschel, das von zwei sogenannten *Randparallelen* begrenzt wird (Abb. 12.1.2). Das sind diejenigen beiden Geraden durch P, die mit g einen gemeinsames Ende besitzen.

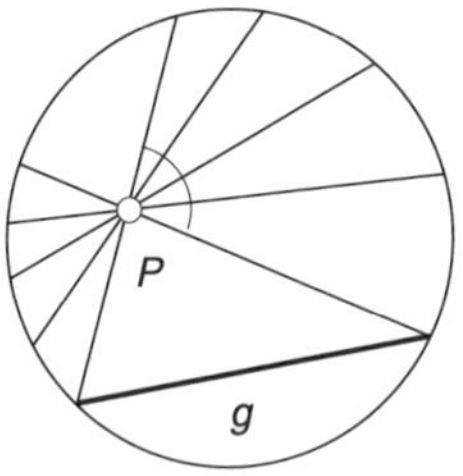

Abb. 12.1.2

Es wird vielfach auch ein Modell von Poincaré benutzt. Im Unterschied zum Kleinschen Modell sind die Modellpunkte Punkte einer offenen Halbebene H der euklidischen Ebene, und die Modellgeraden sind die Halbkreisbögen und Halbgeraden in H, die orthogonal zu der Randgeraden g von H sind. (Dabei liegen die Mittelpunkte der Halbkreisbögen sowie die Anfangspunkte der Halbgeraden auf g.) Dieses Modell läßt sich durch eine Kreisinversion so abbilden, daß die Randgerade g in eine Kreislinie und H auf das Innere dieses Kreises (also in eine offene Kreisscheibe) übergeht. Die Bilder der Geraden des Poincaréschen Modells sind (offene) Kreisbögen oder (offene) Strecken, die orthogonal zu der Kreislinie sind. Das ist ein augenfälliger Unterschied dieses „*PK-Modells*“ zum Kleinschen Kreismodell. Die Abbildungen 12.1.3 a – c

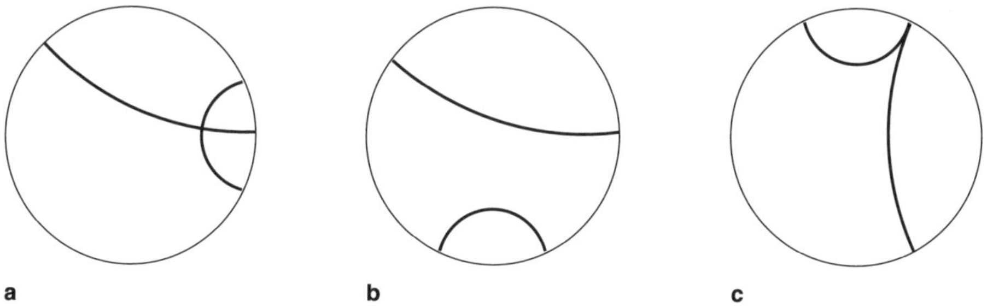

Abb. 12.1.3

zeigt in diesem PK-Modell sich schneidende Geraden, parallele Geraden ohne gemeinsames Ende und randparallele Geraden.

Ein Vorteil des PK-Modells besteht insbesondere darin, daß die hyperbolischen Winkelgrößen euklidisch gemessen werden können.

Wir kommen zum Kleinschen Modell zurück.

Der *Abstand* $d(A, B)$ zweier Punkte A und B ist etwas komplizierter zu beschreiben. Sind in der euklidischen Ebene U und V die Enden einer Geraden durch A und B (Abb. 12.1.4), dann wird mit euklidischen Längen zunächst das Doppelverhältnis

$$(A, B; U, V) := (|V, A| : |U, A|) : (|V, B| : |U, B|)$$

erklärt. Bei zwei festen Punkten A und B kann über die Bezeichnung der Enden noch frei verfügt werden. Bei genau einer der beiden Möglichkeiten ist $(A, B; U, V) > 1$. Weiterhin ist offenbar $(A, B; U, V) = 1 \Leftrightarrow A = B$. Unter dieser Maßgabe wird der hyperbolische Abstand durch

$$d(A,B) := \ln (A, B; U, V)$$

definiert. (Man kann $d(A, B) := c \cdot \ln (A, B; U, V)$ mit irgendeiner Konstanten $c > 0$ setzen!)

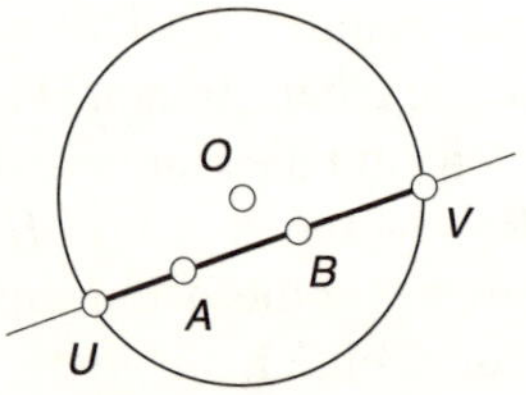

Abb. 12.1.4

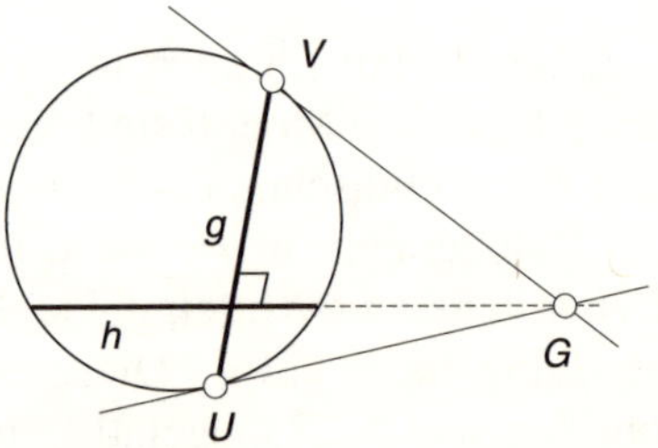

Abb. 12.1.5

Aufgabe 12.1.1. Man zeige: Die Punkte des Modells bilden bezüglich dieses Abstandes einen metrischen Raum.

Um jeden Punkt M gibt es zu jeder reellen Zahl $r > 0$ den Kreis $K(M; r) = \{P : d(M, P) = r\}$. Im Kleinschen Modell sind die Kreise euklidische Ellipsen. Die Kreise um O und nur diese sind im Modell ebenfalls euklidische Kreise.

Auf diese Weise sind im Modell die r-Umgebungen vorgestellt, und damit ist ein Einblick in die Metrik-Topologie gegeben.

Diese Topologie ist einfach diejenige, die durch die euklidische Metrik-Topologie in der offenen Kreisscheibe K *induziert* wird.

Aufgabe 12.1.2. Welchen hyperbolischen Radius hat der Kreis um O, der im Kleinschen Modell den Radius 0,8 besitzt?

Im Kleinschen Modell spiegelt sich die Orthogonalität von Geraden g und h wie folgt wider. Geht g durch den Mittelpunkt O von K, dann ist h im euklidischen Sinne orthogonal zu g. Ansonsten schneiden sich die Tangenten, die an die Peripherie von K durch die Enden U, V von g gelegt werden, in einem Punkt G, dem *Pol* von g (Abb. 12.1.5). Und h ist genau dann orthogonal zu g, wenn die durch h bestimmte euklidische Gerade durch den Pol G von g geht. Im Kleinschen Modell ist damit die Existenz und Eindeutigkeit der Lote leicht einzusehen.

Ergänzend sei bemerkt, daß der Pol einer Geraden mit den Enden U, V gerade der Mittelpunkt desjenigen Kreisbogens ist, der im PK-Modell diese Gerade darstellt.

Für zwei Geraden g und h können wir folgende vollständige Fallunterscheidung vornehmen:

a) Sie schneiden sich in einem Punkt. (Die Geraden haben dann kein gemeinsames Lot.)
b) Sie sind parallel zueinander und haben (genau) ein gemeinsames Lot.
c) Sie sind parallel zueinander und haben kein gemeinsames Lot.

Der letzte Fall tritt genau dann ein, wenn die Geraden randparallel zueinander sind, also ein gemeinsames Ende besitzen. Aus spiegelungsgeometrischer Sicht wird in diesem Falle auch von *unverbindbaren Geraden* gesprochen. (Die Geraden sind weder durch einen gemeinsamen Punkt noch durch ein gemeinsames Lot „verbunden".) Dieser letzte Fall ist in der euklidischen Ebene nicht möglich.

Aufgabe 12.1.3. Man weise anhand des Kleinschen Modells nach, daß die obige Fallunterscheidung vollständig und disjunkt ist und jeder Fall eintreten kann. Die Erörterungen sind also im Rahmen der euklidischen Ebene zu führen.

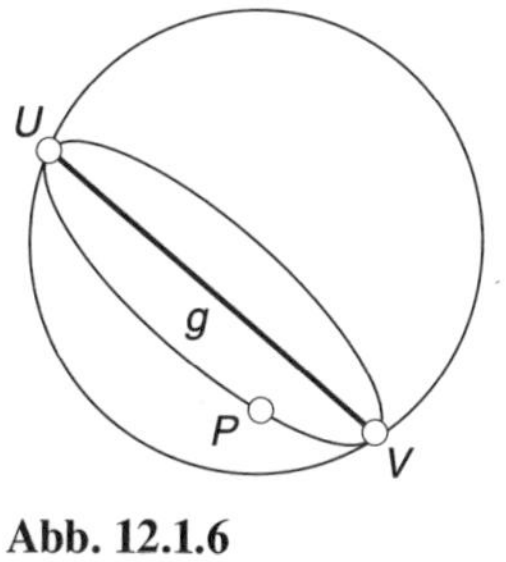

Abb. 12.1.6

Betrachtet man zu einer Geraden g und einem Punkt P, der nicht auf g liegt, die Menge aller Punkte der Ebene, die in der gleichen Halbebene bezüglich g wie P liegen und die zu g den gleichen Abstand wie P haben, dann ist diese

Abstandslinie in der euklidischen Ebene die Parallele zu g durch P. Im Kleinschen Modell bildet diese Abstandslinie zusammen mit der zu ihr symmetrisch bezüglich g liegenden Abstandslinie und einschließlich der Enden von g eine Ellipse, die in diesen Enden die Peripherie von K berührt (Abb. 12.1.6). Damit ist ersichtlich, daß in der hyperbolischen Ebene Abstandslinien keine Geraden sind.

Bewegungen im Modell sind die Punkttransformationen von K, die invariant gegenüber Inzidenz und Anordnung sind und vor allem Abstandsinvarianz besitzen.

In der hyperbolischen Ebene wird die *Spiegelung an einem Punkt P* bzw. *an einer Geraden g*, wie in der euklidischen Ebene, als involutorische Bewegung mit der Fixpunktmenge $\{P\}$ bzw. g verstanden. An jedem Punkt P und an jeder Geraden g gibt es genau eine Spiegelung (kurz σ_P bzw. σ_g).

Wie in der euklidischen Ebene gilt folgender *Darstellungssatz*: Jede Bewegung läßt sich als Produkt von Spiegelungen an zwei oder drei Geraden darstellen.

Außerdem gilt: Sind a, b, c Geraden, die einen Punkt oder ein Lot oder ein Ende gemeinsam besitzen, dann ist $\sigma_c \circ \sigma_b \circ \sigma_a$ eine Geradenspiegelung. (*Dreispiegelungssatz*)

Auf diese Weise ist eine Übersicht über die Bewegungen in der hyperbolischen Ebene gegeben ([Kl/Qu], [Ba] u. a.):

a) Sind g und h zwei Geraden, die sich in einem Punkt S schneiden, dann ist $\sigma_h \circ \sigma_g$ eine *Drehung* um S, wobei der hyperbolische Drehwinkel das Doppelte des orientierten hyperbolischen Schnittwinkels $\sphericalangle(g, h)$ ist. Umgekehrt läßt sich jede Drehung um einem Punkt S so darstellen.

   Speziell gilt: $\sigma_h \circ \sigma_g$ ist die Spiegelung am Punkt S genau dann, wenn g und h orthogonal zueinander sind.

b) Sind g und h zwei verschiedene Geraden mit gemeinsamem Lot f, dann ist $\sigma_h \circ \sigma_g$ eine fixpunktfreie und orientierungserhaltende Bewegung und f die einzige Fixgerade. Denn jeder Punkt P, der nicht auf f liegt, geht in einen von P verschiedenen Punkt auf der Abstandslinie zu f durch P über. Abstandslinien sind aber keine Geraden. Trotz dieses Unterschieds zur euklidischen Geometrie wird eine Bewegung, die sich als Produkt $\sigma_h \circ \sigma_g$ mit zu f orthogonalen Geraden g, h darstellen läßt, eine *Translation längs f* genannt.

c) Sind g und h unverbindbare Geraden, dann ist $\sigma_h \circ \sigma_g$ ebenfalls eine fixpunktfreie und orientierungserhaltende Bewegung. Diese Bewegung enthält aber keine Fixgeraden. Die Mittelsenkrechten, die durch je einen Punkt und sein Bild bestimmt sind, haben alle mit g und h zusammen ein gemeinsames Ende U. Dies sind Eigenschaften, die der Vorstellung von einer ,,Drehung" um den ,,unendlich fernen" Punkt U entsprechen. Wir nennen jede Bewegung, die sich als Produkt $\sigma_h \circ \sigma_g$ darstellen läßt und bei dem die Geraden g, h ein gemeinsames Ende U besitzen, eine *Grenzdrehung um das Ende U* (mit Bezug auf Grenzkreise (oder Paracykel

(Gauß) oder Horocykel (Lobatschewski); in der englischen Sprache wird diese Bewegung auch *parallel displacement* („Parallel-Verrückung“, [Co 2], S. 326) oder *horolation* oder *parabolic isometry* genannt).

Die Grenzdrehungen um ein und dasselbe Ende U bilden eine Gruppe G. Der Orbit $G(P)$ heißt der *Grenzkreis um U durch P.*

d) Jedes Dreierprodukt von Geradenspiegelungen läßt sich als Produkt einer Translation längs einer Geraden f und Spiegelung an f darstellen. Die nichtorientierungserhaltenden Bewegungen sind in diesem Sinne die *Schubspiegelungen.*

Aufgabe 12.1.4. Man zeige:

a) Sind A und B zwei verschiedene Punkte, dann ist $\sigma_A \circ \sigma_B$ eine Translation längs der Verbindungsgeraden g_{AB}.

b) Ist $P \notin g$, dann ist $\sigma_g \circ \sigma_P$ eine echte Schubspiegelung.

Wir stellen noch einige Sachverhalte über Dreieckswinkel bereit.

Eine Merkwürdigkeit der hyperbolischen Geometrie besteht darin, daß die Summe $\alpha + \beta + \gamma$ der Innenwinkelgrößen eines Dreiecks ABC stets kleiner als π ist. $\delta(ABC) := \pi - (\alpha + \beta + \gamma)$ heißt der *Defekt des Dreiecks ABC*, und für ihn gilt $0 < \delta(ABC) < \pi$.

Kongruente Dreiecke haben den gleichen Defekt.

Der Defekt hat folgende additive Eigenschaft: Ist P irgendein innerer Punkt der Seite BC eines Dreiecks ABC, dann ist

$$\delta(ABC) = \delta(ABP) + \delta(ACP).$$

Wir betrachten nun einen Winkel $\sphericalangle ABC$ mit einer Größe $0 < \beta < \pi/2$ und fällen von jedem Punkt P seines Schenkels (Halbgerade) BC^+ das Lot auf die Gerade g_{BA}. Es schneidet stets die Halbgerade BA^+ in einem Punkt Q (Abb. 12.1.7).

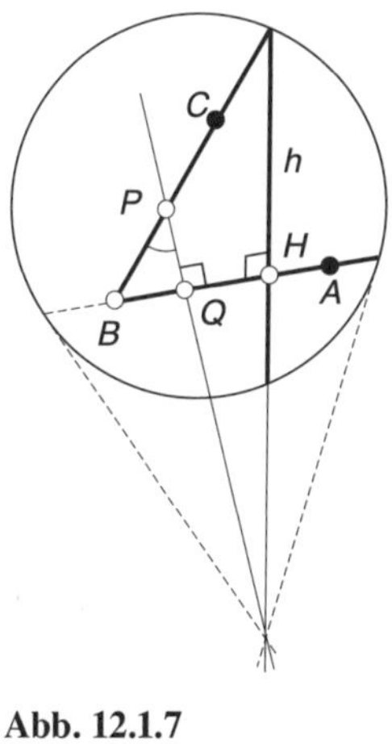

Abb. 12.1.7

Durchläuft P von B aus die Halbgerade BC^+, dann ist die Größe des Winkels $\sphericalangle BPQ$ eine monoton fallende und stetige Funktion des Abstandes $d(P, B)$; dabei ist der Wertebereich das offene Intervall $\left(0, \frac{\pi}{2} - \beta\right)$.

Weiterhin gibt es genau eine Gerade h, die orthogonal zu g_{BA} ist und mit der Halbgeraden BC^+ ein gemeinsames Ende besitzt. (Im Kleinschen Modell ist das leicht zu erkennen, Abb. 12.1.7.). Folglich liegen alle Lotfußpunkte Q zwischen B und dem Schnittpunkt H von h und g_{BA}.

Aufgrund der besonderen Winkeleigenschaften gibt es in der hyperbolischen Ebene keine Ähnlichkeit. Neben den vier bekannten gibt es noch einen bemerkenswerten *fünften Kongruenzsatz*: Stimmen zwei Dreiecke in den Größen ihrer drei Innenwinkel überein, dann sind sie kongruent.

Wie in der euklidischen Ebene, so gibt es auch in der ebenen hyperbolischen Geometrie eine Trigonometrie, d. h. ein System von Formeln, die die Beziehungen im Rahmen der Seitenlängen und Winkelgrößen von Dreiecken beschreiben.

So gelten für ein rechtwinkliges Dreieck mit den Winkelgrößen α, β und $\gamma = \pi/2$ sowie mit den Seitenlängen a, b und c die Formeln

$$\begin{aligned} \cosh c &= \cot\alpha \cdot \cot\beta, \\ \cosh a \cdot \sin\beta &= \cos\alpha . \end{aligned} \tag{i}$$

Bezogen auf das obige rechtwinklige Dreieck PBQ ist damit

$$\cot \sphericalangle BPQ = \frac{\cosh r}{\cot\beta}$$

der funktionale Zusammenhang zwischen dem Abstand r und der Größe des Winkels BPQ.

Für eingehendere analytische Darstellungen verweisen wir u. a. auf [Bea] und Formelsammlungen.

12.2. Rosetten- und Friesgruppen

Die Definition der *Diskretheit* für Bewegungsgruppen in der hyperbolischen Ebene kann ohne weiteres aus der euklidischen Geometrie übernommen werden.

Auch hinsichtlich der Einteilung der diskreten Bewegungsgruppen möchte man wie in der euklidischen Ebene vorgehen und Definition 4.0.2 verwenden. Doch Vorsicht ist geboten!

Die Translationen einer Bewegungsgruppe G bilden im allgemeinen selbst keine (Unter-)Gruppe $T(G)$!

Aufgabe 12.2.1. Man zeige am Beispiel der Geraden a und b mit dem gemeinsamen Lot f, die in Abbildung 12.2.1 im Kleinschen Modell vorgegeben sind, daß es längs dieser Geraden jeweils Translationen derart gibt, daß ihr Produkt eine Drehung oder eine Translation oder eine Grenzdrehung ist.

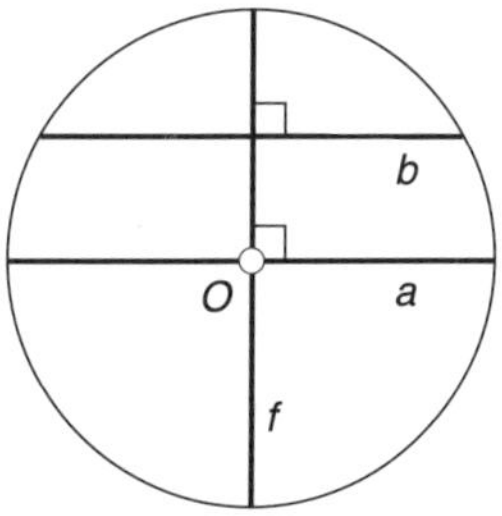

Abb. 12.2.1

Rosettengruppen

In der euklidischen Ebene wurde gezeigt (Satz 4.1.1), daß jede Gruppe von Bewegungen, die keine nichttriviale Translation enthält, eine Gruppe mit Fixpunkt ist. Das war eine wesentliche Grundlage für die Auszeichnung einer ersten Art von diskreten Bewegungsgruppen, der Rosettengruppen.

Wir prüfen deshalb, ob die Beweisschritte zum Satz 4.1.1 in der hyperbolischen Ebene nachvollzogen werden können, auch wenn hier die Translationen keine Gruppe bilden.

Es sei G eine Gruppe von Bewegungen, die translationsfrei ist.

Es wird nur das Ergebnis mitgeteilt, falls bei dem Versuch, die Beweisteile a) – d) zum Satz 4.1.1 in der hyperbolischen Ebene nachzuvollziehen, in der Bewegungsgeometrie völlig analoge Sachverhalte zur Verfügung stehen.

a) G enthält keine echten Schubspiegelungen.
b) G enthalte nichtidentische Drehungen ϱ_1 um A und ϱ_2 um B. Wir zeigen, daß $(\varrho_2 \circ \varrho_1 \circ \varrho_2^{-1}) \circ \varrho_1^{-1}$ im Fall $A \neq B$ eine nichtidentische Translation wäre.

   Bei der Begründung möchten wir auf eine mögliche Benutzung von Drehwinkeln verzichten, um den Beweisgang auch auf einen späteren analogen Sachverhalt für Grenzdrehungen ohne weiteres übertragen zu können.

   Es sei f die Verbindungsgerade g_{AB}. Dazu gibt es (eindeutig bestimmte) Geraden a durch A und b durch B mit $\varrho_1 = \sigma_f \circ \sigma_a$ und $\varrho_2 = \sigma_b \circ \sigma_f$ (Dreispiegelungssatz). Nun ist $\varrho_2 \circ \varrho_1 = \sigma_b \circ \sigma_a$.

   Weiterhin sei h das Lot von A auf die Gerade b. Das Produkt $\sigma_b \circ \sigma_h$ ist die Spiegelung an dem Schnittpunkt H von b und h. Nach dem Dreispiegelungssatz gibt es (genau) eine Gerade c durch A mit $\sigma_h \circ \sigma_a \circ \sigma_f = \sigma_c$.

Folglich ist $(\varrho_2 \circ \varrho_1 \circ \varrho_2^{-1}) \circ \varrho_1^{-1} = (\varrho_2 \circ \varrho_1) \circ \varrho_2^{-1} \circ \varrho_1^{-1} = (\sigma_b \circ \sigma_a) \circ (\sigma_f \circ \sigma_b) \circ (\sigma_a \circ \sigma_f) = \sigma_H \circ \sigma_c \circ \sigma_H \circ \sigma_c$. Da $h \neq c$ und damit H nicht auf c liegt, ist dieses Produkt eine nichttriviale Translation (längs des Lotes von D auf c).

c) Enthält G eine nichttriviale Drehung um A und eine Spiegelung an g, dann ist $A \in g$.

d) G enthalte Spiegelungen an zwei verschiedenen Geraden g und h.

Haben g und h ein gemeinsames Lot f, dann ist $\sigma_h \circ \sigma_g$ eine nichtidentische Translation längs f.

Hätten g und h ein gemeinsames Ende U, dann wäre $\sigma_h \circ \sigma_g$ eine Grenzdrehung um U. Dies führt jedoch zu keinem Widerspruch hinsichtlich der Voraussetzungen für die Gruppe G, was noch folgende Überlegungen zeigen werden.

Damit ergibt sich (ohne Voraussetzung von Diskretheit)

Lemma 12.2.1. *Eine Bewegungsgruppe G, die weder nichtidentische Translationen noch Grenzdrehungen enthält, besitzt einen Fixpunkt F, und außer Drehungen um F und Spiegelungen an Geraden durch F gibt es keine weiteren Bewegungen in G.*

Für die diskreten Bewegungsgruppen mit Fixpunkt können nun, wie anhand des Kleinschen Modells leicht nachvollziehbar ist, die strukturellen Aussagen aus der euklidischen Ebene übernommen werden. Es gilt:

Satz 12.2.2. *Eine Gruppe G von Bewegungen mit Fixpunkt F ist dann und nur dann diskret, wenn sich G in der Form*

(a) $G = \langle \varrho(F, 2\pi/n) \rangle$ *mit* $n \geq 1$, *ganzzahlig oder*

(b) $G = \langle \varrho(F, 2\pi/n), \sigma_g \rangle$ *mit* $F \in g$ *und* $n \geq 1$, *ganzzahlig darstellen läßt.*

Im folgenden zeigen wir, daß man im Kleinschen Modell zu einem beliebig vorgegebenen Punkt F drei Geraden g_1, g_2, g_3 durch F *konstruktiv* so angeben kann, daß die Spiegelungen an diesen Geraden alle Geradenspiegelungen einer diskreten Bewegungsgruppe mit dem Fixpunkt F sind.

Im Falle $F = O$ ist das trivial, weil dann einfach euklidisch konstruiert werden kann. Wir wählen drei Geraden a_1, a_2, a_3 durch O, die gleichgroße (euklidische) Winkel einschließen (Abb. 12.2.2).

Ist $F \neq O$, dann konstruieren wir zunächst den Mittelpunkt M von O und F. Das ist aufgrund der Definition des hyperbolischen Abstandes über Doppelverhältnisse möglich. (Dabei steht zur Verfügung, daß Doppelverhältnisse gegenüber Projektionen invariant sind.) Nun spiegeln wir an M und nutzen die Eigenschaft, daß Enden von Geraden bei Bewegungen in Enden der Bildgeraden übergehen.

Auf diese konstruktive Weise kann im Kleinschen Modell die (hyperbolische) Größe eines Winkels mit dem Scheitel F bestimmt werden: Man spiegelt

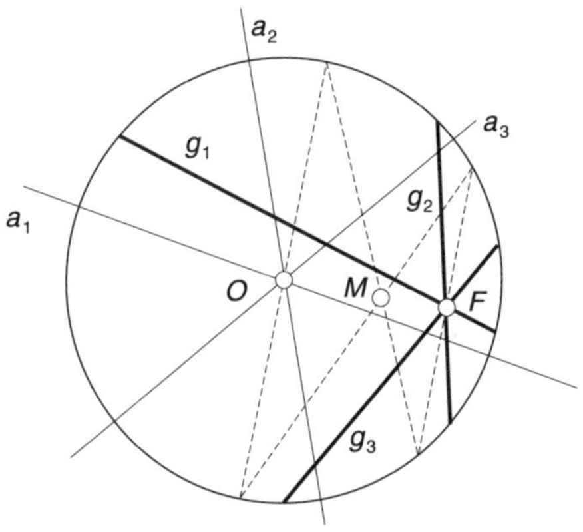

Abb. 12.2.2

den Winkel am Mittelpunkt von O und F und mißt am Bild euklidisch.

Jetzt sind die *translationsfreien* Bewegungsgruppen G zu untersuchen, die eine nichtidentische Grenzdrehung ϱ um ein Ende U enthalten.

Die Translationsfreiheit schließt die gleichzeitige Existenz von nichtidentischen Drehungen und Grenzdrehungen aus. Durch die Transformation der Drehung mit der Grenzdrehung würde sonst die Gruppe G nichtidentische Drehungen um zwei verschiedene Punkte enthalten, und das steht nach obigen Darlegungen unter b) im Widerspruch zur Translationsfreiheit.

Weiterhin kann G keine nichtidentische Grenzdrehung um ein weiteres Ende V besitzen. Die obigen Beweisüberlegungen unter b) können hier ohne weiteres nachvollzogen werden.

Enthält G eine Geradenspiegelung σ_g, dann läßt sich in gleicher Weise wie unter c) zeigen, daß U ein Ende von g ist.

Zusammen mit den bisherigen Folgerungen aus der Translationsfreiheit von G ergibt sich:

Lemma 12.2.3. *Eine translationsfreie Gruppe G von Bewegungen, die eine nichtidentische Grenzdrehung um das Ende U enthält, besitzt außer Grenzdrehungen um U und Spiegelungen an Geraden mit dem Ende U keine weiteren Bewegungen.*

Eine Bewegungsgruppe dieser Art wollen wir als *Bewegungsgruppe mit Fixende U* bezeichnen.

Diskrete Bewegungsgruppen mit Fixende sind entsprechend euklidischer Vorgehensweisen leicht zu überschauen. Es gilt:

Satz 12.2.4. *Eine Bewegungsgruppe G mit dem Fixende U ist genau dann diskret, wenn sie sich in der Form*

(a) $G = \langle \varrho \rangle$ *mit nichtidentischer Grenzdrehung ϱ um das Ende U oder*

(b) *$G = \langle \varrho, \sigma_g \rangle$ mit nichtidentischer Grenzdrehung ϱ um das Ende U und mit einer Geraden g, bei der U ein Ende ist, darstellen läßt.*

Diese diskreten Bewegungsgruppen sind im Unterschied zu den diskreten Bewegungsgruppen mit Fixpunkt unendliche zyklische bzw. unendliche Dieder-Gruppen.

Es ist naheliegend, in der hyperbolischen Ebene unter den *Rosettengruppen* die diskreten Bewegungsgruppen mit Fixpunkt oder mit Fixende zu verstehen.

Aus den bisherigen Darlegungen folgt:

Satz 12.2.5. *Zu jeder Isomorphieklasse von zyklischen Gruppen und Diedergruppen gibt es Rosettengruppen, im endlichen Fall bis auf Kongruenz genau eine, wenn von der speziellen Isomorphieklasse $C_2 = D_1$ abgesehen wird.*

Friesgruppen

Nachdem bei den Rosettengruppen näher vorgestellt wurde, daß und wie Sachverhalten der diskreten Bewegungsgruppen in der euklidischen Ebene in der hyperbolischen Geometrie nachgegangen werden kann, verzichten wir bei den folgenden Darlegungen nach Möglichkeit auf Wiederholungen dieser Art.

Bisher haben wir translationsfreie Bewegungsgruppen eingehend erörtert.

Es sei nun G eine Bewegungsgruppe, die nichttriviale Translationen längs ein und derselben Geraden f besitzt.

Da alle Translationen längs der Geraden f eine Gruppe bilden, ist die Menge $T(G)$ der Translationen aus G eine Untergruppe.

Von Interesse ist, welche Bewegungen in G enthalten sein können bzw. welche Einschränkungen es dafür gibt.

Man erhält nach Überlegungen wie in der euklidischen Ebene (Abschn. 4.2):

a) Ist $\sigma_g \in G$, dann ist $g = f$ oder $g \perp f$.
b) Enthält G eine echte Schubspiegelung mit der Achse g, dann ist $g = f$.
c) Enthält G eine nichtidentische Drehung ϱ um A, dann ist $A \in f$ und ϱ die Spiegelung an A.

Aufgabe 12.2.2. Man zeige, daß G keine Grenzdrehungen enthält.

Definition 12.2.6. Eine Bewegungsgruppe G heißt *Friesgruppe*, wenn sie diskret ist und nichtidentische Translationen nur längs ein und derselben Geraden enthält.

Man zeigt für eine Friesgruppe G wie in der euklidischen Ebene, daß sich $T(G)$ durch eine nichtidentische Translation τ_e längs f erzeugen läßt und damit eine unendliche zyklische Gruppe ist.

Und mit Hilfe bisheriger Vorbetrachtungen wird klar, daß sich die Friesgruppen wie in der euklidischen Ebene in sieben Arten $\mathbf{F}_1$, $\mathbf{F}_1^1$, $\mathbf{F}_1^2$, $\mathbf{F}_1^3$, $\mathbf{F}_2$, $\mathbf{F}_2^1$ und $\mathbf{F}_2^2$ einteilen lassen.

Für die *Äquivalenz von Bewegungsgruppen* legen wir wie in der Definition 4.1.6 affine Transformationen zugrunde, d. h. Punkttransformationen, die Inzidenz und Teilverhältnisse invariant lassen.

Es gilt auch in der hyperbolischen Ebene:

Satz 12.2.7. *Es gibt bis auf Äquivalenz sieben Friesgruppen.*

Rückblickend auf die Rosettengruppen ergibt sich

Satz 12.2.8. *Es gibt bis auf Äquivalenz zwei Rosettengruppen mit Fixende.*

12.3. Reguläre Zerlegungen, Parkette und Ornamentgruppen

Zunächst betrachten wir (konvexe) reguläre p-Ecke ($p \geq 3$). Sie sind wie in der euklidischen Ebene als konvexe p-Ecke mit gleich langen Seiten und gleich großen Innenwinkeln erklärt. Sie besitzen einen Umkreis.

Die konstruktive Darstellung eines regulären p-Ecks liegt auf der Hand: Wir wählen einen Punkt M, zerlegen den Vollwinkel bei M in p Winkel der Größe $2\pi/p$, tragen auf den Schenkeln gleiche Längen r ab und erhalten ein reguläres p-Eck $A_1 \ldots A_p$.

Die Größe der Innenwinkel ist nach den Darlegungen über Winkel im Abschnitt 12.1 aber eine monoton fallende und stetige Funktion von r mit dem Wertebereich zwischen $2(\pi/2 - 2\pi/2p)$ und 0. Folglich gibt es zu jeder Größe γ mit $0 < \gamma < \pi\left(\frac{p-2}{p}\right)$ bis auf Kongruenz(!) genau ein reguläres p-Eck mit der Innenwinkelgröße γ.

Ergänzend bemerken wir noch, daß es bei festem p (≥ 3) nach der obigen Konstruktion zu jedem $r > 0$ stets ein reguläres p-Eck mit dem Umkreisradius r gibt. Die Darlegungen im Abschnitt 12.1 im Zusammenhang mit der Abbildung 12.1.7 ergeben für den Inkreisradius aller dieser regulären p-Ecke jedoch eine Besonderheit: Es gibt für sie eine obere Schranke!

Aufgabe 12.3.1. Man berechne nach den am Ende des Abschnitts 12.1. angegebenen Formeln (i) die obere Grenze der Inkreisradien für reguläre Sechsecke.

Es gilt $\pi\left(\frac{p-2}{p}\right) > \frac{\pi}{2}$ genau dann, wenn $p > 4$ ist. Demnach gibt es zu jeder natürlichen Zahl $p \geq 5$ (bis auf Kongruenz) genau ein reguläres p-Eck, das rechte(!) Innenwinkel besitzt. Ein reguläres Viereck mit rechten Innenwinkeln gibt es nicht. Die Abbildung 12.3.1 zeigt im Kleinschen Modell die konstruktive Darstellung eines regulären Fünfecks mit rechten Winkeln.

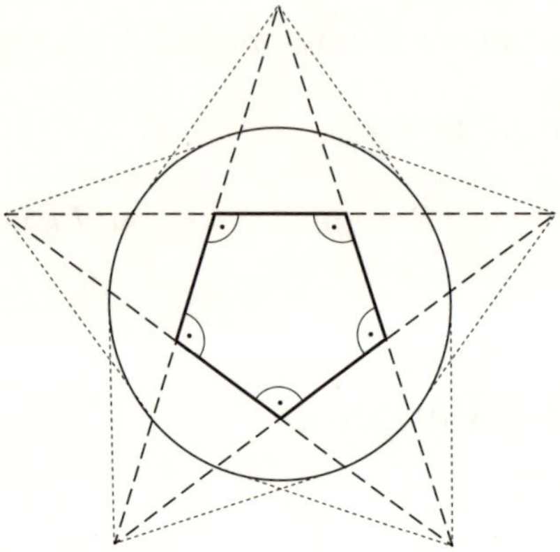

Abb. 12.3.1

Reguläre Zerlegungen

Eine *reguläre Zerlegung* der hyperbolischen Ebene versteht sich wie in der euklidischen Ebene als normale Zerlegung in kongruente reguläre p-Ecke.

Ist q die Anzahl der Kanten einer regulären Zerlegung, die eine gemeinsame Ecke besitzen, dann muß

$$q \geq 3 \text{ und } q \cdot \gamma = 2\pi \text{ mit } \gamma < \pi\left(\frac{p-2}{p}\right)$$

sein. Also ist

$$p, q \geq 3 \text{ und } \frac{1}{p} + \frac{1}{q} < \frac{1}{2}, \tag{ii}$$

d. h.,

$$\begin{aligned} &q > 6 \text{ für } p = 3;\\ &q > 4 \text{ für } p = 4;\\ &q > 3 \text{ für } p = 5, 6 \text{ und}\\ &q \geq 3 \text{ für } p > 6 \end{aligned}$$

ist eine *notwendige* Bedingung für die Existenz einer regulären $\{p, q\}$-Zerlegung. (Bei dieser Kennzeichnung der regulären Zerlegungen gibt die erste

Zahl p die Anzahl der Ecken (und Seiten) einer Fliese und die zweite Zahl q die Anzahl der Kanten mit ein und derselben Ecke an.)

Es stellt sich nun die Frage, ob es zu jedem Paar (p, q) natürlicher Zahlen p, q mit der Bedingung (ii) eine reguläre $\{p, q\}$-Zerlegung der hyperbolischen Ebene gibt.

Gilt (ii), dann gibt es, wie gezeigt, bis auf Kongruenz genau ein reguläres p-Eck mit dem Innenwinkel $\gamma = 2\pi/q$.

Wir gehen von einem solchen Polygon T aus. An jeder Ecke von T gibt es $(q-1)$ freie Winkelräume der Größe $2\pi/q$, in die je ein zu T kongruentes Polygon so eingefügt werden kann, daß eine lückenlose und überlappungsfreie Teilüberdeckung V der Ebene entsteht, bei der die Ecken von T innere Punkte sind. V ist ein einfaches (aber nicht notwendig konvexes) Polygon. An jeder Ecke des Randpolygons von V können nun in gleicher Weise zu T kongruente Polygone angelegt werden.

Auf diese Weise entsteht eine lückenlose und überlappungsfreie Überdeckung der Ebene, die eine normale Zerlegung $\{T_i\}$ in zu T kongruente Polygone darstellt. Diese mehr anschaulich zu sehende Begründung ist hier nicht minder akzeptabel als bei den regulären Zerlegungen der euklidischen Ebene. Eine eingehendere Begründung wird in [FeTó], S. 95 ff, gegeben.

Also gilt

Satz 12.3.1. *Zu jedem Paar (p, q) natürlicher Zahlen mit $p, q \geq 3$ und $\frac{1}{p} + \frac{1}{q} < \frac{1}{2}$ gibt es bis auf Kongruenz genau eine reguläre Zerlegung der Ebene in p-Ecke, bei der von jeder Ecke q Kanten ausgehen.*

Die Abbildungen 12.3.2 a – c zeigen im Kleinschen Modell Teile einer regulären $\{5,4\}$-, $\{3,8\}$- bzw. $\{4,5\}$-Zerlegung.

Da die Bedingungen unter (ii) symmetrisch bezüglich p und q sind, exi-

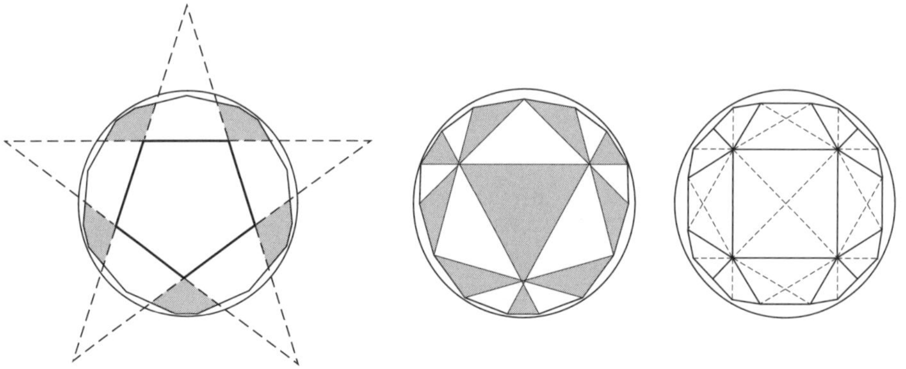

a **b** **c**

Abb. 12.3.2 Teile von regulären Zerlegungen: a $\{5, 4\}$, b $\{3, 8\}$, c $\{4, 5\}$

stiert zu jeder regulären $\{p, q\}$-Zerlegung auch eine dazu *duale* reguläre $\{q, p\}$-Zerlegung. Selbstduale Zerlegungen, d. h. mit $p = q$, gibt es für alle $p \geq 5$.

Ornamentgruppen

Definition 12.3.2. Eine *Ornamentgruppe* ist (analog zur euklidischen Ebene) eine diskrete Bewegungsgruppe, die zwei Translationen längs verschiedener Geraden enthält.

Demnach sind nach den Erklärungen im Abschnitt 12.2. die Ornamentgruppen genau diejenigen diskreten Bewegungsgruppen, die weder Rosetten- noch Friesgruppen sind.

Einen Einblick in mögliche Strukturen von Ornamentgruppen vermitteln die Symmetriegruppen von regulären Zerlegungen.

Es sei $\mathbf{P} = \{T_i\}$ eine reguläre $\{p, q\}$-Zerlegung und G die Symmetriegruppe von $\mathbf{P}$. Ferner sei T eine beliebig gewählte, aber dann feste Fliese von $\mathbf{P}$.

Die Isotropiegruppe von G bezüglich T, d. h. die Untergruppe aller Bewegungen aus G, die T auf sich abbilden, ist die Symmetriegruppe von T, und diese besteht aus p Drehungen um den Mittelpunkt M von T und aus p Spiegelungen an Geraden, die durch M gehen.

Hinsichtlich der Zerlegung $\mathbf{P}$ sind die Ecken von T Drehsymmetriezentren q-ter Ordnung

Weiterhin erkennt man leicht, daß G die Spiegelungen an den Mittelpunkten der p Seiten von T sowie die Spiegelungen an den p Geraden, die durch die Seiten von T bestimmt sind, enthält.

Damit sind alle Drehungen ersichtlich, die zur Symmetriegruppe der regulären $\{p, q\}$-Zerlegung gehören.

Zu Fliesen T_1 und T_2 aus M gibt es genau $2p$ Bewegungen aus G, die T_1 auf T_2 abbilden, mit anderen Worten: G wirkt $2p$-fach scharf transitiv über den Fliesen von $\mathbf{P}$.

Wir zeigen nun:

Satz 12.3.3. *Die Symmetriegruppe einer regulären Zerlegung ist stets eine Ornamentgruppe.*

Beweis. Sind M_1, M_2 und M_3 die Mittelpunkte dreier aufeinanderfolgender Seiten von T und σ_i $(i = 1, 2, 3)$ die zugehörigen Spiegelungen an ihnen, dann sind $\tau_1 := \sigma_2 \circ \sigma_1$ und $\tau_2 := \sigma_3 \circ \sigma_2$ Translationen längs zweier (sich in M_2 schneidender) Geraden, die zur Gruppe G gehören.

Nach den Darlegungen über die Symmetriegruppe G einer regulären Zerlegung können für jeden Punkt P der Fliese T nur endlich viele Punkte aus dem Orbit $G(P)$ in T liegen. Damit sind alle Orbits lokal endlich, und folglich ist G diskret. □

Parkette

Aufgrund des Satzes 12.3.3 ist im Sinne der Definition 9.2.3 des Begriffs Parkett nun offensichtlich:

Folgerung 12.3.4. *Jede reguläre Zerlegung ist ein Parkett.*

Die Definition 8.5.4 des Begriffs *Fundamentalbereich* kann ebenfalls ohne weiteres übernommen werden.

Ein Fundamentalbereich für die Symmetriegruppe G der regulären $\{p, q\}$-Zerlegung $\mathbf{P}$ läßt sich nach der eingehenden Beschreibung der Gruppenelemente leicht erkennen. Es sei $A_1 \ldots A_p$ ein reguläres p-Eck dieser Zerlegung, M sein (Umkreis-)Mittelpunkt und M_1 der Mittelpunkt der Seite A_1A_2. Dann ist das rechtwinklige Dreieck A_1M_1M ein Fundamentalbereich für G.

Auf diese Weise kann jede Fliese der regulären $\{p, q\}$-Zerlegung $\mathbf{P}$ in $2p$ rechtwinklige Dreiecke mit den Innenwinkeln π/p und π/q zerlegt werden. Man erhält so eine dual-archimedische Zerlegung $\mathbf{P}'$ der Ebene in Dreiecke mit der Bezeichnung $(4, 2p, 2q)$, die ein Parkett ist. Denn jede Bewegung aus $S(\mathbf{P})$ ist auch eine Symmetrieabbildung von $\mathbf{P}'$ und die Fliesen von $\mathbf{P}'$ sind äquivalent bezüglich $S(\mathbf{P})$. Eine dual-archimedische Zerlegung wird dabei in dem Sinne verstanden, wie sie im Satz 8.3.3 charakterisiert wird.

Die Symmetriegruppe der dual-archimedischen Zerlegung $(4, 2p, 2q)$, die in obiger Weise aus der regulären $\{p, q\}$-Zerlegung entsteht, läßt sich allein aus den Spiegelungen an den Seiten ein und desselben Dreiecks (etwa A_1M_1M) erzeugen.

Dieser Sachverhalt legt die Frage nahe, wann (und nur wann) die Spiegelungen an den Seiten eines vorgegebenen Dreiecks eine Ornamentgruppe erzeugen.

Bewegungsgruppen, die so erzeugt werden, nennt man *Dreiecksgruppen*.

Es sei ABC ein Dreieck mit den Innenwinkelgrößen $0 < \alpha, \beta, \gamma < \pi$; ferner seien a, b und c die Verbindungsgeraden g_{BC}, g_{CA} bzw. g_{AB}. Die zugehörige Dreiecksgruppe ist $G := \langle \sigma_a, \sigma_b, \sigma_c \rangle$.

Das Produkt $\varrho := \sigma_b \circ \sigma_c$ ist die Drehung um A mit dem Drehwinkel 2α.

Ist G diskret, dann auch die Untergruppe $\langle \varrho \rangle$. Folglich muß $\alpha = \dfrac{k}{p}\pi$ mit teilerfremden natürlichen Zahlen $1 \leq k < p$ sein. (Siehe Abschn. 12.2.) Entsprechendes ergibt sich für die Winkelgrößen β und γ.

Die Bedingungen sind aber für die Diskretheit von G nicht hinreichend. Es läßt sich zeigen, daß unter den obigen Bedingungen für α, β und γ die erzeugte Gruppe G nicht diskret ist, wenn der Defekt $\delta(ABC)$ kleiner als $\pi/42$ ist ([Bea], S. 278). (Solche Dreiecke gibt es; z. B. existiert zu den Winkelgrößen $\alpha = \beta = \gamma = \dfrac{14}{43}\pi$ (bis auf Kongruenz) genau ein Dreieck mit einem derartigen Defekt!)

Wir wählen $\alpha = \frac{\pi}{p}$, $\beta = \frac{\pi}{q}$, $\gamma = \frac{\pi}{r}$ mit ganzen Zahlen $p, q, r \geq 2$ und o. B. d. A. $p \leq q \leq r$ sowie $\alpha + \beta + \gamma < \pi$. Die letzte Bedingung ist mit

$$\frac{1}{p} + \frac{1}{q} + \frac{1}{r} < 1$$

äquivalent.

Aufgabe 12.3.2. Man zeige, daß unter diesen Bedingungen für α, β und γ stets $\alpha + \beta + \gamma \leq \frac{41}{42}\pi$, also der Defekt kleiner als $\pi/42$ ist.

Gilt $\frac{1}{p} + \frac{1}{q} + \frac{1}{r} < 1$, dann gibt es (bis auf Kongruenz) genau ein Dreieck T mit den Innenwinkeln $\frac{\pi}{p}$, $\frac{\pi}{q}$ und $\frac{\pi}{r}$.

Die bezüglich T gebildete Dreiecksgruppe heißt (p, q, r)-*Dreiecksgruppe*.

Die Bilder von T, die bei den Bewegungen aus der Gruppe $\langle \sigma_b, \sigma_c \rangle$ entstehen, sind $2p$ zu T kongruente Dreiecke. Sie bilden eine Zerlegung eines konvexen Polygons, in dem A ein innerer Punkt ist.

Auf diese Weise kann man sehen, daß die Bilder von T bei der (p, q, r)-Dreiecksgruppe eine Packung der Ebene ergeben. Sie ist eine dual-archimedische Zerlegung in Dreiecke mit der Kennzeichnung $(2p, 2q, 2r)$. Spezialfälle sind die bereits erörterten dual-archimedischen Zerlegungen $(4, 2p, 2q)$.

Damit ist gezeigt

Satz 12.3.5. *Zu natürlichen Zahlen* $p, q, r \geq 2$ *mit* $\frac{1}{p} + \frac{1}{q} + \frac{1}{r} < 1$ *gibt es bis auf Kongruenz genau eine dual-archimedische Zerlegung* $(2p, 2q, 2r)$ *in Dreiecke.*

Die Abbildungen 12.3.3 a – c zeigen eine (12, 4, 8)-, (14, 4, 6)- bzw. (16, 4, 6)-Zerlegung im PK-Modell.

Die (p, q, r)-Dreiecksgruppen sind diskret, da T ein Fundamentalbereich ist. Da sie weder Rosetten- noch Friesgruppen sind, gilt

Satz 12.3.6. *Alle* (p, q, r)-Dreiecksgruppen sind Ornamentgruppen.

Damit folgt

Satz 12.3.7. *Die dual-archimedischen Zerlegungen* $(2p, 2q, 2r)$ *sind Parkette.*

In der Literatur werden auch entartete Dreiecke, bei denen eine oder alle Ecken Enden sind und damit die Größe des zugehörigen Innenwinkels Null

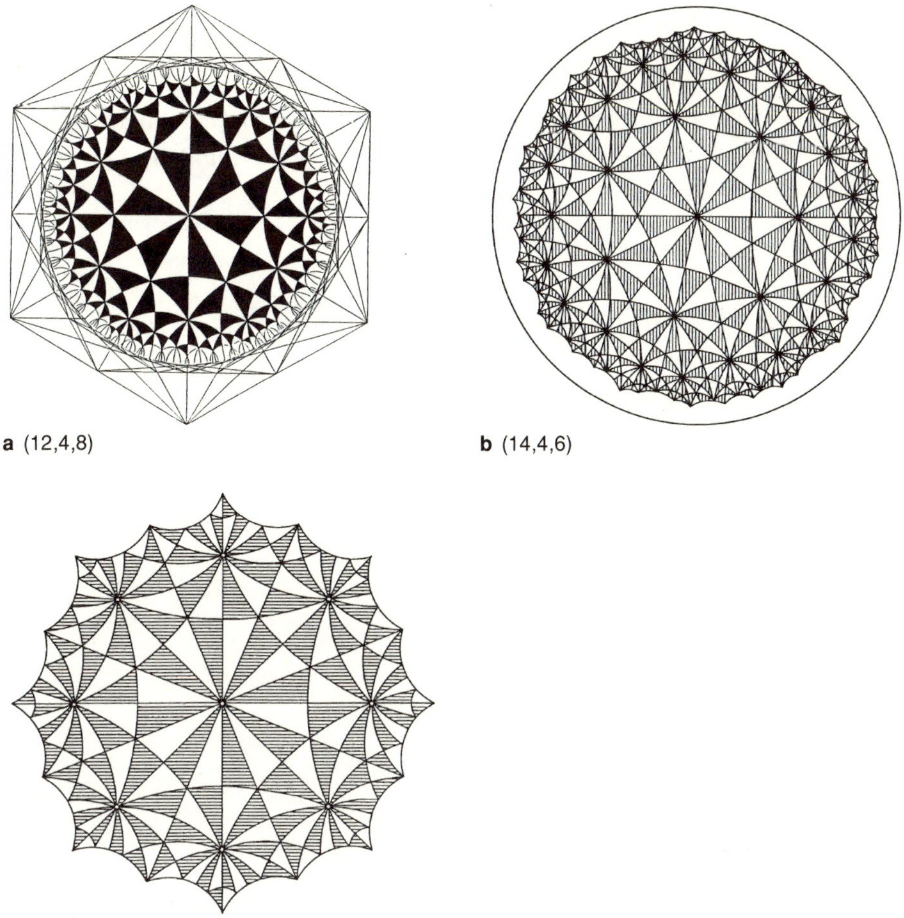

a (12,4,8)

b (14,4,6)

c (16,4,6)

Abb. 12.3.3 Dual-archimedische Zerlegung der hyperbolischen Ebene

ist, in derartige Betrachtungen einbezogen .

Die Abbildung 12.3.4 zeigt ein Beispiel im Kleinschen Modell. Hier sind drei Geraden a, b, c vorgegeben, von denen keine drei, aber je zwei ein gemeinsames Ende besitzen.

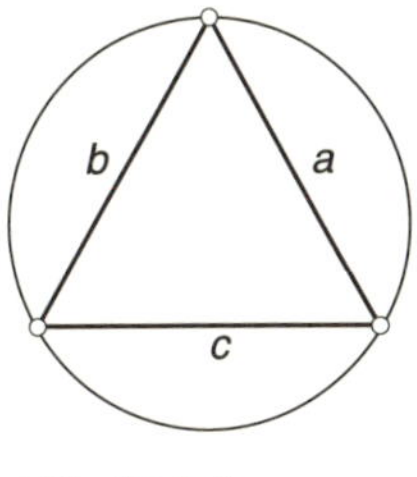

Abb. 12.3.4

Aufgabe 12.3.3. Man begründe, daß die durch σ_a, σ_b und σ_c erzeugte Gruppe eine Ornamentgruppe ist.

Mit den bisherigen Betrachtungen ist ein Einblick in die Ornamentgruppen gegeben. Eine Klassifizierung gibt u. a. [Mac]. Dabei spielen Fuchssche Gruppen eine Rolle.

Anhang. Bereitstellungen aus Algebra und Geometrie

A 1. Abbildungen

Eine *Abbildung* f *aus* einer Menge M *in* eine Menge N ordnet Elementen aus M (nicht notwendig allen) in eindeutiger Weise je ein Element in N zu. Eine Abbildung f ist also als eine Menge von geordneten Paaren (x, y) mit $x \in M$ und $y \in N$ zu verstehen, für die aus $(x, y_1), (x, y_2) \in f$ stets $y_1 = y_2$ folgt.

Mit $\mathrm{D}(f)$ bezeichnen wir den *Definitionsbereich* von f, d. h. die Menge aller $x \in M$, denen ein Bild $f(x)$ zugeordnet wird. $\mathrm{W}(f)$ bezeichne den *Wertebereich* von f, d. h. die Menge aller Bilder. Für Teilmengen $A \subseteq \mathrm{D}(f)$ und $B \subseteq \mathrm{W}(f)$ heißt

$f(A) := \{f(x) : x \in A\}$ das *Bild der Menge* A und

$f^{-1}(B) := \{x \in \mathrm{D}(f) : f(x) \in B\}$ das *Urbild der Menge* B.

Die Schreibweise

$$f\colon M \to N$$

bedeutet stets eine Abbildung *von* M in N, d. h., es ist $\mathrm{D}(f) = M$. f heißt *injektiv* (oder *umkehrbar*), wenn aus $f(x) = f(y)$ stets $x = y$ folgt. Dann ist $f^{-1} = \{(y, x) : (x, y) \in f\}$ eine Abbildung aus N auf M.

f heißt *surjektiv*, wenn f eine Abbildung *auf* N ist, d. h., wenn $\mathrm{W}(f) = N$ ist.
Eine injektive und surjektive Abbildung heißt *bijektiv*.

Die Bijektionen einer Menge M auf sich heißen *Transformationen* von M.
Ist f eine Abbildung von M in N und A eine Teilmenge von M, dann bezeichne $f\,|\,A$ die *Einschränkung von* f auf A.

Es sei f eine Abbildung von A in B und g eine Abbildung von B in C. Unter der *Nacheinanderausführung* (oder *Verkettung* oder dem *Produkt*) $g \circ f$ der Abbildungen wird die Menge derjenigen geordneten Paare (x, z) verstanden, für die es ein $y \in B$ derart gibt, daß $f(x) = y$ und $g(y) = z$ ist. Man beachte, daß nach dieser Erklärung

$$(g \circ f)(x) = g(f(x))$$

ist.

Sind f und g Transformationen von M, dann sind auch $g \circ f$ und f^{-1} Transformationen von M, und es ist

(1.1) $(g \circ f)^{-1} = f^{-1} \circ g^{-1}$.

Zwei Mengen M und N heißen *gleichmächtig* genau dann, wenn es eine Bijektion von M auf N gibt. Die Gleichmächtigkeit ist (im Rahmen eines Mengensystems) eine Äquivalenzrelation. Die *Kardinalzahl* von M, kurz $\operatorname{card} M$, ist die Äquivalenzklasse, die M enthält. Ohne nähere Einblicke kann der Leser $\operatorname{card} M$ im Fall einer endlichen Menge M einfach als die Anzahl der Elemente von M lesen.

A 2. Gruppen

2.1. Gruppenbegriff

Eine *Gruppe* ist eine nichtleere Menge G mit einer Operation $\circ$ (d. h. mit einer Abbildung von $G \times G$ in G; für das Bild von $(\alpha, \beta) \in G \times G$ schreibt man $\alpha \circ \beta$), bei der folgende Eigenschaften gelten:

G1. $\alpha \circ (\beta \circ \gamma) = (\alpha \circ \beta) \circ \gamma$ für alle $\alpha, \beta, \gamma \in G$. (*Assoziativität*)

G2. Es gibt (genau) ein Element $\mathrm{e} \in G$ derart, daß $\alpha \circ \mathrm{e} = \mathrm{e} \circ \alpha = \alpha$ für alle $\alpha \in G$ gilt. (Man nennt e das *Einselement* der Gruppe.)

G3. Zu jedem $\alpha \in G$ gibt es (genau) ein Element $\beta \in G$ derart, daß gilt: $\alpha \circ \beta = \beta \circ \alpha = \mathrm{e}$. (Man nennt β das *inverse Element von* α und bezeichnet es mit α^{-1}.)

Eine Gruppe ist also eine Struktur $(G, \circ)$, bestehend aus einer Menge G mit einer Operation $\circ$, die die Eigenschaften **G1** bis **G3** besitzt.

Mit den Eigenschaften **G2** und **G3** ist gleichwertig

G4. Zu beliebigen Elementen $\alpha, \beta \in G$ gibt es (eindeutig bestimmte) Elemente $x, y \in G$ derart, daß $\alpha \circ x = \beta$ und $y \circ \alpha = \beta$ ist (*Umkehrbarkeit*).

Es gilt

(2.1) $(\alpha \circ \beta)^{-1} = \beta^{-1} \circ \alpha^{-1}$ für alle $\alpha, \beta \in G$.

Beispiel 2.1. Für die Nacheinanderausführung (Verkettung) $\circ$ von Abbildungen gilt stets die Assoziativität (Eigenschaft **G1**). Betrachtet man speziell die

Menge aller Transformationen einer Menge M auf sich, so ist bezüglich der Nacheinanderausführung $\circ$ als Operation die identische Abbildung id der Menge M diejenige Abbildung mit der Eigenschaft **G2** (d. h., id ist das Einselement), und für die Umkehrabbildung α^{-1} einer Transformation α gilt $\alpha \circ \alpha^{-1} = \alpha^{-1} \circ \alpha = \mathrm{id}$ (Gruppeneigenschaft **G3**). Also gilt

(2.2) *Die Transformationen von M bilden eine Gruppe, die Transformationsgruppe von M.*

Damit ist die Aussage (1.1) eine Folgerung aus (2.1).

Die Gruppe $(G, \circ)$ heißt insbesondere *kommutativ* genau dann, wenn gilt:
G5. $\alpha \circ \beta = \beta \circ \alpha$ für alle $\alpha, \beta \in G$.

Ist G eine endliche Gruppe, so versteht man unter der *Ordnung* von G die Anzahl ihrer Elemente.

2.2. Untergruppen

Eine Struktur $(U, \circ')$ heißt *Untergruppe* einer Gruppe $(G, \circ)$ genau dann, wenn U eine Teilmenge von G ist, $\circ'$ die Einschränkung der Operation $\circ$ auf U ist und wenn $(U, \circ')$ selbst eine Gruppe ist.

Für jede Gruppe $(G, \circ)$ sind offenbar $(G, \circ)$ selbst und die nur aus dem Einselement e bestehende Gruppe Untergruppen; sie heißen die *trivialen Untergruppen* von $(G, \circ)$.

Um Sprechweisen zu vereinfachen, sprechen wir künftig kurz von der Gruppe G, wenn hinsichtlich der Operation keine Mißverständnisse zu befürchten sind.

Für den Nachweis, daß eine Untergruppe vorliegt, ist folgendes *Untergruppenkriterium* nützlich:

(2.3) *Eine nichtleere Teilmenge U von G einer Gruppe* $(G, \circ)$ *bildet (mit der auf U eingeschränkten Operation* $\circ$*) eine (Unter-)Gruppe genau dann, wenn* $\alpha \circ \beta \in U$ *und* $\alpha^{-1} \in U$ *für alle Elemente* $\alpha, \beta \in U$ *gilt.*

Beispiel 2.2. Die Bewegungen der Ebene ergeben bezüglich der Nacheinanderausführung eine (nichtkommutative) Gruppe. Untergruppen bilden u. a. die Translationen bzw. die Drehungen um ein und denselben Punkt. (Diese Untergruppen sind kommutativ.) Die Menge aller Drehungen der Ebene bildet keine Gruppe.

Sind A, B Teilmengen einer Gruppe G, dann bezeichne

(2.4) $AB := \{\alpha \circ \beta : \alpha \in A, \beta \in B\}$ und speziell

(2.5) $\alpha B := \{\alpha\}B = \{\alpha \circ \beta : \beta \in B\}$.

Ist U eine Untergruppe der Gruppe G, dann heißt αU bzw. $U\alpha$ die *linke* bzw. *rechte Nebenklasse* des Elements $\alpha \in G$ bezüglich U.

Die Gruppe G läßt sich bezüglich der Untergruppe U in linke bzw. rechte Nebenklassen zerlegen: Es gibt Elemente $\alpha_1, \alpha_2, ...$ bzw. $\beta_1, \beta_2, ...$ aus G derart, daß

$$G = \alpha_1 U \cup \alpha_2 U \cup ... \text{ und } \alpha_i U \cap \alpha_k U = \emptyset \text{ für } i \neq k \text{ bzw.}$$

$$G = U\beta_1 \cup U\beta_2 \cup ... \text{ und } U\beta_i \cap U\beta_k = \emptyset \text{ für } i \neq k$$

ist.

Die linken (bzw. rechten) Nebenklassen bilden eine Klasseneinteilung von G; die Klassen sind gleichmächtig.

Aufgrund der Zerlegungen ergibt sich dann folgender

(2.6) Satz von Lagrange. *Ist G eine endliche Gruppe und U eine Untergruppe von G, dann ist der Quotient* $\text{card}\, G : \text{card}\, U$ *gleich der Anzahl der Nebenklassen nach U. Also ist die Ordnung von U ein Teiler der Ordnung von G.*

Eine Untergruppe U einer Gruppe G heißt ein *Normalteiler* von G genau dann, wenn $\gamma U = U\gamma$ für alle $\gamma \in G$ gilt, wenn also die linken und rechten Nebenklassen jeweils zusammenfallen.

Bemerkenswert ist folgender spezieller Sachverhalt:

(2.7) *Zerfällt eine Gruppe G bezüglich einer Untergruppe U in genau zwei linke (bzw. rechte) Nebenklassen, dann ist U ein Normalteiler von G.*

Beispiel 2.3. Die Translationen bilden in der Bewegungsgruppe B der Ebene (vgl. Beispiel 2.2) einen Normalteiler.

Beispiel 2.4. Es sei B eine Gruppe von Bewegungen der Ebene, die wenigstens eine uneigentliche (d. h. nichtorientierungserhaltende) Bewegung u, also eine Schubspiegelung oder speziell eine Geradenspiegelung enthält. Dann enthält B neben id weitere eigentliche Bewegungen (z. B. $u \circ u$). Die Menge B^+ der eigentlichen Bewegungen von B bildet eine Untergruppe von B. Es gilt

$$B = \mathrm{e}B^+ \cup uB^+ = B^+ \cup uB^+.$$

Folglich ist nach der Aussage (2.7) B^+ ein Normalteiler der Gruppe B.

Ist U ein Normalteiler einer Gruppe G, dann ergibt sich nach der Definition der Multiplikation (2.4) für zwei Nebenklassen nach U

$$(\alpha U)(\beta U) = (\alpha \circ \beta)U \text{ ,}$$

und damit wird deutlich, daß die Nebenklassen nach U bezüglich dieser Multiplikation eine Gruppe bilden. Sie heißt die *Faktorgruppe G/U*.

Im Beispiel 2.4 besteht die Faktorgruppe B/B^+ aus genau zwei Elementen.

2.3. Homomorphismus und Isomorphismus

Es seien $(G, \circ)$ und $(H, \circ')$ Gruppen. Die Abbildung $f\colon G \mapsto H$ (von G in H) heißt *Homomorphismus* genau dann, wenn

$$f(\alpha \circ \beta) = f(\alpha) \circ' f(\beta) \quad \text{für alle} \quad \alpha, \beta \in G$$

gilt. („Bild des Produktes ist gleich dem Produkt der Bilder".)

Ist e das Einselement von G, dann ist $f(\mathrm{e})$ das Einselement von H. Ferner ist $f(G)$ eine Untergruppe von H.

Das Urbild des Einselements von H, d. h. die Menge

$$K := \{\alpha \in G : f(\alpha) = f(\mathrm{e})\},$$

heißt der *Kern des Homomorphismus* f (kurz auch $\ker f$).

Speziell heißt f ein *Isomorphismus* (von G auf H) und die Gruppen G und H heißen *isomorph* zueinander (kurz $G \cong H$), wenn f ein Homomorphismus von G in H und überdies f umkehrbar und $f(G) = H$ (surjektiv) ist.

(2.8) Homomorphiesatz

a) *Es sei f ein Homomorphismus von G in H. Dann gilt: Der Kern K von f ist ein Normalteiler von H.*

Die Faktorgruppe G/K ist isomorph zu der Gruppe $f(G)$ vermöge $\alpha K \mapsto f(\alpha)$. (Im Fall $f(G) = H$ ist also $G/K \cong H$.)

b) *Ist U ein Normalteiler von G, dann gibt es vermöge $\alpha \mapsto \alpha U$ einen Homomorphismus von G auf die Faktorgruppe G/U.*

2.4. Erzeugte Gruppen, zyklische Gruppen und Diedergruppen

Es sei $(G, \circ)$ eine Gruppe und $T \subseteq G$ eine nichtleere Teilmenge.

Die Menge aller endlichen Produkte

$$\alpha_1 \circ \ldots \circ \alpha_n \quad \text{mit} \quad \alpha_k \in T \quad \text{oder} \quad \alpha_k^{-1} \in T \quad (k = 1, \ldots, n;\ n \geq 1)$$

heißt das *Erzeugnis* von T, kurz mit $\langle T \rangle$ bezeichnet.

Es gelten:

(2.7) *$\langle T \rangle$ ist eine Untergruppe von G.*

(2.8) *$\langle T \rangle$ ist die kleinste Untergruppe von G, die T enthält, d. h., für jede Untergruppe U von G mit $T \subseteq U$ gilt $\langle T \rangle \subseteq U$.*

Beispiel 2.5. Es sei D die Menge aller Drehungen in einer Ebene. (Sie bildet keine Gruppe.) Dann ist $\langle D \rangle$ die Gruppe aller eigentlichen Bewegungen (Translationen und Drehungen) der Ebene.

Eine Gruppe H heißt *zyklisch* genau dann, wenn sie sich aus einem Element a erzeugen läßt ($H = \langle\{a\}\rangle$; für $\langle\{a\}\rangle$ schreiben wir kurz $\langle a\rangle$).

Da derartige Gruppen bei den diskreten Bewegungsgruppen eine wesentliche Rolle spielen, werden wir einigen eingehenderen Betrachtungen nachgehen.

Wir erklären induktiv a^n für jede natürliche Zahl n durch

$$a^0 := \mathrm{e} \quad \text{und} \quad a^{k+1} := a^k \circ a; \quad k = 0, 1, \ldots$$

und erweitern durch

$$a^{-k} := (a^{-1})^k, \quad k \geq 1,$$

die Bezeichnung a^n auf alle ganzen Zahlen n. Die Exponentialschreibweise ist durch

$$a^i \circ a^k = a^{i+k}$$

gerechtfertigt.

Es ist zunächst leicht einzusehen, daß

$$\langle a\rangle = \{a^k, \ k \in \mathbf{Z}\}.$$

Wir treffen folgende Fallunterscheidung:

1. Fall. Für jede ganze Zahl $n \neq 0$ sei $a^n \neq \mathrm{e}$. Dann ist $\langle a\rangle$ isomorph zu der Gruppe $(\mathbf{Z}, +)$ der ganzen Zahlen bezüglich der Addition vermöge $a^k \mapsto k$.

2. Fall. Es gibt eine ganze Zahl $n \neq 0$ mit $a^n = \mathrm{e}$. Ohne Beschränkung der Allgemeinheit können wir noch annehmen, daß n eine natürliche Zahl und die kleinste ist, die diese Eigenschaft besitzt. Nun gilt

$$a^i = a^k \Leftrightarrow i \equiv k \bmod n .$$

Das wollen wir kurz begründen:

Ist $a^i = a^k$, dann ist $\mathrm{e} = (a^i) \circ (a^k)^{-1} = a^{i-k}$, also $i - k$ ein Vielfaches von n. Wenn umgekehrt $i - k$ ein Vielfaches von n ist ($i - k = tn$), dann folgt: $a^i = a^{k+tn} = a^k \circ (a^n)^t = a^k \circ \mathrm{e}^t = a^k$.

Die zyklische Gruppe $\langle a\rangle$ besteht also im 2. Fall nur aus *endlich* vielen Elementen: Die Ordnung von $\langle a\rangle$ ist gleich der Anzahl der Restklassen mod n. Vermöge $a^k \mapsto [k]_n$ wird ein Isomorphismus von der Gruppe $\langle a\rangle$ auf die (additive) Gruppe $(\mathbf{Z}/\mathrm{n}, +)$ der Restklassen mod n gestiftet.

Wir veranschaulichen dies noch durch ein einfaches

Beispiel 2.6. Es sei ϱ die Drehung um einen Punkt Z mit dem Drehwinkel $\pi/2$ (also 90°). Offenbar ist $n = 4$ die kleinste natürliche Zahl $n \neq 0$ mit $\varrho^n = \mathrm{id}$. Die Gruppe $\langle\varrho\rangle$ besteht aus den vier Drehungen $\varrho^0 = \varrho(Z, 0) = \mathrm{id}$, $\varrho^1 = \varrho$, $\varrho^2 = \varrho(Z, \pi)$ und $\varrho^3 = \varrho(Z, 3\pi/2)$.

Die Struktur der Gruppe $\langle \varrho \rangle$ gibt folgende Gruppentafel wieder:

$\circ$	id	ϱ	ϱ^2	ϱ^3
id	id	ϱ	ϱ^2	ϱ^3
ϱ	ϱ	ϱ^2	ϱ^3	id
ϱ^2	ϱ^2	ϱ^3	id	ϱ
ϱ^3	ϱ^3	id	ϱ	ϱ^2

+	[0]	[1]	[2]	[3]
[0]	[0]	[1]	[2]	[3]
[1]	[1]	[2]	[3]	[0]
[2]	[2]	[3]	[0]	[1]
[3]	[3]	[0]	[1]	[2]

Daneben haben wir die Gruppentafel derjenigen Gruppe gestellt, die die vier Restklassen mod 4 hinsichtlich der Addition bilden.

Die Isomorphie wird bei diesem Vergleich besonders deutlich.

Aus unseren eingehenden Diskussionen der beiden obigen Fälle ergeben sich folgende strukturelle Aussagen über zyklische Gruppen:

(2.9) *Jede zyklische Gruppe ist kommutativ.*

(2.10)

(a) *Alle unendlichen zyklischen Gruppen sind isomorph.* Die Isomorphieklasse wird mit C_∞ bezeichnet.

(b) *Zwei zyklische Gruppen endlicher Ordnung sind genau dann isomorph, wenn sie die gleiche Ordnung besitzen.* Mit C_n $(n \geq 1)$ bezeichnet man die Isomorphieklasse der zyklischen Gruppen der Ordnung n.

Beispiel 2.7. Es sei D die Menge der Drehungen der Ebene, die ein regelmäßiges n-Eck $(n \geq 3)$ auf sich abbilden. Diese Drehungen bilden ein Gruppe. Sie läßt sich mit der Drehung $\varrho(Z, 2\pi/n)$ um den Mittelpunkt Z des n-Ecks mit dem Drehwinkel $(Z, 2\pi/n)$ erzeugen. D ist eine zyklische Gruppe der Ordnung n.

Beispiel 2.8. Ist σ eine Spiegelung (Geraden- oder Punktspiegelung) in der Ebene, dann ist $\langle \sigma \rangle$ eine zyklische Gruppe der Ordnung 2.

Beispiel 2.9. Ist $\tau \neq \mathrm{id}$ eine Translation in der Ebene, dann ist $\langle \tau \rangle$ eine unendliche zyklische Gruppe.

Beispiel 2.10. Eine Drehung $\varrho(Z, t2\pi)$ mit $0 < t < 1$ erzeugt dann und nur dann eine zyklische Gruppe von endlicher Ordnung, wenn t eine rationale Zahl ist.

Ist G eine Gruppe und a irgendein Element aus G, dann heißt card $\langle a \rangle$ die *Ordnung des Elements a.*

Zur Einführung der *Diedergruppen* gehen wir von einer speziellen Gruppe aus, der Gruppe $S(P)$ aller Deckabbildungen (Symmetrieabbildungen) eines regelmäßigen n-Ecks P $(n \geq 3)$. Nach dem Beispiel 2.7 enthält $S(P)$ die zyklische Gruppe ϱ mit $\varrho = \varrho(Z, 2\pi/n)$.

Weitere Deckabbildungen sind nur noch Geradenspiegelungen (an den n Symmetrieachsen von P). Eine solche sei σ.

Nach den Darlegungen im Beispiel 2.5 ist

$$S(P) = \langle \varrho \rangle \cup \sigma \langle \varrho \rangle = \langle \varrho, \sigma \rangle.$$

Überdies gilt $\sigma \circ \varrho \circ \sigma = \varrho^{-1}$.

Diese Eigenschaften sind eine Motivation für folgende Definition:

Eine Gruppe $(G, \circ)$ heißt *Diedergruppe* genau dann, wenn es zwei verschiedene Elemente $a, b \in G$ derart gibt, daß $G = \langle a, b \rangle$, b die Ordnung 2 hat und $b \circ a \circ b = a^{-1}$ ist.

Eine dazu äquivalente Charakterisierung ist folgende Eigenschaft:

(2.11) *Es gibt Elemente $b, c \in G$ der Ordnung* 2 *mit* $G = \langle b, c \rangle$.

Dabei ist $b = c$ nicht ausgeschlossen!

Ein größeres Verständnis für die Bezeichnung „Di-eder“ (wörtlich „Zweiflächner“) erwächst im Rahmen der Symmetriebetrachtungen (Deckabbildungen) von Polyedern im Raum (siehe Abschn. 6.1).

Für jede so erklärte Diedergruppe gilt

(2.12) $G = \langle a \rangle \cup b\langle a \rangle$.

Daraus folgt, daß $\langle a \rangle$ ein Normalteiler von G und daß die Ordnung der Gruppe G das Doppelte der Ordnung des Elements a ist, falls G endlich ist.

Die Diedergruppen besitzen folgende Isomorphieklassen:

(2.13)

a) *Alle unendlichen Diedergruppen sind isomorph.* Diese Isomorphieklasse wird mit D_∞ bezeichnet.
b) *Zwei Diedergruppen von endlicher Ordnung sind genau dann isomorph, wenn sie die gleiche Ordnung besitzen.* Mit D_n $(n \geq 1)$ bezeichnet man die Isomorphieklasse der Diedergruppen der Ordnung $2n$ (!).

Die Deckabbildungsgruppe eines regelmäßigen n-Ecks ist eine Diedergruppe der Klasse D_n.

Man erkennt sofort, daß jede zyklische Gruppe der Ordnung 2 zu jeder Diedergruppe der Ordnung 2 isomorph ist, daß also die (algebraischen) Isomorphieklassen C_2 und D_1 gleich sind. Das ist aber die einzige Ausnahme; *ansonsten* sind die *Isomorphieklassen der zyklischen Gruppen und Diedergruppen stets voneinander verschieden.*

Wir betrachten noch ein einfaches

Beispiel 2.11. Es seien g und h zwei zueiander orthogonale Geraden; ihr Schnittpunkt sei Z. Dann bilden die Spiegelungen σ_g, σ_h und σ_Z an den Geraden g, h bzw. am Punkt Z zusammen und mit der Identität eine Gruppe von Bewegungen der Ebene. Diese Gruppe ist eine Diedergruppe der Klasse D_2. Sie läßt sich z. B. aus σ_Z und σ_g erzeugen.

Diese Gruppe ist jedoch keine zyklische Gruppe der Ordnung 4 (C_4). Neben einem leichten Vergleich mit Hilfe der Gruppentafel ist eine einfache Begründung damit gegeben, daß in einer C_4-Gruppe ein Element der Ordnung 4 auftreten muß.

Übrigens ist jede Gruppe der Ordnung 4 entweder eine zyklische Gruppe oder eine Diedergruppe. Diese spezielle Diedergruppe nennt man auch *Kleinsche Vierergruppe*.

Die zyklischen Gruppen sind grundsätzlich kommutativ. Dagegen gilt für Diedergruppen:

(2.14) *Diedergruppen sind bis auf die Klassen D_1 und D_2 generell nicht kommutativ.*

Für die erzeugenden Elemente a und b (siehe Definition) würde bei Kommutativität aus der Bedingung $b \circ a \circ b = a^{-1}$ zunächst $a = a^{-1}$ folgen, und damit wäre entweder $a = \mathrm{e}$ oder a ein Element der Ordnung 2.

2.5. Direktes und halbdirektes Produkt

Eine Gruppe G heißt *direktes Produkt* ihrer Untergruppen A und B (kurz $G = A \times B$), wenn sich jedes Element $g \in G$ auf genau eine Weise in der Form

$$g = a \circ b \text{ mit } a \in A \text{ und } b \in B$$

darstellen läßt und

$$a \circ b = b \circ a \text{ für alle } a \in A \text{ und } b \in B$$

gilt.

Sind $g = a \circ b \in A \times B$ und $g' = a' \circ b' \in A \times B$, dann ist

$$g \circ g' = (a \circ b) \circ (a' \circ b') = (a \circ a') \circ (b \circ b').$$

Eine äquivalente Charakterisierung ist folgende:

(2.15) *A und B sind Normalteiler von G, und es ist $G = AB$ (im Sinne von* 2.4) *sowie $A \cap B = \{\mathrm{e}\}$.*

Eine einfache Konstruktion von direkten Produkten aus zwei beliebigen Gruppen ist folgende:

Es seien A und B zwei beliebige Gruppen. Man bildet die Menge

$$G := \{(a, b) : a \in A, b \in B\}\ .$$

Durch

$$(a, b) \circ (a', b') := (a \circ a', b \circ b')$$

wird G zu einer Gruppe.

Es seien e_A und e_B die Einselemente von A bzw. B. Dann bilden $\boldsymbol{A} := \{(a, e_B) : a \in A\}$ und $\boldsymbol{B} := \{(e_A, b) : b \in B\}$ zu A bzw. B isomorphe Gruppen und es ist

$$G = \boldsymbol{A} \times \boldsymbol{B}.$$

Eine spezielle Eigenschaft ist

(2.16) *Ist $G = A \times B$, so ist die Faktorgruppe G/A isomorph zu B.*

Das direkte Produkt $G = A_1 \times ... \times A_n$ kann für mehr als zwei Faktoren in entsprechender Weise wie oben erklärt werden.

Beispiel 2.12. Es sei τ eine nichtidentische Translation AB und σ die Spiegelung an der Verbindungsgeraden g_{AB}. In der Gruppe $G := \langle \tau, \sigma \rangle$ sind $\langle \tau \rangle$ und $\langle \sigma \rangle$ Normalteiler, und es ist $\langle \tau \rangle \cap \langle \sigma \rangle = \{\text{id}\}$. Folglich ist G das direkte Produkt $\langle \tau \rangle \times \langle \sigma \rangle$.

G ist aber *keine* Diedergruppe.

Eine Diedergruppe $D_n = \langle C_n, \sigma \rangle$ läßt sich für $n \geq 3$ *nicht* als direktes Produkt $C_n \times \langle \sigma \rangle$ darstellen. Hinsichtlich der Charakterisierung (2.15) fehlt hier die Eigenschaft, daß die Untergruppe $\langle \sigma \rangle$ ein Normalteiler von D_n ist.

Die Struktur der Diedergruppen wird durch folgende Abschwächung des Begriffs des direkten Produkts erfaßt (vgl. dazu 2.15):

Eine Gruppe G heißt *halbdirektes Produkt* ihrer Untergruppen A und B, wenn $G = AB$, $A \cap B = \{e\}$ und A ein Normalteiler von G ist.

Beispiel 2.14. Es seien G eine Gruppe von Bewegungen in der Ebene (oder in einem endlichdimensionalen euklidischen Raum), O ein fest gewählter Punkt, T die Untergruppe der Translationen aus G und G_O die Punktgruppe von G bezüglich O. (Bezüglich O läßt sich jede Bewegung $\varphi \in G$ eindeutig in der Form $\varphi = \tau \circ \varrho$ darstellen, wobei ϱ eine Bewegung der Ebene (des Raumes) mit dem Fixpunkt O und τ eine Translation ist; siehe Anhang A 5 sowie Abschnitt 5.2. Die Punktgruppe G_O ist dann die Menge aller Bewegungen, die auf diese Weise durch die Bewegungen aus G bestimmt sind. G_O muß keine Untergruppe von G sein!)

Ist G_O in G enthalten, dann ist G das halbdirekte Produkt von T und G_O.

Überdies bestimmmt jedes $\varrho \in G_O$ vermöge $\varrho \circ \tau \circ \varrho^{-1}$ einen Automorphismus von T. Und damit ist ein Isomorphismus von G_O in die Automorphismengruppe von T (Aut T) gegeben.

A 3. Metrische Räume

Es sei R eine beliebige nichtleere Menge und d eine Abbildung, die jedem geordneten Paar $(x, y) \in R \times R$ eine nichtnegative reelle Zahl $d(x, y)$ zuordnet.

Die Struktur (R, d) heißt *metrischer Raum* und die Elemente von R heißen *Punkte*, wenn für alle $x, y, z \in R$ folgende Eigenschaften gelten:

M1. $d(x, y) = 0$ genau dann, wenn $x = y$,
M2. $d(x, y) = d(y, x)$ (*Symmetrie*),
M3. $d(x, y) + d(y, z) \geq d(x, z)$ (*Dreiecksungleichung*).

$d(x, y)$ heißt der *Abstand* der Punkte x und y.

(M, d') heißt *Teilraum von* (R, d), *wenn* $M \subseteq R$ und d' die Einschränkung von d auf M ist.

Ein Teilraum eines metrischen Raumes ist selbst wieder ein metrischer Raum.

Ein metrischer Raum (R_1, d_1) heißt zu einem metrischen Raum (R_2, d_2) *isometrisch*, wenn es eine bijektive Abbildung f von R_1 auf R_2 gibt, die metriktreu ist, d. h. für die

$$d_2(f(x), f(y)) = d_1(x, y) \quad \text{für alle} \quad x, y \in R_1$$

gilt. Eine metriktreue Abbildung heißt *isometrisch*.

Die Isometrie ist in der Menge der metrischen Räume eine Äquivalenzrelation.

Die isometrischen Transformationen eines metrischen Raumes (R, d) bilden eine Gruppe, *die Isometriegruppe* von (R, d).

Beispiel 3.1. Jeder euklidische Raum ist hinsichtlich des Abstandes ein metrischer Raum.

Beispiel 3.2. Es sei M eine beliebige nichtleere Menge (z. B. $M = \{1, 2, 3, 4\}$) und die Abstandsfunktion d erklärt durch

$$d(x, y) := 0, \text{ falls } x = y \textit{ und } d(x, y) := 1, \text{ falls } x \neq y\,.$$

Offenbar ist (M, d) ein metrischer Raum. Auf diese Weise läßt sich jede nichtleere Menge metrisieren.

Der *Abstand eines Punktes x von einer Menge M* ist durch

$$d(x, M) := \inf \{d(x, y) : y \in M\}$$

und der *Durchmesser einer Menge M* durch

$$d(M) := \sup \{d(x, y) : x, y \in M\}$$

bestimmt.

Beispiel 3.3. Für eine r-Umgebung U in einem metrischen Raum (siehe Anhang A4) ist $d(U) = 2r$. Man beachte, daß es hier aber keine Punkte $x, y \in U$ derart gibt, daß $d(x, y) = 2r$ ist!

A 4. Topologische Räume

Es sei T eine nicht leere Menge und **O** eine Menge von Teilmengen von T.

Die Struktur $(T, \mathbf{O})$ heißt ein *topologischer Raum* und **O** heißt das System seiner *offenen Mengen*, wenn gelten:

O1. Die leere Menge $\emptyset$ und T gehören zu **O**.

O2. Die Vereinigung von *beliebig* (auch unendlich) vielen Mengen aus **O** gehört zu **O**.

O3. Der Durchschnitt von zwei (und damit von *endlich* vielen) Mengen aus **O** gehört zu **O**.

Eine Teilmenge $U \subseteq T$ heißt eine *Umgebung von* $x \in T$, wenn es eine offene Menge O gibt, die x enthält und die eine Teilmenge von U ist.

Eine Menge $M \subseteq T$ heißt *abgeschlossen*, wenn die Komplementärmenge $T \backslash M$ offen ist.

Abgeschlossene Mengen sind die leere Menge $\emptyset$ sowie T. Weiterhin ist der Durchschnitt beliebig vieler abgeschlossener Mengen und die Vereinigung von endlich vielen abgeschlossenen Mengen wieder eine abgeschlossene Menge. Das folgt leicht aus den Eigenschaften **O1 – O3** für offene Mengen.

Ist $M \subseteq T$ eine nichtleere Teilmenge in einem topologischen Raum $(T, \mathbf{O})$ und $\mathbf{O}' := \{M \cap O : O \in \mathbf{O}\}$, dann ist $(M, \mathbf{O}')$ ein topologischer Raum. $\mathbf{O}'$ heißt die durch **O** in der Teilmenge M *induzierte Topologie*.

Beispiel 4.1. Jeder nichtleeren Menge T lassen sich zwei extremale Topologien aufprägen:

Sowohl die Menge $\mathbf{O}_1 =: \{\emptyset, T\}$ als auch die Menge $\mathbf{O}_2$ aller Teilmengen von T (einschließlich der leeren Menge) erfüllen die Forderungen **O1 – O3**.

Im ersten Fall ist das die kleinste und im zweiten Fall die größte Menge von Teilmengen von T, die den Topologieforderungen genügen. Die durch $\mathbf{O}_1$ bzw. $\mathbf{O}_2$ bestimmte heißt deshalb die *gröbste* bzw. *feinste Topologie* über T.

Beispiel 4.2 (Metrik-Topologie metrischer Räume). Zu jedem metrischen Raum (R, d) ist in natürlicher Weise eine Topologie gegeben.

Ist x ein Punkt aus R und $r > 0$ eine beliebige reelle Zahl, so heißt die Menge $U_r(x)$ aller Punkte y, für die $d(x, y) < r$ ist, die *r-Umgebung* des Punktes x. (In der euklidischen Ebene ist die r-Umgebung eine „offene" Kreisscheibe mit dem Radius r.)

Als *offene Mengen* werden nun die leere Menge $\emptyset$ und diejenigen Teilmengen O von R erklärt, für die jeder Punkt $x \in O$ eine r-Umgebung $U_r(x)$ besitzt, die in O enthalten ist.

Man zeigt nun leicht, daß das System dieser offenen Mengen die Eigenschaften **O1 – O3** besitzt und damit die Bezeichnung „offene" Menge gerechtfertigt ist.

In dieser Topologie ist jede r-Umgebung eines Punktes x eine offene Menge. Denn ist $y \in U_r(x)$, dann gilt $d(x, y) < r$ und für $s := r - d(x, y)$ ist mit Hilfe der Dreiecksungleichung **M3** leicht $U_s(y) \subseteq U_r(x)$ einzusehen.

In der hier vorliegenden Topologie ist nach Definition der Umgebung eine Menge $U \subseteq R$ genau dann eine Umgebung von $x \in R$, wenn es eine r-Umgebung von x gibt, die in U enthalten ist.

In metrischen Räumen gilt eine zusätzliche topologische Eigenschaft, das *Hausdorffsches Trennungsaxiom*:

Zu je zwei verschiedenen Punkten $x, y \in R$ gibt es disjunkte offene Mengen U und V mit $x \in U$ und $y \in V$.

Das ist sogar mit r-Umgebungen möglich. Man wähle dafür einfach $r := d(x, y)/2$.

Ein topologischer Raum $(T, \mathbf{O})$ heißt zu einem topologischen Raum $(T', \mathbf{O}')$ *topologisch äquivalent* (oder *homöomorph*), wenn es eine bijektive Abbildung f von T auf T' derart gibt, daß für jede offene Menge $M \subseteq T$ das Bild $f(M)$ offen (in $\mathbf{O}'$) ist und für jede offene Menge $N \in \mathbf{O}'$ das Urbild $f^{-1}(N)$ offen (in $\mathbf{O}$) ist.

Eine derartige Abbildung selbst heißt *topologische* Abbildung oder *Homöomorphie*.

Eine Abschwächung dieser Forderung führt zum Begriff der *stetigen Abbildungen*. Eine Abbildung $f\colon T \mapsto T'$ heißt *stetig* genau dann, wenn das Urbild

$f^{-1}(N)$ jeder offenen Menge aus T' offen (in T) ist.

Demnach ist eine topologische Abbildung f eine Bijektion f (von T auf T'), bei der f und die Umkehrabbildung f^{-1} stetig sind.

Bei einer isometrischen Abbildung von einem metrischen Raum auf einen anderen gehen offensichtlich r-Umgebungen in r-Umgebungen über. Deshalb sind isometrische metrische Räume auch homöomorph.

Wir stellen noch einige Eigenschaften von Punkten in einem topologischen Raum $(T, \mathbf{O})$ und diesbezügliche Bezeichnungen bereit. Dabei sei M eine nichtleere Teilmenge von T.

Ein Punkt $x \in T$ heißt

a) ein *innerer Punkt von M*, wenn es eine Umgebung U von x, die ganz in M liegt;
b) ein *äußerer Punkt von M*, wenn es eine Umgebung U von x gibt, die ganz in der Komplementärmenge $T \setminus M$ liegt;
c) ein *Berührungspunkt* (oder *Begrenzungspunkt*) *von M*, wenn in jeder Umgebung von x wenigstens ein Punkt von M liegt;
d) ein *Häufungspunkt von M*, wenn in jeder Umgebung von x wenigstens ein von x verschiedener Punkt aus M liegt;
e) ein *Randpunkt von M*, wenn in jeder Umgebung von x wenigstens ein Punkt aus M als auch ein Punkt aus $T \setminus M$ liegt.

Die Menge der inneren Punkte von M wird mit M° oder $\operatorname{int} M$ bezeichnet. Es ist M genau dann eine offene Menge, wenn $M = M^{\circ}$ gilt.

Die Menge der Berührungsspunkte von M heißt der *Abschluß von M* und wird mit $\overline{M}$ bezeichnet. Eine Menge M ist genau dann abgeschlossen, wenn $\overline{M} = M$ ist.

Eine Menge M heißt *dicht in T*, wenn $\overline{M} = T$ gilt. Zum Beispiel ist in der euklidischen Ebene die Menge der Punkte mit rationalen Koordinaten dicht.

Eine Folge (x_n) von Punkten eines topologischen Raumes $(T, \mathbf{O})$ heißt *konvergent gegen den Punkt x*, wenn es zu jeder Umgebung U des Punktes x eine natürliche Zahl n_0 derart gibt, daß $x_n \in U$ für alle $n \geq n_0$ gilt. Der Punkt x heißt ein *Limes* oder *Grenzpunkt* der konvergenten Folge (x_n). Konvergente Folgen besitzen genau einen Grenzwert. Man schreibt $x = \lim\limits_{n \to \infty} x_n$.

Wir setzen im folgenden einen metrischen Raum (R, d) voraus und nutzen die diesbezügliche Metrik-Topologie.

Eine Folge (x_n) heißt *Fundamentalfolge*, wenn es zu jeder Zahl ε eine natürliche Zahl n_0 derart gibt, daß $d(x_n, x_m) < \varepsilon$ für alle $n, m \geq n_0$ gilt. Jede konvergente Folge ist eine Fundamentalfolge; die Umkehrung gilt i. a. nicht.

Ein metrischer Raum heißt *vollständig*, wenn jede Fundamentalfolge konvergent ist.

In einem metrischen Raum (R, d) sind folgende Eigenschaften äquivalent:

a) Jede offene Überdeckung von R enthält eine *endliche* Teilüberdeckung von R (überdeckungskompakt).

b) Jede Punktfolge besitzt eine konvergente Teilfolge (folgenkompakt).

c) Jede Punktfolge besitzt mindestens einen Häufungspunkt (abzählbar kompakt). Ein metrischer Raum mit dieser Eigenschaft heißt *kompakt*.

Eine Teilmenge $M \subseteq R$ eines metrischen Raumes (R, d) heißt *kompakt*, wenn M als Teil*raum* kompakt ist.

In einem metrischen Raum ist jede kompakte Menge abgeschlossen und totalbeschränkt. (Der Begriff *totalbeschränkt* wird im Kapitel 2 eingehend erklärt.) Ist der metrische Raum vollständig, dann gilt auch die Umkehrung: Jede abgeschlossene und totalbeschränkte Menge ist kompakt.

Von praktischer Bedeutung ist folgende Eigenschaft für kompakte Mengen:

Eine reellwertige stetige Funktion f auf einer kompakten Menge M eines metrischen Raumes R besitzt in R ein Minimum und ein Maximum.

Unter anderem ergibt sich daraus:

Ist M eine kompakte Menge, dann gibt es Punkte $x, y \in M$, für die der Abstand (x, y) gleich dem Durchmesser $d(M)$ der Menge M ist. ($d(M)$ ist im Anhang 3 erklärt.)

Ist M eine kompakte Menge und y irgendein Punkt aus R, dann gibt es einen Punkt $x \in M$, für den $d(x, y)$ gleich dem Abstand $d(y, M)$ des Punktes y von der Menge M ist.

In jedem endlichdimensionalen normierten Raum und damit in jedem endlichdimensionalen euklidischen Raum ist jede beschränkte Menge auch totalbeschränkt. Folglich sind hier die kompakten Mengen genau diejenigen, die abgeschlossen und beschränkt sind.

A 5. Bewegungen in euklidischen Räumen

In einem euklidischen Raum $\mathbf{E}$ sind die *Bewegungen* diejenigen Transformationen von $\mathbf{E}$, die inzidenz- und anordnungsgeometrische Sachverhalte sowie den Abstand invariant lassen. Insbesondere gehen also Punkte in Punkte, Geraden in Geraden, Ebenen in Ebenen, ... Halbgeraden in Halbgeraden, Halbebenen in Halbebenen, ... über. (Wesentlich ist die Invarianz der Abstände; zur Definition reichen schwächere Forderungen als hier angegeben aus!)

5.1. Bewegungen in der euklidischen Ebene

Die Bewegungen lassen sich zunächst in orientierungserhaltende (kurz *eigentliche* oder *gerade*) und nicht orientierungserhaltende (kurz *uneigentliche* oder *ungerade*) einteilen.

Eigentliche Bewegungen sind *Translationen* und *Drehungen*.

Die nichtidentischen Translationen sind die fixpunktfreien eigentlichen Bewegungen. Zu je zwei Punkten A und B gibt es genau eine Translation τ mit $\tau(A) = B$.

Die nichtidentischen Drehungen ϱ sind die Bewegungen mit genau einem Fixpunkt Z, dem Drehzentrum von ϱ. Zu jedem Punkt Z und jedem gerichteten Winkel $\sphericalangle p, q$ gibt es genau eine Drehung ϱ mit $\varrho(p) = q$. Eine Drehung ϱ ist also durch Drehzentrum Z und einer gerichteten Winkelgröße α (als Drehwinkel) eindeutig beschrieben, und wir bezeichnen sie mit $\varrho(Z, \alpha)$.

Die Drehung $\varrho(Z, \pi/2)$ wird auch die *Spiegelung am Punkt* Z genannt und mit σ_Z bezeichnet. Es ist $\sigma_Z \circ \sigma_Z = \text{id}$.

Die *Geradenspiegelungen* sind diejenigen Bewegungen der Ebene, deren Fixpunktmenge eine Gerade ist; sie sind uneigentliche Bewegungen. An jeder Geraden a gibt es genau eine Spiegelung; sie wird mit σ_a bezeichnet. Es ist $\sigma_a \circ \sigma_a = \text{id}$.

Jede uneigentliche Bewegung φ ist eine *Schubspiegelung*, d. h. φ läßt sich als Nacheinanderausführung einer Translation τ und der Spiegelung σ_a an einer Geraden a darstellen, wobei $\tau(a) = a$, also die Translation τ in Richtung von a wirkt. a heißt die *Achse der Schubspiegelung* φ. Es ist hier $\tau \circ \sigma_a = \sigma_a \circ \tau$!

Die Geradenspiegelungen ordnen sich als spezielle Schubspiegelungen mit $\tau = \text{id}$ ein.

Den Geradenspiegelungen kommt im Rahmen der Bewegungen der Ebene eine besondere Rolle zu. Es gilt der

(5.1) Darstellungssatz. *Jede Bewegung läßt sich als Produkt von zwei oder drei Geradenspiegelungen darstellen.*

Im einzelnen gilt:

(5.2)

(a) Ist $a \parallel b$, dann ist $\sigma_b \circ \sigma_a$ eine Translation τ mit einer zu a orthogonalen Richtung. (Abb. A 5.1 weist die konstruktive Beschreibung aus.) Und ist umgekehrt τ eine Translation und a eine Gerade, die orthogonal zur Richtung von τ liegt, dann gibt es genau eine Gerade b derart, daß $\tau = \sigma_b \circ \sigma_a$ ist. (Die Abb. A 5.1 zeigt deutlich, wie man b konstruktiv angeben kann.)

(b) Schneiden sich zwei Geraden a und b in einem Punkt Z, dann ist $\sigma_b \circ \sigma_a$ eine nichtidentische Drehung um Z. (Abb. A 5.2 zeigt die konstruktive Bestimmung des Drehwinkels.) Ist umgekehrt eine Drehung $\varrho(Z, \alpha)$ gegeben und ist a eine Gerade durch Z, dann gibt es genau eine Gerade b durch Z derart, daß $\varrho_b \circ \varrho_a = \varrho(Z, \alpha)$ gilt. (Die Abb. A 5.2 weist die konstruktive Bestimmung von b aus.)

Der Spezialfall der Spiegelung an Z ist mit der Orthogonalität der Geraden a und b äquivalent.

Also gilt $\sigma_a \circ \sigma_b = \sigma_b \circ \sigma_a$ genau dann, wenn $a \perp b$ oder $a = b$ ist.

(c) Nach (a) ist klar, daß und wie man jede Schubspiegelung $\tau \circ \sigma_g$ als Produkt von drei Geradenspiegelungen darstellen kann (Abb. A 5.3). Anhand dieser Darstellung ergibt sich sofort, daß und wie jede Schubspiegelung als Produkt $\sigma_b \circ \sigma_P$ einer Punkt- und einer Geradenspiegelung beschrieben werden kann.

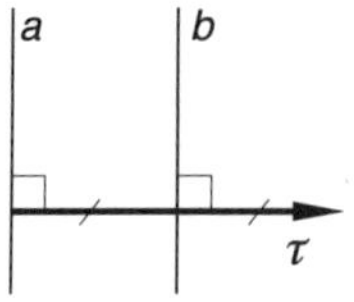

Abb. A 5.1

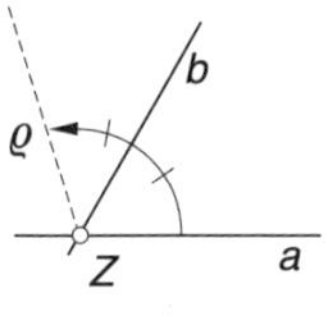

Abb. A 5.2

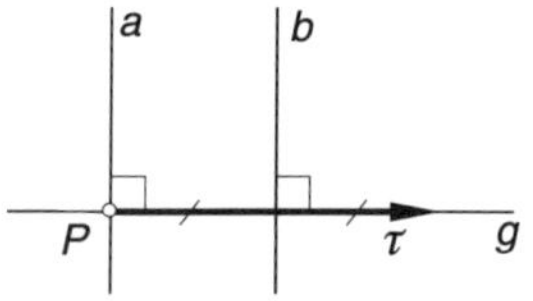

Abb. A.5.3

(5.3) Es ist $\varrho(Z, \alpha) \circ \varrho(Z, \beta) = \varrho(Z, \alpha + \beta)$, wobei die Addition der Drehwinkelgrößen α und β modulo 2π vorzunehmen ist. Sind die Drehzentren nicht gleich, dann ist das Produkt der Drehungen wieder eine (nichtidentische) Drehung mit dem Drehwinkel $\alpha + \beta$, falls $\alpha + \beta \neq 0 \mod 2\pi$ ist, und das neue Drehzentrum kann nach (b) einfach konstruktiv angegeben werden (Abb. A 5.4 a). Andernfalls ergibt das Produkt der Drehungen eine Translation (Abb. A 5.4 b).

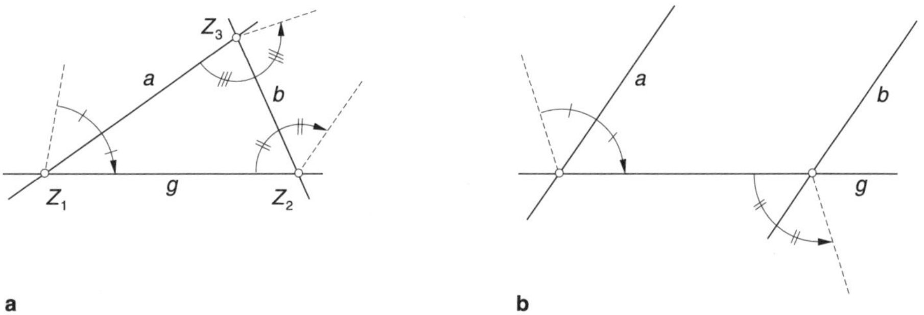

a **b**

Abb. A 5.4

Bezüglich der Nacheinanderausführung bilden

a) eine (nichtkommutative!) Gruppe: alle Bewegungen der Ebene, alle eigentlichen Bewegungen der Ebene;
b) eine kommutative Gruppe: alle Drehungen um denselben Punkt, alle Translatione der Ebene, alle Translationen mit der gleichen Richtung. Die identische Abbildung id ist jeweils das Einselement der Gruppe.

Die *Transformation einer Bewegung γ mit einer Bewegung δ* ist durch

(5.4) $\gamma^{\delta} := \delta \circ \gamma \circ \delta^{-1}$

erklärt. Sie ist stets eine zu γ gleichartige Bewegung, d. h., aus eine Translation, Drehung oder Schubspiegelung wird wieder eine Translation, Drehung bzw. Schubspiegelung, wobei die sie charakterisierenden geometrischen Objekte einfach die Bilder entsprechender Objekte für γ bei der Abbildung δ sind.

Ist z. B. γ die Drehung $\varrho(Z, \alpha)$, dann ist γ^{δ} die Drehung um den Punkt $\delta(Z)$ mit dem Drehwinkel α.

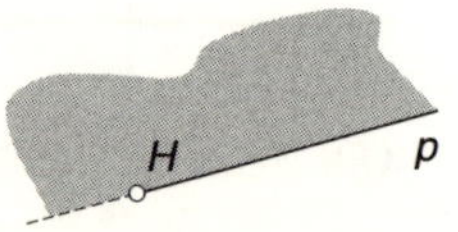

Abb. A 5.5

Eine *Fahne* (oder *Orientierungsfigur*) ist die Vereinigung $p \cup H$ einer Halbgeraden p mit einer anliegenden Halbebene H (Abb. A 5.5). Damit läßt sich eine charakteristische Eigenschaft der Bewegungen beschreiben, die *Beweglichkeit und Starrheit*:

Zu Fahnen $p \cup H$ und $q \cup K$ gibt es eine (Beweglichkeit) und nur eine (Starrheit) Bewegung φ mit $\varphi(p) = q$ und $\varphi(H) = K$.

A 5.2. Bewegungen im dreidimensionalen euklidischen Raum

Die Bewegungen lassen sich wie im $\mathbf{E}^2$ in eigentliche und uneigentliche einteilen.

Eigentliche Bewegungen sind speziell Translationen und Drehungen (um eine Gerade) und allgemein Schraubungen. Eine *Schraubung* φ ist das Produkt einer Drehung ϱ um eine Gerade (Achse) a und einer Translation τ längs a. Hier gilt $\varrho \circ \tau = \tau \circ \varrho$. Translationen und Drehungen sind also spezielle Schraubungen. Eine Translation ist wie im $\mathbf{E}^2$ durch zwei Punkte bestimmt und eine Drehung durch Achse a und Drehwinkel α (in einer zu a orthogonalen Ebene gemessen!). Speziell heißt die Drehung $\varrho(a, \pi)$ die *Spiegelung* σ_a *an der Geraden* a.

Uneigentliche Bewegungen sind Drehspiegelungen und Schubspiegelungen.

Eine *Drehspiegelung* φ ist das Produkt aus einer Drehung ϱ um eine Gerade (Achse) a und der Spiegelung σ an einer zu a orthogonalen(!) Ebene ε. Dabei ist $\varrho \circ \sigma = \sigma \circ \varrho$. Eine spezielle Drehspiegelung ist die *Spiegelung* σ_Z *an einem Punkt* Z. Ist Z der Schnittpunkt der Gerade a mit der Ebene ε ($a \perp \varepsilon$!), dann gilt $\sigma_a \circ \sigma_\varepsilon = \sigma_Z$. Im Gegensatz zur ebenen Geometrie ist eine Punktspiegelung im dreidimensionalen Raum eine uneigentliche Bewegung!

Eine *Schubspiegelung* φ ist das Produkt aus einer Translation τ und der Spiegelung σ an einer Ebene ε, wobei $\tau(\varepsilon) = \varepsilon$ ist. Die Reihenfolge in diesem Produkt ist vertauschbar.

Die Ebenenspiegelungen sind diejenigen Bewegungen, die sowohl Dreh- als auch Schubspiegelungen sind.

Analog zur Aussage (5.1) besteht folgender

(5.5) Darstellungssatz. *Jede Bewegung im dreidimensionalen Raum läßt sich als Produkt von drei oder vier Ebenenspiegelungen darstellen.*

Und diese Darstellungen sind konstruktiv wie in der ebenen Geometrie möglich.

Auch im dreidimensionalen Raum gilt die *Beweglichkeit und Starrheit* für Bewegungen. Eine Orientierungsfigur ist hier die Vereinigung einer Halbgeraden p mit einer anliegenden Halbebene H und einem H anliegenden Halbraum $\mathbf{H}$.

Für das *Transformieren einer Bewegung mit einer Bewegung* gelten völlig entsprechende Aussagen wie in der ebenen Geometrie.

Nähere Ausführungen zu den Bewegungen im Raum findet man u. a. in [Qu].

Ein erheblicher Teil der Sachverhalte besteht analog in endlichdimensionalen euklidischen Räumen.

5.3. Analytische Darstellung

Es sei φ eine Bewegung im endlichdimensionalen euklidischen Raum $\mathbf{E}^n$ ($n \geq 1$). Ferner sei $(O;\, \boldsymbol{e}_1, \ldots, \boldsymbol{e}_n)$ ein kartesisches Koordinatensystem von $\mathbf{E}^n$.

Bezüglich dieses Koordinatensystems sei $\boldsymbol{e}_k' = (a_{1k}, \ldots, a_{nk})$ das Bild des Basisvektors $\boldsymbol{e}_k$ ($k = 1, \ldots, n$) bei der Bewegung φ und $O'(b_1, \ldots, b_n)$ das Bild des Punktes O. Dann beschreibt die Matrix $\boldsymbol{A} := (a_{ik})$ durch

(5.6) $(x_1', \ldots, x_n')^{\mathrm{T}} = \boldsymbol{A}(x_1, \ldots, x_n)^{\mathrm{T}} + (b_1, \ldots, b_n)^{\mathrm{T}}$

das Bild $P'(x_1', \ldots, x_n')$ jedes Punktes $P(x_1, \ldots, x_n)$ bei der Bewegung φ.

Die Matrix $\boldsymbol{A}$ ist orthogonal.

Umgekehrt beschreibt jede orthogonale Matrix $\boldsymbol{A}$ wegen (5.6) eine Bewegung.

Literatur

[Al] Alexandrow, A. D.: Konvexe Polyeder. Akademie-Verlag, Berlin 1958.

[Ar] Armstrong, M. A.: Groups and Symmetry. Springer, New York 1988.

[Ba] Bachmann, F.: Aufbau der Geometrie aus dem Spiegelungsbegriff, 2. Aufl. Springer, Berlin-Heidelberg-New York 1973.

[Ba/Ga] Baltag, I. A. und V. P. Garit: Dwimernie diskretnie affinie gruppi. Kischinow, 1981. (Zweidimensionale diskrete affine Gruppen).

[Bea] Bearden, A. F.: The Geometry of Discrete Groups. Springer, New York-Heidelberg-Berlin 1983.

[Be/Eh] Belger, M. und L. Ehrenberg: Theorie und Anwendungen der Symmetriegruppen. Teubner, Leipzig 1981.

[Benz] Benz, W.: Geometrische Transformationen unter besonderer Berücksichtigung von Lorentztransformationen. BI-Wiss.-Verl., Mannheim-Leipzig-Wien-Zürich 1992.

[Be] Berger, M.: Geometry I, II. Springer, Berlin-Heidelberg 1987 (Translated from the French.)

[Bie 1] Bieberbach, L.: Über die Bewegungsgruppen des n-dimensionalen euklidischen Raumes mit einem endlichen Fundamentalbereich. *Göttinger Nachrichten* **1910**, S. 75 – 84.

[Bie 2,3] Bieberbach, L.: Über die Bewegungsgruppen der Euklidischen Räume I; II. *Math. Ann.* **70** (1911), S. 297 – 336; **72** (1912), S. 400 – 412.

[Blei] Bleicher, M. N.: Decomposition of a k-gons by l-gons. *Mitt. Math. Sem. Giessen* **166** (1984), S. 1 – 16.

[Blu] Blumenthal, L. M.: A Modern View of Geometry. Freemann, San Francisco 1961.

[Bö/He] Böhm, J. und E. Hertel: Jenaer Beiträge zur Diskreten Geometrie. *Wiss. Z. der Univ. Jena, Naturwiss. Reihe* **36** (1987), 1, S. 11 – 21.

[Bö/He 2] Böhm, J. und E. Hertel: Polyedergeometrie. Dt. Verlag d. Wiss., Berlin 1980/ Birkhäuser, Basel-Boston-Stuttgart 1981.

[Bö/Qu] Böhm, J. und E. Quaisser: Sphäroforme und symmetrische Körper. Schönheit und Harmonie geometrischer Formen. Akademie-Verlag, Berlin 1991.

[Bo/Bo/Me/St] Bongartz, K; W. Borho; D. Mertens und A. Stein: Farbige Parkette (Mathematische Theorie und Ausführung mit dem Computer). Birkhäuser, Basel-Boston-Berlin 1988.

[Bro...] Brown, H., R. Bülow; J. Neubuser; H. Wondratschek und H. Zassenhaus: Crystallographic Groups of Four-Dimensional Space. Wiley, New York 1978. (Diese Arbeit enthält eine vollständige Übersicht über alle vierdimensionalen Raumgruppen.)

[Buch] Buchmann, G.: Nichteuklidische Elementargeometrie. Teubner, Stuttgart 1975.

[Bu] Burckhardt, J. J.: Die Bewegungsgruppen der Kristallographie. Birkhäuser, Basel 1947.
(Das ist ein vielzitiertes Lehrbuch zum Gegenstand. Ein wesentlicher Ausgangspunkt ist hier die arithmetische Theorie der Gitter.)

[Co] Coxeter, H. S. M.: Regular Polytopes, 3. Aufl. Dover, New York 1973.

[Co 2] Coxeter, H. S. M.: Unvergängliche Geometrie. Birkhäuser, Basel-Stuttgart 1963 (Übersetzung aus dem Englischen: Introduction to Geometry, New York-London 1961).

[Co/Em/Pe/Teu] Coxeter, H. S. M.; M. Emmer; R. Penrose and M. L. Teuber (Hrsg.): M. C. Escher, Art and Science. (Proc. of the Int. Congr. on M.C. Escher, Roma 1985.) North Holland, Amsterdam-New York-Oxford-Tokyo 1986.

[Co/Mo] Coxeter, H. S. M. and W. O. Moser: Generators and Relations for Discrete Groups, 4. Aufl. Springer, Berlin-Göttingen-Heidelberg-New York 1980.

[De] Delone, B. N.: Zum achtzehnten Hilbertschen Problem. In: Die Hilbertschen Probleme, Akademische Verlagsgesellschaft Leipzig 1979, S. 254 – 258. (Übersetzung der russischen Originalausgabe von 1969.)

[Dre/Sch] Dress, A. W. und R. Scharlau: Zur Klassifikation äquivarianter Pflasterungen. *Mitt. aus dem Math. Sem. Gießen*, **164** (1984), S. 83 – 136.

[Du] Duijvestijn, A. J. W.: Simple perfect squared square of lowest order. *J. Combin. Theory Ser.* **B 25** (1978), 240 – 243.

[En/Stä] Engel, F. und P. Stäckel: Urkunden zur Geschichte der nichteuklidischen Geometrie I und II. Teubner, Leipzig 1899 und 1913.

[Esch] Escher, M. C.: Graphik und Zeichnungen. Berlin 1991 (Übersetzung aus dem Niederländischen: Grafiek en Tekeningen. Zwolle 1959).

[Euk] Euklid: Die Elemente. Nach Heidbergs Text aus dem Griech. übersetzt, hrsg. v. C. Thaer; Teubner, Leipzig 1933 – 1937, Reprint Leipzig 1984.

[Fe] Federico, P. J.: Squaring rectangles and squares; a historical review with annotated bibliography. In: Graph Theorie and Related Topics (Hrsg.: G. A. Bondy and U. S. R. Murty), New York 1979, S. 173 – 196.

[Fed] Fedorow, E. S.: Zusammenfassung der kristallographischen Resultate des Herrn Schoenflies und der meinigen. *Z. Kristallogr.* **20** (1892), S. 25 – 75.

[FeTó G] Fejes Tóth, G.: New Results in the Theory of Packing and Covering. In: Convexity and Its Applications. Birkhäuser, Basel-Boston-Stuttgart 1983, S. 318 – 359.

[FeTó] Fejes Tóth, L.: Regular Figures. Pergamon Press, Oxford 1964/Reguläre Figuren. Teubner, Leipzig 1965.
(Von diesem Buch gingen große Impulse für die Entwicklung der diskreten Geometrie aus.)

[FeTó 2] Fejes Tóth, L.: Lagerungen in der Ebene, auf der Kugel und im Raum. Springer, Berlin-Göttingen-Heidelberg 1953.

[Fé] Félix, L.: Elementarmathematik in moderner Darstellung, 2. Aufl. Fachbuchverlag, Leipzig 1969 (Übersetzung aus dem Französischen).

[Fl] Flachsmeyer, J.: On the convergence of motions. In: General Topology and its Relations to Modern Analysis and Algebra V, Berlin 1983, S. 183 – 188.

[Fl 2] Flachsmeyer, J.: Die „gesetzlich-schönen Gebilde". *Wissenschaft und Fortschritt*, Berlin, **39** (1989), Heft 7, S. 167 – 172.

[Fl 3] Flachsmeyer, J.: Zwei Orbittheoreme für Bewegungsgruppen. *Beiträge zur Algebra und Geometrie* **29** (1989), S. 233 – 240.

[Fl 4] Flachsmeyer, J.: When do discrete groups act discontinuously? *Coll. Math. Soc. János Bolyai, 55. Topology*, Pécs 1989, S. 217 – 222.

[Fl/Fei/Ma] Flachsmeyer, J.; U. Feiste und K. Manteufel: Mathematik und ornamentale Kunstformen. Teubner, Leipzig 1990.

[Ga] Gardner, M.: Mathematische Rätsel und Probleme. Vieweg, Braunschweig 1964.

[Ge] Genz, H.: Symmetrie – Bauplan der Natur. Piper, München-Zürich 1987.

[Go] Golomb, S. W.: Polyominoes. London 1966.
(Das ist der Klassiker über Polyominos.)

[Gro/La] Gronau, H.-D. and H.-H. Larisch: On the SOMA cube puzzle. *Beiträge zur Algebra und Geometrie* **12** (1982), S. 93 – 95.

[Gru/Wi] Gruber, P. M. and J. M. Wills (Hrsg.): Convexity and Its Applications. Birkhäuser, Basel-Boston-Stuttgart 1983.

[Gr/Sh] Grünbaum, B. and G. C. Shepard: Tilings and Patterns. Freemann, New York 1987.
(Das ist ein grundlegendes Lehrbuch mit umfangreichen und ausführlichen Darlegungen.)

[Gr/Sh 2] Grünbaum, B. and G. C. Shepard: The eighty-one types of isohedral tilings in the plane. *Mat. Proc. Camb. Phil. Soc.* **82** (1977), S. 177 – 196.

[HaCG,B] Handbook of Convex Geometry, Volume B. Hrsg.: P. M. Gruber and J. M. Wills, Amsterdam 1993.

[Har] Hargittai, I. (Hrsg.): Symmetry 2, Unifying Human Understanding. Pergamon Press 1989.

[Hee] Heesch, H.: Reguläres Parkettierungsproblem. Westdeutscher Verlag Köln-Opladen 1968.

[Hee/Kie] Heesch, H. und O. Kienzle: Flächenschluß (System der Formen lückenlos aneinanderschließender Flachteile). Springer, Berlin-Göttingen-Heidelberg 1963.

[He] Hertel, E.: Zerlegungen von Polygonen. *Beiträge zur Algebra und Geometrie* **29** (1989), S. 219 – 231.

[Hi] Hilbert, D.: Mathematische Probleme. (Vortrag gehalten auf dem Internationalen Mathematiker-Kongreß zu Paris 1900), *Nachr. Ges. Wiss.*, Göttingen, 1900, S. 253-297.

[Hi/Co-Vo] Hilbert, D. und St. Cohn-Vossen: Anschauliche Geometrie. Berlin 1932; Dover Publ., New York 1944.

[Ja] Jank, W.: Ornamentgruppen im GZ-Unterricht, Teile 1 – 4. *Informationsblätter für Darstellende Geometrie*, Heft 2/1984, Heft 2/1985, Heft 1/1986 und Heft 1/1987, Univ. Innsbruck.

[Jas/Ro] Jaswon, M. A. and M. A. Rose: Crystal Symmetry (Theory of Colour Crystalgraphy). Ellis Horwood, New York-Brisbane-Toronto 1983.

[Jo] Jones, O.: The Grammar of Ornament. Omega Books, Ware 1986.

[Kai] Kaiser, H.: Perfekte Polyederzerlegungen. *Berichtsband 3. Kolloquium Geometrie und Kombinatorik* (TU Karl-Marx-Stadt 1987), Karl-Marx-Stadt (Chemnitz) 3/1988, S. 19 – 20.

[Kai 2] Kaiser, H.: Perfekte Dreieckszerlegungen. Friedrich-Schiller-Universität Jena, Forschungsergebnisse, N/89/21 (1989). Manuskriptdruck, 22 S.

[Ke/Ma] Kelly, P. und G. Matthews: The Non-Euclidean, Hyperbolic Plane. Springer, New York-Heidelberg-Berlin 1981.

[Kla] Klaner, D. A. (Hrsg.): The Mathematical Gardner. Wadsworth, Belmount 1981.

[Kli/Pö/Ro] Klin, M. Ch.; R. Pöschel und K. Rosenbaum: Angewandte Algebra. Dt. Verlag d. Wiss., Berlin 1988.

[Kl] Klotzek, B.: Verschiedene Diskretheitsbegriffe in metrischen Räumen. *Beiträge zur Algebra und Geometrie*, **29** (1989), S. 121 – 129.

[Kl 2] Klotzek, B.: Discountinuous groups in normed spaces. *Coll. Math. Soc. Janos Bolyai* **48**, Intuitive Geometry Siofok 1985, S. 299 – 316.

[Kl 3] Klotzek, B.: Discountinuous groups in some metric and nonmetric spaces. *Beitr. zur Algebra und Geometrie* **21** (1986), S. 57 – 66.

[Kl 4] Klotzek, B.: Diskontinuierliche Bewegungsgruppen verschiedenen Grades in metrischen Räumen. Preprint 93/3, Univ. Potsdam 1993.

[Kl/Le/Le/Sch] Klotzek, B.; U. Lengtat; E. Letzel und K. Schröter: Kombinieren, parkettieren und färben. Dt. Verlag d. Wiss., Berlin 1985.

[Kl/Qu] Klotzek, B. und E. Quaisser: Nichteuklidische Geometrie. Dt. Verlag d. Wiss., Berlin 1978.

[Kle] Klemm, M.: Symmetrie von Ornamenten und Kristallen. Springer, Berlin-Heidelberg-New York 1982.

[La] Laves, F.: Ebenenteilung und Koordinationszahl. *Z. Krist.* **78** (1931), S. 208 – 224.

[Lenz] Lenz, H.: Nichteuklidische Geometrie. BI-Wiss.-Verlag, Mannheim 1967.

[Loo/Mm] Loockwood, E. H. and R. H. Macmillan: Geometric Symmetry. Cambridge Univ. Press 1978.

[Mac] Macbeath, A. M.: The classification of non-euclidean plane crystallographic groups. *Can. J. Math.* **19** (1967), 1192 – 1205.

[Mag] Magnus, W.: Noneuclidean Tesselations and Their Groups. Akademic Press, New York-London 1974.

[Mai] Mainzer, K.: Symmetrien der Natur. W. de Gruyter, Berlin-New York 1988.

[Mal] Malkewitch, J.: Tiling convex polygons with equilateral triangels and squares. *Ann. N.Y. Acad. Sci.* Vol. **440** (1985), S. 299 – 303.

[Ma/Kn] Mangoldt, V. und K. Knopp: Einführung in die höhere Mathematik, Bd. IV, 2. Aufl. Hirzel, Leipzig 1972.

[Mar] Martin, G. E.: Transformation Geometry (An Indroduction to Symmetry). Springer, New York 1982.
(Das ist ein besonders empfehlenswertes Lehrbuch.)

[Mar 2] Martin, G. E.: The Foundations of Geometry and The Non-Euclidean Plane. Springer, New York-Heidelberg-Berlin 1986.

[Mi] Misfeld, J.: Die ebenen Ornamentgruppen und ihre Realisierung in der Kunst der Cosmaten. Preprint Nr. 252, Inst. für Math. der Univ. Hannover, Oktober 1992; erweit. engl. Fass. September 1993: The plane symmetry groups and their realization in the art of the Cosmati.

[Mo] Molnár, E.: Some old and new aspects on the crystallographic groups. *Period. Polyt. Ser. Mech. Eng.* **36** (1992), S. 191 – 218.

[Mü] Müller, C.: Perfect squared squares. Friedrich-Schiller-Universität Jena, Forschungsergebnisse, N/89/26(1989). Manuskriptdruck, 9 S.

[Mü 2] Müller, C.: Perfekte Rechteckzerlegungen. *Elemente d. Math.* **45/4** (1990), S. 98 – 106.

[Ni/Sha] Nikulin, V. V. and I. R. Schafarewitsch: Geometries and Groups. Springer, Berlin-Heidelberg 1987. (Transl. from the Russian, Moscow 1983.)

[Os 1] Ostwald, W.: Harmonie und Formen. Unesma, Leipzig 1922.

[Os 2] Ostwald, W.: Die Welt der Formen (Entwicklung und Ordnung der gesetzlich-schönen Gebilde). 6 Mappen, 5. und 6. Mappe unvollendet und 1986 im Nachlaß aufgefunden; Unesma, Leipzig 1922 – 1925/26.

[Pó] Pólya, G.: Über die Analogie der Kristallsymmetrie der Ebene. *Z. f. Kristallographie* **60** (1924), S. 278 – 282.

[Qu] Quaisser, E.: Bewegungen in der Ebenen und im Raum. Dt. Verlag d. Wiss., Berlin 1983.

[Qu 2] Quaisser, E.: Wie symmetrisch sind Polygone und Polyeder? *Mathematiklehren*, **42** (1990), S. 19 – 21.

[Qu 3a, b] Quaisser, E.: a) Wie symmetrisch ist ein Vieleck? *Alpha* **25** (1991), 3, S. 66 – 67. b) Die Symmetrie der Sechsecke. *Alpha* **25** (1991), 4, S. 4 – 5.

[Qu 4] Quaisser, E.: Themen und Formen bei Ostwaldschen Grundmustern. *Beiträge zur Algebra und Geometrie*, Berlin, **32** (1991), S. 61 – 69.

[Qu 5] Quaisser, E.: Elementare Ostwald-Muster und Ornamente. Preprint 93/1 , Univ. Potsdam, FB Mathematik, 1993.

[Qu/Sp] Quaisser, E. und H.-J. Sprengel: Geometrie in der Ebene und im Raum. Dt. Verlag d. Wiss., Berlin 1989/ H. Deutsch, Thun und Frankfurt/M. 1989.

[Red] Redelmeier, D. H.: Counting polyominos, yet another attack. *Discrete Math.* **36** (1981), S. 191 – 203.

[Reich] Reichardt, H.: Gauß und die nicht-euklidische Geometrie. Teubner, Leipzig 1976.

[Rei] Reimann, I.: Parkette, geometrisch betrachtet. In: Mathematisches Mosaik, S. 158 – 178. Urania, Leipzig-Jena-Berlin 1977.

[Ri] Rinow, W.: Innere Geometrie metrischer Räume. Springer, Berlin-Göttingen-Heidelberg 1961.

[Ro] Rosenfeld, B. A.: Die Grundbegriffe der sphärischen Geometrie und Trigonometrie. In: Enzyklopädie der Elementarmathematik, Bd. IV Geometrie, Dt. Verlag d. Wiss., Berlin 1969, S. 527 – 569. (Übersetzung aus dem Russischen.)

[Scha] Schattschneider, D.: The plane symmetry groups and their recognition and notation. *Am. Math. Monthly* **85** (1978), S. 439 – 450.

[Schoe] Schoenflies, A.: Krystallsysteme und Krystallstruktur. Leipzig 1891. (Nachdruck bei Springer 1984).

[Scho] Scholz, E.: Symmetrie, Gruppe, Dualität. Dt. Verlag d. Wiss., Berlin 1989.

[Schu] Schulze, G.: Herzberger Quader. In: *Potsdamer Forschungen* (Schriftenreihe der PH Potsdam) Reihe C, Heft **73** (1988), S. 73 – 105.

[Se] Senechal, M.: Crystalline Symmetries. Adam Hilger, Bristol-New York 1990.

[Sie] Siegel, C. L.: Discontinuous groups. *Ann. Math.* **44** (1943), S. 674 – 689.

[Si] Singowitz, U.: Die Kreislagerungen und Packungen kongruenter Kreise in der Ebene. *Z. Krist.* **100** (1938), S. 461 – 508.

[Sp] Speiser, A.: Die Theorie der Gruppen von endlicher Ordnung, 3. Aufl. Springer, Berlin 1937.

[Spr] Sprague, R. P.: Beispiel der Zerlegung eines Quadrats in lauter verschiedene Quadrate. *Math. Z.* **45** (1939), S. 607-608.

[Sp/Qu] Sprengel, J.-U. und E. Quaisser: Polyominos und Puzzles. In: *Potsdamer Forschungen* (Schriftenreihe der PH Potsdam), Reihe **C**, Heft **73** (1988), S. 35 – 71.

[Sta] Stach, K.: Einige Bemerkungen zur Verzweigung des Punktes durch einen Komplex von Transformationen. *Acta Univ. Carolinae math. et physica* **13** (1972) 2, S. 53 – 59.

[Ta] Tarassow, L.: Symmetrie, Symmtrie! Strukturprinzipien in Natur und Technik. Spektrum, Heidelberg-Berlin-Oxford 1993 (Übersetzung aus dem Russischen).

[Thie] Thiele, R.: Die gefesselte Zeit, 3. Aufl. Urania, Leipzig-Jena-Berlin 1986.

[Vo] Voderberg, H.: Zur Zerlegung der Ebene in kongruente Bereiche in Form einer Spirale. *Jber. deutsch. Math. Ver.* **47** (1937), S. 159 – 160.

[Y] Yale, P. B.: Geometry and Symmetry, 2. Aufl. Dover Publ., New York 1988.

[We] Weyl, H.: Symmetry. Princeton Univ. Press, Princeton 1952. (Übersetzung ins Deutsche: Symmetrie. Birkhäuser, Basel-Stuttgart 1955.)

[Wi] Wildgrube, E.: Über reguläre pflasterbare konvexe Polygone. *Beiträge zur Algebra und Geometrie* **25** (1987), S. 185 – 191.

[Wo] Wolf, J. A.: Spaces of Constant Curvature. Univ. of California, Berkley 1972.

[Wö] Wölle, R.: Symmetrie in Geistes- und Naturwissenschaften. Springer, Berlin-Heidelberg 1988.

Bigalke, H.-G. und H. Wippermann: Reguläre Parkettierungen. BI-Wiss.-Verl., Mannheim-Leipzig-Wien-Zürich 1994.
(Dieses Buch bietet eine Fülle von Anwendungen.)

Quellenverzeichnis

Abb. 4.2.6 Kleine Stilkunde der Baukunst. München 1991, S. 178/179.

Abb. 8.5.6 und 8.5.9 Bilder aus der Mathematik, Ausstellungsbroschüre, Bielefeld 1991, S. 6/7.

Abb. 8.5.8 Wissenschaft und Fortschritt 38 (1988), S. 268.

Abb. 9.1.3 [FeTó], S. 57.

Abb. 9.1.7 a [Bo/Bo/Me/St], S. 36.

Abb. 9.1.7 b [Bo/Bo/Me/St], S. 35.

Abb. 9.3.1 Nach Bildvorlagen in [Hee/Kie], S. 64 – 77, gestaltet.

Abb. 9.3.2 – 9.3.5 [Ja], Heft 1/87, S. 2.

Abb. 9.3.6 und 9.3.7 [Ja], Heft 1/86, S. 4.

Abb. 11.3.3 [Co 2], S. 342.

Abb. 12.3.1 [Bu], S. 37.

Abb. 12.3.2 a [Bu], S. 38.

Abb. 12.3.2 b, c [Bu], S. 93.

Abb. 12.3.3 a [Co 2], S. 347.

Abb. 12.3.3 b [Mag], S. 183.

Abb. 12.3.3 c [Mag], S. 187.

Namen- und Sachwortverzeichnis

E

F

G

M

N

O

P

Q

R

S

T

U

V

W

Z